“十三五”国家重点出版物出版规划项目

中国北方及其毗邻地区综合科学考察

董锁成　孙九林　主编

中国北方及其毗邻地区科学考察综合报告

董锁成　孙九林 等　著

科学出版社

北　京

内 容 简 介

本书介绍了中国北方、蒙古、俄罗斯西伯利亚和远东地区等中高纬度地区的最新综合科学考察成果，全书揭示了考察区自然地理环境，土地利用/土地覆被，大河流域、湖泊水资源和水环境，森林、草地及生物多样性，经济社会、城市与人居环境格局，构建了中国北方及其毗邻地区南北综合样带，可为东北亚资源、环境、生态与经济社会国际合作提供科学依据和对策。

本书可供科研机构、政府部门、大专院校及相关人员参考。

图书在版编目(CIP)数据

中国北方及其毗邻地区科学考察综合报告 / 董锁成等著. —北京：科学出版社，2017. 9

(中国北方及其毗邻地区综合科学考察)

“十三五”国家重点出版物出版规划项目

ISBN 978-7-03-046854-3

Ⅰ. ①中… Ⅱ. ①董… Ⅲ. ①环境科学-科学考察-考察报告-中国 Ⅳ. ①X-12

中国版本图书馆 CIP 数据核字 (2015) 第 303774 号

责任编辑：李 敏 周 杰 / 责任校对：彭 涛

责任印制：肖 兴 / 封面设计：黄华斌

科学出版社 出版

北京东黄城根北街 16 号

邮政编码:100717

http://www.sciencep.com

中国科学院印刷厂 印刷

科学出版社发行 各地新华书店经销

*

2017 年 9 月第 一 版 开本：787×1092 1/16

2017 年 9 月第一次印刷 印张：21 1/4

字数：500 000

定价：168.00 元

（如有印装质量问题，我社负责调换）

中国北方及其毗邻地区综合科学考察
丛书编委会

项目顾问委员会

中国北方及其毗邻地区综合科学考察丛书编委会

中国北方及其毗邻地区综合科学考察丛书编委会

《中国北方及其毗邻地区科学考察综合报告》
撰写委员会

主　　笔　董锁成　孙九林

副 主 笔　王卷乐　庄大方　朱华忠　江　洪　刘曙光
陈毅锋　李　宇　欧阳华　张　路　顾兆林

撰写人员（按姓氏笔画排序）

王卷乐　叶舜赞　朱华忠　庄大方　刘曙光
江　洪　杨雅萍　李泽红　李旭祥　李　宇
何德奎　张树文　张　路　陈　才　陈全功
陈毅锋　欧阳华　顾兆林　徐兴良　徐新良
董锁成

序　一

科技部科技基础性工作专项重点项目“中国北方及其毗邻地区综合科学考察”经过中、俄、蒙三国30多家科研机构170余位科学家5年多的辛勤劳动，终于圆满完成既定的科学考察任务，形成系列科学考察报告，共10册。

中国北方及其毗邻的俄罗斯西伯利亚、远东地区及蒙古国是东北亚地区的重要组成部分。除了20世纪50年代对中苏合作的黑龙江流域综合考察外，长期以来，中国很少对该地区进行综合考察，尤其缺乏对俄蒙两国高纬度地区的考察研究。因此，该项考察成果的出版将为填补中国在该地区数据资料的空白做出重要贡献，且将为全球变化研究提供基础数据支持，对东北亚生态安全和可持续发展、“丝绸之路经济带”和“中俄蒙经济走廊”的建设具有重要的战略意义。

这次考察面积近2000万km^2，考察内容包括地理环境、土壤、植被、生物多样性、河流湖泊、人居环境、经济社会、气候变化、东北亚南北生态样带、综合科学考察技术规范等，是一项科学价值大、综合性强的跨国科学考察工作。系列科学考察报告是一套资料翔实，内容丰富，图文并茂的重要成果。

我相信，《中国北方及其毗邻地区综合科学考察》丛书的出版是一个良好的开端，这一地区还有待进一步深入全面考察研究。衷心希望项目组再接再厉，为中国的综合科学考察事业做出更大的贡献。

孙鸿烈

2014年12月

序　二

2001 年，科技部启动科技基础性工作专项，明确了科技基础性工作是指对基本科学数据、资料和相关信息进行系统的考察、采集、鉴定，并进行评价和综合分析，以加强我国基础数据资料薄弱环节，探求基本规律，推动科学基础资料信息流动与利用的工作。近年来，科技基础性工作不断加强，综合科学考察进一步规范。“中国北方及其毗邻地区综合科学考察”正是科技部科技基础性工作专项资助的重点项目。

中国北方及其毗邻的俄罗斯西伯利亚、远东地区和蒙古国在地理环境上是一个整体，是东北亚地区的重要组成部分。随着全球化和多极化趋势的加强，东北亚地区的地缘战略地位不断提升，越来越成为大国竞争的热点和焦点。东北亚地区生态环境格局复杂多样，自然过程和人类活动相互作用，对中国资源、环境与社会经济发展具有深刻的影响。长期以来，中国缺少对该地区的科学研究和数据积累，尤其缺乏对俄蒙两国高纬度地区的考察研究。因此，该项综合科学考察成果的出版将填补我国在该地区长期缺乏数据资料的空白。该项综合科学考察工作必将极大地支持中国在全球变化领域中对该地区的创新研究，支持东北亚国际生态安全、资源安全等重大战略决策的制定，对中国社会经济可持续发展特别是丝绸之路经济带和中俄蒙经济走廊的建设都具有重要的战略意义。

《中国北方及其毗邻地区综合科学考察》丛书是中俄蒙三国 170 余位科学家通过 5 年多艰苦科学考察后，用两年多时间分析样本、整理数据、编撰完成的研究成果。该项科学考察体现了以下特点：

一是国际性。该项工作联合俄罗斯科学院、蒙古国科学院及中国 30 多家科研机构，开展跨国联合科学考察，吸收俄蒙资深科学家和中青年专家参与，使中断数十年的中苏联合科学考察工作在新时期得以延续。项目考察过程中，科考队员深入俄罗斯勒拿河流域、北冰洋沿岸、贝加尔湖流域、远东及太平洋沿岸等地区，采集到大量国外动物、植物、土壤、水样等标本。该项考察工作还探索出利用国外生态观测台站和实验室观测、实验获取第一手数据资料，合作共赢的国际合作模式。如此大规模的跨国科学考察，必将有力地推进中国综合科学考察工作的国际化。

二是综合性。从考察内容看，涉及地理环境、土壤植被、生物多样性、河流湖泊、人居环境、社会经济、气候变化、东北亚南北生态样带以及国际综合科学考察技术规范等内容，是一项内容丰富、综合性强的科学考察工作。

三是创新性。该项考察范围涉及近 2000 万 km^2。项目组探索出点、线、面结合，遥感监测与实地调查相结合，利用样带开展大面积综合科学考察的创新模式，建立 E-Science 信息化数据交流和共享平台，自主研制便携式野外数据采集仪。上述创新模式和技术保障了各项考察任务的圆满完成。

考察报告资料翔实，数据丰富，观点明确，在科学分析的基础上还提出中俄蒙跨国合作的建议，有许多创新之处。当然，由于考察区广袤，环境复杂，条件艰苦，对俄罗斯和蒙古全境自然资源、地理环境、生态系统与人类活动等专题性系统深入的综合科学考察还有待下一步全面展开。我相信，《中国北方及其毗邻地区综合科学考察》丛书的面世将对中国国际科学考察事业产生里程碑式的推动作用。衷心希望项目组全体专家再接再厉，为中国的综合科学考察事业做出更大的贡献。

2014 年 12 月

序　　三

进入21世纪以来，我国启动实施科技基础性工作专项，支持通过科学考察、调查等过程，对基础科学数据资料进行系统收集和综合分析，以探求基本的科学规律。科技基础性工作长期采集和积累的科学数据与资料，为我国科技创新、政府决策、经济社会发展和保障国家安全发挥了巨大的支撑作用。这是我国科技发展的重要基础，是科技进步与创新的必要条件，也是整体科技水平提高和经济社会可持续发展的基石。

2008年，科技部正式启动科技基础性工作专项重点项目“中国北方及其毗邻地区综合科学考察”，标志着我国跨国综合科学考察工作迈出了坚实的一步。这是我国首次开展对俄罗斯和蒙古国中高纬度地区的大型综合科学考察，在我国科技基础性工作史上具有划时代的意义。在该项目的推动下，以董锁成研究员为首席科学家的项目全体成员，联合国内外170余位科学家，利用5年多的时间连续对俄罗斯远东地区、西伯利亚地区、蒙古国，中国北方地区展开综合科学考察，该项目接续了中断数十年的中苏科学考察。科考队员足迹遍布俄罗斯北冰洋沿岸、东亚太平洋沿岸、贝加尔湖沿岸、勒拿河沿岸、阿穆尔河沿岸、西伯利亚铁路沿线、蒙古沙漠戈壁、中国北方等人迹罕至之处，历尽千辛万苦，成功获取考察区范围内成系列的原始森林、土壤、水、鱼类、藻类等珍贵样品和标本3000多个（号），地图和数据文献资料400多套（册），填补了我国近几十年在该地区的资料空白。同时，项目专家组在国际上首次尝试构建东北亚南北生态样带，揭示了东北亚生态、环境和经济社会样带的梯度变化规律；在国内首次制定16项综合科学考察标准规范，并自主研制了野外考察信息采集系统和分析软件；与俄蒙科研机构签署12项合作协议，创建了中俄蒙长期野外定位观测平台和E-Science数据共享与交流网络平台。项目取得的重大成果为我国今后系统研究俄蒙地区资源开发利用和区域可持续发展奠定了坚实的基础。我相信，在此项工作基础上完成的《中国北方及其毗邻地区综合科学考察》丛书，将是极富科学价值的。

中国北方及其毗邻地区在地理环境上是一个整体，它占据了全球最大的大陆——欧亚大陆东部及其腹地，其自然景观和生态格局复杂多样，自然环境和经济社会相互影响，在全球格局中，该地区具有十分重要的地缘政治、地缘经济和地缘生态环境战略地位。中俄蒙三国之间有着悠久的历史渊源、紧密联系的自然环境与社会经济活动，区内生态建设、环境保护与经济发展具有强烈的互补性和潜在的合作需求。在全球变化的背景下，该地区在自然环境和经济社会等诸多方面正发生重大变化，有许多重大科学问题亟待各国科学家共同探索，共同寻求该区域可持续发展路径。当务之急是摸清现状。例如，在当前应对气候变化的国际谈判、履约和节能减排重大决策中，迫切需要长期采集和积累的基础性、权威性全球气候环境变化基础数据资料作为支撑。在能源资源越来越短缺的今天，我国要获取和利用国内外的能源资源，首先必须有相关国家的资源环境基础资料。俄蒙等周边国家在我国全球资源战略中占有极其重要的地位。

中国科学家十分重视与俄、蒙等国科学家的学术联系，并与国外相关科研院所保持着长期良好的合作关系。1998 年、2004 年，全国人大常委会副委员长、中国科学院院长路甬祥两次访问俄罗斯，并代表中国科学院与俄罗斯科学院签署两院院际合作协议。2005 年、2006 年，中国科学院地理科学与资源研究所等单位与俄罗斯科学院、蒙古科学院中亚等国科学院相关研究所成功组织了一系列综合科学考察与合作研究。近年来，各国科学家合作交流更加频繁，合作领域更加广泛，合作研究更加深入。《中国北方及其毗邻地区综合科学考察》丛书正是基于多年跨国综合科学考察与合作研究的成果结晶。该项成果包括：《中国北方及其毗邻地区科学考察综合报告》、《中国北方及其毗邻地区土地利用/土地覆被科学考察报告》、《中国北方及其毗邻地区地理环境背景科学考察报告》、《中国北方及其毗邻地区生物多样性科学考察报告》、《中国北方及其毗邻地区大河流域及典型湖泊科学考察报告》、《中国北方及其毗邻地区经济社会科学考察报告》、《中国北方及其毗邻地区人居环境科学考察报告》、《东北亚南北综合样带的构建与梯度分析》、《中国北方及其毗邻地区综合科学考察数据集》、*Proceedings of the International Forum on Regional Sustainable Development of Northeast and Central Asia*。

2013 年 9 月，习近平主席访问哈萨克斯坦时提出“共建丝绸之路经济带”的战略构想，得到各国领导人的响应。中国与俄蒙正在建立全面战略协作伙伴关系，俄罗斯科技界和政府部门正在着手建设欧亚北部跨大陆板块的交通经济带。2014 年 9 月，习近平主席提出建设中俄蒙经济走廊的战略构想，从我国北方经西伯利亚大铁路往西到欧洲，有望成为丝绸之路经济带建设的一条重要通道。在上海合作组织的框架下，巩固中俄蒙以及中国与中亚各国之间的战略合作伙伴关系是丝绸之路经济带建设的基石。资源、环境及科技合作是中俄蒙合作的优先领域和重要切入点，迫切需要通过科技基础工作加强对俄蒙的重点考察、调查与研究。在这个重大的历史时刻，中国北方及其毗邻地区综合科学考察丛书的出版，对广大科技工作者、政府决策部门和国际同行都是一项非常及时的、极富学术价值的重大成果。

2014 年 12 月

前　言

《中国北方及其毗邻地区综合科学考察》丛书是国家科技基础性工作专项重点项目“中国北方及其毗邻地区综合科学考察”（2007FY110300）的成果集成，是中蒙俄三国二十余家科研单位170余位科学家通过五年多艰苦科学考察后，用两年多时间分析样本、整理数据、凝练结论、编撰完成的综合性系统性研究成果。

丛书共分10册，分别是《中国北方及其毗邻地区科学考察综合报告》（董锁成、孙九林等著）、《中国北方及其毗邻地区土地利用/土地覆被科学考察报告》（张树文、朱华忠等著）、《中国北方及其毗邻地区地理环境背景科学考察报告》（庄大方、徐新良、姜小三等著）、《中国北方及其毗邻地区大河流域及典型湖泊科学考察报告》（刘曙光、张路、蔡奕等著）、《中国北方及其毗邻地区生物多样性考察报告》（欧阳华、陈毅峰等著）、《中国北方及其毗邻地区经济社会科学考察报告》（董锁成、陈才、李宇等著）、《中国北方及其毗邻地区人居环境科学考察报告》（李旭祥等著）、《东北亚南北综合样带的构建与梯度分析》（江洪、王卷乐、金佳鑫等著）、《中国北方及其毗邻地区综合科学考察数据集》（杨雅萍、王卷乐等著）、*Proceedings of the International Forum on Regional Sustainable Development of Northeast and Central Asia*（董锁成、孙九林等主编），董锁成、孙九林任丛书主编。本丛书较为全面地揭示了中国北方及其毗邻的俄罗斯西伯利亚和远东地区以及蒙古国自然地理环境、土地覆被、河流与湖泊水资源与水环境、生物多样性、经济社会、城市与人居环境时空格局与地域分异规律，提出了中蒙俄跨境区域资源、环境、生态与社会经济全面合作的科学依据，是国内首套系统综合研究中蒙俄经济走廊沿线地区的基础科技类丛书。

中国北方及其毗邻的俄罗斯西伯利亚、远东及蒙古国在地理环境上是一个相互影响的整体，地处东北亚核心区和中蒙俄经济走廊枢纽区域，生态环境格局复杂，各种自然过程和人类活动交互作用，对中国资源、环境、生态系统及社会经济具有重大而深刻的影响。但是，长期以来，中国缺少对该地区的科学研究和数据积累，尤其缺乏对俄罗斯和蒙古高纬度地区的考察研究。为此，2007年，科技部启动国家科技基础性工作专项重点项目“中国北方及其毗邻地区综合科学考察”。该项目是我国首个利用遥感、GIS、GPS等信息技术和野外监测、实地考察等方法开展的一项多学科、多尺度的大型跨国综合科学考察项目。项目考察范围包括中国黄河以北的东北地区、华北地区和西北地区，蒙古全境，俄罗斯西伯利亚和远东地区。项目由中国科学院地理科学与资源研究所主持，国内主要参加单位包括中国科学院水生生物研究所、中国科学院南京地理与湖泊研究所、中国科学院植物研究所、中国科学院东北地理与农业生态研究所、南京大学、同济大学、西安交通大学、南京农业大学、东北师范大学、陕西师范大学、河南大学、内蒙古师范大学等；国际合作单位包括俄罗斯科学院西伯利亚分院伊尔库茨克地理研究所（伊尔库茨克），俄罗斯科学院西伯利亚分院贝加尔自然管理研究所（乌兰乌德）、俄罗斯科学院远东分院太平洋地理研究所［符拉迪沃斯托克（海参崴）］，俄罗斯科学院西伯利亚分院雅库茨克科学中心冻岩带生物问题研究所（雅库茨克），俄罗斯科学院西伯利亚分院自然资源、生态与冰冻学研究所（赤塔），俄罗斯科学院俄罗斯科学和教育部北方区域经济研究所（雅库茨克），俄罗斯科学院远东分院水与生态问题研究所［哈巴罗夫斯克（伯力）］，俄罗斯科学院远东分院区域问题综合分析研究所（比罗比詹），俄罗斯科学院远东分院地质与自然资源利用研究所［布拉戈维申斯克（海兰泡）］，俄罗斯雅库茨克国立大学（雅库茨克），蒙古国科学院地理与地球生态研究所（乌兰巴托），等等。

项目启动以来，在科技部基础研究司、国际合作司、国家科技基础条件平台中心，中国科学院科技促进发展局、条件保障与财务局、国际合作局、国际学术交流中心以及“中国北方及其毗邻地区综合科学考察”项目顾问委员会、项目专家组、中国科学院地理科学与资源研究所和项目各参加单位指导与大力支持下，以中国科学家为主，联合俄罗斯、蒙古科学家，对俄罗斯、蒙古中高纬度地区和中国北方地区开展十多次大型综合科学考察，主要包括：2008 年 7 月 19 日至 8 月 26 日俄罗斯贝加尔湖地区和蒙古北部地区综合科学考察，2009 年 7 月 31 日至 8 月 17 日、9 月 1 日至 15 日俄罗斯勒拿河中下游、北冰洋沿岸和远东地区综合科学考察，2010 年 7 月 30 日至 8 月 21 日中俄蒙边境、西伯利亚和远东地区综合科学考察，2011 年 7 月至 11 月蒙古、俄罗斯乌兰乌德-伊尔库茨克、哈巴罗夫斯克地区综合科学考察，2012 年 9 月中旬、下旬至 10 月上旬俄罗斯贝加尔湖地区、阿穆尔河（黑龙江）下游地区综合科学考察，2008 年至 2012 年对中国北方 15 省（自治区、直辖市）黄河流域、黑龙江（阿穆尔河）流域、额尔古纳河流域、河西走廊黑河流域中下游、石羊河流域、绥芬河流域，巴丹吉林沙漠、腾格里沙漠、乌兰布和沙漠、毛乌素沙漠、科尔沁沙地、黄土高原、内蒙古高原、东北平原、华北平原等典型区域的多学科综合科学考察。

项目组围绕考察工作内容和考核指标要求，针对考察区空间跨度大、梯度变化显著、地理环境复杂等特点，应用遥感调查与遥感反演、GIS 空间分析、定点监测、实验分析、区域生态经济系统分析及样带梯度研究等方法，成功探索实施点-线-面相结合，野外生态台站观测、东中西三条线路及典型区域综合考察、面上遥感调查相结合的国际综合科学考察技术路线，考察范围跨越 35°N ~ 72°N，83°E ~ 137°E 广大区域。点：充分依托中国、俄罗斯、蒙古已有的野外监测台站，长期有效获取考察区相关综合科学考察数据。线：重点对考察区东线（中国东北—俄罗斯远东勒拿河流域—北冰洋沿岸地区，以温度、热量梯度变化为主）、西线（由中国华北平原向北到蒙古高原、俄罗斯贝加尔湖流域，沿安加拉河向西到西伯利亚，以生态环境退化、土地利用/土地覆被、社会经济与人居环境等为主）、中线（远东中俄、中蒙边境区域，以水分梯度变化为主）区域开展深入的综合科学考察。面：利用极地苔原和泰加林地区、寒温带典型北方森林地区、温带荒漠草原地区、暖温带典型农牧交错地区、远东典型北方森林地区、温带针阔混交林地区、暖温带黄河三角洲地区等 7 个典型区域地面野外调查以及应用遥感技术对考察区进行面上调查。

“中国北方及其毗邻地区综合科学考察”项目做出了具有创新性和开拓性的工作，圆满完成了全部考察任务和项目考核指标，取得了丰硕的综合科学考察成果，接续了中断数十年的中俄科学考察和学术联系，填补了中国在俄蒙高纬度地区长期缺乏数据资料的空白。这对中国同俄罗斯、蒙古等邻国共同应对全球气候变化国际合作，开展与周边国家的资源、生态环境、经贸及科技领域的跨境合作，维护东北亚国际生态安全和可持续发展，尤其是科技支撑丝绸之路经济带和中蒙俄经济走廊建设，都具有重要的战略意义。项目开创了“对口合作，站点共建，成果共享”的综合科学考察国际合作模式，具有很好的国际考察示范和借鉴意义。项目主持单位中国科学院地理科学与资源研究所与俄罗斯科学院、蒙古国科学院等相关权威科研机构签署了12项长期综合科学考察合作协议，与俄罗斯科学院、乌兹别克斯坦科学院、蒙古国科学院等7家科研机构签署了举办东北亚中亚区域可持续发展论坛倡议书，为进一步开展深入的国际科技合作奠定良好的基础。项目初步创建了中国、俄罗斯、蒙古长期野外定位观测台站（监测样点）系统和稳定、规范、科学的数据网络，并首次设计了东北亚南北样带体系，建立了东北亚南北综合生态样带数据库；创新研发了科学考察的新技术和新设备，首次建立了中国北方及其毗邻地区综合科学考察数据共享平台和E-Science信息化协作网络系统，提高了国际科学考察信息化和科学数据共享水平。

《中国北方及其毗邻地区综合科学考察》丛书全面反映了上述考察与研究工作的最新成果。以本丛书出版为契机，丛书全体编委积极跟踪服务国家重大战略决策。2011年撰写完成的《关于加强科技基础性工作的建议》得到国务院原总理温家宝和国务院副总理刘延东等国家领导人的批复，对加强中国科技基础工作具有重要的促进作用。2014年项目组组织召开首届“丝绸之路经济带生态环境与可持续发展国际研讨会”，与全球一百多位科学家倡议成立了“一带一路”国际科学家联盟，撰写完成的《关于科技支撑“一带一路”建设的建议》和《“一带一路”资源环境格局和可持续发展》等相关研究报告先后得到中国科学院、国家发改委、俄罗斯科学院、俄罗斯布里亚特共和国等部门采用，为“一带一路”建设规划提供了科技支撑。2016年在第33届国际地理大会上组织召开“一带一路国际科学家联盟智库论坛”，参与组织“一带一路国立科研机构科技合作论坛”，发表两期50余篇“一带一路”建设智库论文。撰写完成的“关于尽快实施‘一带一路’国际交流培训计划的建议”得到国务院副总理张高丽等国家领导人批复。同时，以丛书数据为支撑，项目组先后承担中国科学院重点项目课题“中蒙俄跨境高铁战略通道布局及对经济走廊影响研究”和国家科技基础资源调查专项“中蒙俄国际经济走廊多学科联合考察”等重大国家科研任务，对于加强中国科技基础性工作和服务“一带一路”及中蒙俄经济走廊建设起到了重要的科技支撑作用。

《中国北方及其毗邻地区综合科学考察》丛书研究区域涉及三国跨境地区，范围大，面积广，野外考察工作条件艰苦，任务艰巨。受作者专业水平和写作能力限制，丛书内容疏漏之处在所难免，敬请国内外专家和广大读者批评指正。

董锁成

2016年12月

目　　录

第1章　引　论

中国北方及其毗邻地区综合科学考察的研究范围包括：中国北方华北五省（自治区、直辖市）（北京、天津、河北、山西、内蒙古）及山东、河南，西北五省（自治区）（陕西、甘肃、宁夏、青海、新疆），东北三省（辽宁、吉林、黑龙江），蒙古全境，俄罗斯东西伯利亚外贝加尔边疆区、伊尔库茨克州、布里亚特共和国以及远东部分地区，考察区总面积1948万km^2，占世界陆地面积的13%，2010年总人口5.7亿，占世界总人口的8.5%，GDP 2.5万亿美元，占世界GDP的4%。该地区是东北亚的重要组成部分，是亚欧大陆东北部山水相连、文脉相系、具有特殊意义的国际政治经济地域，具有国际经济、社会、文化、生态一体化发展的美好前景。

东北亚国家地缘相近，亲缘相通，唇齿相依，密不可分，历史文化和经济贸易关系源远流长。东北亚各国自然地域相连，通过大气环流、降水、蒸发和江河湖海水分循环形成自然环境的有机整体。区内各国通过国际贸易和经济合作、交流密切联系，社会经济形成东北亚经济地域系统。在全球变化背景下，深入探讨东北亚地区可持续发展的主要科学问题，对于"一带一路"和中蒙俄经济走廊建设具有重要的理论与实践意义。

1.1　东北亚区域资源—环境—经济社会复杂巨系统

东北亚地区是由资源、环境和经济社会构成的相互依存、相互作用的有机整体，是具有一定结构、功能和互动机理的区域资源—环境—经济社会复杂巨系统，也是东北亚生态经济巨系统。其中，资源是区域可持续发展的物质基础和能量源泉；环境是区域可持续发展的重要支撑和依托；经济社会是区域可持续发展最能动、最活跃的力量，它决定区域可持续发展的水平和阶段（图1-1）。区域资源—环境—经济社会复杂巨系统内部要素之间的作用和反馈机制是一个复杂的正负反馈系统。其中，资源和环境、经济和社会分别具有正反馈性质，资源和经济、资源和社会是具有负反馈机制的子系统，而环境和经济、环境和社会之间的反馈机制比较复杂。环境子系统对经济子系统和社会子系统具有正作用机制，而经济和社会子系统对环境子系统具有两种作用机制：一方面，经济和社会活动产生的各种废弃物对环境具有破坏作用，降低了环境质量；另一方面，良好的经济效益和社会文明条件促使人们愿意并有能力改善环境，提高了环境质量（图1-2）。区域资源—环境—经济社会系统除具有一般系统的稳定性、层次性、开放性和动态性特征外，还具有一些特性，如动态并行性、内部行为非线性、耗散结构特性和时空差异性等。东北亚区域资源、环境、经济、社会之间的相互关系决定了区域可持续发展的状态，也决定了区域生态经济系统的结构和功能。

在全球气候变化影响下，东北亚地区生态经济巨系统的结构、功能和运动规律及其动态演变格局等科学问题是该地区可持续发展的基本科学问题，对于东北亚各国开展区域可持续发展国际合作及制定区域可持续发展国际战略具有重要意义。

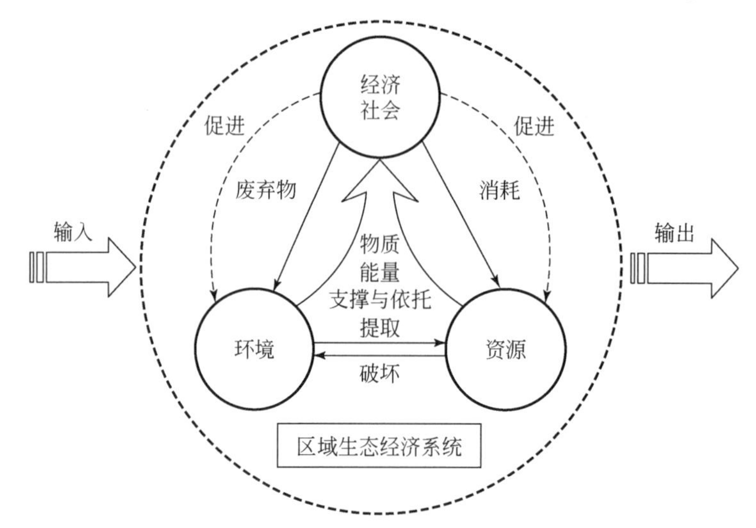

图 1-1　东北亚区域资源—环境—经济社会系统结构

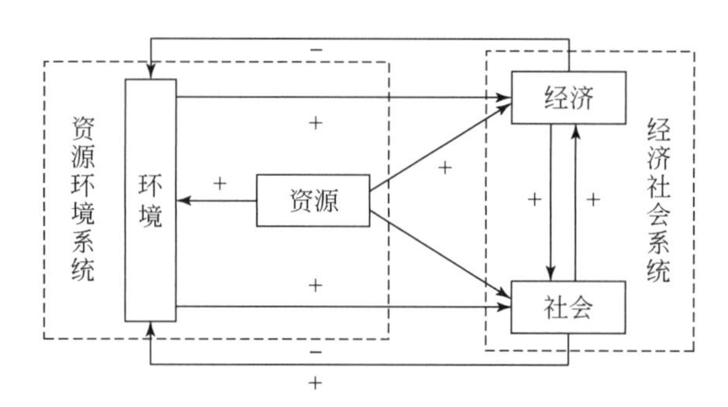

图 1-2　东北亚区域资源—环境—经济社会系统内部要素反馈机制

注：+，正反馈作用；-，负反馈作用

1.2　东北亚区域资源—环境—经济社会地域分异规律

通过对数字高程模型（DEM）、土地覆被和土地利用、气温、降水、干燥度等自然环境数据以及中国北方地区 1100 多个县（区、市）2009 年主要社会经济活动指标分析，以资源—环境—经济社会地域分异规律为理论基础，借鉴前人关于自然区划、生态区划、经济区划的研究成果，遵循区域内相对一致性和区间差异性相结合原则、生态经济系统的等级性原则、综合分析与主导因素相结合原则、行政单元完整性和区域共轭性原则，通过对区域生态、环境与经济、社会各要素互动机理的分析，综合运用 GIS 空间分析法和地理相关法，以县级行政区作为区划的基本单元，将中国北方地区划分为五大生态经济区、23 个生态经济亚区。该研究旨在揭示东北亚地区生态经济系统的结构、功能与主要矛盾等，为分类指导、因地制宜地制定区域可持续发展战略提供决策依据；同时根据俄罗斯亚洲地区、蒙古、中国北方地区的降水、气温、土地覆被以及主要社会经济动指标，利用GIS进行空间模拟，对该地区生态经济要素地域分异规律和格局进行初步分析。上述研究得出如下结论。

1.2.1 自然环境要素沿经纬向梯度变化的地带性规律

东北亚地区具有南北向以温度、热量、植被变化为主，东西向以水分、植被、人类活动变化为主的自然、人文系列梯度分异。

（1）热量自南向北随纬度增加而递减的纬向地带性分异

东北亚地区热量自南向北表现出明显的纬度地带性规律。太阳辐射随纬度的升高而减弱，气温和热量也随之呈现地带性梯度下降。自南向北随着纬度增加，气温降低。同时，局部地区地形起伏而受到扰动，呈现局地垂直地带性分异规律，即随着海拔上升，气温降低（海拔每上升100m，气温下降0.6℃）。整体而言，这种南北向地域分异使该地区形成热带、亚热带、温带、寒带（副极地和极地区）等不同类型区。

（2）水分要素自东南向西北沿经向递减的经向地带性分异

东北亚地区降水由东部的太平洋西岸向西部的中亚大陆腹地逐步递减，从世界年降水量分布（图1-3）可以明显地看到，由东北亚地区东南部海岸线向西北、中部内陆地区，依次出现湿润带、半湿润带、半干旱带和干旱带的梯度变化规律。

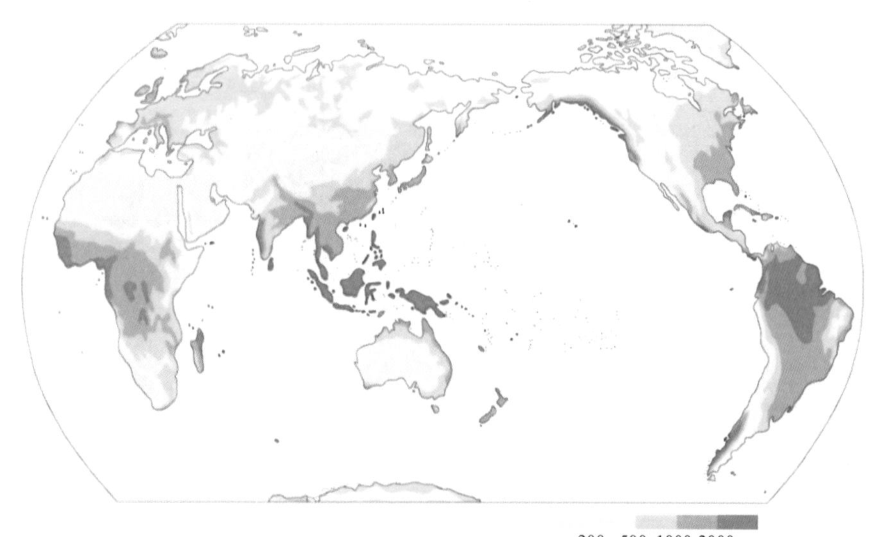

图1-3 世界年降水量分布

（3）植被和生态景观存在三维地带分异规律

东北亚地区的植被既存在南向北温带落叶阔叶林-温带针阔混交林、寒带泰加林-极地苔原带的纬向地带分异，也存在东到西森林—草原—沙漠—戈壁的变化规律，还存在由于山地海拔上升而出现的阔叶林、针阔混交林、针叶林、高山灌丛、高山草甸及高山苔原的垂直地带性分异，如长白山垂直带谱：600～1600m（基带），温带针叶与落叶阔叶混交林带；1600～1800m，山地寒温针叶林带；1800～2000m，山地寒冷矮曲（岳桦）林带；2000m以上，山地寒冻苔原带。

(4) 土地利用由东部沿海向西部内陆中心呈环状梯度变化

在纬度、海拔、降水等因素的共同作用下，东北亚地区土地覆被格局呈现出以蒙古及中国西北地区为中心，向周围沿海地带环形梯度变化的状态。中心区以裸地为主，向外围依次出现小灌木、耕地、草地、林地等覆被类型。

1.2.2 气候变化响应与适应——南北生态样带梯度变化

东北亚是全球变化的敏感响应区域，自南向北自然要素和人类活动存在着明显的梯度变化。2003～2005年的主要温室气体甲烷（CH_4）遥感监测数据表明，勒拿河流域及北冰洋沿岸的湿地和中国亚热带的南方水稻田是全球甲烷的两大主要分布区。这将为揭示东北亚南北两大甲烷分布区的甲烷排放规律和调控措施提供科学依据（图1-4）。

东北亚地区是全球碳排放量巨大的区域之一，受到经济发展水平、能源消费结构、土地覆被等空间地域差异的影响，东北亚碳排放量大体呈现出由东南部沿海地带向中西部内陆地带环形递减的空间梯度变化格局。

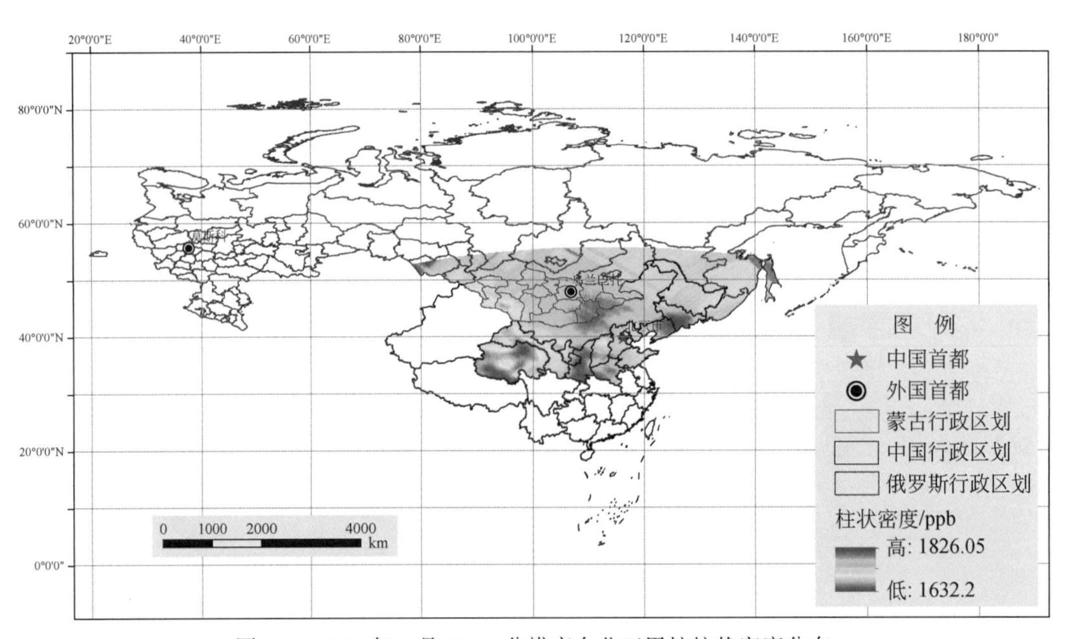

图1-4 2005年2月10km分辨率东北亚甲烷柱状密度分布

1.2.3 人类活动随纬度增加递减，随水热增加而递增的复合地域分异规律

(1) 东南部人口集聚与西北部人口稀疏的区域格局

东北亚人口在温带地区和东部沿海地区集中分布，形成南部和沿海人口及城镇密集区，在北部寒带地区和内陆干旱地区分布稀少，形成人口、城镇分布的“低谷”。俄罗斯广大远东地区人口密度很低，小于5人/km^2，贝加尔湖地区、滨海边疆区和萨哈（雅库特）共和国人口密度分别仅为3人/km^2和1人/km^2。中国东北区域人口密度高，大部分地区大于100人/km^2，沿海区域人口、城镇密集，人口密度达到500人/km^2以上，

人口压力日渐增加（图1-5）。

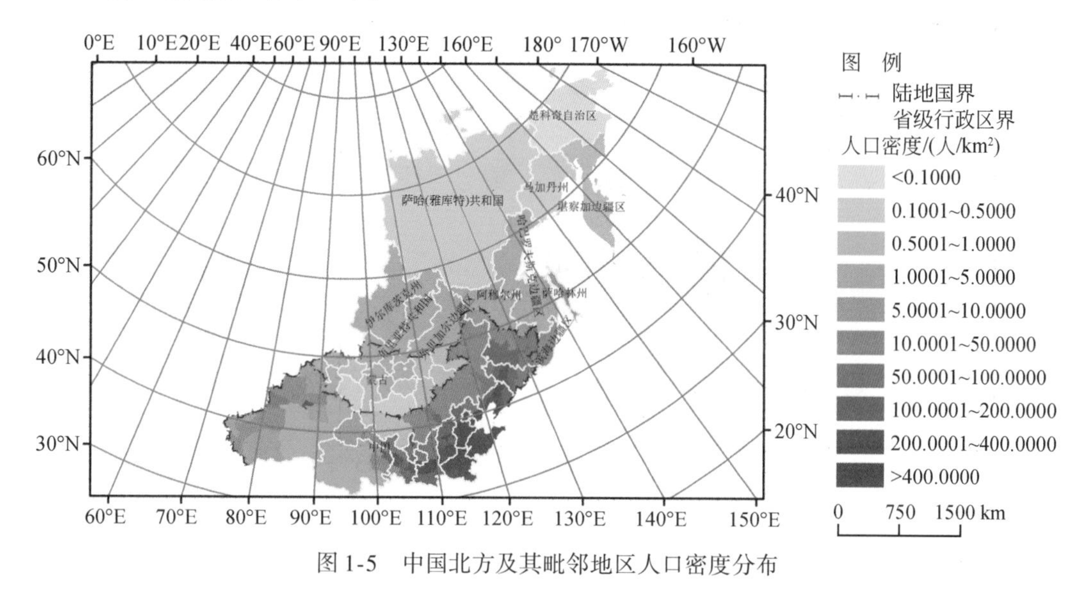

图1-5 中国北方及其毗邻地区人口密度分布

（2）经济发展存在南北东西四大梯度

东北亚经济密度总体上由南向北递减，而人均富裕程度则由北向南递减。俄罗斯和中国经济发展程度分别存在由西向东递减和由东向西递减两个相反梯度，而人均富裕程度存在北高南低分异格局。俄罗斯广大远东地区经济密度较低，小于50 000美元/km²；而中国东北亚地区经济开发强度高，大于50 000美元/km²，沿海和南部区域地均生产总值高达150 000美元/km²以上。俄罗斯远东大部分地区人均GDP大于3000万美元/人；而中国东北亚地区人口数量大，大部分地区人均GDP小于3000万美元/人（图1-6、图1-7）。

内陆地区和沿边境地区形成经济欠发达连绵带，包括蒙古、中俄边境、中蒙边境。因此，加快跨境地带发展是东北亚地区可持续发展的战略任务。

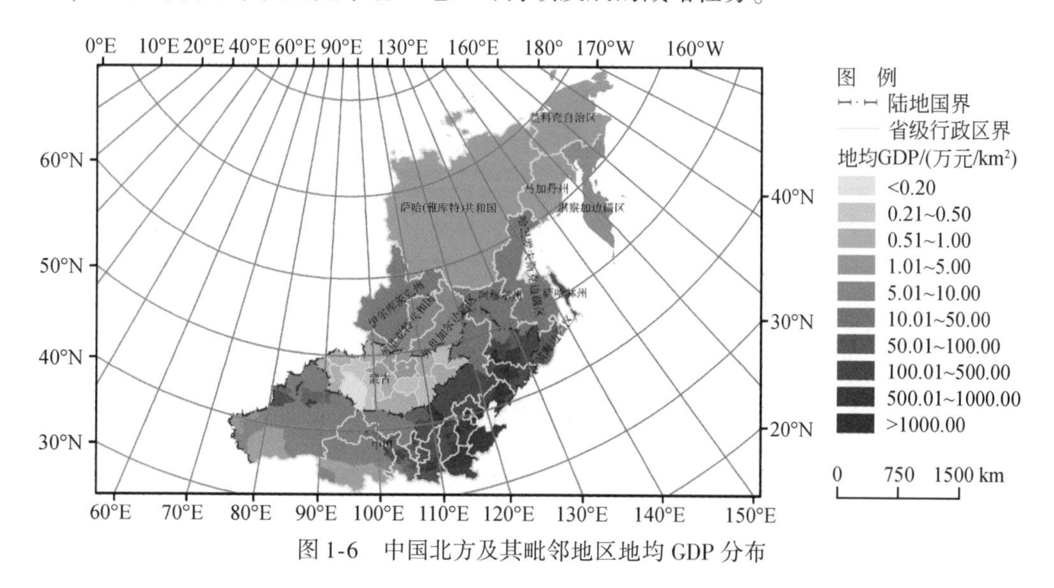

图1-6 中国北方及其毗邻地区地均GDP分布

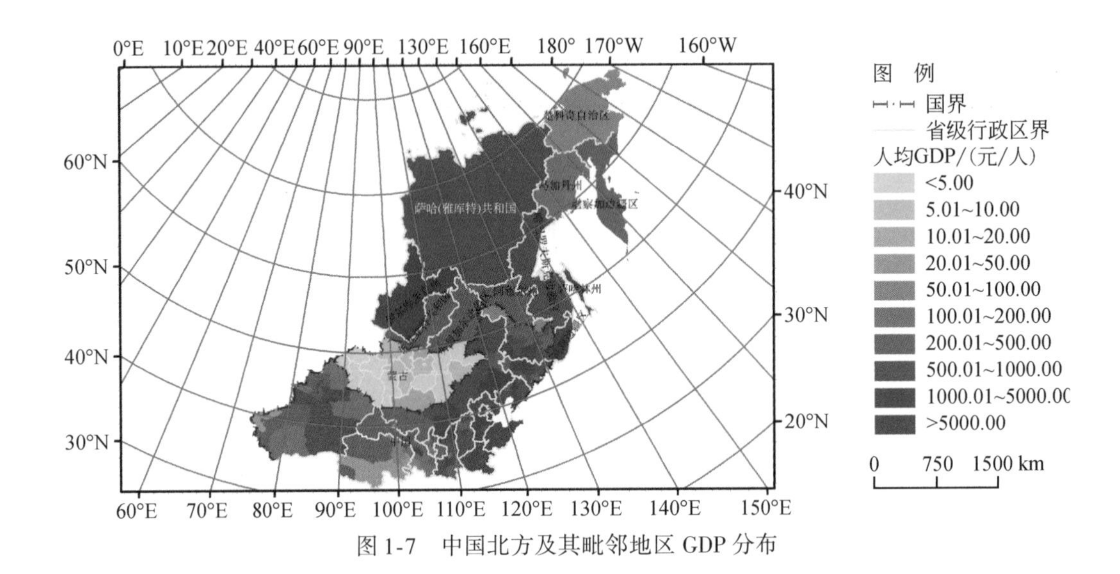

图 1-7　中国北方及其毗邻地区 GDP 分布

1.3　东北亚区域可持续发展驱动力

1.3.1　自然要素——长周期驱动力

东北亚地区地处北半球中高纬度地带，IPCC 的最新研究进展和《中国气候与环境变化：2012》的研究成果表明，在全球气候变化大背景下，未来东北亚地区气候演变趋势是气温升高、降水增多，水热条件将得到明显改善。这无疑将成为长周期尺度下东北亚地区可持续发展的强大自然影响因子。

（1）水热条件改善，促进区域农业发展

在全球气候变化背景下，东北亚地区降水增多、热量增加，将使东北亚地区的气候更适宜作物生长。东北亚地区作物种植线北移，低温寒害对作物的影响大大减少，农作物生长加快，生长期缩短，作物籽粒产量增加。东北亚地区的广大农作物主产区的发展将因此获得长期的有利影响，有利于农业的可持续发展。

（2）气候增温、增湿，人居环境改善，促进人口集聚和城市化

水热条件的改善，对于东北亚地区而言，将意味着气候更加湿润，自然环境更加适宜人类居住。舒适度的改善在长趋势上将不断增加区域的吸引力，引导人类活动向东北亚地区集聚，促进旅游、商贸、物流等经济活动向东北亚地区转移，从而逐步促使区域人口不断增多，促进人口集聚和城市化，推动区域可持续发展。

1.3.2　人文要素——短周期驱动力

（1）地缘政治生态改善，区域合作前景广阔

2000 年以来，中俄地缘政治生态显著改善，建立了战略伙伴关系，为两国的区域合作创造了契机。2004 年，中俄两国签订了《中俄睦邻友好合作条约》；2008 年，中俄双方签署了《关于在石油领域合作的谅解备忘录》；2009 年，中俄签署了有关在石油领域的政府间合作协议，建设“东西伯利亚—太平洋输油管道”；2010年，中俄签署了《中俄关于全面深化战略协作伙伴关系联合声明》《中俄两国元首关于第二次世界大战结束65周年联合声明》及多项经济合作协议。

俄罗斯目前重在实施西伯利亚、远东地区开发战略，2000年以来出台了一系列远东地区开发政策，不断加强开发力度。中国目前积极实施东北亚地区的振兴、开发战略，近期实施了东北老工业基地振兴战略、图们江经济区开发战略等，长吉图开发开放先导区建设已上升为国家战略。

(2) 人口状况差异较大，人力资源合作前景巨大

俄罗斯贝加尔湖地区和滨海边疆区、萨哈（雅库特）共和国人口总量小，呈现负增长，劳动力总量逐年下降，制约了该地区的经济发展。2000~2006年，贝加尔湖地区劳动力减少了22.5万人，年均递减16.5‰。中国东北地区人口总量大，劳动力资源丰富，人口素质较好，而劳动力供需矛盾较大（表1-1）。

表1-1　2009年贝加尔湖地区、远东部分地区与中国东北地区比较

地区	总面积/万 km^2	总人口/万人	人口密度/(人/km^2)
贝加尔湖地区	155.8	458.32	3
滨海边疆区和萨哈（雅库特）共和国	324.94	293.94	1
中国东北（含内蒙古）	197.2	13 243.7	67

今后应加强东北亚区域间人才交流及劳务合作，可以大力开发“中国海外农场”——俄罗斯、蒙古有丰富的土地和农林牧渔业资源，中国方面有丰富的劳动力资源和农业技术资源，俄罗斯农业新战略导向和中国海外农业发展空间形成两国国际利益的巨大契合和双赢点，可加大中国劳务输出的规范化管理，促进官方组织和民间组织输出劳务。

(3) 产业结构高度工业化，区域经济合作发展前景好

贝加尔湖地区和远东部分地区经济总量小，占俄罗斯经济总量比例逐年下降，增长速度缓慢；中国东北地区经济总量较大，但占全国比例下降，增长速度快。2009年，贝加尔湖地区生产总值242亿美元，占全俄经济总量的1.75%，比2001年下降了0.62%；2009年，中国东北三省地区生产总值4740亿美元，占中国经济总量的9.04%，比2001年下降了0.58%。但上述区域为目前俄罗斯和中国的新经济增长点和战略重点区（图1-8）。

俄罗斯贝加尔湖地区、滨海边疆区和萨哈（雅库特）共和国以及中国东北地区工业比例都比较大。贝加尔湖地区产业发展不均衡，制造业比例占到经济总量的50%以上，其次为电气水生产配送业。滨海边疆区制造业和电力燃气和水比例占总量的80%以上。萨哈（雅库特）共和国采矿业发达，占总量的65%以上，但轻工业发展较为缓慢。

中国东北地区各省基本呈现“二、三、一”的产业结构，第二产业比例高于全国平均水平，东北三省基本接近50%。第三产业各省区基本接近40%，轻工业发展迅速，且整体水平较俄罗斯贝加尔湖地区、滨海边疆区和萨哈（雅库特）共和国高（图1-9）。

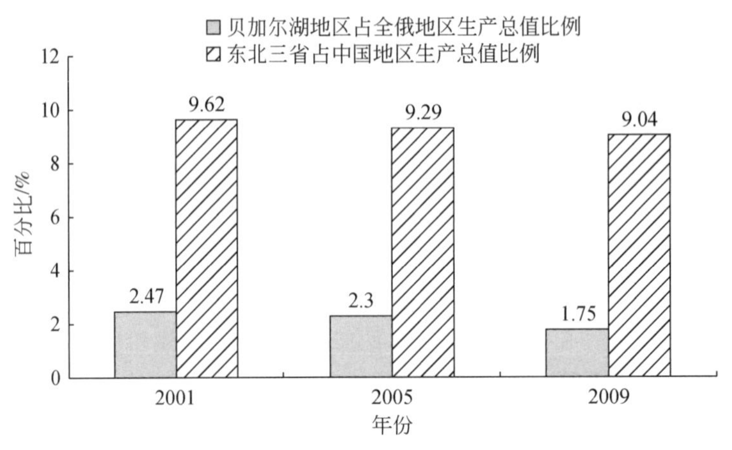

图 1-8　贝加尔湖地区占全俄地区生产总值比例、东北三省占中国地区生产总值比例

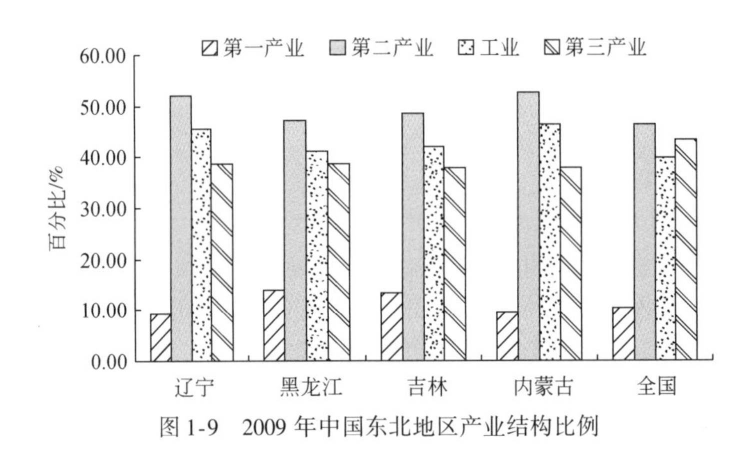

图 1-9　2009 年中国东北地区产业结构比例

目前东北亚地区在产业、贸易方面均有重大区域合作前景。中国应积极参与俄罗斯远东地区基础设施建设，相关企业应积极承担俄罗斯公路和铁路等战略性交通设施建设工程，积极参与俄罗斯供水设施更新工程及电网建设工程。

俄罗斯军工产业、高科技和智力密集型产业优势突出，而轻工业、农业发展不够；中国则在劳动密集型产业和部分高科技产业具有比较优势。中俄双方具有良好的区域合作前景。今后应积极发展轻工业、农业等对外直接投资，大力促进劳动密集型产业和部分高科技产业的对外贸易。

（4）资源互补优势大、合作基础好，资源合作前景广阔

资源分布不均和资源供需矛盾共同决定了中俄地区资源互补合作的发展趋势。俄罗斯矿产资源丰富，在基本满足自身需求的同时，还是部分矿产资源的重要输出国；中国自身需求过大或资源匮乏导致多数自有资源远不能满足发展需求，据估计到 2020 年，中国各类矿产品需求量将增加 1 倍以上，资源缺口大。俄罗斯的石油出口量居全球第二位，生产的铝、铜、镍等有色金属中近 80% 用于出口，俄罗斯铝业公司 2013 年原铝产量增加到 620 万 t，增加的部分主要出口至中国。俄罗斯东西伯利亚和远东地区限于开发条件恶劣，并远离传统欧洲市场，要使这些区域的资源潜在价值变成实际价值需大量资金和技术支持。中国拥有劳动力以及矿藏勘探、开采等技术优势，如果加强合作，则可在一定程度上促进中俄资源开发和利益双赢。中俄两国应加快在石油和天然气能源领域合作的步伐，中俄油气资源互惠开发将成为双方长期开拓的战略重点。

（5）双边贸易基础良好，开放程度不断提高，对外投资、贸易前景广阔

2006 年，贝加尔湖 3 个州级行政区吸引外资 6 亿美元，相对于 2000 年的 8300 万美元，年均增长 39%，高于俄罗斯联邦（31%）和西伯利亚地区（9%）的平均增长速度。但是，由于伊尔库茨克州良好的经济基础与交通枢纽地位，外商投资主要集中在伊尔库茨克州，随着外资不断增多、对外贸易不断活跃，该地区对外开放程度也在不断提高。2009 年中国东北 4 个省级行政区实际利用外商直接投资 219.3 亿美元，进出口总额 976.6 亿美元。中国东北地区对外贸易逐年大幅上升，各省发展基本平衡，对外贸易在地区经济发展中的地位稳步上升。

两国在该地区具有良好的双边贸易基础，贸易结构变化大。1994 年，中国对俄贸易额仅为 70.56 亿美元，2009 年增至 387.97 亿美元，16 年间增长 6.6 倍。中国是继德国和荷兰之后的俄罗斯第三大贸易伙伴国。

随着双边贸易规模的不断扩大，中国对俄罗斯的贸易结构也在不断变化。2001 ~ 2009 年中国对俄罗斯的贸易商品结构实现了由初期的低附加劳动密集型商品向资本或技术密集型商品转移。中国自俄罗斯进口的主要商品为矿产品、金属及其制品、木材及木制品和化学产品等资源性产品，中国自俄罗斯进口的矿产品占中国进口俄罗斯全部产品的比重高达 49.32%。

1.4　跨境区域社会经济可持续发展模式

1.4.1　要素流动、优势互易与跨越式发展

（1）实施边缘地区中心化发展战略

中俄双方在中国东北地区和内蒙古地区、俄罗斯贝加尔湖和远东地区等边缘地区开展合作，分别依托各自自然资源、人力资源和产业优势，建设生态经济、循环经济支撑的生态城镇和生态工业园区、生态型经济合作示范区、加工出口产品的自由贸易区等，吸引国际劳动密集型产业和国际资本转移，通过资源、技术、产业要素集聚，实现边缘地区逐步走向中心化的持续发展战略。

（2）境外生产加工型投资

中国东北各省的某些装备制造、电子信息、轻工、纺织、食品、医药、建材、化工等工业部门作为“走出去”对俄罗斯投资的主导行业，通过资本、技术、服务输出，对俄罗斯市场进行深度开发。

（3）境外资源开发型投资

针对中国短缺的如石油、天然气、木材、铁、铜、铝、硫、钾盐及俄罗斯蕴藏丰富的其他金属和非金属矿藏的自然资源，及时掌握俄罗斯政府的政策动向，了解拟投资项目是否属于俄罗斯政府禁止或限制的项目，矿产地是否列入俄罗斯政府禁止外资进入的名单，在基础上作为中方企业投资开发的目标。

中国东北各省应鼓励本地区企业赴俄罗斯从事林业综合开发特别是木材深加工业，而对以俄罗斯进口原木为原料的国内木材加工业则要适度控制其发展规模。

1.4.2 合作共赢机制框架

（1）基地合作创新模式

基地合作创新模式是中俄企业在大学或研究机构建立共同技术创新基地的一种合作创新组织形式。基地合作创新模式由企业提供资金或设备，由大学或研究机构提供场地和研究人员，基地的建设和管理通常由大学或研究机构负责。创新成果的所有权由基地所在单位所有或由参与企业和基地所在单位共同所有。基地合作创新的财务风险主要由参与基地建设的企业分担，创新的技术风险基本上由基地所在单位承担。

（2）科技园区孵化模式

俄罗斯现在仍然是世界科技大国，在航空、航天、核能、舰船等方面居世界领先地位。生物遗传工程、激光技术、新材料、生态环保、农业育种、医疗等方面也有相当优势。中国东北地区应积极开展中俄科技合作，建立研究与开发（R&D）机构，为高新技术向中国扩散提供可能性。一方面，中国应重点研究中俄 R&D 合作创新模式与传播扩散机制，促进中俄科技合作在广度和深度上的发展；另一方面，俄罗斯开展 R&D 合作，应重点选择新西伯利亚高科技集聚区、远东高科技集聚区等俄罗斯高校和科研密集的重点突破，开展 R&D 投资活动，实现中国海外 R&D 投资多元化战略。

（3）“双基地”合作模式

在平等互利的基础上，通过“双基地”这种组织形式为中俄两国科技创新企业提供科研、金融、中介、商业、法律等良好环境，推动双方多种形式的交流与合作，加速科技成果产业化和国际化，主要围绕能源、新材料、新工艺、环保、信息、航天航空、机电一体化、光电转换、化工、材料表面处理、自动化及中俄双方市场需求的技术等开展合作。

（4）共建风险投资公司模式

针对中俄合作中风险较大的问题，共建风险投资公司是解决该问题的有效模式之一。共建风险投资公司的主要任务是帮助中国民营企业、中小企业开拓对俄罗斯贸易，开发、生产和推销符合俄罗斯市场的产品。

1.5 东北亚地区可持续发展支撑平台建设

1.5.1 信息与网络系统技术支撑的 E-Science 平台建设

东北亚地区可持续发展 E-Science 平台应用系统功能体系包括 3 个层次：底层是 E-Science通用功能层，中间是地学 E-Science 通用功能层，顶层是信息化科学考察功能层（图 1-10）。目前，东北亚联合科学考察与合作研究平台已经部署在中国科学院地理科学与资源研究所、俄罗斯科学院远东分院太平洋地理所、蒙古国科学院地理研究所等，形成了跨国家、跨学科的分布式地学科研协同平台。今后东北亚地区可持续发展 E-Science 平台在发展过程中将面临资源共享问题、全球及区域协作问题、科研人员意识问题等挑战。

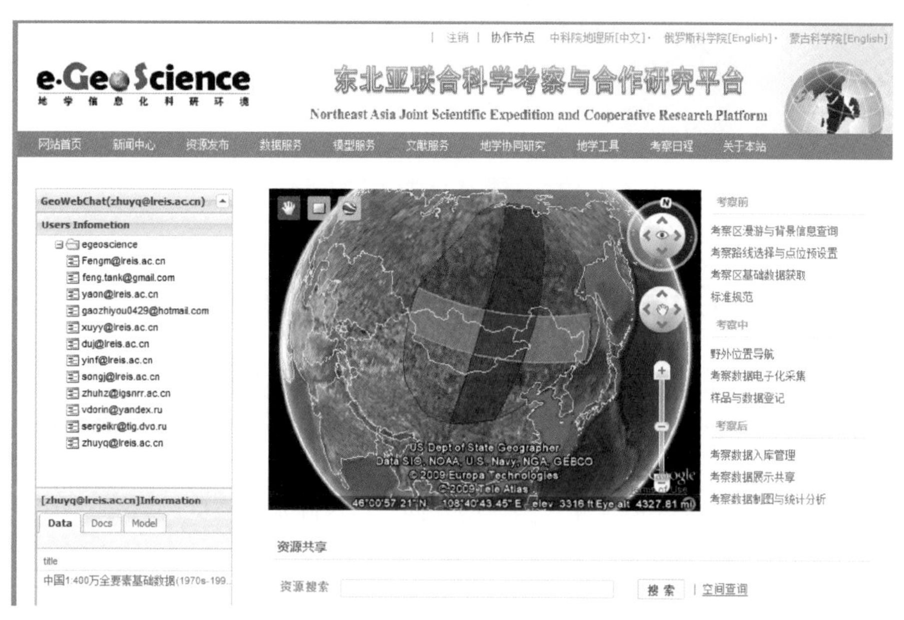

图 1-10　东北亚地区可持续发展 E-Science 平台（孙九林等，2008，2011）

1.5.2　生态网络系统平台建设

依托东北亚各国已有生态实验和观测站，建立东北亚和中亚生态网络系统平台，以共同应对全球气候变化在东北亚、中亚地区产生的严重影响，增强对东北亚全球变化背景下东北亚生态系统结构、功能和效应的动态监测，尤其对温室气体排放和人类活动的动态监测，为该地区应对全球气候变化提供科学支撑。

1.5.3　东北亚、中亚地区可持续发展论坛

建立东北亚、中亚地区可持续发展论坛机制，组织论坛，每年或每两年召开 1 次，探讨全球变化背景下该地区可持续发展面临的重大国际科学问题和难题，为东北亚、中亚相关国家制订可持续发展战略和参与国际可持续发展合作提供科学依据。

第2章　中国北方及其毗邻地区自然地理环境格局

2.1　中国北方及其毗邻地区地理环境总体概况

中国北方及其毗邻地区是一个资源相对集中、生态环境格局复杂、气候地带性多样、人地关系问题显著的区域。该区海拔50～4000m，主要由平原、丘陵、山地组成。由于纬度跨度大，所以温差较大，冬季1月平均温度-37～-25℃，夏季7月平均气温11～30℃。在气候上有大陆型气候和海洋型气候。该区降水量有巨大差异，年平均降水量150～3500mm。

在生态地理分区上，考察区由北向南可分为以下五大类型：寒带苔原带—亚寒带针叶林带（泰加林带）—温带草原带—温带混交林带—温带荒漠带（图2-1）。各带的典型特点如下。

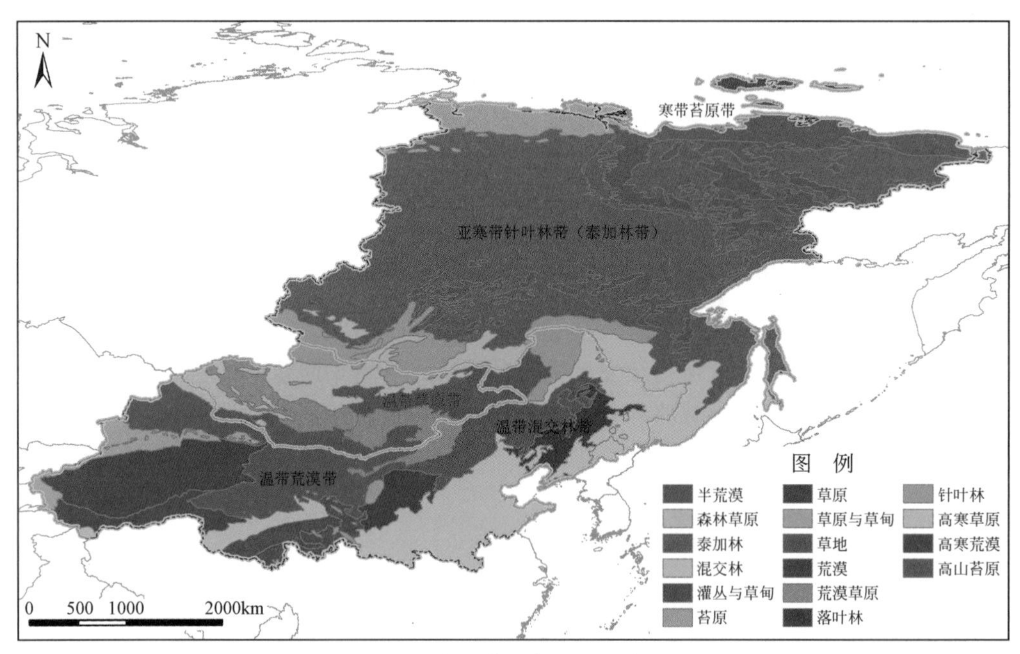

图2-1　中国北方及其毗邻地区生态地理分区

2.1.1　寒带苔原带

寒带苔原带主要分布在北部沿北冰洋一带以及北极圈内许多岛屿。这里气候严寒，冬季漫长多暴风雪，夏季短促，热量不足，土壤冻结，沼泽化现象广泛。这些环境条件不利于树木生长，因而形成了以苔藓和地衣占优势、无林的苔原带；土壤属于冰沼土；动物界比较单一，种数不多，有驯鹿、旅鼠、北极狐等，夏季有大量鸟类在陡峭的海岸上栖息，形成“鸟市”。

苔原也叫冻原，是生长在寒冷永久冻土上的生物群落，是一种极端环境下的生物群落。苔原生物对恶劣环境有特殊的适应性。苔原植物多为多年生的常绿植物，可以充分利用短暂的营养期，而不必费时生长新叶和完成整个生命周期，但短暂的营养期使苔原植物生长非常缓慢。西伯利亚苔原是该区最主要的生态地理类型，该区西伯利亚苔原面积约为96.2万km^2，占中国北方及其毗邻地区总土地面积的5.02%，主要分布在北部沿北冰洋一带以及北极圈内许多岛屿上。

2.1.2　亚寒带针叶林带（泰加林带）

亚寒带针叶林带（泰加林带）主要分布在寒带苔原带以南，50°N～70°N，呈宽阔的带状东西伸展。这里属于亚寒带大陆性气候，冬季十分寒冷，夏季温暖潮湿，从而形成西伯利亚的广大针叶林区，又称为泰加林，主要由云杉、银松、落叶松、冷杉、西伯利亚松等针叶树组成。这里因气候寒冷而且地面阴湿，有机质不能很好地分解，而由枯枝落叶产生的一种酸类使土壤发生灰化作用，成为森林灰化土。动物以松鼠、雪兔、狐、貂、麋、熊、猞猁等耐寒动物居多。这里，有些土地现在被开垦为农田，主要种植麦类及马铃薯等作物。

西伯利亚泰加林在该区分布最为广泛，面积约为670万km^2。在北半球的寒温带地区，泰加林几乎从大陆的东海岸一直分布到西海岸，形成壮观的茫茫林海。西伯利亚的泰加林是世界上最大的森林，纬度几乎跨半个地球。东部的东西伯利亚地区大陆性气候明显，冬季极端寒冷，是世界上年温差最大的地方（达100°C），北半球冬季最寒冷的地方都在这里（低于-70°C，仅次于南极，比北极更寒冷）。东西伯利亚地区有大面积的兴安落叶松林，以落叶的形式抵御东西伯利亚比北极还严寒的冬季。这里的树种以松、杉、桦树为主，地面积有很厚的枯枝落叶层。

2.1.3　温带草原带

温带草原带分布在西伯利亚泰加林以南，呈东西走向，宽度大，这里气候比泰加林带温暖得多，包括中亚北部、西伯利亚西南部及南部、蒙古的大部，中国内蒙古、东北中部和北部以及黄河中游黄土高原。气候属于温带大陆性半干旱类型，植被以禾本科植物为主；土壤主要是黑钙土和栗钙土；啮齿类（如黄鼠、野兔）、有蹄类和一些食肉动物（如狼、狐等）是温带草原的主要动物。

蒙满草原是该区最主要的生态地理类型，面积约89万km^2，横跨蒙古中部和东部，延伸到内蒙古中部和东部以及东北东部部分，直到华北平原西南部。该区域属于温带气候，1月平均气温低于9℃，年平均降水量150～450mm，平均海拔1000～1300m，海拔由西部向东部递减。蒙满草原以长穗醉马草、高羊茅、羊草和隐子草为主，在干旱地区发育耐旱牧草、杂草和多刺灌木。

2.1.4 温带混交林带

温带混交林带又称夏绿阔叶林带，主要分布于温带草原带和温带荒漠带的东西两端。在中国东北和华北、日本群岛、朝鲜半岛、俄罗斯堪察加半岛和萨哈林岛等地区，受温带季风气候影响，阔叶树种类成分较欧洲丰富，有蒙古栎、辽东栎以及槭属、椴属、桦属、杨属等组成的杂木林。温带阔叶林的土壤主要为棕色森林土、灰棕壤和褐色土。动物种类比较少，但个体数量较多，以有蹄类、鸟类、啮齿类和一些食肉动物最为活跃。

该区主要的生态地理类型包括：①中国东北混交林；②黄河平原混交林；③黄土高原混交林。各类型的典型特点如下。

2.1.4.1 中国东北混交林

中国东北混交林分布在从朝鲜半岛北部，经过中国吉林、辽宁、黑龙江直到俄罗斯的阿穆尔河，是东北亚地区最多样化的森林生态系统分布区。这个生态区常年寒冷干燥，1 月平均气温-20～15℃，年平均降水量 500～1000mm，海拔 500～1000m。随着地理纬度增大，平均温度逐渐降低，森林植被由以落叶阔叶林为主向以针叶林为主的混交林转变。针叶林树种包括红松、云杉和冷杉。落叶阔叶林树种包括蒙古栎、水曲柳、紫椴、白桦、满榆树和胡桃楸。

2.1.4.2 黄河平原混交林

黄河平原混交林区夏季温暖潮湿，冬季寒冷，土壤肥沃，主要为落叶阔叶林带。自然植被主要是落叶栎、麻栎和栓皮栎等。在海拔较高的山区植被以油松（海拔低于 700m）和柏树侧柏（海拔 700m 以上）为主。该区土地肥沃，农业发展历史悠久，因此许多混交林已经消失。

2.1.4.3 黄土高原混交林

黄土高原混交林位于黄河流域的西北部，形成内蒙古草原和沙漠的过渡地带。该生态区域属于季节性干旱气候，主要植被为混交落叶阔叶林。黄土高原北部的原始植被属于温带植被。在海拔较高的地方，植被是以桦树、枫树和菩提树等橡木属为主的落叶阔叶林；在海拔较低的地方，植被主要是榆树、水曲柳等。受种植业与牧业的影响，大部分原始植被被榛子、黄荆、虎榛子、绣线菊毛竹等灌木植被取代。

2.1.5 温带荒漠带

温带荒漠带主要分布在温带草原带以南，气候属于温带大陆性干旱类型。这里植被贫乏，只有非常稀疏的草本植物和个别灌木、土壤主要是荒漠土。温带荒漠带空间分布包括蒙古及中国北部。这里砂质沙漠占有广阔面积，沙漠动物比草原少得多，骆驼是最典型的沙漠动物。

阿拉善高原荒漠是该区主要的生态地理类型，位于内蒙古自治区西部，西起马鬃山，东到贺兰山，北接蒙古。大部分地区海拔 1300m 左右，地势由南向北缓倾，地面起伏不大，仅少数山地超过 2000m。受湿润的海洋季风影响不显著，年降水量均在

200mm 以下，有递减趋势，从东部贺兰山的 200mm 左右向西递减到黑河下游的 50mm 左右；干燥度则从 4.0 左右递增到 16.0 左右。植被以极其稀疏的灌木、半灌木荒漠为主，甚至有大片地区几无寸草。腾格里沙漠和乌兰布沙漠中分布有湖泊、沼泽，通称为沙漠湖盆，湖畔芦草丛生，是沙漠中的绿洲。

2.2　中国北方及其毗邻地区气象背景分析

2.2.1　气温降水的空间格局特征

2.2.1.1　气温

从中国北方及其毗邻地区 1980 ~ 2010 年年平均气温空间分布（图 2-2）来看，该区 30 多年来的年平均气温-20 ~ 23℃，气温空间分布呈现由南向北逐步降低的态势，中国新疆大部分地区、内蒙古自治区西南部地区、甘肃、宁夏、陕西、山西、河北、河南、山东、北京、天津、辽宁以及吉林局部地区气温多为 5 ~ 23℃，蒙古东南部和中国内蒙古中部以及黑龙江南部、吉林局部地区气温多分布在 0 ~ 5℃，从蒙古西北部到俄罗斯伊尔库茨克、布里亚特、后贝加尔边疆区、阿穆尔州和哈巴罗夫斯克州南部地区气温主要集中在-5 ~ 0℃，而俄罗斯西伯利亚北部以及远东地区气温主要集中在-20 ~ -5℃。

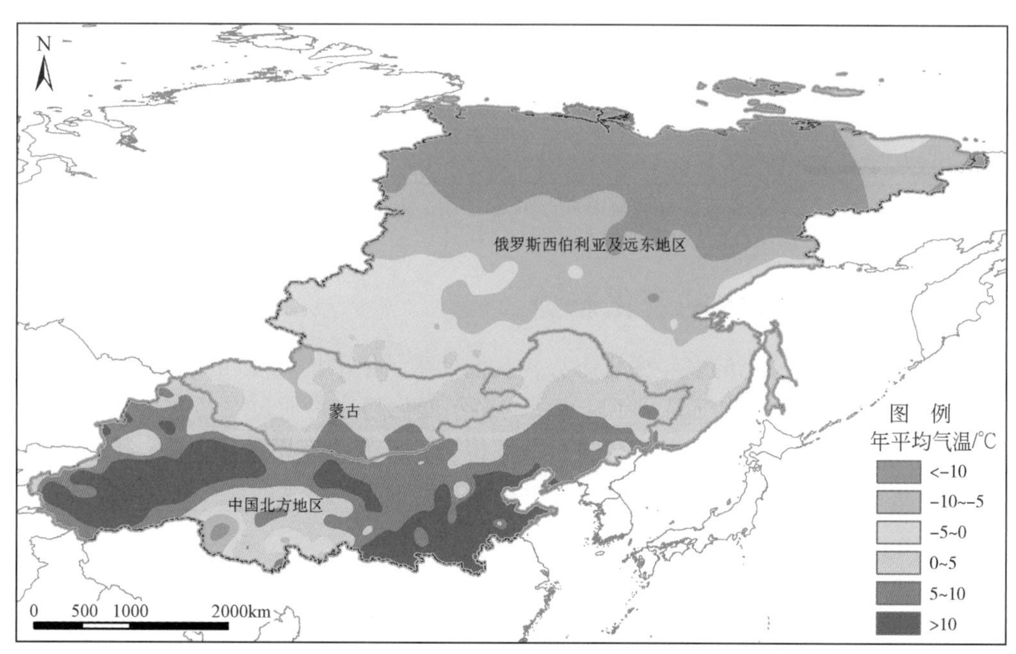

图 2-2　中国北方及其毗邻地区 1980 ~ 2010 年年平均气温空间分布

2.2.1.2　降水

从中国北方及其毗邻地区 1980 ~ 2010 年平均降水空间分布来看（图 2-3），该区 30 多年来的年平均降水主要集中在 60 ~ 2200mm，降水空间分布呈现由东南向西北逐步降低的态势，中国北方东南部的陕西南部、山西东部、河北、河南、山东、北京、天津、辽宁、吉林东部和黑龙江局部地区年降水量集中在 600 ~ 2200mm，青海和甘肃南部、陕西北部、山西西部、内蒙古自治区东部地区、吉林西部和黑龙江的大部分地区以及阿穆尔州和哈巴罗夫斯克南部地区年降水量多集中在 400 ~ 600mm，该区西部和北部大部分地区年降水量多集中在 200 ~ 400mm，而在我国新疆库木塔格沙漠存在一个降水低值区，年降水量多集中在 100mm 以下。

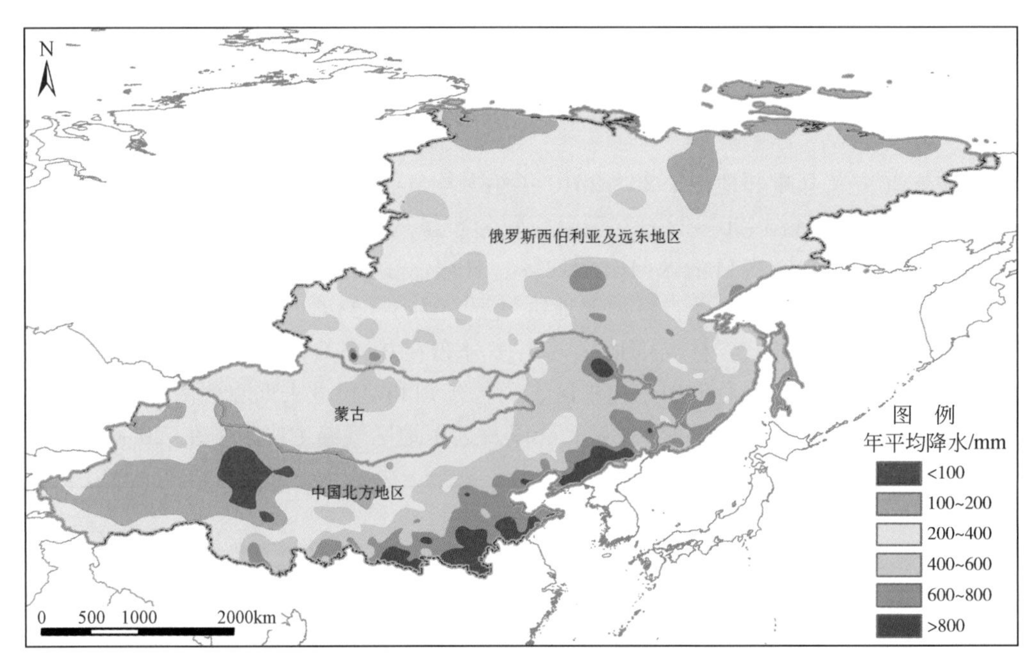

图 2-3 中国北方及其毗邻地区 1980 ~ 2010 年年平均降水空间分布

2.2.2 气温降水的变化态势

为了反映气温、降水的多年变化态势，我们计算了年平均气温和年降水量的变化趋势（变化倾斜率），年平均气温、年降水量的多年变化趋势是通过对考察区每一个像元对应的年平均气温、年降水量与年份进行线性拟合，其变化率用最小二乘法来计算，公式如下：

$$b = \frac{\sum_{i=1}^{n} (x_i - \bar{x})(y_i - \bar{y})}{\sum_{i=1}^{n} (x_i - \bar{x})^2}$$

式中，b 为年平均气温、年降水量变化率；i 为年份；x、y 分别为年份和该年的平均气温、降水量；$\bar{x}$、$\bar{y}$ 分别为某年份年平均气温、年降水量的平均值和所有年份年平均气温、年降水量的平均值。b 为负，表示年平均气温、年降水量在研究时期内呈下降趋势；b 为正，表示年平均气温、年降水量在研究时期内呈上升趋势。

2.2.2.1 气温的变化态势

从中国北方及其毗邻地区 1980 ~ 2010 年年平均气温变化倾斜率空间分布（图 2-4）来看，该区 30 年年平均气温存在明显的上升态势，大部分地区年平均气温年上升幅度为0 ~ 0.1℃，局部地区年上升幅度在 0.1℃以上，如中国新疆中西部地区、蒙古西南部地区、俄罗斯远东地区的西部和东北部局部地区。此外，在中国新疆和青海交界地区的南部、俄罗斯哈巴罗夫斯克边疆区西南部和远东地区的中北部地区存在两个比较明显的气温下降区，气温年下降幅度在 0.2℃以上。

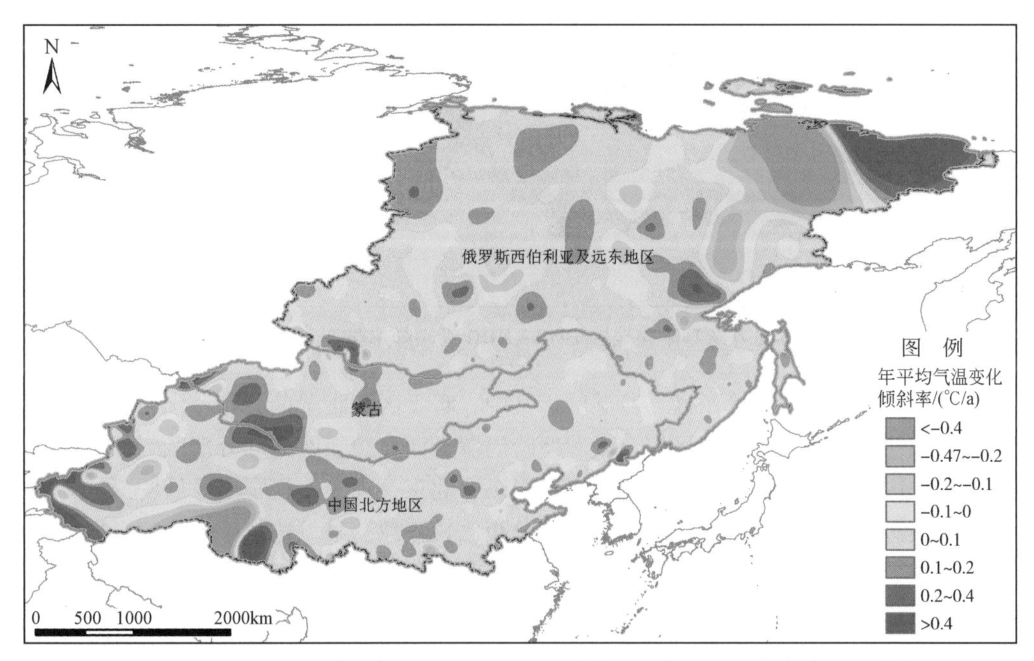

图 2-4　中国北方及其毗邻地区 1980 ~ 2010 年年平均气温变化倾斜率空间分布

2.2.2.2 降水的变化态势

从中国北方及其毗邻地区 1980 ~ 2010 年年降水量变化倾斜率空间分布来看（图 2-5），该区 30 多年来年降水量变化空间差异较大，其中，中国北方地区东南部的山东、河北、河南、辽宁和青海中南部地区年降水量增加趋势明显，年降水量增幅在 10mm 以上；俄罗斯大部分地区年降水量增加趋势明显，伊尔库茨克北部地区、后贝加尔边疆区和阿穆尔州接壤地区以及远东广大地区年降水量年增幅在 5mm 以上。此外，蒙古全境、俄罗斯的哈巴罗夫斯克边疆区大部分地区年降水量下降趋势明显，年降水量年降幅在 10mm 以上。

2.2.2.3 气候变化综合态势

基于上述气温和降水变化倾斜率空间分布数据，我们对年气温变化倾斜率和年降水量变化倾斜率进行了空间叠加，并在此基础上，根据 1980 ~ 2010 年气温和降水的综合变化态势，对中国北方及其毗邻地区 1980 ~ 2010 年气候变化综合态势进行了辨识。从分析结果看（图 2-6），中国北方及其毗邻地区 1980 ~ 2010 年气候变化综合态势主要分为以下几

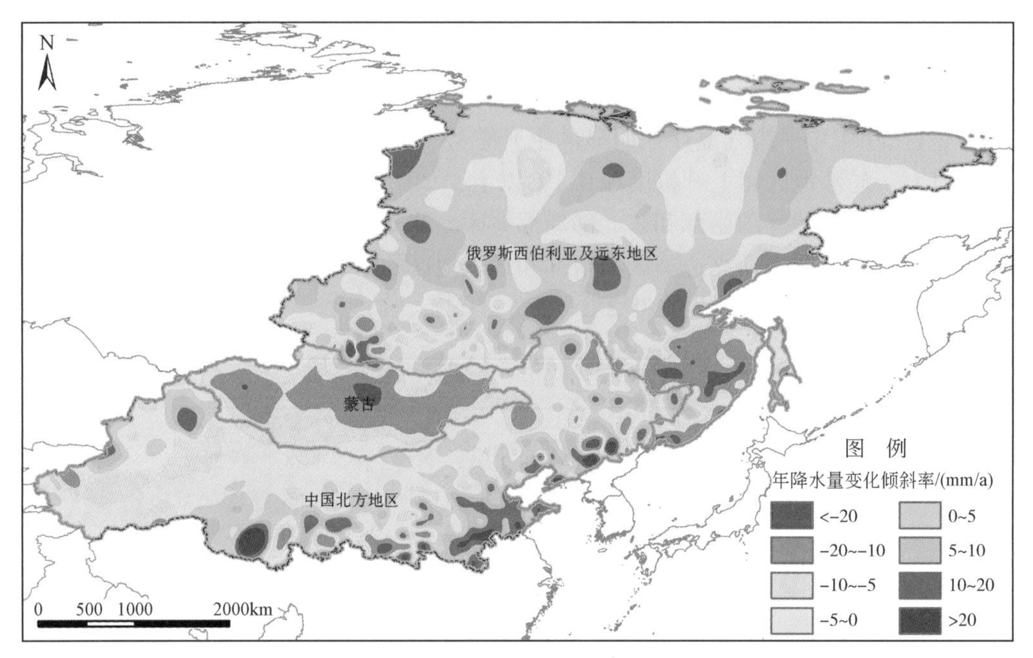

图 2-5　中国北方及其毗邻地区 1980～2010 年年降水量变化倾斜率空间分布

个区：暖干区、暖湿区、冷干区、冷湿区。其中，暖干区和暖湿区分布范围最为广泛，蒙古全境以及中国北方中北部地区以及俄罗斯哈巴罗夫斯克边疆区大部分地区气候暖干化趋势明显。中国北方东南部包括河北、河南、山东、北京、天津、辽宁以及俄罗斯的大部分地区气候暖湿化趋势明显。冷干区、冷湿区分布比较零散，呈斑块状镶嵌于暖干区和暖湿区中，在俄罗斯远东地区哈巴罗夫斯克边疆区以北，分布有范围较大的冷湿区。

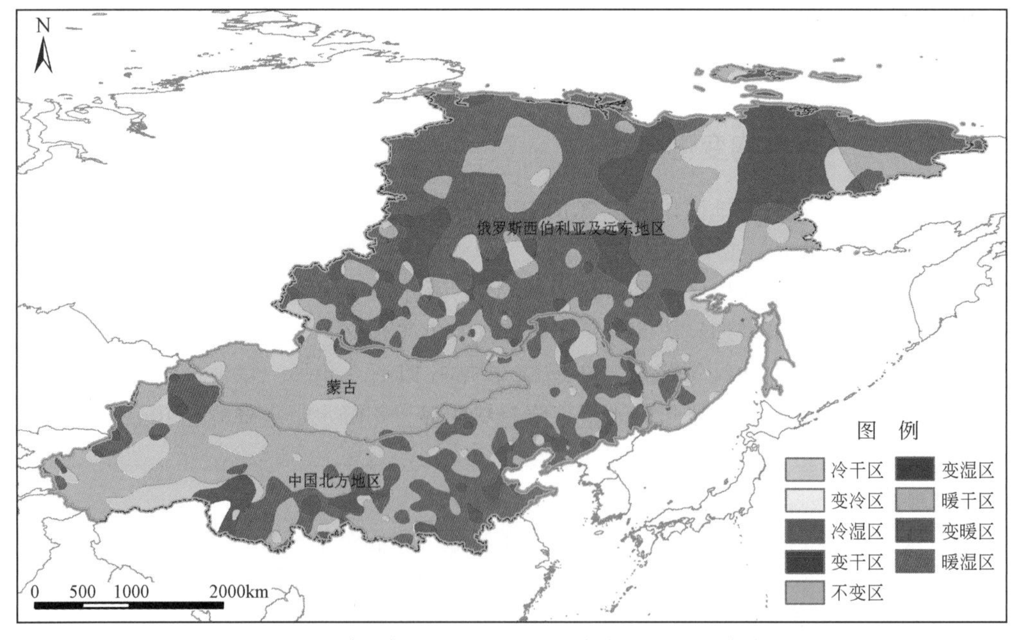

图 2-6　中国北方及其毗邻地区 1980～2010 年气候变化综合态势空间分布

2.3　中国北方及其毗邻地区沙漠分布特征及动态变化

2.3.1　沙漠分布的空间格局特征

从中国北方及其毗邻地区 2010 年沙漠空间分布图（图 2-7）来看，该地区沙漠主要集中在中国北方地区西部（包括新疆大部、青海、甘肃和内蒙古自治区西部）、蒙古南部以及俄罗斯远东地区中部地区。2010 年遥感影像表明，中国北方及其毗邻地区沙漠总面积 277.39 万 km^2，占全区总土地面积的 20.95%。

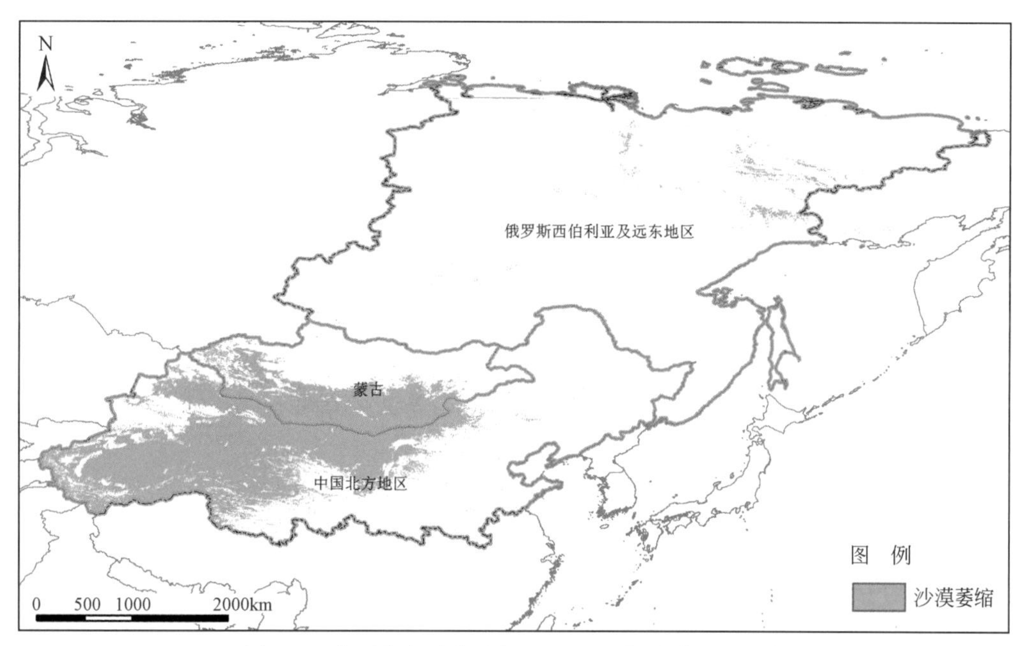

图 2-7　中国北方及其毗邻地区 2010 年沙漠空间分布

2.3.2　沙漠时空变化特征

2000 ~ 2010 年，中国北方及其毗邻地区沙漠面积有所减少，净减少 21.27 万 km^2，下降 1.6 个百分点。从中国北方及其毗邻地区 2000 ~ 2010 年沙漠变化空间分布图（图 2-8）看，沙漠萎缩主要发生在中国北方的新疆、青海、甘肃和内蒙古西南部部分地区，蒙古西部部分地区以及俄罗斯远东地区中部的部分地区，萎缩面积达 35.1 万 km^2，占 2000 年全区沙漠总面积的 11.75%。2000 ~ 2010 年沙漠扩张主要发生在蒙古中东部到中国内蒙古中部一线。此外，俄罗斯远东地区的西北部也有零星发生，该时期沙漠扩张面积为 13.83 万 km^2，占 2000 年全区沙漠总面积的 4.63%。

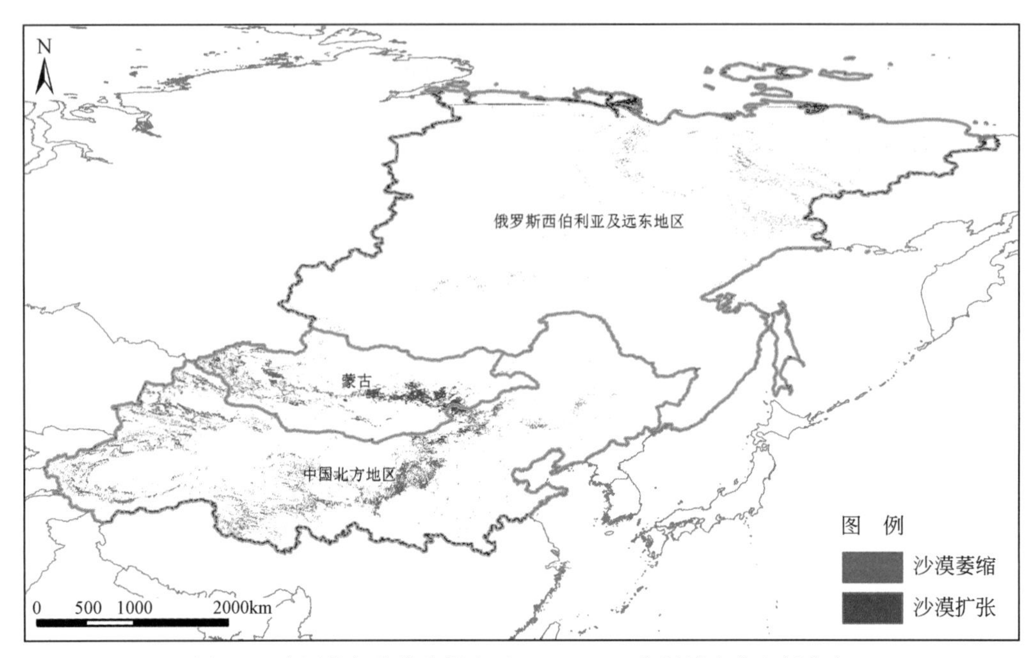

图 2-8 中国北方及其毗邻地区 2000 ~ 2010 年沙漠变化空间分布

第3章 中国北方及其毗邻地区土地覆被格局

3.1 俄罗斯东部地区和蒙古国土地覆被时空分布特征分析

在纬度、海拔、降水等因素的共同作用下，中国北方及其毗邻的俄罗斯东部地区和蒙古国土地覆被格局呈现出以蒙古及中国西北地区为中心、向周围至沿海地带环形梯度变化的状态。中心区以裸地为主，向外围依次出现小灌木、耕地、草地、林地等覆被类型（图3-1）。

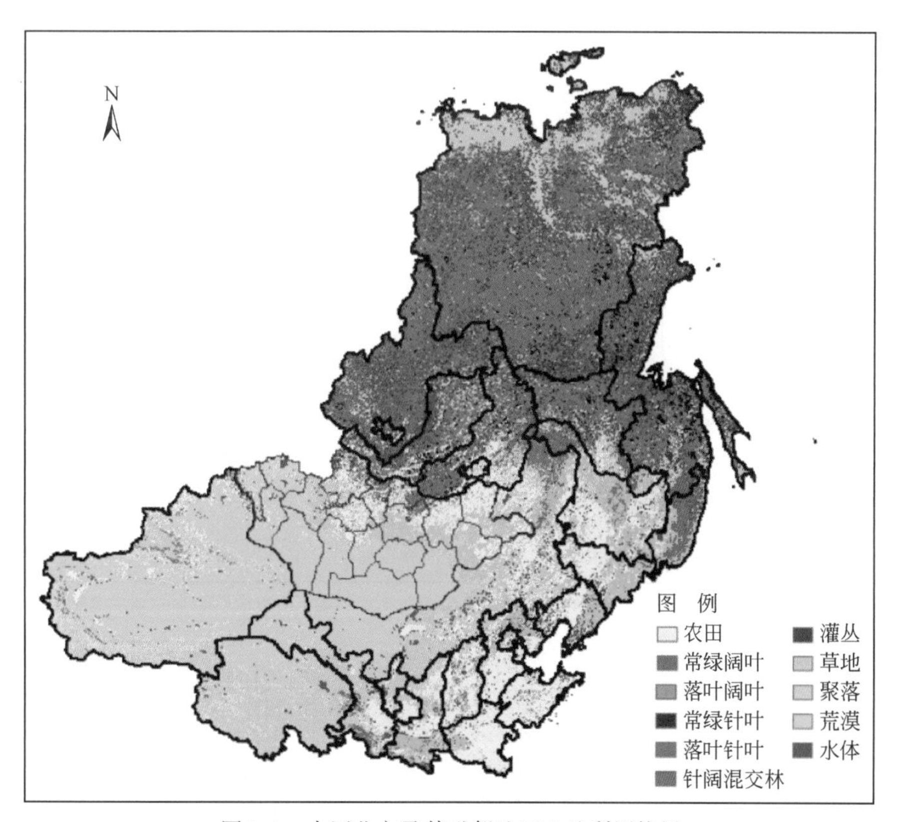

图3-1　中国北方及其毗邻地区土地利用格局

3.1.1　俄罗斯布里亚特共和国土地利用/土地覆被状况

根据 Bartalev 等（2003）1999 年 SPOT4- VEGETATION 遥感资料分类结果（图3-1）统计，布里亚特共和国的土地利用/土地覆被类型中，森林占主导地位（表3-1 和图3-2），森林总面积1977.5万hm^2，占布里亚特共和国面积的55.9%。其中，落叶针叶林（主要树种为落叶松）面积1405.5万hm^2，常绿针叶林（主要树种为云冷杉、红松、欧洲赤松）面积364.1万hm^2，针阔混交林（主要树种为白桦、杨树、落叶松、欧洲赤松、红松等）面积166.8万hm^2，落叶阔叶林（主要树种为白桦、杨树）面积41.1万hm^2；灌丛面积101.7万hm^2，占布里亚特共和国面积的2.9%；草地面积260.5万hm^2，占布里亚特共和国面积的7.4%；沼泽湿地面积79.1万hm^2，占布里亚特共和国面积的2.2%；农田面积263万hm^2，占布里亚特共和国面积的7.4%，主要分布在布里亚特共和国南部的河谷地带；荒漠（苔原、裸岩等）面积488.9万hm^2，占布里亚特共和国面积的13.8%，主要分布在布里亚特共和国北部高山地带；火烧迹地（植被正处于恢复阶段）面积125.9万hm^2，占布里亚特共和国面积的3.6%；聚落（城镇用地）面积2.3万hm^2，占布里亚特共和国面积的0.1%；水体面积238.5万hm^2，占布里亚特共和国面积的6.7%。

表3-1　俄罗斯布里亚特共和国土地利用/土地覆被类型面积统计

序号	土地覆被类型	面积/万hm^2
1	常绿针叶林	364.1
2	落叶针叶林	1405.5
3	落叶阔叶林	41.1
4	针阔混交林	166.8
5	灌丛	101.7
6	草甸草地	156.1
7	典型草地	104.4
8	沼泽湿地	79.1
9	荒漠（苔原、裸岩）	488.9
10	农田	263
11	聚落	2.3
12	水体	238.5
13	火烧迹地	125.9
合计		3537.4

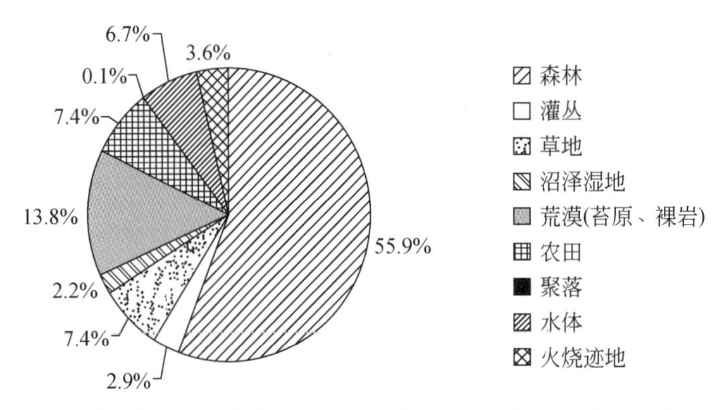

图3-2　俄罗斯布里亚特共和国土地利用/土地覆被主要类型面积比例

3.1.2　俄罗斯伊尔库茨克州土地利用/土地覆被状况

根据 Bartalev 等（2003）1999 年 SPOT4-VEGETATION 遥感资料分类结果统计，伊尔库茨克州的土地利用/土地覆被类型中，森林占主导地位（表 3-2 和图 3-3），森林总面积 6380.9 万 hm^2，占州面积的 85%。其中，落叶针叶林（主要树种为落叶松）面积 2598.2 万 hm^2，常绿针叶林（主要树种为云冷杉、红松、欧洲赤松）面积 2074.4 万 hm^2，针阔混交林（主要树种为白桦、杨树、落叶松、欧洲赤松、红松等）面积 1405.7 万 hm^2，落叶阔叶林（主要树种为白桦、杨树）面积 302.6 万 hm^2；灌丛面积 194.5 万 hm^2，占州面积的 2.6%；草地面积 43.7 万 hm^2，占州面积的 0.6%；沼泽湿地面积 130 万 hm^2，占州面积的 1.7%；农田面积 114.7 万 hm^2，占州面积的 1.5%，主要分布在州南部的河谷地带；荒漠（苔原、裸岩等）面积 356.2 万 hm^2，占州面积的 4.7%，主要分布在州北部高山地带；火烧迹地（植被正处于恢复阶段）面积 61.9 万 hm^2，占州面积的 0.8%；聚落（城镇用地）面积 8.3 万 hm^2，占州面积的 0.1%；水体面积 219.6 万 hm^2，占州面积的 2.9%。

表 3-2　俄罗斯伊尔库茨克州土地利用/土地覆被类型面积统计

序号	土地覆被类型	面积/万 hm^2
1	常绿针叶林	2074.4
2	落叶针叶林	2598.2
3	落叶阔叶林	302.6
4	针阔混交林	1405.7
5	灌丛	194.5
6	草甸草地	37
7	典型草地	6.7
8	沼泽湿地	130
9	荒漠（苔原、裸岩）	356.2
10	农田	114.7
11	聚落	8.3
12	水体	219.6
13	火烧迹地	61.9
合计		7509.8

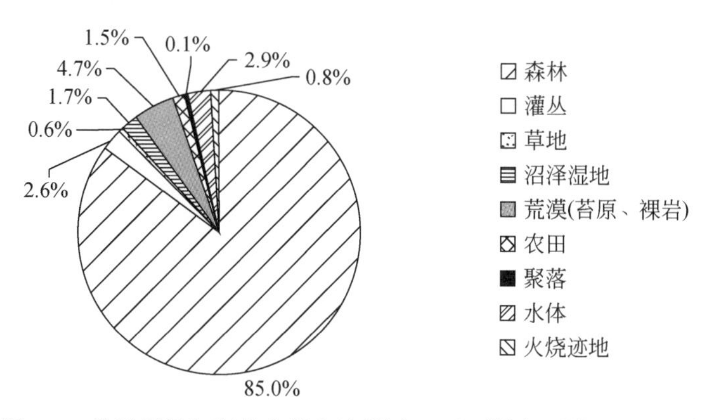

图 3-3　俄罗斯伊尔库茨克州土地利用/土地覆被主要类型面积比例

3.1.3 俄罗斯赤塔州土地利用/土地覆被状况

根据 Bartalev 等（2003）1999 年 SPOT4-VEGETATION 遥感资料分类结果统计，赤塔州的土地利用/土地覆被类型中，森林占主导地位（表 3-3 和图 3-4），森林总面积 2527.2 万 hm^2，占州面积的 61.1%。其中，落叶针叶林（主要树种为落叶松）面积 1888.8 万 hm^2，常绿针叶林（主要树种为云冷杉、红松、欧洲赤松）面积 123.5 万 hm^2，针阔混交林（主要树种为白桦、杨树、落叶松、欧洲赤松、红松等）面积 307.4 万 hm^2，落叶阔叶林（主要树种为白桦、杨树）面积 207.5 万 hm^2；灌丛面积 245.4 万 hm^2，占州面积的 5.9%；草地面积 542.7 万 hm^2，占州面积的 13.1%；沼泽湿地面积 59.9 万 hm^2，占州面积的 1.4%；农田面积 515.6 万 hm^2，占州面积的 12.5%，主要分布在州南部的河谷地带；荒漠（苔原、裸岩等）面积 64 万 hm^2，占州面积的 1.6%，主要分布在州北部高山地带；火烧迹地（植被正处于恢复阶段）面积 157.9 万 hm^2，占州面积的 3.8%；聚落（城镇用地）面积 1.5 万 hm^2，占州面积的 0.03%；水体面积 16 万 hm^2，占州面积的 0.39%。

表 3-3　俄罗斯赤塔州土地利用/土地覆被类型面积统计

序号	土地覆被类型	面积/万 hm^2
1	常绿针叶林	123.5
2	落叶针叶林	1888.8
3	落叶阔叶林	207.5
4	针阔混交林	307.4
5	灌丛	245.4
6	草甸草地	405.1
7	典型草地	137.6
8	沼泽湿地	59.9
9	荒漠（苔原、裸岩）	64
10	农田	515.6
11	聚落	1.5
12	水体	16
13	火烧迹地	157.9
合计		4130.2

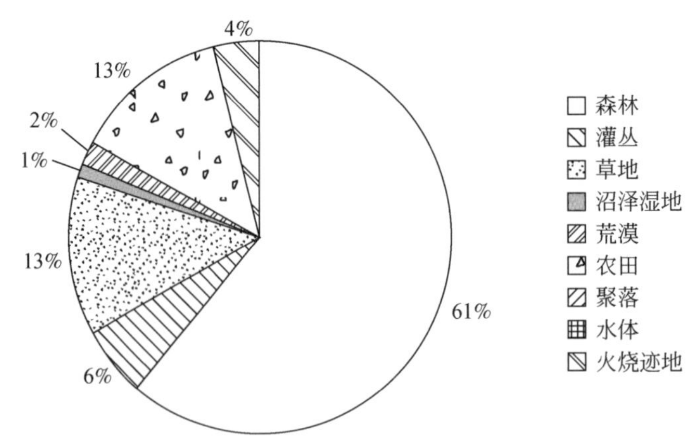

图 3-4　俄罗斯赤塔州土地利用/土地覆被主要类型面积比例

3.1.4　蒙古国土地利用/土地覆被状况

根据 Bartalev 等（2003）1999 年 SPOT4-VEGETATION 遥感资料分类结果（图 3-5）统计，蒙古的土地利用/土地覆被类型中（表 3-4 和图 3-6），森林总面积 867.1 万 hm^2，占国土面积的 5.5%。其中，落叶针叶林（主要树种为落叶松）面积 671.2 万 hm^2，常绿针叶林（主要树种为云冷杉、红松、欧洲赤松）面积 60.3 万 hm^2，针阔混交林（主要树种为白桦、杨树、落叶松、欧洲赤松、红松等）面积 77.4 万 hm^2，落叶阔叶林（主要树种为白桦、杨树）面积 58.2 万 hm^2；灌丛面积 139.1 万 hm^2，占国土面积的 0.9%；草地面积 6594.8 万 hm^2，占国土面积的 42.1%；沼泽湿地面积 42.7 万 hm^2，占国土面积的 0.3%；农田面积 751.9 万 hm^2，占国土面积的 4.8%，主要分布在蒙古北部的河谷地带；荒漠（苔原、裸岩等）面积 7084.7 万 hm^2，占国土面积的 45.3%，主要分布在蒙古南部戈壁地带；火烧迹地（植被正处于恢复阶段）面积 30 万 hm^2，占国土面积的 0.2%；聚落（城镇用地）面积 1.6 万 hm^2，占国土面积的 0.01%；水体面积 134.6 万 hm^2，占国土面积的 0.9%。

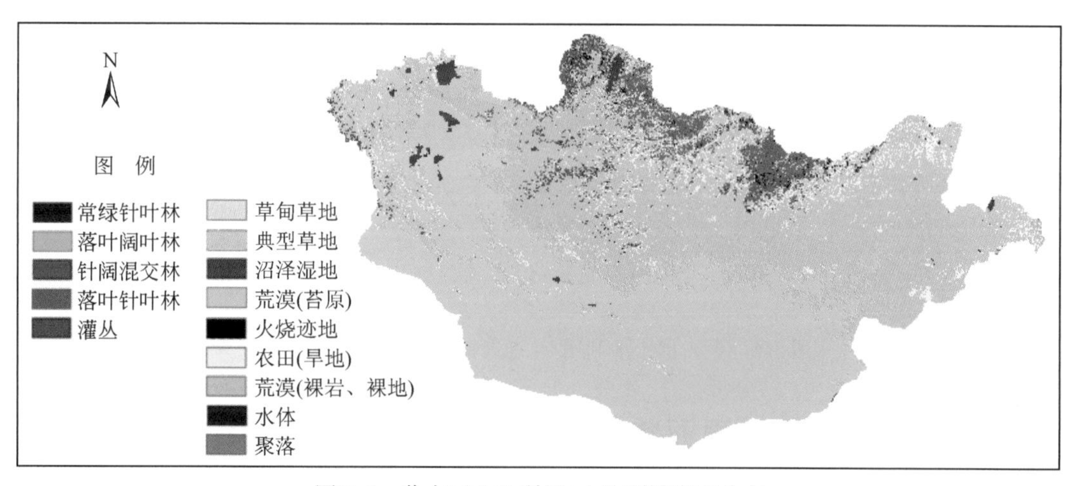

图 3-5　蒙古国土地利用/土地覆被类型分布

表 3-4　蒙古国土地利用/土地覆被类型面积统计

序号	土地覆被类型	面积/万 hm^2
1	常绿针叶林	60.3
2	落叶针叶林	671.2
3	落叶阔叶林	58.2
4	针阔混交林	77.4
5	灌丛	139.1
6	草甸草地	489.9
7	典型草地	6 104.9
8	沼泽湿地	42.7

续表

序号	土地覆被类型	面积/万 hm^2
9	荒漠（苔原、裸岩）	7 084.7
10	农田	751.9
11	聚落	1.6
12	水体	134.6
13	火烧迹地	30
合计		15 646.5

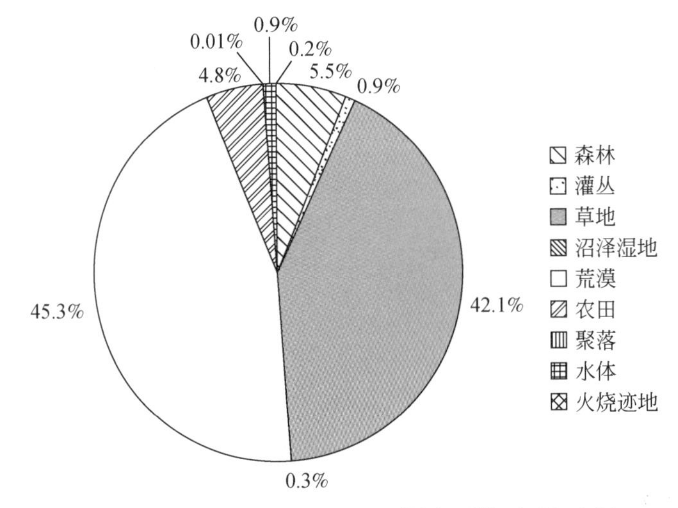

图 3-6　蒙古国土地利用/土地覆被主要类型面积比例

3.1.5　俄罗斯布里亚特共和国和伊尔库茨克州土地利用/土地覆被变化分析

根据收集到的布里亚特共和国和伊尔库茨克州农用地面积、造林面积、林火面积和人口（1987～2005 年）的相关统计资料，两个地区的农用地面积在近 20 年里基本呈下降的趋势（图 3-7、图 3-8）；总人口和农村人口在布里亚特共和国基本持平（表 3-5），而在伊尔库茨克处于下降趋势（表 3-6）。两个地区的农用地面积减少的原因：一方面，由于近 20 年正是俄罗斯土地政策发生巨大变化时期，即由土地公有制向土地私有化改革，原来农场许多耕地大量退耕还草导致农用地面积减少；另一方面，两个地区人口不增反减，退耕还草的进程加快。虽然其他土地利用类型的统计资料欠缺，但可以推算，由于大量的耕地退耕还草，两地区的草地面积应该是增加的。林地面积的变化情况：尽管每年都有造林，但基本和林火面积相抵消，森林砍伐也是有计划实行间伐，而且其森林面积基数很大，因而可以认为森林面积在 20 年间基本没有大的变化。灌丛面积也没大的变化。湿地面积变化的影响因子在这两地区应该主要为气候因素，其变化量还有待进一步考察。聚落（城镇用地）面积应该和人口数变化相关，考虑到两地区人口变化表现为减少趋势，可以认为其面积基本没有大的变化或有减少可能，有待进一步考察。

总体上，布里亚特共和国和伊尔库茨克州变化最显著的土地利用/土地覆被类型是农用地和草地，且变化趋势是有利于这两个地区可持续发展和生态保护的。目前全球面临环境恶化压力，布里亚特共和国和伊尔库茨克州是世界上为数不多的这种压力缓解的宝地。

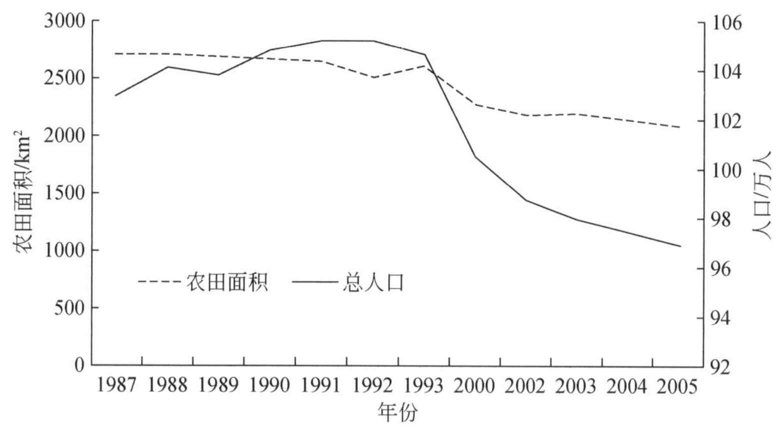

图 3-7　布里亚特共和国历年农田面积和人口变化趋势

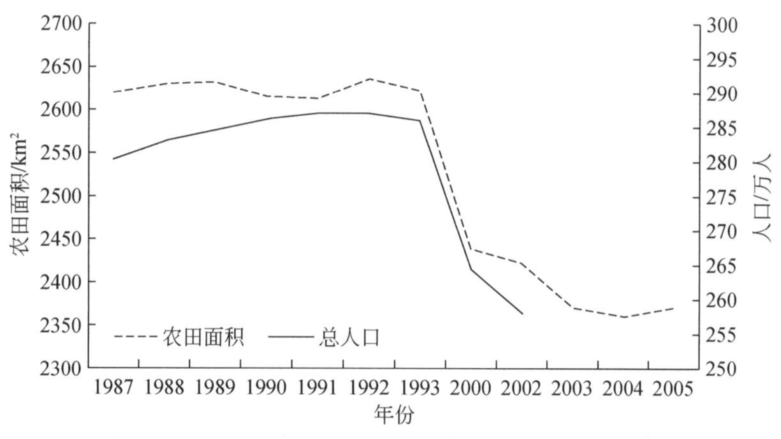

图 3-8　伊尔库茨克州历年农田面积和人口变化趋势

表 3-5　布里亚特共和国历年农田面积和人口等统计数据

年份	农田面积/万 hm²	造林面积/万 hm²	林火面积/万 hm²	总人口/万人	农村人口/万人
1987	271. 33	3. 50	1. 84	102. 98	40. 13
1988	270. 70	3. 35	0. 39	104. 11	40. 06
1989	268. 04	3. 35	0. 14	103. 79	39. 80
1990	265. 56	3. 33	7. 88	104. 81	39. 66
1991	264. 63	3. 11	0. 59	105. 20	41. 61
1992	250. 09	2. 14	1. 71	105. 20	42. 32

续表

年份	农田面积/万 hm^2	造林面积/万 hm^2	林火面积/万 hm^2	总人口/万人	农村人口/万人
1993	261.70	2.09	2.56	104.62	42.39
2000	227.45			100.48	40.46
2002	218.78			98.73	39.83
2003	219.44			97.96	39.53
2004	214.04			97.43	40.36
2005	209.50			96.92	41.68

表 3-6　伊尔库茨克州历年农田面积和人口等统计数据

年份	农田面积/万 hm^2	造林面积/万 hm^2	林火面积/万 hm^2	总人口/万人	农村人口/万人
1987	262.20	12.69	3.33	280.41	55.32
1988	263.01	13.05	0.55	283.07	55.18
1989	263.24	13.22	2.64	284.76	54.82
1990	261.65	13.42	44.48	286.30	54.94
1991	261.42	13.14	7.97	287.13	55.27
1992	263.67	11.21	4.48	287.17	58.25
1993	262.29	11.71	31.28	286.09	58.09
2000	243.90			264.40	53.94
2002	242.26			258.17	53.44
2003	237.20				
2004	236.14				
2005	237.08			254.53	53.20

3.2　中国北方地区土地利用/土地覆被时空分布特征分析

3.2.1　中国北方地区土地概况

中国北方 15 省（自治区、直辖市）位于 73°E ~ 136°E，31°N ~ 54°N，包括华北五省（自治区、直辖市）（北京、天津、河北、山西、内蒙古）以及山东、河南，东北三省（吉林、辽宁、黑龙江），西北五省（自治区）（陕西、甘肃、宁夏、青海和新疆），总面积约 568 万 km^2。该区地跨温带湿润、半湿润、半干旱和干旱 4 个气候地带，地表植被类型多样，生态环境相对比较脆弱。据 2011 年国家统计年鉴统计数字，该地区土地利用/土地覆被的耕地、草地和林地三大类型情况为：耕地面积11 061.67万 hm^2，占该区总面积 19.5%；草地面积 18 012 万 hm^2，占该区总面积 31.7%；森林面积 9112.43

万 hm²，占该区总面积 16.1%（表 3-7）。近年来，由于不合理的土地利用造成地表植被破坏、土壤沙化、沙尘暴肆虐等生态环境问题一直比较突出，影响着考察区自身的经济发展和社会进步。

表 3-7　中国北方地区 2010 年人口与 2008 年土地利用/土地覆被概况*

地区	省级行政区	人口/万人	总面积/万 hm²	耕地面积/万 hm²	牧草地面积/万 hm²	森林面积/万 hm²	湿地面积/万 hm²
东北	黑龙江	3 833	4 526.5	3 792.4	220.8	1 926.97	431.48
	吉林	2 747	1 911.2	1 639.3	104.4	736.57	120.34
	辽宁	4 375	1 480.6	1 122.8	34.9	511.98	121.96
华北	北京	1 962	164.1	23.17	0.2	52.05	3.44
	天津	1 299	119.2	39.88	0.1	9.32	17.18
	河北	7 194	1 884.3	590.14	79.9	418.33	108.19
	山西	3 574	1 567.1	379.32	65.8	221.11	49.99
	内蒙古	2 472	11 451.2	714.9	6 560.9	2 366.40	424.5
	河南	9 405	1 655.4	792.6	1.4	336.59	62.41
	山东	9 588	1 571.3	751.5	3.4	254.46	178.41
西北	新疆	2185	16 649.0	412.46	5 111.4	661.65	141.02
	青海	563	7 174.8	54.27	4 034.7	329.56	412.6
	甘肃	2 560	4 040.9	349.38	1 261.3	468.78	125.81
	陕西	3 735	2 057.9	286.05	306.4	767.56	29.29
	宁夏	633	519.5	113.5	226.4	51.10	25.56
合计		56 125	56 773	11 061.67	18 012	9 112.43	2 252.18

*据《中国统计年鉴（2011）》，人口为2010年数据，湿地面积为2003年数据，其他指标为2008年数据，总面积为土地调查面积（调查建设用地和调查农用地之和）。

3.2.2　中国北方地区土地覆被时空格局演变特点及地域分异规律

基于 GLC 2000 和 GlobCover 2010 遥感分类结果统计（图 3-9），中国北方考察区的15省（自治区、直辖市）土地利用/土地覆被类型中，森林面积占考察区总面积的比例2000年为14.34%、2010年为18.34%。其中，落叶针叶林（主要树种为落叶松）面积比2000年为3.40%、2010年为5.67%，常绿针叶林（主要树种为云冷杉、红松、欧洲赤松）面积比2000年为1.69%、2010年为1.41%，针阔混交林（主要树种为白桦、杨树、落叶松、欧洲赤松、红松等）面积比2000年为0.35%、2010年为10.01%，落叶阔叶林（主要树种为白桦、杨树）面积比2000年为8.90%、2010年为1.22%，森林主要分布在东北大小兴安林、长白山、太行山、秦岭和西北的阿尔泰山、天山祁连山等地区；灌丛面积比2000年为2.05%、2010年为2.94%；草地面积比2000年为34%、2010年为17.03%，主要分布在内蒙古、青海、新疆、甘肃等地；沼泽湿地面积比2000

年为0.45%、2010年为0.01%；农田面积比2000年为17.04%、2010年为19.53%，主要分布在考察区东部的黑龙江、吉林、辽宁、河北、山西、陕西等地；荒漠面积比2000年为31.33%、2010年为40.90%，主要分布在考察区的西北部干旱地带；聚落（城镇用地）面积比2000年为0.04%、2010年为0.48 %；水体面积比2000年为0.75%、2010年为0.80%（表3-8）。中国北方考察区土地覆被梯度变化比较明显，从东部到西部类型先由森林过渡为农田，再由农田过渡为草地，再由草地过渡为荒漠，基本上是沿水分梯度发生变化。

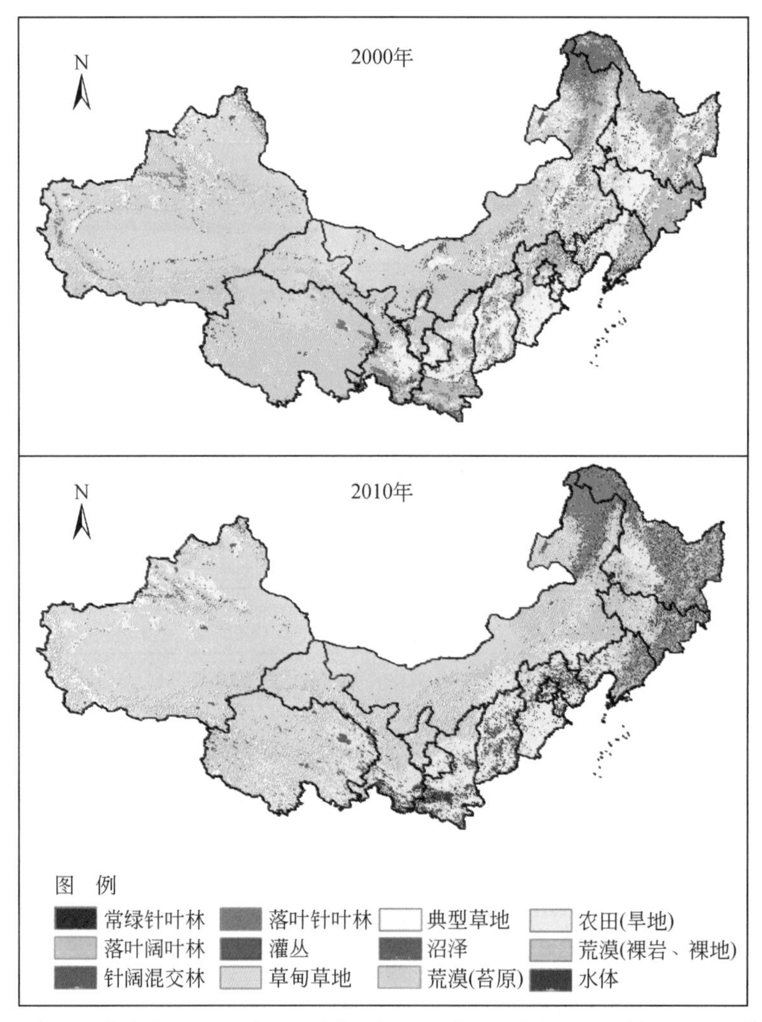

图3-9 中国北方考察区2000年（上图）和2010年（下图）土地利用/土地覆被分布

表3-8 基于遥感分类结果的中国北方土地覆被类型面积比例统计 （单位:%）

序号	土地覆被类型	2000年 面积比例	2010年 面积比例
1	常绿针叶林	1.69	1.41
2	落叶针叶林	3.40	5.67

续表

序号	土地覆被类型	2000 年 面积比例	2010 年 面积比例
3	落叶阔叶林	8.90	1.22
4	针阔混交林	0.35	10.01
5	灌丛	2.05	2.94
6	草甸草地	25.6	10.89
7	典型草地	8.4	6.14
8	沼泽湿地	0.45	0.01
9	荒漠	31.33	40.90
10	农田	17.04	19.53
11	聚落	0.04	0.48
12	水体	0.75	0.80
合计		100	100

遥感分类结果的统计和《中国统计年鉴》的统计在一级类上还是很接近的。例如，森林面积《中国统计年鉴 2010》记载为 15.9%，而 2010 年遥感分类结果是 18.34%；耕地面积《中国统计年鉴 2010》记载为 18.3%，而 2010 年遥感分类结果是 19.53%；草地《中国统计年鉴 2010》记载为 33.6%，而 2000 年遥感分类结果是 34%、2010 年为 17.03%。尽管遥感分类可能存在的不确定性导致 2000 年和 2010 年两期遥感分类结果的可信度还有待继续检验，但从以上的比较结果可以看出，在一级类这个层次遥感结果还是比较可靠的。

通过比较各类型遥感分类结果 10 年的变化得知，总的情况是森林面积有所增加，农田面积也在增加，而草地面积减少明显，荒漠面积增加比较明显。这个结果和 2010 年退耕还林政策实施、自然界草原荒漠化加重的现象是一致的。尤其要引起注意的是，从图 3-9 得知，从内蒙古二连浩特东边的苏尼浩特左旗往西到阿拉善这一带，2000 ~ 2010 年荒漠化趋势十分明显，国家有关部门应该对这个现象给予重视。

第4章 中国北方及其毗邻地区大河流域、湖泊水资源和水环境空间分异特征

4.1 大河流域水资源与水环境

4.1.1 中国北方及其毗邻地区大河流域概况

中国北方及其毗邻地区的大河流主要分布在34°N～73°N、24°E～161°E。流域跨越亚热带、暖温带、温带及寒带等多个气候区，河流主要流入太平洋和北冰洋。发源于喜马拉雅山的东亚河流自东向西入海，而西伯利亚的河流则自南向北流入北冰洋。

主要大河流有：位于俄罗斯东西伯利亚的勒拿河、鄂毕河，中俄界河黑龙江（阿穆尔河）、中国的黄河、长江，位于俄罗斯境内的贝加尔湖以及由蒙古流入俄罗斯的色楞格河等。

2008～2012年，研究人员实地考察了贝加尔湖流域（图4-1）、色楞格河三角洲、勒拿河中游、勒拿河三角洲及其北冰洋沿岸、黑龙江（阿穆尔河）中游、蒙古库苏尔湖、黑龙江（阿穆尔河）下游流域。

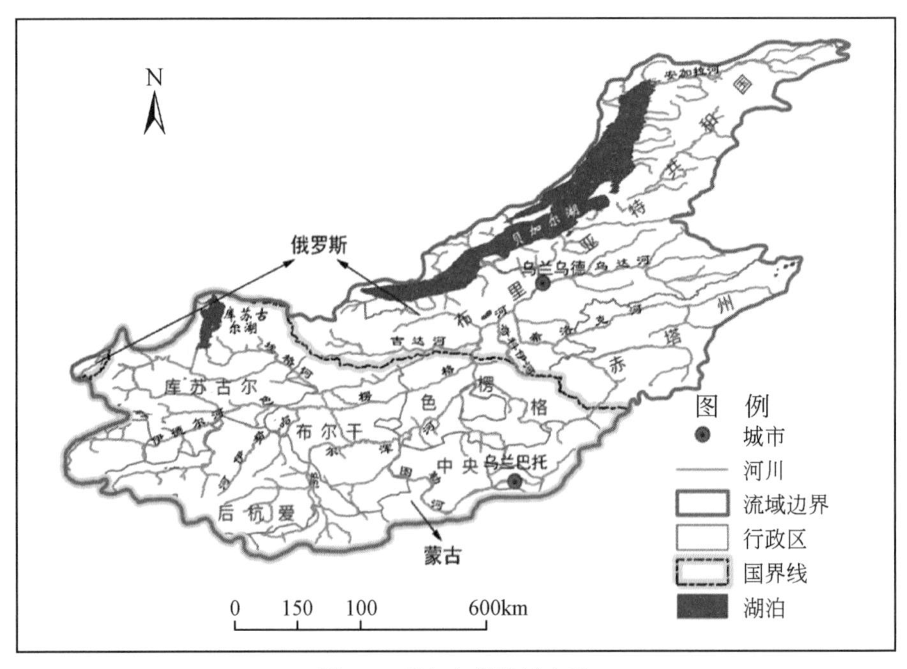

图4-1 贝加尔湖流域水系

4.1.1.1　贝加尔湖流域

(1) 贝加尔湖

贝加尔湖是亚欧大陆最大的淡水湖，也是世界上最深、蓄水量最大的湖泊，位于俄罗斯东西伯利亚南部。“贝加尔”一词源于布里亚特语，意为“天然之海”。

贝加尔湖狭长弯曲，呈东北—西南走向，长 636km，平均宽 48km，最宽处 79.4km，面积约 31 500km^2，居世界第 7 位。贝加尔湖总容积 23 600km^3，占全球淡水总蓄水量的 1/5，是世界最深也是蓄水量最大的淡水湖。

贝加尔湖（图 4-2）的集水区面积 540 034km^2，俄罗斯境内有 258 134km^2（约占贝加尔湖总集水面积的 48%）。在贝加尔湖周围，有色楞格河等大大小小 336 条河流千百万年来源源不断地流入湖中，而从湖中流出的河流，仅有向北流至叶尼塞河的安加拉河。湖中有岛屿 27 个，最大的是奥利洪岛，面积约 730km^2。

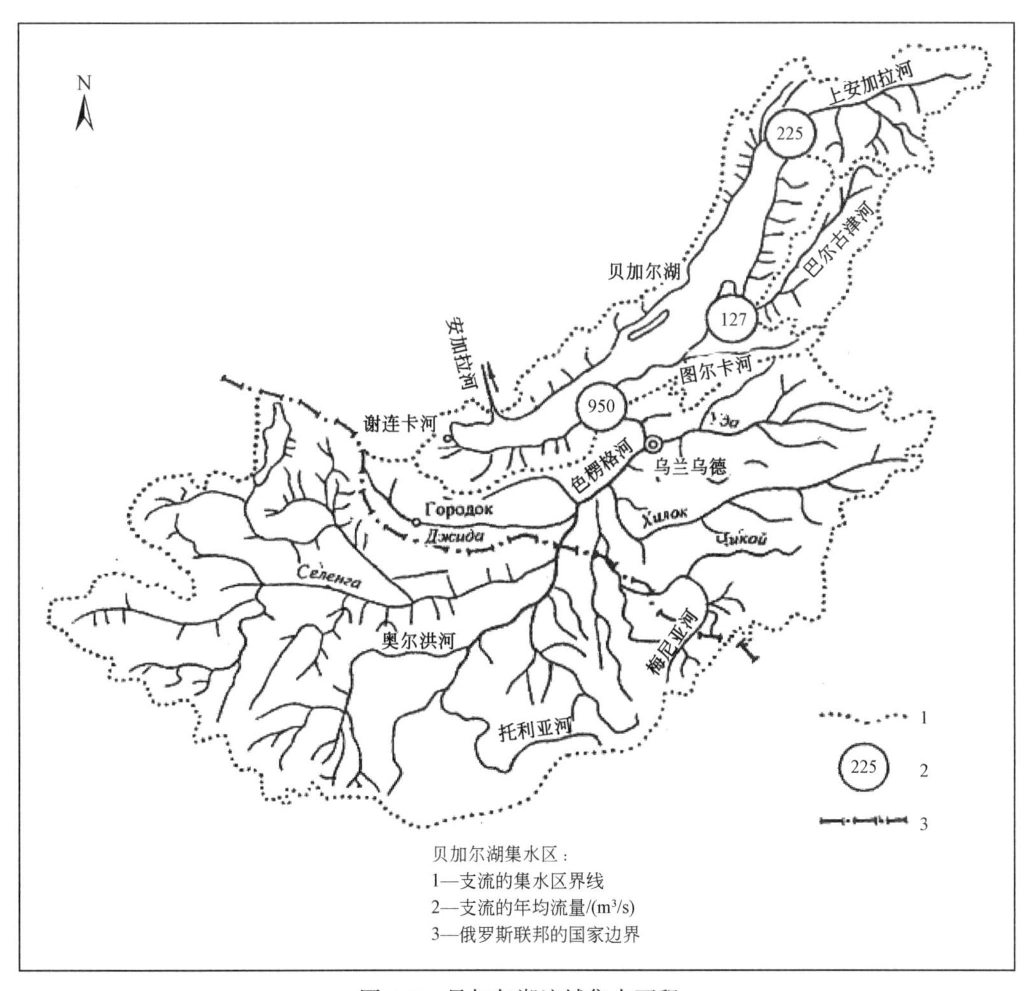

图 4-2　贝加尔湖流域集水面积

集水区的主要部分为色楞格河流域（447 060km^2）：在俄罗斯境内有 148 060km^2，

在蒙古境内为299 000km^2。

贝加尔湖的水域面积居世界第7位，但若论湖水之深，贝加尔湖则无与伦比。最深处（1637m）位于伊热梅亚角（奥尔洪岛）南部的贝加尔湖中部凹地。南部凹地深度达到1423m，北部890m。

贝加尔湖水资源超过美国五大湖蓄水量的总和。贝加尔湖的淡水约占世界淡水总量的20%，占俄罗斯全国淡水储量的85%以上。

贝加尔湖是年代最久的湖泊。它的动物群系拥有几乎所有适宜在淡水中生活的动物。在生物种类数量方面，贝加尔湖不仅比其他古北区的大陆水体多很多，而且比一些海洋如亚速海、白海、波罗的海等要多。贝加尔湖的植物群系也同样极其丰富。

贝加尔湖每年可以再生约60km^{3}品质极佳的水，它的纯净和其他特性为贝加尔湖动植物世界的生命活动提供了保障。

(2) 色楞格河及其三角洲

色楞格河源于蒙古杭爱山北坡，称为伊德尔河，流经蒙古北部，注入俄罗斯贝加尔湖，是叶尼塞河–安加拉河的源头之一。全长1024km，流域面积447 060km^2。哈努伊河和鄂尔浑河从右岸注入，德勒格尔河和额吉河从左岸注入。水流湍急，河床落差720m。自河口可通航到苏赫巴托市。10～11月开始结冰，次年4～5月解冻，流经蒙古重要的农牧经济地区。

色楞格河是蒙古最大、水量最充沛的一条河流。它在蒙古境内流长约600km，穿越蒙俄边界，在俄罗斯境内流经数百千米最后注入贝加尔湖。色楞格河主要靠地下水、雪水和雨水补给，但大部分水量来自地下水。这条河流全年包括干旱期在内水量都很丰沛。春季冰雪融化时，特别在夏季降雨后，河水暴涨，有时溢出河槽，淹没草地和牧场，毁坏建筑物。如1934年，河水升高了2～3m，冲走了河岸上苏赫巴托尔市的货场，使该市高大的房屋和其他建筑物遭到了重大损失。在洪水泛滥时期，涉越浅滩完全停止，交通运输中断多日。通常色楞格主河床宽70～200m，深约2m。但在洪水期，色楞格河分出许多支流，有些地方漫出河槽约1km，而在漩涡处和拦洪地段深达6～7m。色楞格河发大水时，其许多支流和汊河水位升高，水量增大，以致无法渡河。但色楞格河从鄂尔浑河河口到额金河河口这一段是完全可以通航的。

色楞格河三角洲，因为有大量的水生植被，一直被人们称为“贝加尔湖的过滤器”。长期以来，由于色楞格河泥沙的不断淤积，这片湿地不断地增大。色楞格河三角洲是一片呈扇形的湿地。30多年前，俄罗斯的科学家测量时，它的面积是500km^2，现在这个扇状的三角洲逐步向湖心延伸。

4.1.1.2 勒拿河流域

勒拿河是地球上的十大河流之一，它的起始点位于贝加尔山脉的西北斜坡上。论长度，它排世界第十位、俄罗斯第三位，仅次于鄂毕河和叶尼塞河。

勒拿河由距离贝加尔湖西岸10km处的一些小河汇流而成，在几乎高于水平线1km的情况下流经伊尔库茨克州和萨哈（雅库特）共和国，然后流淌4400km，汇入拉普捷夫海。

根据河谷的构成特点、水流和水量，通常将勒拿河分为三大段：上游（或称作上勒拿河)，从发源地到维季姆河河口；中游（或称作中勒拿河），在维季姆河河口与阿尔丹河河口之间；下游（又称下勒拿河），从阿尔丹河流入处到流进大海。

勒拿河的绝对落差（发源地与河口的绝对高度之间的差）900m。

上勒拿河是典型的山地河，它多半流淌在很窄的没有河滩地的河谷里，经常是高耸或陡峭的河岸。少水多石的河床有许多浅滩、石滩和急流。

在这段，河流经常穿过一排排山岭支脉。勒拿河河岸的一些破口处是多山岩的悬崖峭壁，有时非常陡，陡岸紧接水面线，被称作“峡谷”。有时，直立的悬崖高度有200～300m，把河流挤压到极限，形成无法攀登的石墙，而勒拿河的宽度也达到200～250m。船舶在这些地方航行常出现危险。

勒拿河的上游有280多个浅滩，其中卡丘格与乌斯季库特之间有201个浅滩，对船舶航行造成安全隐患的有41个。这段河段限制船舶航行。在基廉斯克-维季姆河段还有很多浅滩。这些浅滩在缺水年份特别危险，因此需要进行较大的疏浚工程和山岩整理工程。

从乌斯季库特市往下游，勒拿河接纳一些大的支流（库塔河、基廉加河等），随着河水水量增长，变成了船舶可以航行的河流。

当右边的较大支流——维季姆河与奥廖克马河汇入勒拿河之后，勒拿河成了水大且深的河流，它流淌在宽阔的、可供很好使用的河谷里，这里经常显露出石灰岩和红色砂岩。在奥廖克明斯克下游245km处，著名的勒拿河“石柱”从这里开始，它沿河右岸一直绵延180km。这里几乎是直立的石灰岩峭壁，峭壁被雨水、严寒和大风严重损坏。

在锡尼亚河流入后的下游，勒拿河流入中央雅库特平原，河岸时而远离河流，时而又单独凸出一块（又称岬，为楔形部分）紧靠河流。在两块这样的岬（坎加拉斯基岬和塔巴金斯基岬）之间是宽阔的河谷，历来被雅库特人称为“（大）图伊马多伊的乌卢乌”。1643年，俄罗斯的哥萨克人在它的中心建立了雅库特尖柱城堡（即现在的雅库茨克市）。

雅库茨克市附近有很多岛屿，勒拿河的宽度达到7～10km。当右岸水量最多的支流阿尔丹河和左岸的支流维柳伊河流入之后，勒拿河的宽度超过10km。在水泛地急剧展宽的地方（被称为“强抢之地”），有很多岛屿和水中之地，上面长满柳枝。在这些地方，河流的总宽度增长到20～30km。

下勒拿河呈现出逐渐狭窄的河谷，没有较大的支流。在丘修尔村的下游，河谷急剧变窄，整个河流以一条巨大的水流向北流去。在这里，哈拉乌拉赫山脉像一些庞然大物紧靠在河流的右岸，左岸则是切尔诺夫斯基垅岗支脉。直立的悬崖峭壁河岸高达300～400m，悬在平静的水面上。河谷的宽度在这里变窄，仅为3～4km，一些地方甚至为1.5～2km。在将近150km的河流延长线上，勒拿河就像流淌在一根管子中，为此，这段河流又被称为勒拿河的“管子”。

在丘修尔村下游210km处，河流中间矗立着一个114m高的岛屿——斯托尔勃岛，在这里，“碎石块”紧挨着哈拉乌拉赫山脉的河流。它像是一个自然界的边界柱，标明勒拿河河道的终点和勒拿河三角洲的起点。从发源地到斯托尔勃岛，勒拿河的长度为4294km。

勒拿河三角洲是宽阔的低地，占地面积3万km^2，它是俄罗斯面积最大的三角洲，世界第二大的三角洲，仅次于密西西比河三角洲。勒拿河三角洲比伏尔加河三角洲大两倍，它的高峰处距海平面约 120km。

勒拿河三角洲的形成和发展与冲出大量冲击层（淤泥、沙土、卵石等）和将这些冲击层沉淀在大海的水浅区域有关。勒拿河年平均向河口冲出 1500 万 t 冲积土。

勒拿河三角洲是一个复杂的迷宫，有 800 多条支流，总长度为 6500km。支流向各个方向流淌，有的分支，有的汇合。最大的和最适合于船舶航行的水道当属贝科夫水道。它被看作是勒拿河流向大海的继续，如果这样算，河流的长度正好等于 4400km。其次是奥列尼奥克水道（最西边的河流，长 208km）、图马特水道（149km）、特罗菲莫夫水道（134km）等。

勒拿河三角洲具有复杂的镶嵌结构，它由 1500 个大小岛屿和 6 万个大小不同、形态不一的湖泊组成。每个湖泊的面积不超过 $1km^2$。在支流和湖泊中有丰富的鱼类资源和野禽资源，是萨哈（雅库特）共和国较大的捕鱼区之一。

勒拿河的水流供应主要靠雨水和雪水，春季有洪水，夏秋季是大雨洪汛。下游地区的水位波动达 28m，上游地区的水位波动达 8m。在温暖季节里，有 80% ~90% 的年流量通过。在基廉斯克附近，年平均流量为 $1100m^3/s$，在河口为 15 $500m^3/s$。年平均流入拉普捷夫海的水流为 $488km^3$，河水的平均浑浊度约 $20g/m^3$，勒拿河上游一般在 10 月末 11 月初结冰，下游一般在 10 月底结冰；上游一般在 5 月上旬解冻，下游一般在 6 月上旬解冻。当春季流冰期到来时，会出现冰凌，水位急剧升高。

4.1.1.3 黑龙江（阿穆尔河）流域

黑龙江（阿穆尔河）流域位于 108. 5°E ~ 140. 6°E、41. 3°N ~ 55. 9°N 流域跨中国、蒙古和俄罗斯 3 个国家。流域总面积为 185. 5 万 km^2，其中俄罗斯境内面积为 100. 3 万 km^2，中国境内面积为 82 万 km^2，蒙古境内面积为 3. 2 万 km^2。黑龙江（阿穆尔河）是世界十大河流之一，按长度计算占第 9 位，按流域面积计算占第 10 位。在俄罗斯黑龙江（阿穆尔河）按长度计算占第 3 位，按集水区面积和水量计算占第 4 位，次于叶尼塞河、鄂毕河及勒拿河。

黑龙江（阿穆尔河）发源于中国东北、内蒙古北部与西伯利亚的边界，大体沿这条边界向东和东南方向流往西伯利亚城市哈巴罗夫斯克（伯力），然后再转弯朝东北方向流去，注入鞑靼海峡，将西伯利亚和萨哈林岛（库页岛）分开。图 4-3 为黑龙江（阿穆尔河）流域水系分布图。流域边界以山脉划分，包括斯塔诺夫山脉（外兴安岭）（Становой）、雅布洛诺夫山脉（Яблоновый）、切尔斯可山（Черского）、图库林格拉-贾格德山（Тукурингра-Джагжды）、布列亚山（Буреинский）、锡霍特山脉（Сихотэ-Алиньский）、大兴安岭（БолшойХинган）和小兴安岭（МалыйХинган）。流域内主要的平原有结雅河—布列亚河平原（Зейско-Буреинская）、松辽平原（Сун-Ляо）、阿穆尔中游平原及珀利汗斯可平原（Приханйская）。

黑龙江（阿穆尔河）上游有两源：北源石勒喀河（上源鄂嫩河）出蒙古北部肯特山东麓和南源克鲁伦河—额尔古纳河。上源又分 3 支，其中一支为海拉尔河，发源于中国内蒙古自治区大兴安岭西侧古利牙山麓。黑龙江（阿穆尔河）由石勒喀河和额尔古纳河合流而成，由西至东流至鞑靼海峡阿穆尔三角湾，河口湾长 48km，河口区宽

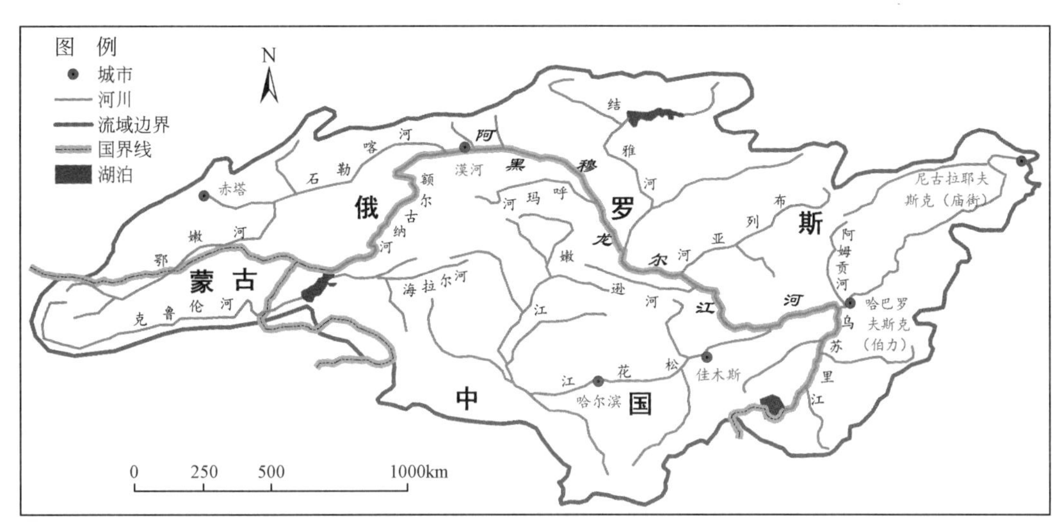

图 4-3 黑龙江（阿穆尔河）流域水系分布

16km。从源头额尔古纳河算起黑龙江（阿穆尔河）长度达 4363km，在中国境内长 2965km。黑龙江（阿穆尔河）上游，从发源地到结雅河河口大约为 900km，大多是山地地貌；黑龙江（阿穆尔河）中游，从结雅河河口到乌苏里江河，山地与平原区域的交替分布［结雅—布列亚平原、小兴安岭、黑龙江（阿穆尔河）中游平原］；黑龙江（阿穆尔河）下游，从乌苏里江河口至阿穆尔河河口，多为中等山地和低山地段，在山区中分布着数量众多的盆地和平原。

黑龙江（阿穆尔河）流域位于寒温带与温带，受海洋气候以及大陆性气候因素影响，季风气候明显，来自大陆和海洋的风随季节转换。流域冬季由东部亚洲高气压占据，来自西伯利亚的干冷空气带来晴朗干燥的天气，伴有强霜，封冻期近半年，其中上游 160 天以上，中游 140～160 天。每年 10 月上旬上游出现初冰，中游 10 月下旬始见初冰，翌年 4 月中下旬中游与上游先后解冻。流域夏季受太平洋季风影响，温暖潮湿的海风带来大雨流域主要支流的水位上涨。7、8 月其影响达到最强。秋季温暖而干爽。1 月平均气温南部–24℃，北部–33℃，7 月平均气温南部 21℃，北部约 18℃。

黑龙江（阿穆尔河）流域多年平均降水量 400～600mm，且时间分布不均，自上游向下游渐增，沿海地带最大。4～10 月降水量占全年总量的 90%～93%。其中，6～8 月占 60%～70%，且多暴雨。黑龙江（阿穆尔河）是以雨水补给为主、积雪融水补给为辅的河流，径流中雨水补给占 75%～80%，融雪水补给占 15%～20%，地下水补给占 5%～8%。黑龙江（阿穆尔河）径流年际变化明显。与乌苏里江河口处黑龙江（阿穆尔河）干流，丰水的 1897 年达 12 400m^3/s，枯水的 1921 年为 3620m^3/s，径流量的多年变化还表现为丰水和枯水年的交替现象。夏秋季雨水很快汇入河中，形成 5～10 月的洪涝期，其平均流量约 10 900m^3/s。冬季，在哈巴罗夫斯克（伯力）附近，流量降低至 148～199m^3/s。10 月下旬黑龙江（阿穆尔河）开始结冰。上游在 11 月初封冻，下游在 11 月下旬封冻，河流下游在 4 月底解冻，上游在 5 月初解冻。冰塞常在河流急湾处发生，暂时抬升水位高达 15m。河流每年带来约 2000 万 t 沉淀物。黑龙江（阿穆尔河）常是春、夏、秋三汛相连，全年中出现几次洪水过程，一般分为三种情况：一是大面积的降雨，出现干支流同时涨水的大范围洪水；二是主要支流同时涨水汇集干流引起的大洪水；三是前述的春汛、凌汛洪水。

4.1.2 水样的采集、测量及分析

4.1.2.1 总体情况

2008 年，研究人员在俄罗斯贝加尔湖、色楞格河河口三角洲实测水库水质现场测定了河流断面流速等水文要素和水质要素。在色楞格河河口处测量河流断面水深，共取样 43 处。

2009 年，通过现场实测水样、沙样、水质等要素，为研究北极陆架（尤其是西伯利亚地区部分）接纳的流经工业污染区众多河流的物质通量、了解北冰洋海冰区的河流排泄与沉积物输移规律及区域生态系统的反馈机制等提供基础数据资料。

2010 年，在远东考察水样，包括水样的采样和离开时间、地质类别、水温、溶解氧、pH、电导率、TDS、透明度等指标，共取样 8 处。

2011 年，在蒙古库苏古尔湖地区考察水样，包括测量时间、水温、电导率、溶解氧、pH 等指标，共取样 6 处。

4.1.2.2 2008 年色楞格河河口断面水深测量

（1）测点布设

水深测量主要在色楞格河河口处选取三条注入贝加尔湖的河流测量，选取 43 处截面，共计 191 个测点进行采样。具体所选的河流截面位置如图 4-4、图 4-5 所示。

图 4-4　南部和中部河流测量断面

（2）测量水深

对选取的 191 个测点进行测量，结果如表 4-1 所示，色楞格河河口附近水位较浅，一般低于 3m。

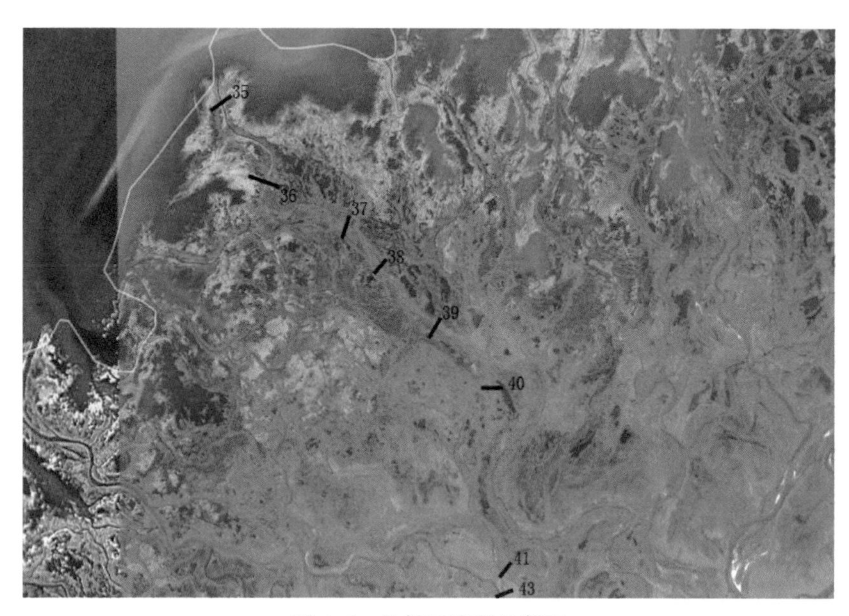

图 4-5　北部河流测量断面

表 4-1　色楞格河河口采样位置水深　　（单位：m）

断面号	点号	纬度	经度	水深
1	1	52°3′42.9″N	106°39′42.6″E	0.5
	2	52°3′43.1″N	106°39′45.7″E	1.72
	3	52°3′43.9″N	106°39′47.3″E	2.06
	4	52°3′43.8″N	106°39′50.1″E	2.73
	5	52°3′43.7″N	106°39′51.7″E	1.55
2	1	52°3′44.0″N	106°39′52.9″E	1.44
	2	52°3′44.7″N	106°39′54.0″E	2.90
	3	52°3′46.2″N	106°39′56.7″E	2.45
	4	52°3′46.8″N	106°39′56.9″E	1.09
3	1	52°4′08.6″N	106°39′15.2″E	1.68
	2	52°4′08.5″N	106°39′16.7″E	2.84
	3	52°4′10.1″N	106°39′17.6″E	2.48
	4	52°4′11.1″N	106°39′18.8″E	2.66
	5	52°4′12.4″N	106°39′21.6″E	1.84
	6	52°4′14.1″N	106°39′28.4″E	1.19
4	1	52°4′40.0″N	106°38′48.3″E	1.0
	2	52°4′41.2″N	106°38′50.6″E	1.4
	3	52°4′42.2″N	106°38′53.4″E	2.77
	4	52°4′42.7″N	106°38′56.1″E	2.66
5	1	52°5′11.8″N	106°38′38.8″E	1.36
	2	52°5′11.5″N	106°38′39.0″E	1.59
	3	52°5′10.9″N	106°38′37.9″E	1.48
	4	52°5′13.1″N	106°38′33.4″E	1.01

续表

断面号	点号	纬度	经度	水深
6	1	52°6′00. 6″N	106°37′16. 1″E	2. 41
	2	52°6′01. 0″N	106°37′17. 9″E	2. 67
	3	52°6′01. 5″N	106°37′19. 8″E	2. 64
	4	52°6′02″N	106°37′21. 8″E	2. 2
	5	52°6′03. 7″N	106°37′22. 0″E	2. 0
7	1	52°6′56. 5″N	106°37′07. 8″E	1. 16
	2	52°6′56. 5″N	106°37′06. 8″E	2. 82
	3	52°6′56. 3″N	106°37′05. 2″E	2. 68
	4	52°6′56. 3″N	106°37′04. 0″E	4
	5	52°6′59. 7″N	106°36′56. 3″E	2. 01
	6	52°7′00. 0″N	106°36′53. 4″E	3. 5
	7	52°7′00. 0″N	106°36′51. 9″E	2. 29
8	1	52°7′30. 9″N	106°36′39. 8″E	2. 36
	2	52°7′30. 0″N	106°36′38. 2″E	2. 6
	3	52°7′29. 0″N	106°36′35. 7″E	2. 72
	4	52°7′27. 8″N	106°36′34. 6″E	1. 36
9	1	52°7′50. 7″N	106°35′04. 6″E	1. 5
	2	52°7′48. 3″N	106°35′05. 2″E	2. 66
	3	52°7′47. 1″N	106°35′05. 4″E	2. 54
	4	52°7′46. 3″N	106°35′05. 8″E	2. 68
10	1	52°7′59. 0″N	106°34′07. 5″E	1. 56
	2	52°7′59. 3″N	106°34′09. 0″E	2. 77
	3	52°8′01. 6″N	106°34′11. 1″E	2. 78
	4	52°8′02. 9″N	106°34′14. 1″E	2. 72
	5	52°8′03. 8″N	106°34′16. 2″E	1. 31
11	1	52°8′55. 8″N	106°33′55. 8″E	2. 76
	2	52°8′55. 6″N	106°33′58. 1″E	2. 82
	3	52°8′55. 3″N	106°34′02. 5″E	2. 86
	4	52°8′54. 6″N	106°34′07. 5″E	2. 80
	5	52°8′54. 1″N	106°34′10. 1″E	2. 75
	6	52°8′54. 0″N	106°34′10. 6″E	2. 04
12	1	52°9′22. 8″N	106°33′28. 4″E	2. 6
	2	52°9′22. 2″N	106°33′29. 4″E	2. 8
	3	52°9′21. 0″N	106°33′30. 7″E	1. 97
	4	52°9′20. 8″N	106°33′31. 7″E	1. 04

续表

断面号	点号	纬度	经度	水深
13	1	52°10′01. 9″N	106°32′21. 5″E	2. 68
	2	52°10′00. 3″N	106°32′20. 4″E	2. 85
	3	52°9′59. 5″N	106°32′18. 4″E	1. 42
	4	52°9′59. 2″N	106°32′17. 5″E	1. 54
14	1	52°10′24. 8″N	106°31′27. 5″E	0. 99
	2	52°10′22. 8″N	106°31′28. 8″E	1. 82
	3	52°10′21. 2″N	106°31′26. 5″E	2. 7
	4	52°10′20. 0″N	106°31′24. 5″E	2. 1
15	1	52°10′56. 2″N	106°31′01. 2″E	2. 02
	2	52°10′54. 9″N	106°30′58. 9″E	2. 17
	3	52°10′54. 4″N	106°30′56. 2″E	2. 35
	4	52°10′54. 0″N	106°30′54. 3″E	1. 78
16	1	52°11′12. 4″N	106°29′54. 9″E	2. 25
	2	52°11′13. 6″N	106°29′55. 5″E	2. 38
	3	52°11′15. 3″N	106°29′55. 9″E	1. 29
	4	52°11′16. 8″N	106°29′57. 3″E	1. 37
	5	52°11′17. 1″N	106°29′58. 2″E	1. 19
17	1	52°11′47. 5″N	106°29′18. 0″E	1. 85
	2	52°11′49. 1″N	106°29′20. 8″E	2. 50
	3	52°11′50. 4′N	106°29′23. 9″E	2. 36
	4	52°11′51. 6″N	106°29′27. 8″E	2. 55
18	1	52°12′09. 1″N	106°28′20. 1″E	2. 75
	2	52°12′08. 8″N	106°28′20. 5″E	2. 72
	3	52°12′13. 2″N	106°28′24. 9″E	1. 36
	4	52°12′13. 9″N	106°28′26. 3″E	0. 7
19	1	52°12′27. 1″N	106°27′17. 5″E	2. 5
	2	52°12′28. 1″N	106°27′18. 1″E	2. 07
	3	52°12′29. 9″N	106°27′18. 9″E	2. 36
	4	52°12′32. 0″N	106°27′19. 4″E	2. 71
	5	52°12′32. 8″N	106°27′19. 6″E	2. 63
20	1	52°12′27. 7″N	106°25′43. 1″E	1. 52
	2	52°12′28. 3″N	106°25′44. 9″E	2. 54
	3	52°12′29. 7″N	106°25′45. 6″E	2. 77
	4	52°12′30. 5″N	106°25′46. 6″E	2. 79
	5	52°12′31. 0″N	106°25′46. 8″E	2. 68

续表

断面号	点号	纬度	经度	水深
21	1	52°12′43. 0″N	106°24′45. 7″E	2. 2
	2	52°12′42. 1″N	106°24′44. 6″E	2. 7
	3	52°12′41. 1″N	106°24′44. 4″E	3. 17
	4	52°12′40. 0″N	106°24′44. 3″E	1. 85
22	1	52°12′51. 4″N	106°24′05. 0″E	2. 6
	2	52°12′50. 3″N	106°24′05. 1″E	2. 86
	3	52°12′48. 0″N	106°24′05. 4″E	1. 56
	4	52°12′46. 6″N	106°24′05. 7″E	1. 82
23	1	52°13′11. 5″N	106°23′07. 9″E	3. 04
	2	52°13′11. 8″N	106°23′09. 4″E	2. 9
	3	52°13′12. 7″N	106°23′12. 0″E	1. 29
	4	52°13′13. 9″N	106°23′14. 5″E	1. 14
	5	52°13′14. 4″N	106°23′15. 2″E	1. 55
24	1	52°13′22. 1″N	106°22′15. 3″E	2. 2
	2	52°13′22. 2″N	106°22′16. 8″E	2. 79
	3	52°13′22. 2″N	106°22′18. 6″E	1. 8
	4	52°13′22. 4″N	106°22′19. 9″E	1. 03
25	1	52°13′25. 0″N	106°21′06. 7″E	1. 76
	2	52°13′25. 9″N	106°21′07. 7″E	2. 0
	3	52°13′27. 0″N	106°21′09. 0″E	1. 93
	4	52°13′27. 7″N	106°21′10. 3″E	1. 75
	5	52°13′28. 1″N	106°21′11. 8″E	1. 75
26	1	52°13′15. 6″N	106°20′04. 1″E	2. 29
	2	52°13′16. 0″N	106°20′05. 9″E	2. 72
	3	52°13′15. 6″N	106°20′08. 9″E	2. 93
	4	52°13′15. 3″N	106°20′10. 5″E	1. 0
27	1	52°13′11. 5″N	106°19′29. 0″E	2. 65
	2	52°13′12. 3″N	106°19′30. 2″E	2. 9
	3	52°13′13. 4″N	106°19′32. 2″E	2. 41
	4	52°13′14. 2″N	106°19′34. 2″E	1. 64
28	1	52°13′09. 7″N	106°19′21. 1″E	2. 15
	2	52°13′09. 8″N	106°19′21. 6″E	2. 5
	3	52°13′09. 7″N	106°19′22. 4″E	1. 5

续表

断面号	点号	纬度	经度	水深
29	1	52°12′47.8″N	106°18′48.5″E	1.9
	2	52°12′47.8″N	106°18′48.8″E	2.05
	3	52°12′47.4″N	106°18′49.3″E	1.0
	4	52°12′47.3″N	106°18′49.2″E	0.7
30	1	52°11′17.4″N	106°21′57.5″E	1.04
	2	52°11′16.7″N	106°21′58.5″E	1.82
	3	52°11′15.5″N	106°21′59.9″E	1.83
	4	52°11′14.6″N	106°22′01.2″E	2.43
	5	52°11′17.4″N	106°22′02.8″E	2.75
	6	52°11′17.4″N	106°22′03.9″E	2.81
	7	52°11′17.4″N	106°22′05.2″E	1.0
31	1	52°10′23.1″N	106°21′29.2″E	1.8
	2	52°10′23.4″N	106°21′28.0″E	2.86
	3	52°10′23.9″N	106°21′27.3″E	2.02
	4	52°10′24.5″N	106°21′26.1″E	1.56
	5	52°10′25.4″N	106°21′25.3″E	1.2
	6	52°10′26.1″N	106°21′24.3″E	1.18
	7	52°10′27.1″N	106°21′23.3″E	1.65
	8	52°10′27.4″N	106°21′22.9″E	1.96
32	1	52°10′27.4″N	106°18′55.1″E	1.68
	2	52°10′28.0″N	106°18′54.4″E	2.03
	3	52°10′28.5″N	106°18′53.8″E	2.43
	4	52°10′29.4″N	106°18′52.8″E	2.7
	5	52°10′30.2″N	106°18′52.3″E	2.74
33	1	52°10′23.4″N	106°18′44.1″E	2.65
	2	52°10′23.1″N	106°18′44.6″E	2.77
	3	52°10′22.2″N	106°18′44.5″E	2.75
	4	52°10′21.7″N	106°18′45.3″E	2.02
34	1	52°09′12.6″N	106°17′18.1″E	1.05
	2	52°09′12.1″N	106°17′18.6″E	1.47
	3	52°09′11.6″N	106°17′19.3″E	2.25
	4	52°09′11.1″N	106°17′19.5″E	1.93
35	1	52°20′22.7″N	106°21′48.1″E	2.27
	2	52°20′22.4″N	106°21′47.6″E	1.69
	3	52°20′22.4″N	106°21′47.2″E	1.50

续表

断面号	点号	纬度	经度	水深
36	1	52°19′30.4″N	106°22′33.9″E	1.68
	2	52°19′30.4″N	106°22′33.6″E	2.18
	3	52°19′30.6″N	106°22′33.3″E	1.3
37	1	52°19′03.7″N	106°24′14.7″E	1.2
	2	52°19′03.6″N	106°24′14.4″E	1.28
	3	52°19′03.6″N	106°24′13.4″E	1.1
38	1	52°18′37.0″N	106°24′46.6″E	1.07
	2	52°18′37.8″N	106°24′46.3″E	2.7
	3	52°18′37.8″N	106°24′47.1″E	1.3
39	1	52°18′00.6″N	106°25′59.9″E	1.67
	2	52°18′00.3″N	106°25′59.8″E	1.8
	3	52°17′59.9″N	106°25′59.7″E	1.04
40	1	52°17′21.2″N	106°27′03.3″E	0.97
	2	52°17′21.1″N	106°27′02.7″E	0.99
	3	52°17′21.1″N	106°27′02.2″E	1.5
41	1	52°15′23.4″N	106°27′11.2″E	1.69
	2	52°15′23.4″N	106°27′11.9″E	1.53
	3	52°15′23.6″N	106°27′12.7″E	1.93
	4	52°15′24.0″N	106°27′13.9″E	1.68
42	1	52°15′04.1″N	106°27′11.0″E	2.68
	2	52°15′03.8″N	106°27′11.7″E	2.75
	3	52°15′03.0″N	106°27′11.8″E	2.59
	4	52°15′02.1″N	106°27′11.8″E	0.98
43	1	52°15′05.9″N	106°27′15.8″E	1.95
	2	52°15′06.4″N	106°27′15.1″E	2.79
	3	52°15′06.4″N	106°27′14.6″E	2.56
	4	52°15′06.3″N	106°27′13.9″E	2.06
	5	52°15′06.2″N	106°27′13.1″E	1.24
	6	52°15′06.1″N	106°27′12.1″E	1.53

(3) 测量断面图

色楞格河河口部分断面的形状如图 4-6 所示。河道宽度变化范围较大，介于 35 ~ 350m。河道越宽，河滩越大，部分水深在 1m 以内，呈现宽浅的不规则梯形；反之，河道越窄，其边坡越陡，表现出水对河道的冲刷影响。河流入湖附近河道分岔增多，河道宽度多在 100m 以下。

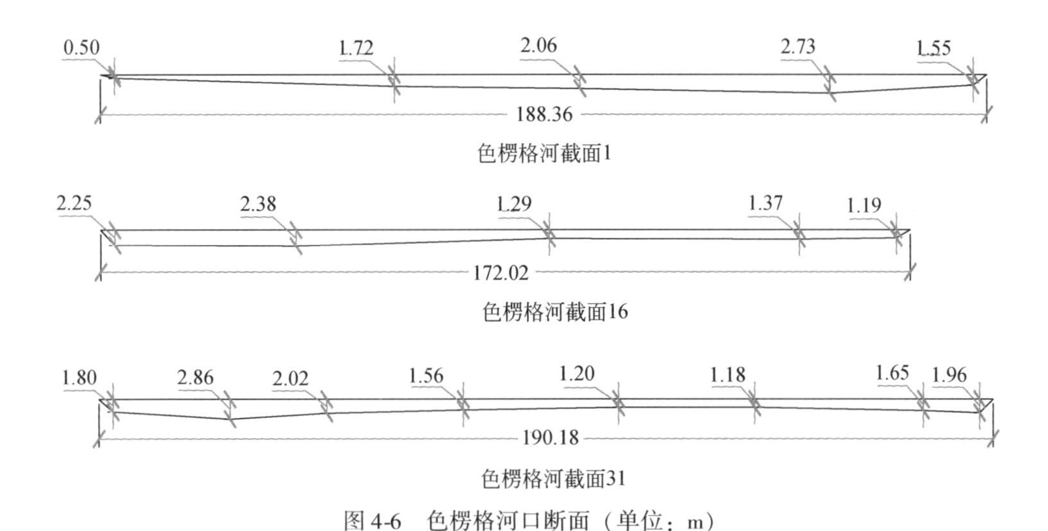

图4-6　色楞格河口断面（单位：m）

4.1.2.3　2010年远东地区水样测量分析

（1）测点布设

2010年科考组在远东边疆分区黑龙江（阿穆尔河）流域考察水样，对水样的采集时间、地质类别、水温、溶解氧、pH、电导率、TDS、透明度等指标参数进行了记录和检测。图4-7显示了8处采样点的位置。

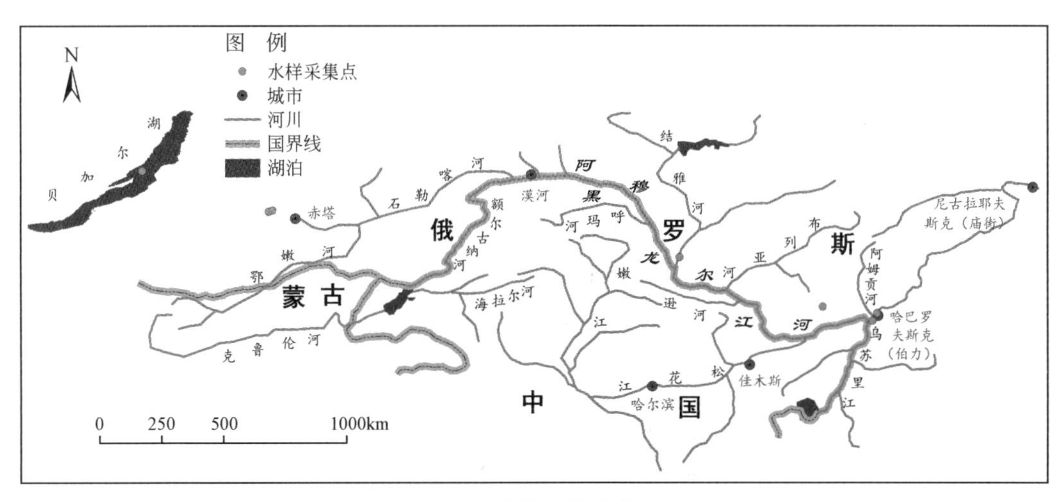

图4-7　水样采样点分布

（2）水样指标

检测后得到的水质结果见表4-2。

表 4-2 2010 年远东地区水样指标数据

地点	上通古斯河	大赫黑契尔自然保护区	乌苏里江	比罗河	结雅河	赤塔	阿尔赫列伊湖	圣鼻岛
经度	134.926°E	134.758°E	134.758°E	132.928°E	127.655°E	112.697°E	112.832°E	108.092°E
纬度	48.559°N	48.280°N	48.280°N	48.786°N	50.540°N	52.174°N	52.217°N	53.622°N
海拔/m	45	50	50	78	136	967	958	463
采样时间	14：40	12：37	13：22	18：00	10：13	15：17	16：00	13：24
离开时间	15：05	12：57	13：58	18：30	10：35	15：37	16：20	13：40
地质类别	硬底	鹅卵石、粗砂	粗砂	鹅卵石	淤泥	淤泥	淤泥、粗砂	粗砂
水温/℃	23.2	14.4	16.8	15.3	17.9	18	20.7	8.2
溶氧/(mg/L)	7.28	10.7	9.45	10.62	8.46	3.54	8.87	13.6
pH	5.87	6.23	6.37	6.09	5.87	6.49	8.34	6.73
电导率/(μS/cm)	47	23.7	31.3	44.6	42.3	178.2	185.6	35.1
TDS	0.65	0.65	0.0237	0.0358	0.0319	0.1218	0.1317	0.0341
透明度/cm	30	见底	40	见底	见底	50	见底	见底
水深/cm	50	40	80	80	100		100	3000
河宽/m	500	8m	1000	200	200			6
沿岸带特征	自然堤岸	自然堤岸	自然堤岸	人工堤岸	水草丰富	水草丰富，念珠藻量大		自然堤岸

4.1.2.4 2011 年库苏古尔湖水样测量分析

(1) 测点布设

水样采集点基本沿着湖中最深水位线（见图 4-8 所示中虚线）布设。

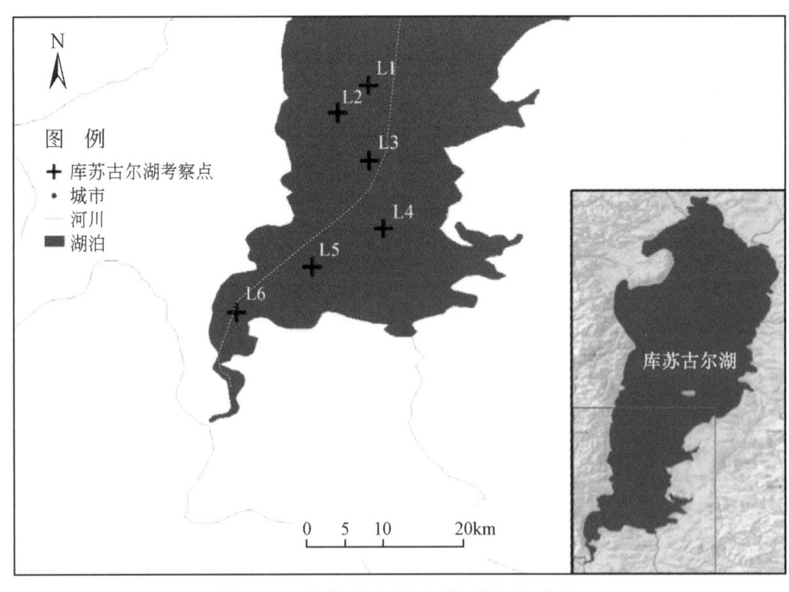

图 4-8 库苏古尔湖水样采集点分布

（2）采样测量

1）准备采样瓶和测量仪器。采样瓶容积为50ml，质量可靠，水质测量仪器为YSI 6600V2型多参数水质监测仪，测量作业前必须进行相应探头的安装与校核。

2）采集水样并作记录。水质采样方法采用涉水采样和船只采样，采集水样并做记录时，须注意以下几点：①采样前先用被检测水体清洗两三遍，再将水样装满采样瓶；②采集到水样后，尽量保证采样瓶内没有空气，再先后用止水膜和胶带密封住瓶口内外以防水样渗漏；③在每个水样瓶上标明水样的编号、采样地点（名称）、采样日期（年/月/日）和采样时间；④在记录表上记录每个水样的编号、采样地点（名称、经度、纬度、海拔）、采样日期（年/月/日）和采样时间、采样时水温、天气情况、采样人员姓名及其他相关信息；⑤尽量避免高温或低温情况（防止结冰）；⑥尽量避免光照；⑦防止挤压，保护好采样瓶；⑧水样允许存放的时间，随水样的性质、所要检测的项目和存储条件而定。

一般而言，水样采集和分析之间的时间间隔越短，分析结果就越可靠。对于某些成分和物理特性（如温度、pH、溶解氧和电导率等），应在现场测定。在测上述值时，应尽量避免外界环境的干扰，并及时记录稳定后的数据。

（3）水样指标

检测的水文要素包括溶解氧、电导率等，见表4-3。取样后做进一步的水质分析。

表4-3　2011年库苏古尔湖水样指标数据

名称：库苏古尔湖测量人员：胡维平、王兆德						
天气：晴、小风　记录人员：张　洪						
测点	L1	L2	L3	L4	L5	L6
经度	100°20′39.5″E	100°19′52.3″E	100°19′12.4″E	100°22′17.9″E	100°15′30.8″E	100°10′23.1″E
纬度	50°46′07.9″N	50°44′16.5″N	50°40′21.2″N	50°37′12.2″N	50°34′59.8″N	50°30′41.9″N
海拔/m	1650	1655	1654	1649	1650	1650
采样时间	13：19	13：48	14：06	14：20	14：40	15：24
水温/℃	7.82	8.00	8.10	8.39	8.16	7.65
电导率/(μS/cm)	143	143.1	143.3	144.6	143.6	142
溶解氧/(mg/L)	10.76	11.70	12.09	12.4	13.0	13.1
pH	8.09	8.06	8.17	8.13	8.16	8.07

注：库苏古尔湖西岸为山区，东岸为平原。12月开始结冰，次年5月完全消融。2～3月湖面结冰厚度达最大，最厚处可达1.5m。

（4）小结

通过对库苏古尔湖的考察，可以得到以下结论。

库苏古尔湖水量丰富，湖水储量为3800亿m^3，占全世界淡水储备量的2%，是蒙古重要的淡水储备。

库苏古尔湖水质良好。湖水基本无污染，可见度良好。水温8℃左右时，水中溶解氧饱和度均在90%以上；水质呈弱碱性，pH为8.00～8.26。

4.1.3 砂样的采集、测量及分析

4.1.3.1 总体情况

2008年，在色楞格河河口处进行含沙量测量，共取沙样27个；进行泥沙颗粒分析，共取沙样23处。

2010年，在远东地区采集岸滩沙样，共14个样品，沙样测量分析工作由同济大学水利港口综合实验室完成，可以测定沙样的理化指标，测试结果包括粒度分布数据表、分布曲线、比表面积、D50等，目前已经完成沙样的测量工作。

4.1.3.2 2008年色楞格河河口沙样测量分析

(1) 测点布设

在色楞格河河口处选取27处截面进行采样测量，截面位置如图4-9所示。

图4-9 南部及中部河流取样位置

(2) 含沙量

含沙量测量结果如表4-4所示。

表4-4 2008年色楞格河河口采样点含沙量

截面编号	含沙量/(g/L)	测点编号	含沙量/(g/L)
1	0.0756	1-1	0.0898
		1-3	0.0614
2	0.033	2-1	0.0594
		2-5	0.0066

续表

截面编号	含沙量/(g/L)	测点编号	含沙量/(g/L)
3	0.0734	3-1	0.0354
		3-3	0.1114
4	0.0406	4-1	0.0406
5	0.0122	5-1	0.011
		5-3	0.0134
6	0.0638	6-5	0.0638
7	0.0672	7-1	0.0698
		7-5	0.0638
		7-7	0.0678
8	0.072	8-1	0.0702
		8-4	0.0738
9	0.047	9-1	0.077
		9-4	0.017
10	0.0254	10-1	0.0426
		10-5	0.0082
11	0.055	11-1	0.043
		11-6	0.067
12	0.0704	12-1	0.083
		12-4	0.0578
13	0.0866	13-1	0.099
		13-4	0.0686
		13-6	0.0922
14	0.068	14-1	0.099
		14-4	0.037
15	0.054	15-1	0.0714
		15-4	0.0366
16	0.0216	16-1	0.035
		16-5	0.0082
17	0.0856	17-1	0.0918
		17-4	0.0794
18	0.0338	18-1	0.0338
19	0.0496	19-1	0.0586
		19-5	0.0406
20	0.0418	20-1	0.0218
		20-5	0.0618

续表

截面编号	含沙量/(g/L)	测点编号	含沙量/(g/L)
21	0.0854	21-1	0.079
		21-4	0.0918
22	0.0688	22-1	0.0178
		22-4	0.1198
23	0.0212	23-1	0.0142
		23-5	0.0282
24	0.095	24-1	0.081
		24-4	0.109
25	0.0268	25-1	0.0268
26	0.0822	26-1	0.0682
		26-4	0.0962
27	0.0706	27-1	0.069
		27-4	0.0722

(3) 粒径数据取样点和数据图表

1) 图 4-10 为哈朗泽河取样点分布。哈朗泽河底样粒径分析如图 4-11 所示。

2) 图 4-12 为湖湾沙样取样点分布。平静湖湾沙样粒径分析如图 4-13 所示。

图 4-10　哈朗泽河取样点分布

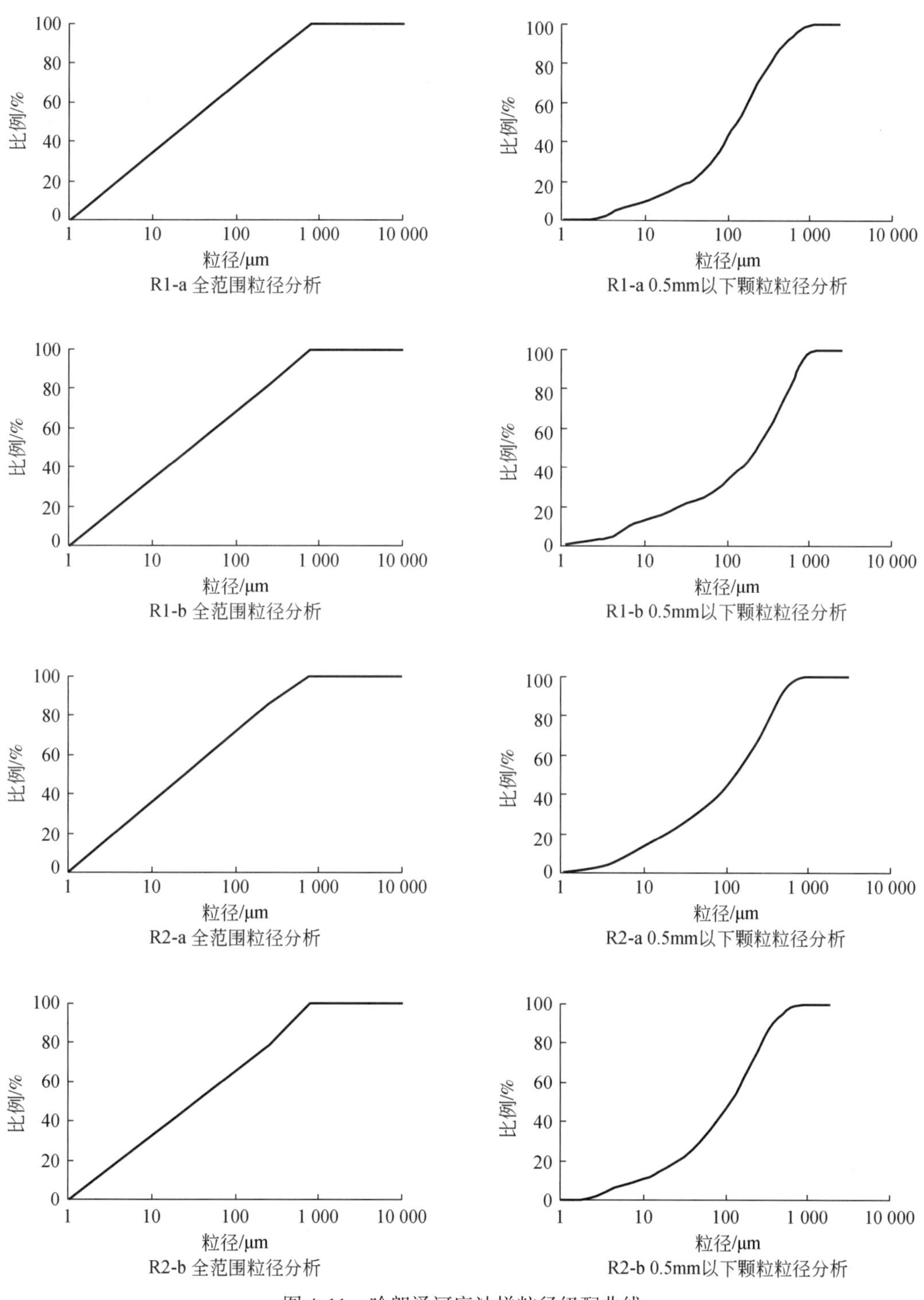

图 4-11　哈朗泽河底沙样粒径级配曲线

图 4-12　湖湾沙样取样点分布

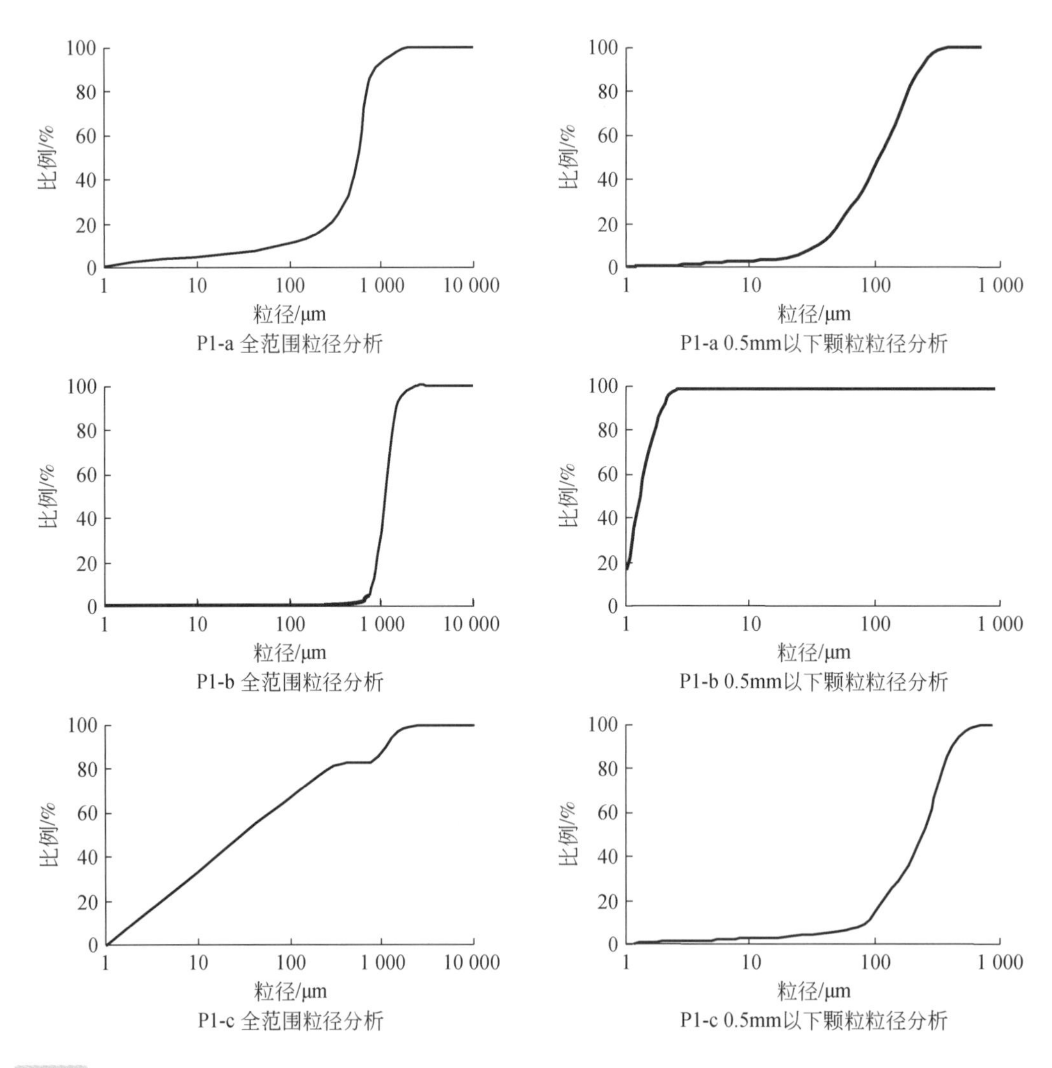

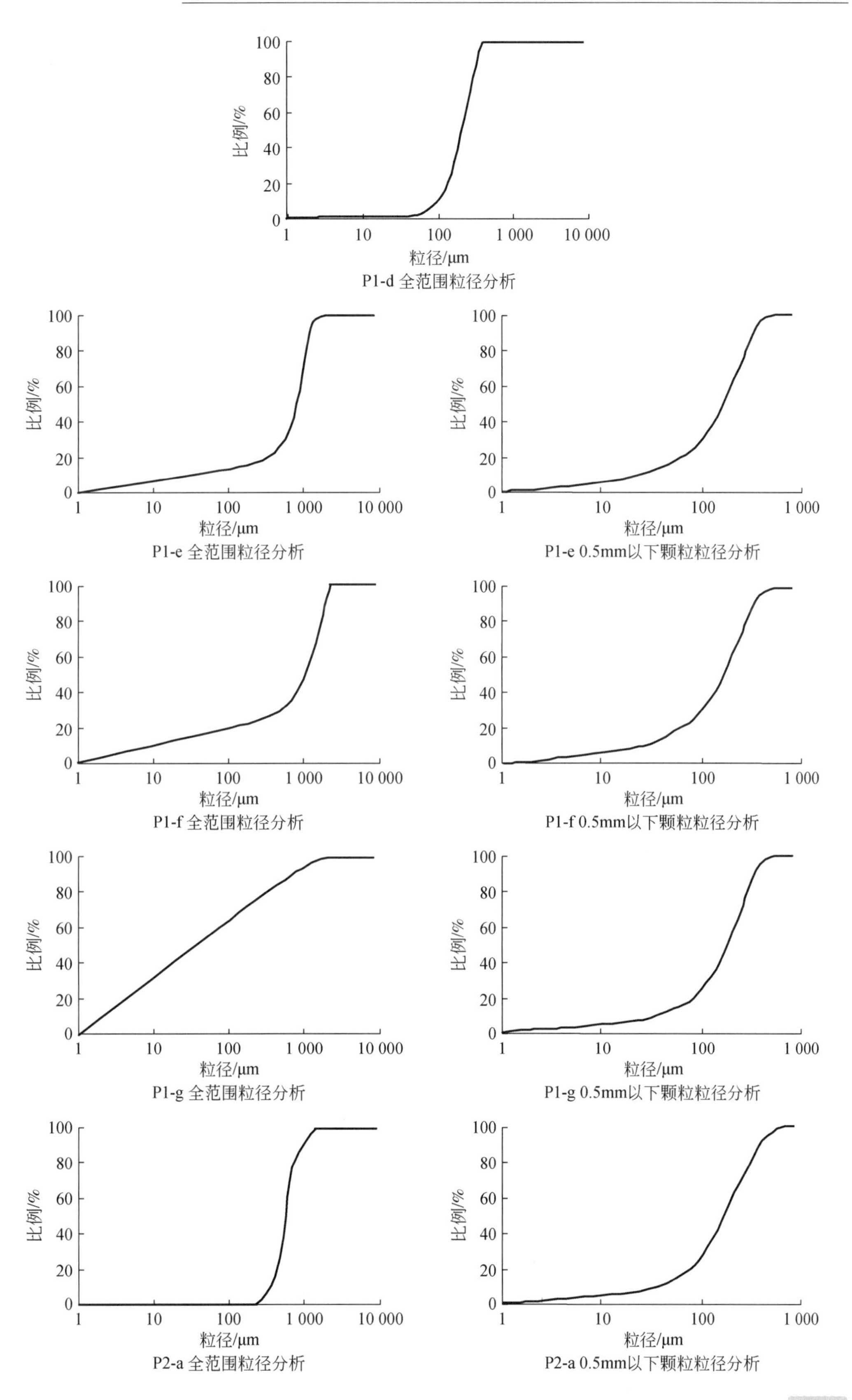

P1-d 全范围粒径分析

P1-e 全范围粒径分析

P1-e 0.5mm以下颗粒粒径分析

P1-f 全范围粒径分析

P1-f 0.5mm以下颗粒粒径分析

P1-g 全范围粒径分析

P1-g 0.5mm以下颗粒粒径分析

P2-a 全范围粒径分析

P2-a 0.5mm以下颗粒粒径分析

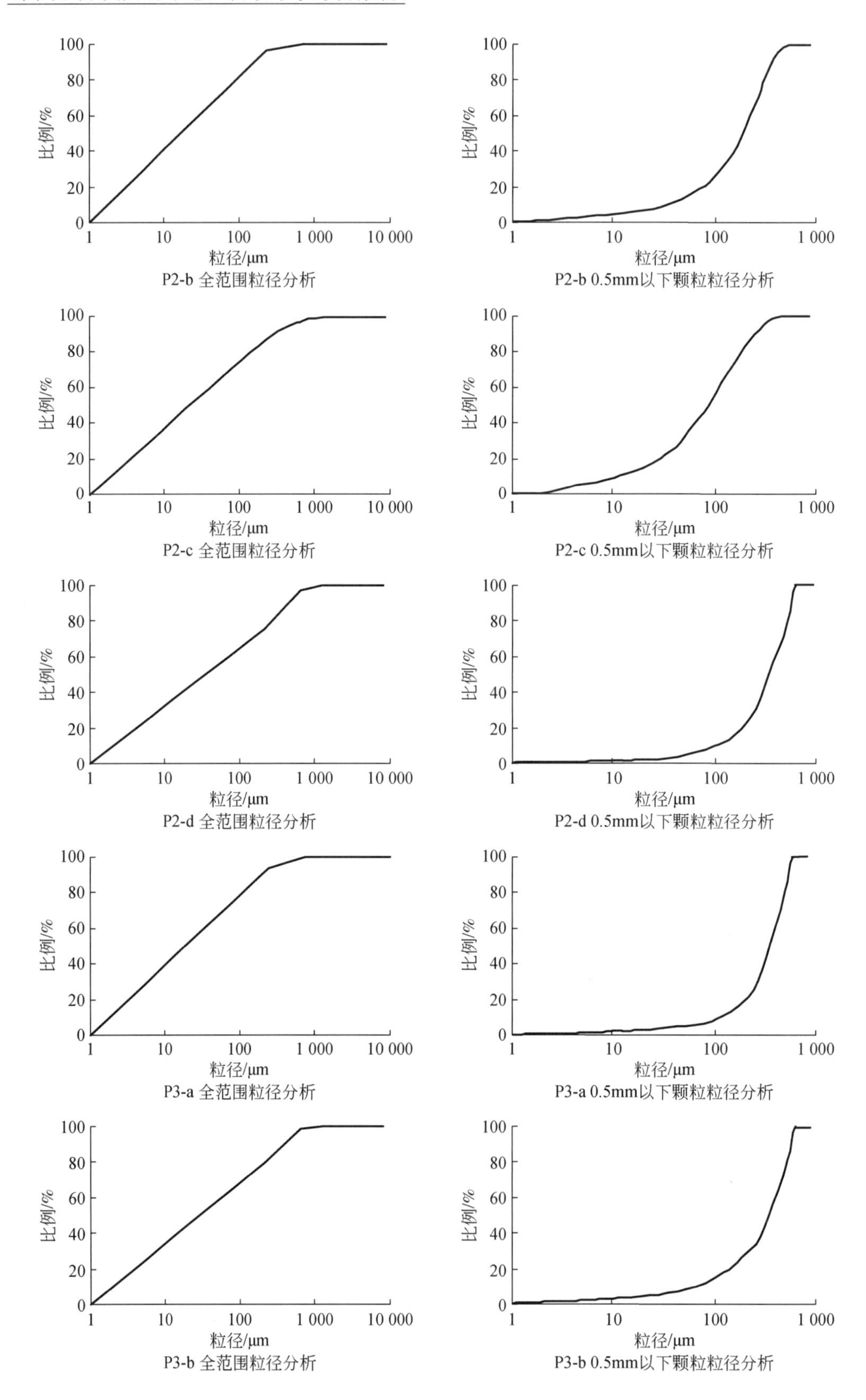

P2-b 全范围粒径分析

P2-b 0.5mm以下颗粒粒径分析

P2-c 全范围粒径分析

P2-c 0.5mm以下颗粒粒径分析

P2-d 全范围粒径分析

P2-d 0.5mm以下颗粒粒径分析

P3-a 全范围粒径分析

P3-a 0.5mm以下颗粒粒径分析

P3-b 全范围粒径分析

P3-b 0.5mm以下颗粒粒径分析

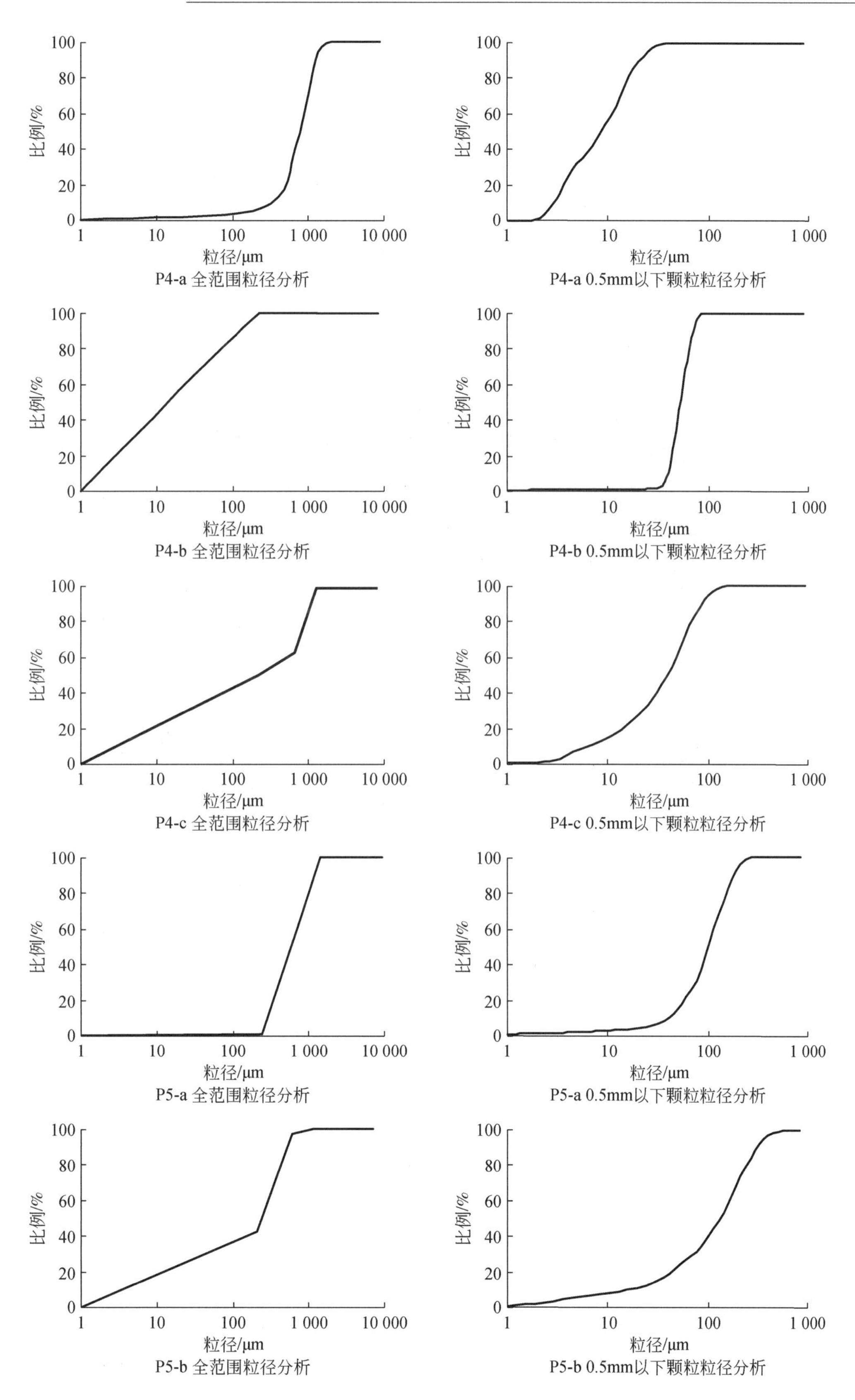

P4-a 全范围粒径分析

P4-a 0.5mm以下颗粒粒径分析

P4-b 全范围粒径分析

P4-b 0.5mm以下颗粒粒径分析

P4-c 全范围粒径分析

P4-c 0.5mm以下颗粒粒径分析

P5-a 全范围粒径分析

P5-a 0.5mm以下颗粒粒径分析

P5-b 全范围粒径分析

P5-b 0.5mm以下颗粒粒径分析

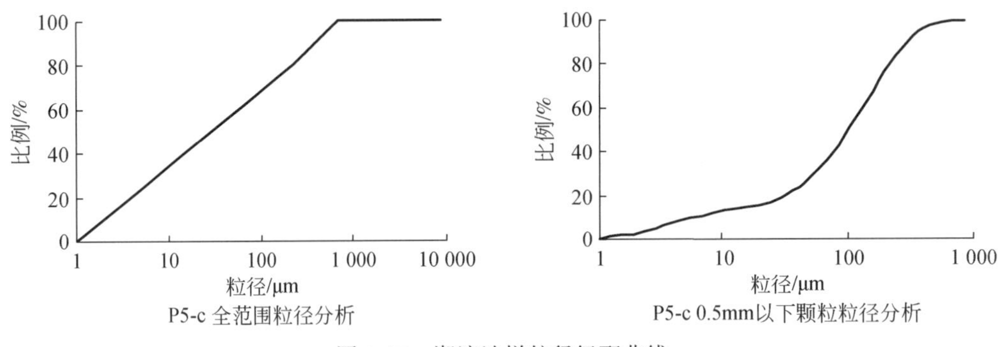

图 4-13　湖湾沙样粒径级配曲线

3）图 4-14 为平直湖岸沙样取样点分布。平直湖岸剖面沙样粒径分析如图 4-15 所示。

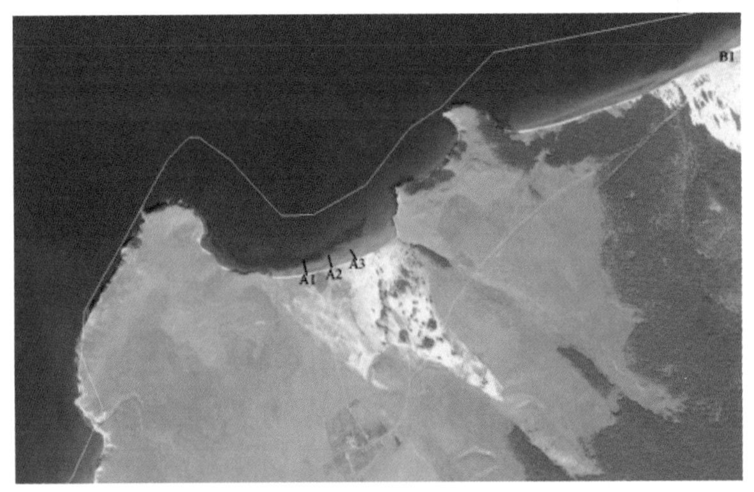

图 4-14　平直湖岸沙样取样点分布

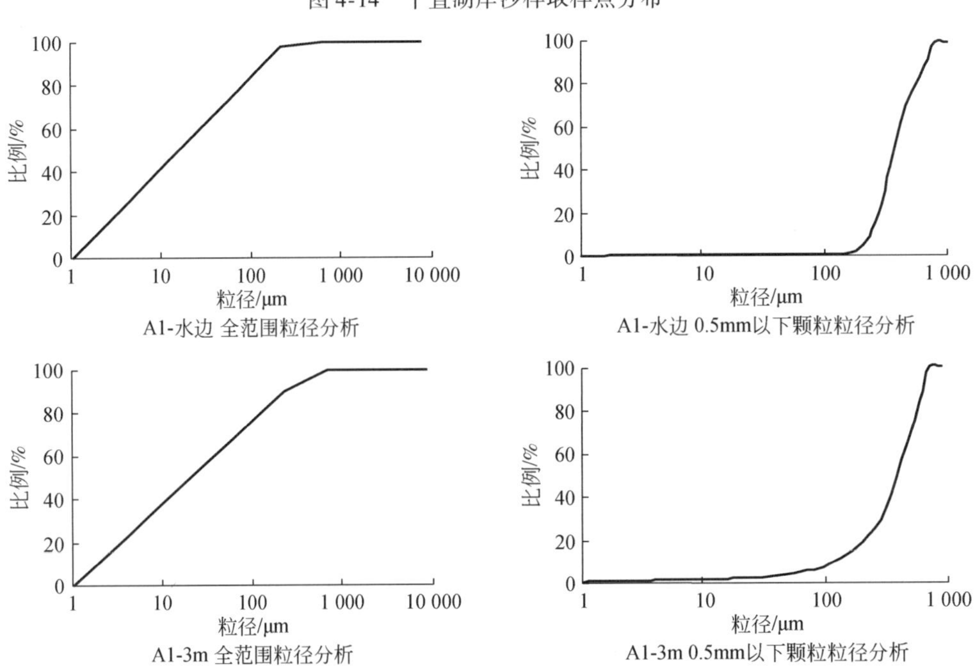

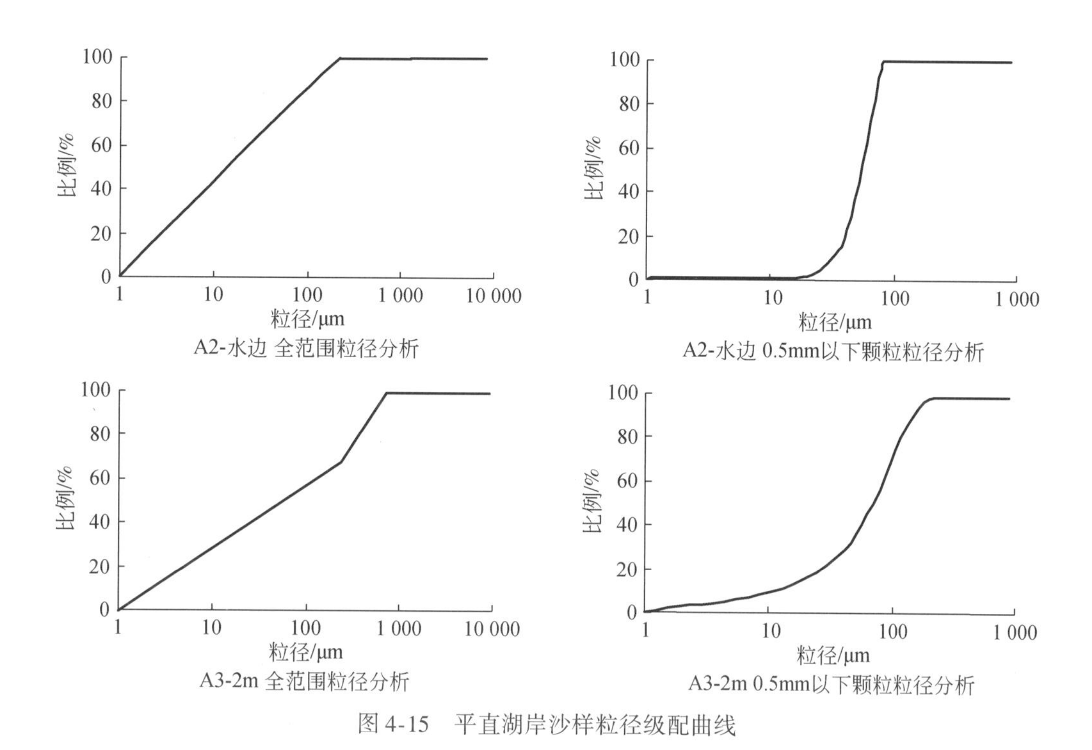

图 4-15　平直湖岸沙样粒径级配曲线

4）图 4-16 为奥利洪岛北部采样位置分布。奥利洪岛北部泥沙粒径分析如图 4-17 所示。

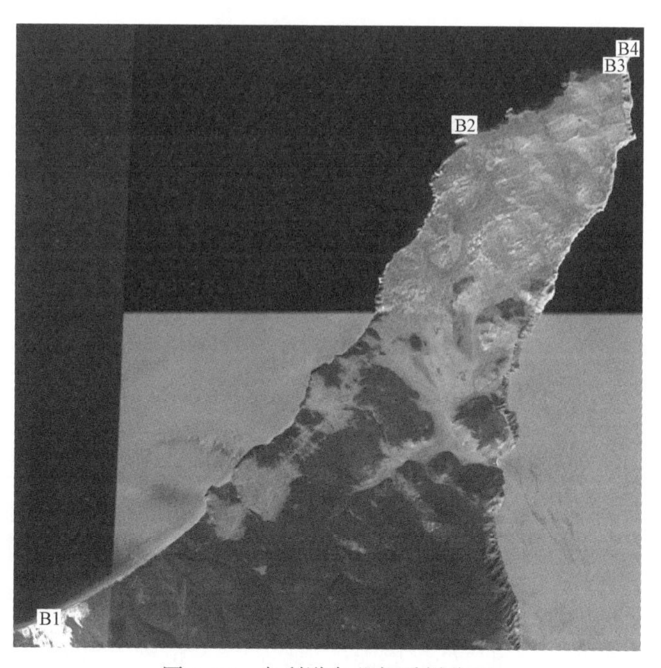

图 4-16　奥利洪岛北部采样位置

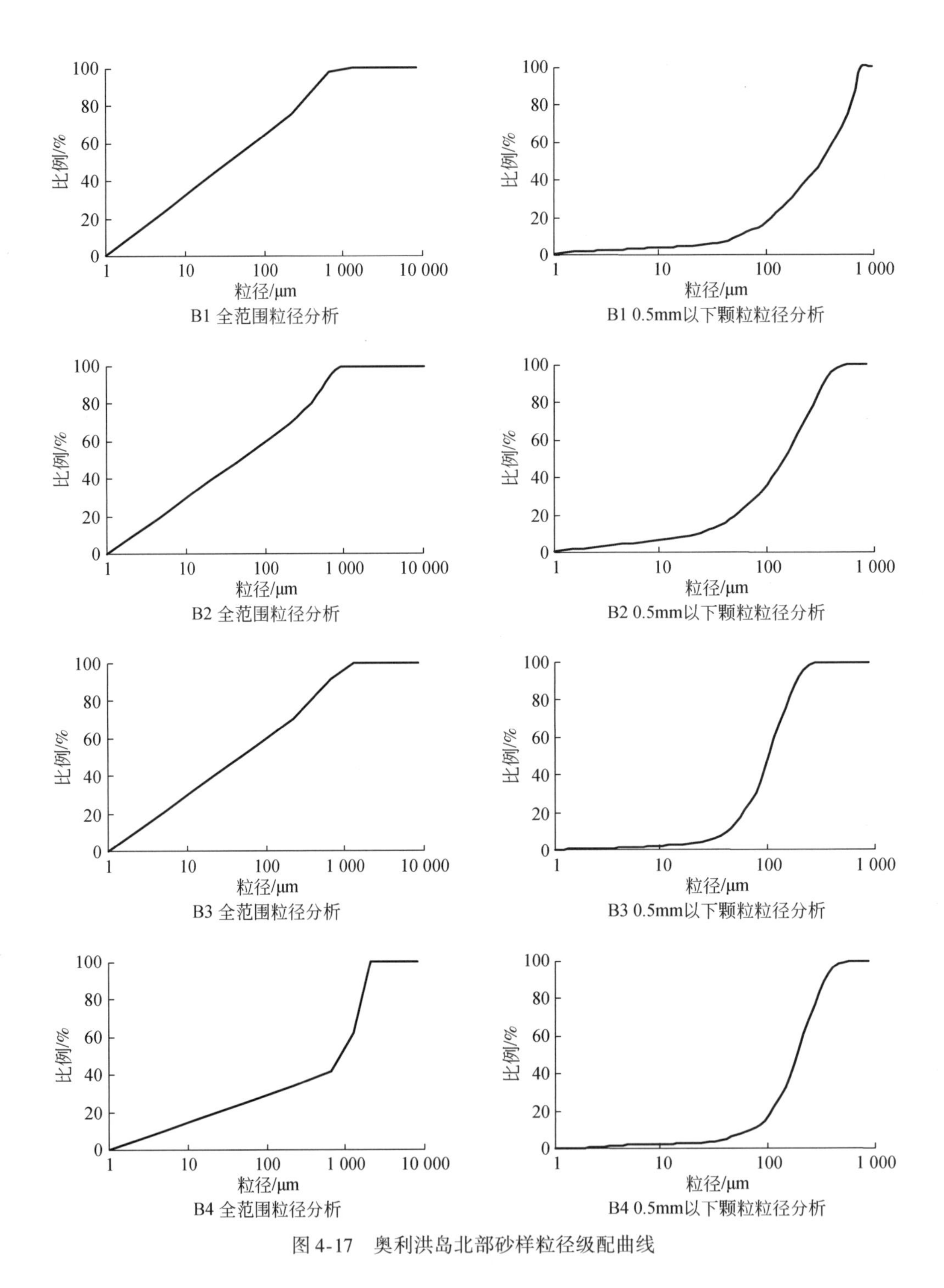

图 4-17　奥利洪岛北部砂样粒径级配曲线

5）图 4-18 为色楞格河河口处河底泥沙采样位置。色楞格河河口处河底泥沙粒径分析如图 4-19 所示。

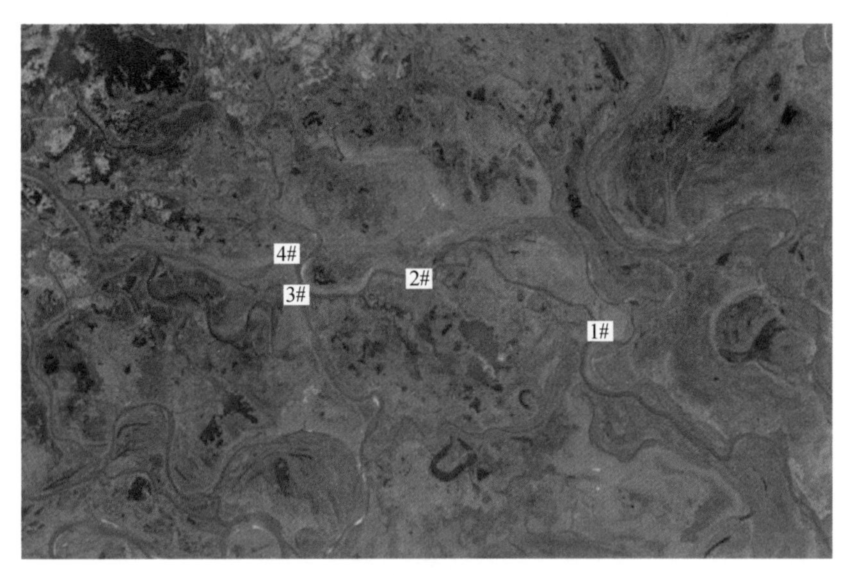

图 4-18　色楞格河河口处河底泥沙采样位置

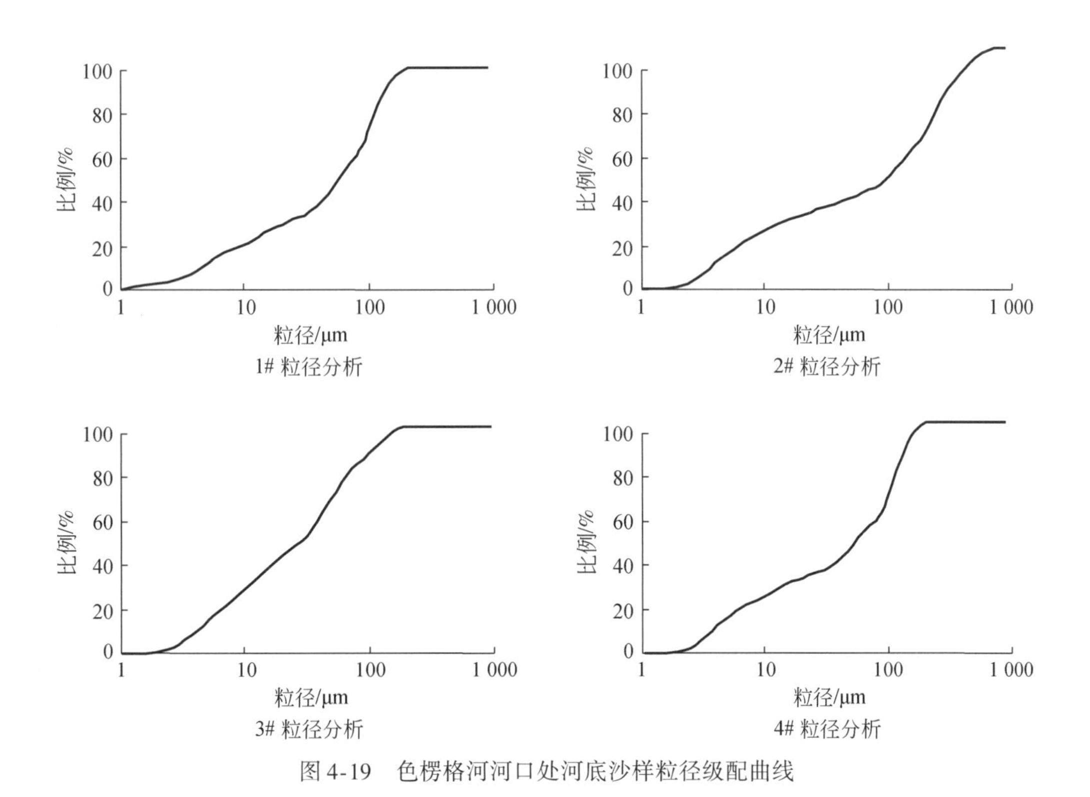

图 4-19　色楞格河河口处河底沙样粒径级配曲线

4.1.3.3 2010 年远东地区沙样测量

(1) 测点布设

采样点的分布如图 4-20 所示，详细信息见表 4-5。

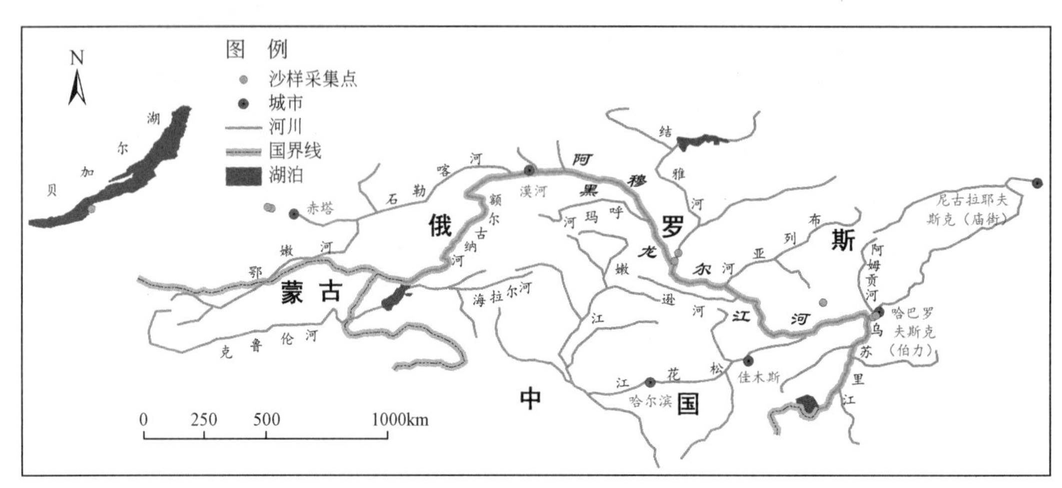

图 4-20 沙样采样点分布

表 4-5 采样点详细信息

编号	采集时间	采样位置	高程/m	描述	是否需要筛分
1	2010-08-06 15：00	48.282°N 134.757°E	40	水边岸滩，含直径 2 ~ 6mm 的碎石	是
2	2010-08-14	52.219°N 112.832°E	958	赤塔-1	否
3	2010-08-11	50.541°N 127.655°E	136	结雅河-02	否
4	2010-08-08 18：05	48.786°N 132.928°E	78	比罗河	否
5	2010-08-08	48.786°N 132.927°E	78	比罗河	否
6	2010-08-08 18：00	48.786°N 132.927°E	78	比罗河畔，含直径 15mm 的碎石一块和些许植物的根	否
7	2010-08-06 15：05	48.329°N 134.864°E	40	水里，含直径 10mm 的石子两块	否

续表

编号	采集时间	采样位置	高程/m	描述	是否需要筛分
8	2010-08-06 14：55	48.329°N 134.865°E	40	返程桥边水里，黑龙江边水中沙样	否
9	2010-08-06 13：22	48.282°N 134.757°E	30	乌苏里江江边，粒径较大，不能使用粒度分析仪	是
10	2010-08-11 10：30	50.540°N 127.655°E	136	结雅河畔-01	否
11	2010-08-14	52.174°N 112.697°E	967	赤塔-2	否
12	2010-08-11	50.259°N 127.519°E	143	布拉戈维申斯克（海兰泡），有直径 3 ~ 12mm 的碎石	是
13	2010-08-16 09：00	52.119°N 106.249°E	453	贝加尔湖边	是
14	2010-08-06 14：44	48.329°N 134.865°E	40	黑龙江边水边岸滩	是

（2）筛分数据

筛分数据见表 4-6。

表 4-6　沙样筛分结果统计

项目		总质量	>3mm	2 ~ 3mm	1 ~ 2mm	0.5 ~ 1mm	<0.5mm	总和
样品一	质量	2.35	1.2	0.08	0.02	0.06	0.88	2.24
	百分率/%	100	54	4	1	3	39	95
样品九	质量	2.79	0.47	0.87	0.96	0.16	0.23	2.69
	百分率/%	100	17	32	36	6	9	96
样品十二	质量	3.65	0.6	0.2	0.12	0.17	2.48	3.57
	百分率/%	100	17	6	3	5	69	98
样品十三	质量	6.83	0.67	0.26	0.5	0.57	4.76	6.76
	百分率/%	100	10	4	7	8	70	99
样品十四	质量	5.51	0	0.26	0.34	0.26	4.5	5.36
	百分率/%	100	0	5	6	5	84	97

(3) 粒径分析

1) 1 号测点（图 4-21）(1 号采样点粒径级配曲线)。

样品名称：沙	样品编号：样品 1	样品折射率：1.60	测试日期：2010-10-14
分析模式：rosin-ram.	介质名称：水	介质折射率：1.33	测试时间：20：21：01
样品池：循环	分散剂：水	拟合残余：0.09	超声时间：2′
文件名：1. p6b	截断下限：0.20	截断上限：517.20	遮光比：28.0%

粒度特征参数

D (4, 3)	3.47μm	D50	3.21μm	D (3, 2)	2.15μm	S. S. A	2.79m^2/cm^3
D10	1.18μm	D25	2.01μm	D75	4.64μm	D90	6.08μm

注：*D* 表示粒径

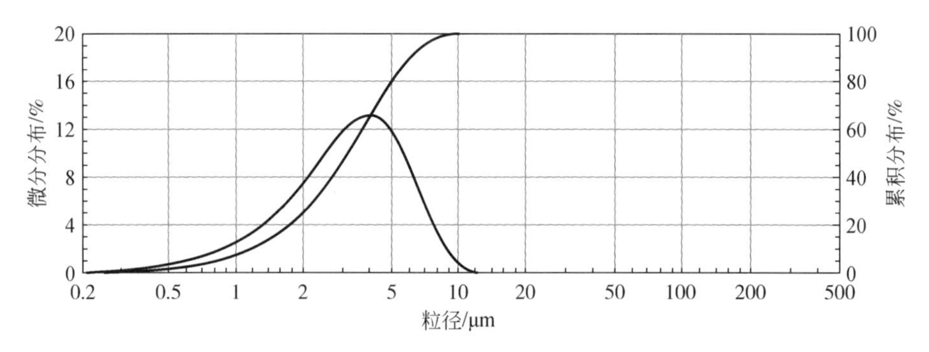

粒径分布表

粒径/μm	微分分布/%	累积分布/%	粒径/μm	微分分布/%	累积分布/%	粒径/μm	微分分布/%	累积分布/%
0.20			2.89	10.54	43.40	41.8	0.00	100.00
0.24	0.15	0.53	3.50	12.36	55.76	50.6	0.00	100.00
0.29	0.23	0.76	4.24	13.18	68.94	61.3	0.00	100.00
0.35	0.32	1.07	5.13	12.28	81.21	74.2	0.00	100.00
0.43	0.50	1.58	6.21	9.66	90.87	89.8	0.00	100.00
0.52	0.67	2.25	7.51	5.86	96.73	108.6	0.00	100.00
0.63	0.96	3.20	9.09	2.52	99.25	131.5	0.00	100.00
0.76	1.32	4.53	11.00	0.66	99.91	159.1	0.00	100.00
0.92	1.89	6.42	13.31	0.09	100.00	192.6	0.00	100.00
1.11	2.59	9.00	16.11	0.00	100.00	233.1	0.00	100.00
1.35	3.74	12.74	19.50	0.00	100.00	282.1	0.00	100.00
1.63	4.91	17.65	23.60	0.00	100.00	341.4	0.00	100.00
1.97	6.56	24.20	28.56	0.00	100.00	413.1	0.00	100.00
2.39	8.66	32.86	34.57	0.00	100.00	500.0	0.00	100.00

图 4-21　样品 1 粒度分析报告

2）2 号测点（图 4-22）（2 号采样点粒径级配曲线）。

样品名称：沙	样品编号：样品 2	样品折射率：1.60	测试日期：2010-10-14
分析模式：rosin-ram.	介质名称：水	介质折射率：1.33	测试时间：20：34：08
样品池：循环	分散剂：水	拟合残余：0.09	超声时间：2′
文件名：2. p6b	截断下限：0.20	截断上限：517.20	遮光比：24.5%

粒度特征参数

D（4，3）	5. 70μm	D50	5. 16μm	D（3，2）	3. 20μm	S. S. A	1. 87m²/cm³
D10	1. 74μm	D25	3. 10μm	D75	7. 71μm	D90	10. 33μm

注：*D* 表示粒径

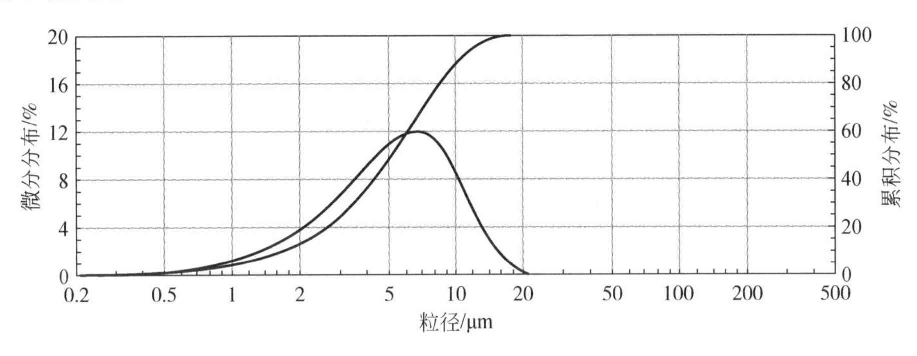

粒径分布表

粒径/μm	微分分布/%	累积分布/%	粒径/μm	微分分布/%	累积分布/%	粒径/μm	微分分布/%	累积分布/%
0. 20			2. 89	5. 72	22. 46	41. 8	0. 00	100. 00
0. 24	0. 09	0. 34	3. 50	7. 37	29. 83	50. 6	0. 00	100. 00
0. 29	0. 13	0. 48	4. 24	9. 12	38. 95	61. 3	0. 00	100. 00
0. 35	0. 18	0. 66	5. 13	10. 69	49. 65	74. 2	0. 00	100. 00
0. 43	0. 28	0. 94	6. 21	11. 86	61. 50	89. 8	0. 00	100. 00
0. 52	0. 36	1. 30	7. 51	11. 94	73. 45	108. 6	0. 00	100. 00
0. 63	0. 51	1. 81	9. 09	10. 75	84. 19	131. 5	0. 00	100. 00
0. 76	0. 68	2. 49	11. 00	8. 12	92. 31	159. 1	0. 00	100. 00
0. 92	0. 96	3. 45	13. 31	4. 86	97. 18	192. 6	0. 00	100. 00
1. 11	1. 29	4. 75	16. 11	2. 12	99. 30	233. 1	0. 00	100. 00
1. 35	1. 85	6. 59	19. 50	0. 60	99. 90	282. 1	0. 00	100. 00
1. 63	2. 42	9. 02	23. 60	0. 09	99. 99	341. 4	0. 00	100. 00
1. 97	3. 27	12. 29	28. 56	0. 01	100. 00	413. 1	0. 00	100. 00
2. 39	4. 45	16. 74	34. 57	0. 00	100. 00	500. 0	0. 00	100. 00

图 4-22　样品 2 粒度分析报告

3）3 号测点（图 4-23）（3 号采样点粒径级配曲线）。

样品名称：沙	样品编号：样品 3	样品折射率：1.60	测试日期：2010-10-15
分析模式：rosin-ram.	介质名称：水	介质折射率：1.33	测试时间：11：51：17
样品池：循环	分散剂：水	拟合残余：0.08	超声时间：2′
文件名：3.p6b	截断下限：0.20	截断上限：517.20	遮光比：10.3%

粒度特征参数

D（4，3）	5.38μm	D50	5.03μm	D（3，2）	3.43μm	S.S.A	1.75m²/cm³
D10	1.93μm	D25	3.22μm	D75	7.14μm	D90	9.24μm

注：*D* 表示粒径

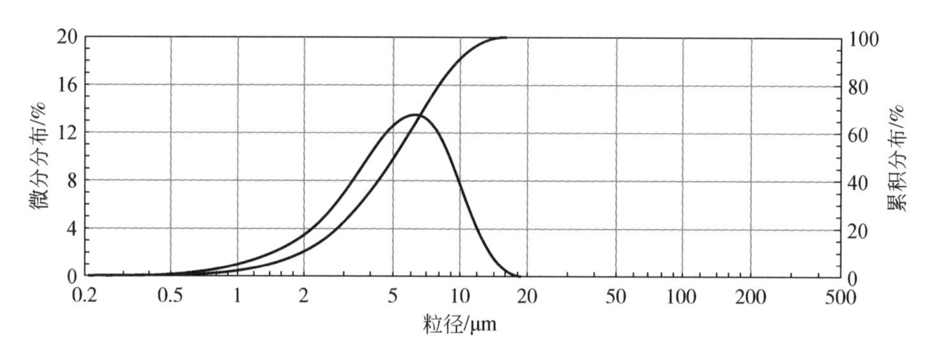

粒径分布表

粒径/μm	微分分布/%	累积分布/%	粒径/μm	微分分布/%	累积分布/%	粒径/μm	微分分布/%	累积分布/%
0.20			2.89	5.97	20.76	41.8	0.00	100.00
0.24	0.05	0.17	3.50	8.02	28.78	50.6	0.00	100.00
0.29	0.08	0.25	4.24	10.29	39.07	61.3	0.00	100.00
0.35	0.11	0.36	5.13	12.32	51.39	74.2	0.00	100.00
0.43	0.18	0.54	6.21	13.67	65.06	89.8	0.00	100.00
0.52	0.25	0.79	7.51	13.28	78.34	108.6	0.00	100.00
0.63	0.36	1.15	9.09	10.90	89.24	131.5	0.00	100.00
0.76	0.51	1.66	11.00	6.87	96.11	159.1	0.00	100.00
0.92	0.75	2.40	13.31	3.01	99.12	192.6	0.00	100.00
1.11	1.06	3.46	16.11	0.78	99.90	233.1	0.00	100.00
1.35	1.59	5.05	19.50	0.10	100.00	282.1	0.00	100.00
1.63	2.19	7.24	23.60	0.00	100.00	341.4	0.00	100.00
1.97	3.11	10.35	28.56	0.00	100.00	413.1	0.00	100.00
2.39	4.43	14.78	34.57	0.00	100.00	500.0	0.00	100.00

图 4-23　样品 3 粒度分析报告

4）4 号测点（图 4-24）（4 号采样点粒径级配曲线）。

样品名称：沙	样品编号：样品 4	样品折射率：1.60	测试日期：2010-10-15
分析模式：rosin-ram.	介质名称：水	介质折射率：1.33	测试时间：12：01：56
样品池：循环	分散剂：水	拟合残余：0.08	超声时间：2′
文件名：4. p6b	截断下限：0.20	截断上限：517.20	遮光比：23.8%

粒度特征参数

D（4，3）	5.27μm	D50	4.89μm	D（3，2）	3.27μm	S. S. A	1.84m²/cm³
D10	1.82μm	D25	3.08μm	D75	7.03μm	D90	9.17μm

注：*D* 表示粒径

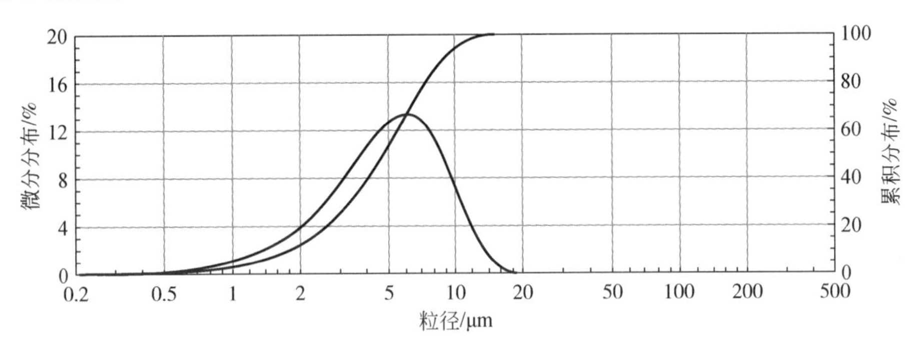

粒径分布表

粒径/μm	微分分布/%	累积分布/%	粒径/μm	微分分布/%	累积分布/%	粒径/μm	微分分布/%	累积分布/%
0.20			2.89	6.23	22.43	41.8	0.00	100.00
0.24	0.06	0.22	3.50	8.22	30.65	50.6	0.00	100.00
0.29	0.10	0.32	4.24	10.36	41.01	61.3	0.00	100.00
0.35	0.14	0.45	5.13	12.19	53.20	74.2	0.00	100.00
0.43	0.22	0.67	6.21	13.29	66.49	89.8	0.00	100.00
0.52	0.29	0.96	7.51	12.73	79.22	108.6	0.00	100.00
0.63	0.42	1.38	9.09	10.36	89.59	131.5	0.00	100.00
0.76	0.59	1.97	11.00	6.56	96.14	159.1	0.00	100.00
0.92	0.85	2.82	13.31	2.93	99.08	192.6	0.00	100.00
1.11	1.19	4.01	16.11	0.81	99.88	233.1	0.00	100.00
1.35	1.76	5.77	19.50	0.11	99.99	282.1	0.00	100.00
1.63	2.39	8.16	23.60	0.01	100.00	341.4	0.00	100.00
1.97	3.34	11.51	28.56	0.00	100.00	413.1	0.00	100.00
2.39	4.70	16.20	34.57	0.00	100.00	500.0	0.00	100.00

图 4-24　样品 4 粒度分析报告

5）5～14 号测点，由于篇幅有限，在此对数据不一一列举，各测点粒径分布见图 4-25～图 4-34。

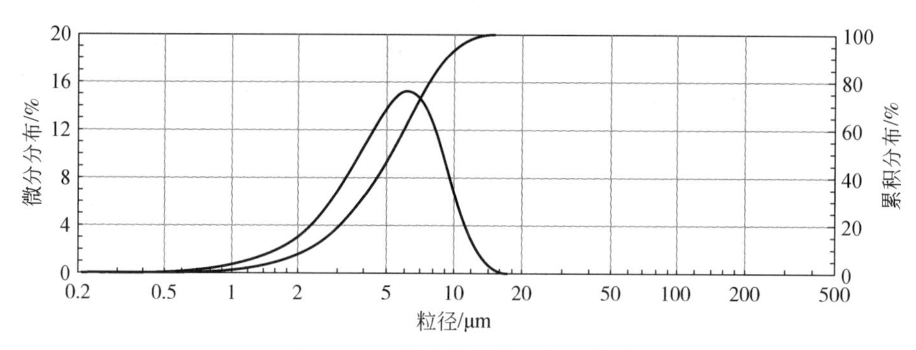

图 4-25　5 号采样点粒径级配曲线

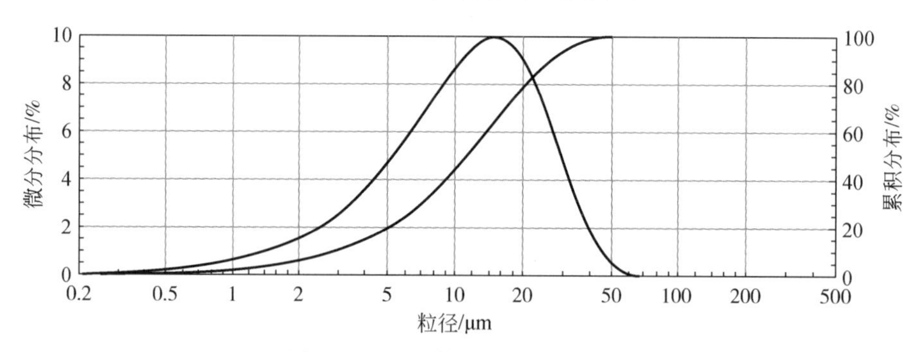

图 4-26　6 号采样点粒径级配曲线

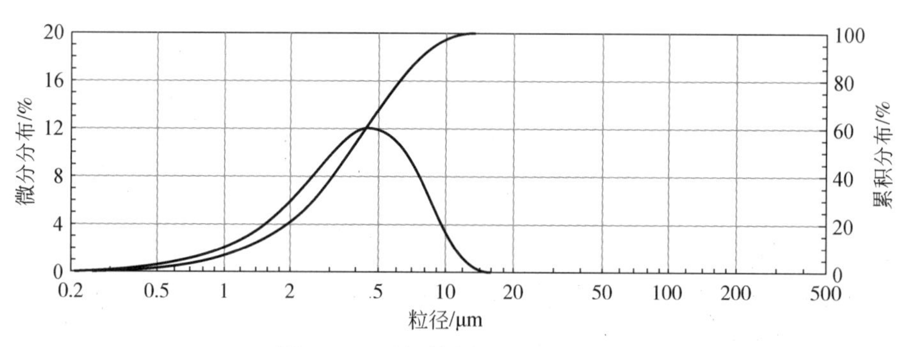

图 4-27　7 号采样点粒径级配曲线

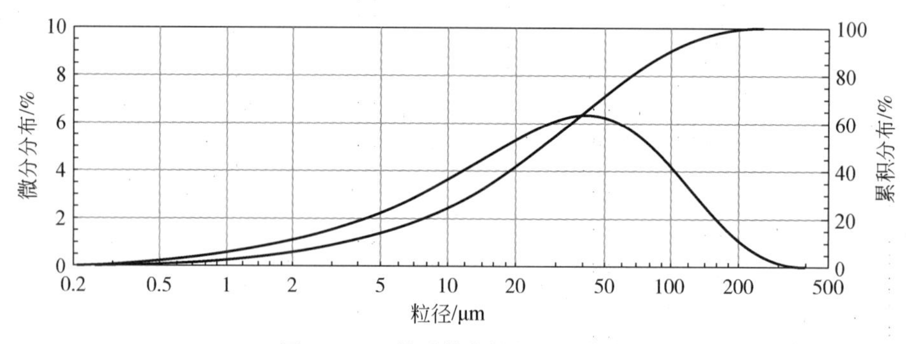

图 4-28　8 号采样点粒径级配曲线

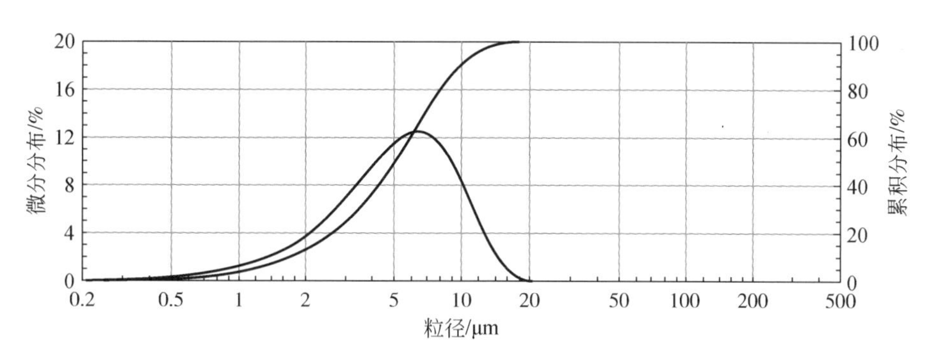

图 4-29　9 号采样点粒径级配曲线

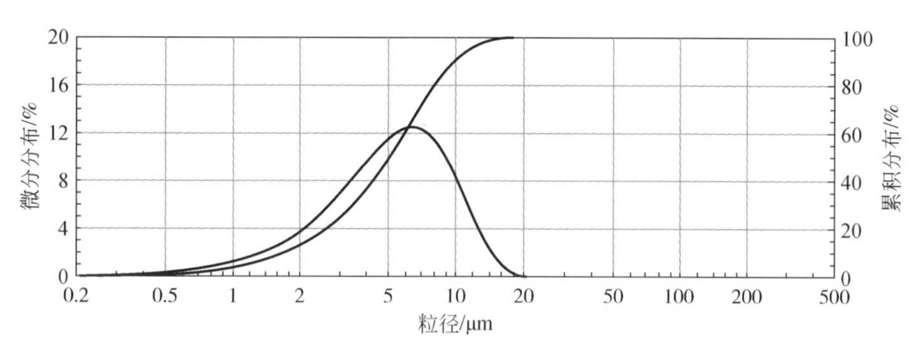

图 4-30　10 号采样点粒径级配曲线

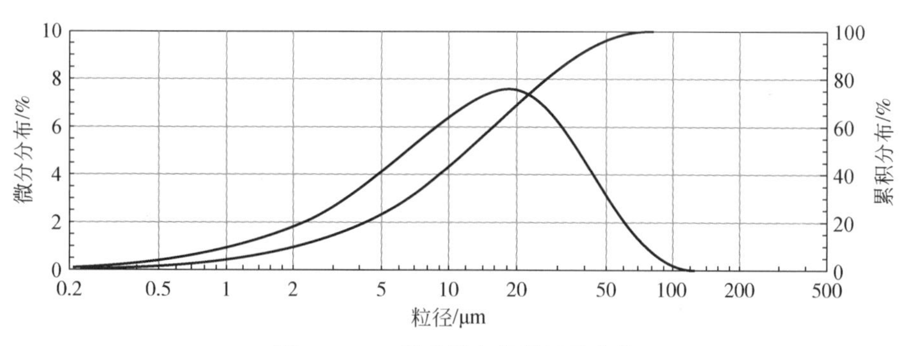

图 4-31　11 号采样点粒径级配曲线

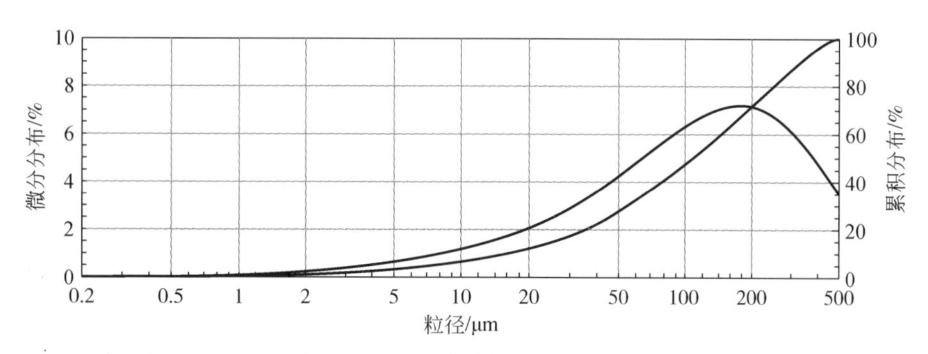

图 4-32　12 号采样点粒径级配曲线

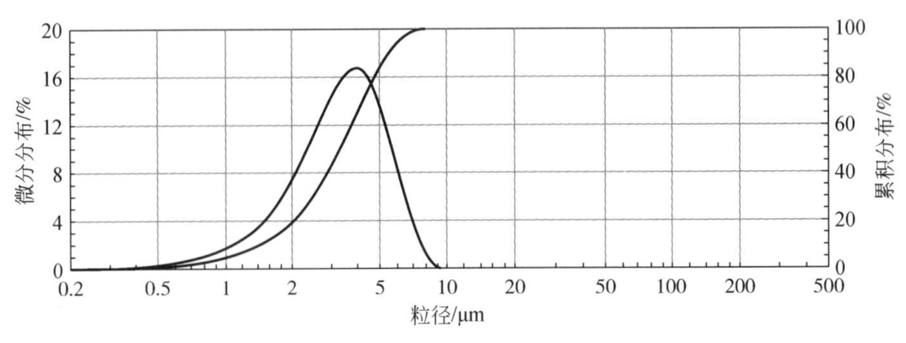

图 4-33　13 号采样点粒径级配曲线

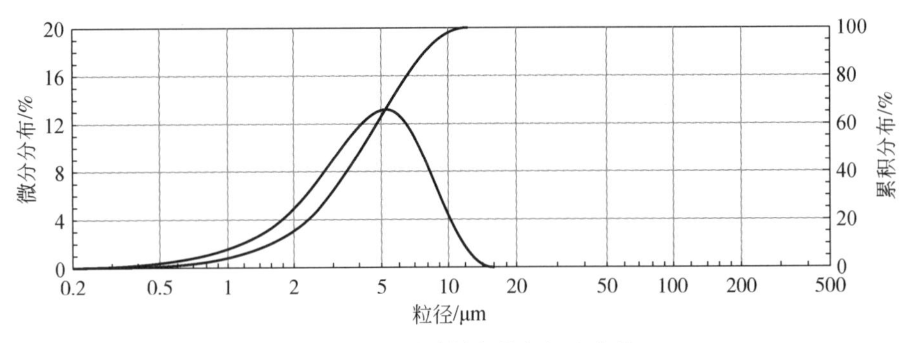

图 4-34　14 号采样点粒径级配曲线

4.2　典型湖泊水资源与水环境

4.2.1　中国北方及其毗邻地区典型湖泊概况

中国北方毗邻地区典型湖泊调查覆盖了 34°N（中国华北）~73°N（北极圈内）共计 19 个湖泊 72 个样点的水样以及勒拿河［萨哈（雅库特）共和国内雅库茨克市到勒拿河三角洲］共 8 个样点，见图 4-35。其中，包括：34°N ~42°N 中国华北境内 3 个典型湖泊（东平湖、白洋淀及衡水湖）；42°N ~49°N 中国东北境内 4 个典型湿地湖沼（连环湖、八里泡、月亮泡、查干湖）；49°N ~62°N 俄罗斯境内贝加尔湖及鹅湖；62°N ~73°N 纬度区的典型湖泊（雅库茨克城市湖泊、市郊湖泊、日甘思克乡村湖泊及季克西北极圈内湖泊）。水环境考察的主要内容包括湖泊水质基本参数、水体营养水平、水污染等。

4.2.1.1　极地苔原湖泊

极地苔原湖泊位于北冰洋海岸与泰加林之间广阔的冻土沼泽带上，其成因大都与冰川刻蚀或地质构造形成的洼地有关（图 4-36）。湖泊流域内土地覆被类型以极地苔原为主。由于极地苔原持水能力强，因此，流域内径流大都发育较差或不发育，这些湖泊大都以冰雪融水为补水来源，湖泊扩张不显著。这些湖泊一般面积较小，但数量众多。

由于湖泊径流不显著，因此，流域土壤的溶蚀和搬运作用较弱，水体离子浓度和硬度一般均较低。调查的 4 个极地苔原湖泊水体的电导率为 99 ~222μS/cm，其最低电导率与贝加尔湖接近，最高值与我国长江中下游中江汉湖群的平均值接近，明显低于东北亚湖泊中雅库茨克城市湖群以及中国东北及华北湖群的平均值。

调查区的极地苔原湖泊中，最大的湖泊为泰梅尔湖。泰梅尔湖位于东西伯利亚的泰梅尔半岛，淡水湖，长约 250km，面积为 4560km^2，平均深度为 2.8m，最大深度为 26m。南岸平缓，东北岸陡峭、主要依靠雪水和雨水补给。以泰梅尔湖为典型的极地苔原湖泊，大都具有封冻时间长、换水周期长、湖泊径流发育不显著、湖泊较浅、大都为淡水湖等特点。

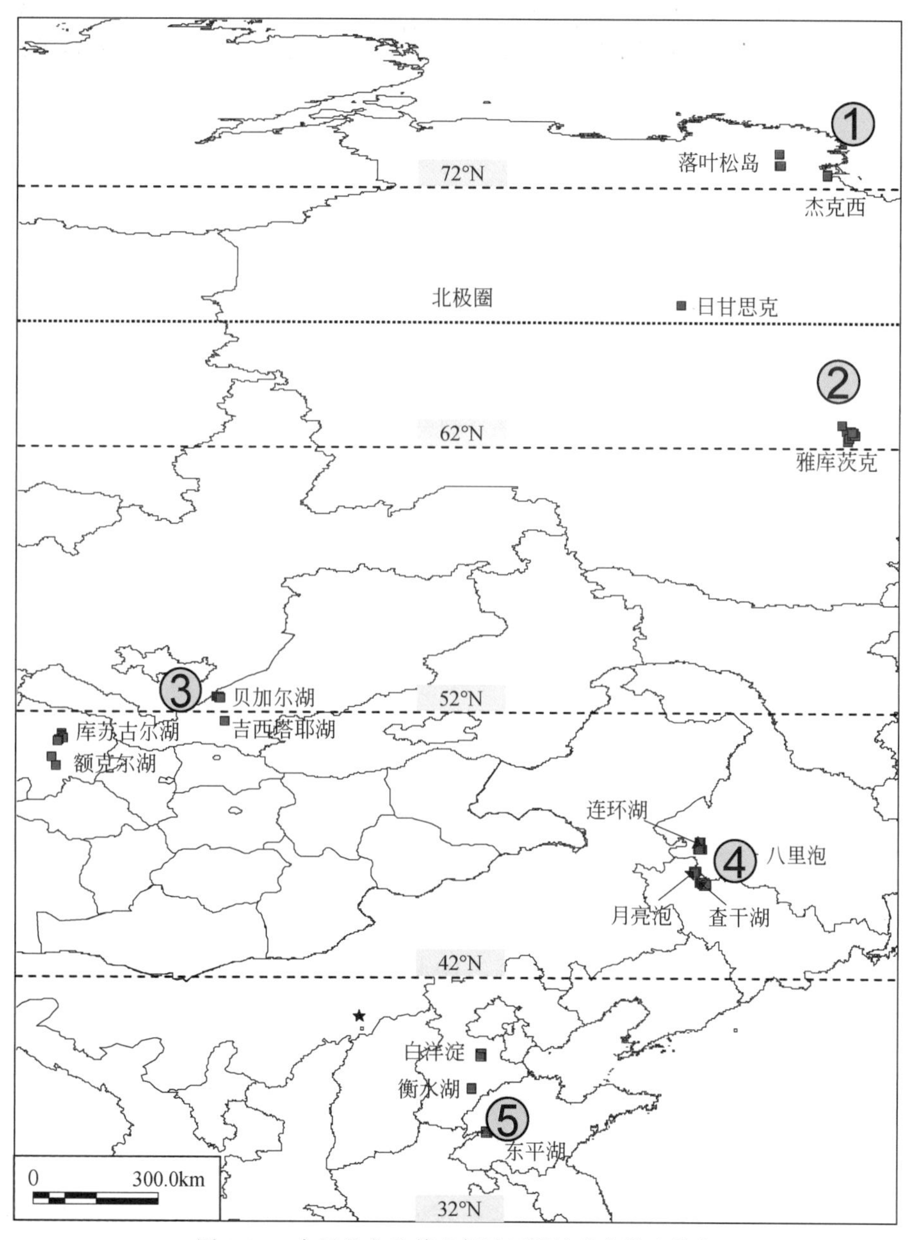

图 4-35　中国北方及其毗邻地区湖泊考察样地分布

1. 极地苔原源泊；2. 冻土带湖泊；3. 贝加尔库苏古尔地质构造湖区；4. 中国东北湖群；5. 中国华北湖群。其中，1、2 均属于勒拿河流域，3 属于色愣格流域

图 4-36　季克西和落叶松岛典型极地苔原湖泊

由于这些地区人口和环境压力普遍较低，因此，受人类活动的影响较小，极地苔原湖泊主要表现其自然特性，如较低的矿化度、低的营养水平和污染水平等。氨氮低至 0.06～0.31mg/L，溶解性磷酸盐则全部低于检测限，有机氮 0.01～0.13mg/L，总磷为 0.006～0.023mg/L。营养盐输入的缺乏以及气温较低导致初级生产力极其低下，使得这些湖泊普遍具有贫营养湖泊的特点，浮游植物较为缺乏，但浮游动物个体体积则较大。

有的极地苔原湖泊由于无外流，导致较高的矿化度，如勒拿河三角洲的湖泊。2009 年 8 月，对勒拿河三角洲落叶松岛进行了典型湖泊调查。该岛主要为极地苔原，高岗上有落叶松分布。湖泊 T 位于落叶松岛西北，为自然形成湖泊。湖泊周边广泛分布苔藓及低矮灌木及少量落叶松。湖泊主要补水为降水（包括降雪），深度为 6m。底泥主要为一些未分解及半分解的植物碎屑，柱状采样器探得夏季软性底泥仅为 7cm。其水体矿化度较高，电导率近 2000μS/cm，显示了这个湖泊较低的水量补充及较小的水量输出，导致水体中盐分的累积。

4.2.1.2　冻土带湖泊

冻土带湖泊广义上属于冻土沼泽湖泊。这些湖泊湖盆底部为不透水永久冻土层，受地下水影响较小，决定湖泊水量交换和水量平衡的主要因素为降水（降雨、降雪）和径流。由于缺乏地下水交换，因此，湖泊地表径流模式不仅决定了其水力特征，而且与其水环境质量密切相关。

冻土带湖泊可分为两大类，一类以冰雪融水为主要补给，缺乏持续入湖河流或季节性降雨径流补给。此类湖泊类似于中国东北平原的“泡子”，以较高的矿化度、阴阳离子浓度和 pH 为主要特征，呈咸化和碱化特征。另一类，则与主要河流，如勒拿河及其支流季节性相通，丰水期为过水性湖泊，而封冻期及枯水期则半通江或封闭湖泊。这一类湖泊水体中阴阳离子难以累积，水体矿化度较低，pH 大都呈弱碱性，湖泊营养水平较低。

冻土带湖泊与苔原湖泊最大的区别在于湖泊流域下垫面植被类型的差异。苔原湖泊较小的流域冲刷剥蚀特征在极地带湖泊中并不显著，造成了许多冻土带湖泊较强的流域离子输入，再加上较长的换水周期以及地下水交换的缺失，往往使得这些湖泊出现咸化和碱化的趋势。由于缺乏足够的交换量以及一年中长达 8 个月的冰封，湖泊换水周期都较长，导致湖泊水体电导率和矿化度较高，水体富集硫酸盐和碳酸盐。这一类湖泊的电导率可高达 2000 ~ 3000μS/cm。尽管水体电导率和反应性活性离子浓度较高，是在较强的碱性（pH>9）环境下，且水体中的钾钠离子含量较低，钾钠总浓度在 2.3 ~ 6.2mg/L，甚至低于贝加尔湖的水体浓度。因此，这些热融喀斯特洼地湖泊往往无法形成无水芒硝（Na_2SO_4）。水体钙镁离子含量可高达 33.2mg/L，因而湖泊水体中常见的不易溶解的盐类主要为 $CaSO_4$，$CaCO_3$，$MgCO_3$等。

冻土带湖泊的数量巨大，仅在雅库特地区就有将近 825 000 个湖泊，总面积达 83 000km^2。但是，绝大多数的湖泊具有面积较小（<1km^2）和深度浅（2 ~ 5m，少有超过 15m）的特征。仅有为数不多的几个湖泊面积和深度较大（面积>25km^2，深度超过 100m），其中有 10 个湖泊面积超过 100km^2。而其起源大都与热融喀斯特地形有关，其中约 80% ~ 90% 的小型湖泊由热融喀斯特地形形成。

冻土带湖泊的水环境具有如下特征。从 5 月初开始，春季融雪导致支流水位上涨。从 7 月开始，湖泊水位由于蒸发下降。水位下降持续出现，但是在夏季 8 月、9 月由于降水会引起短时间的水位上涨。湖泊封冻期较长，一般在每年的 10 月中旬开始封冻，一直到第二年的 5 月中旬开始解冻，长达 7 个月的封冻期以及厚达 2m 的冰层厚度导致几乎所有湖泊在冬季均被观察到严重的溶解氧缺乏。在勒拿河流域的冻土带湖泊水体中，冬季溶解氧含量在极端缺乏时只有饱和含氧量的 5% ~ 19%，而呼吸作用导致的二氧化碳浓度则高达 12.7 ~ 220.0mg/L。极高的二氧化碳浓度导致湖泊呈现酸性。而在夏季，由于水中游离碳酸盐含量（free carbonate）的降低，pH 趋向碱性。

冻土带湖泊中，一部分位于人口密集区，如雅库茨克城市周边的一些湖泊。由于该区域植被茂盛，水体中腐殖质含量较高，且由于地处市郊，与中国的许多城市湖泊一样，同样面临着水质污染问题。由于城市生活污水排放，这些市郊湖泊同样面临水体有机污染和氮磷含量过高的问题，并直接导致了这些湖泊在短短的夏季发生蓝藻暴发。这说明水质污染和富营养化并非温带和热带地区特有，即使在全球最冷的地区，在一定的环境压力下同样可能发生富营养化转化。而有的湖泊虽然并非地处城市附近，但由于市郊农牧场的大量养殖污染，这些湖泊水体营养程度同样较高。我们甚至在雅库茨克市郊的牧场附近湖泊发现了全湖性的束丝藻水华（图 4-37）。

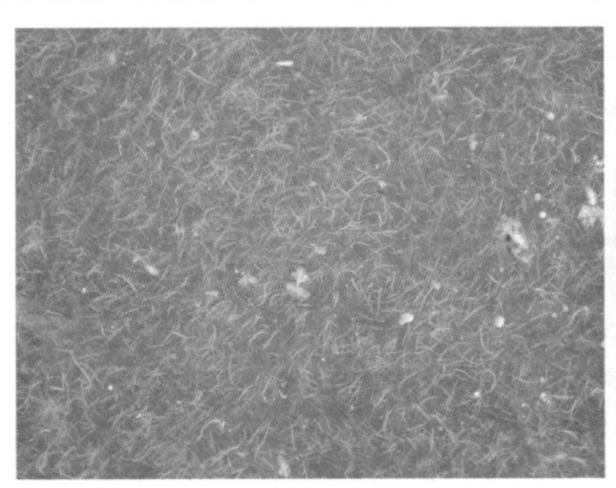
(a)束丝藻水华

(b)微囊藻水华

图 4-37　雅库茨克市郊湖泊的蓝藻水华

4.2.1.3 贝加尔库苏古尔地质构造湖区

中国北方及其毗邻地区的地质构造湖泊主要包括俄罗斯贝加尔湖及蒙古库苏古尔等。这些湖泊地处高山峡谷，是地壳运动形成的地质构造湖，具有典型的深水湖的特点，即湖泊换水周期长，湖泊水量和环境容量大，透明度好，营养水平低，具有较小的流域面积，河流污染物的输入量较低。由于较高的水容量和环境容量以及较低的污染负荷，使得这些湖泊大都为贫营养湖泊。图4-38为贝加尔库苏古尔地质构造湖区示意图。

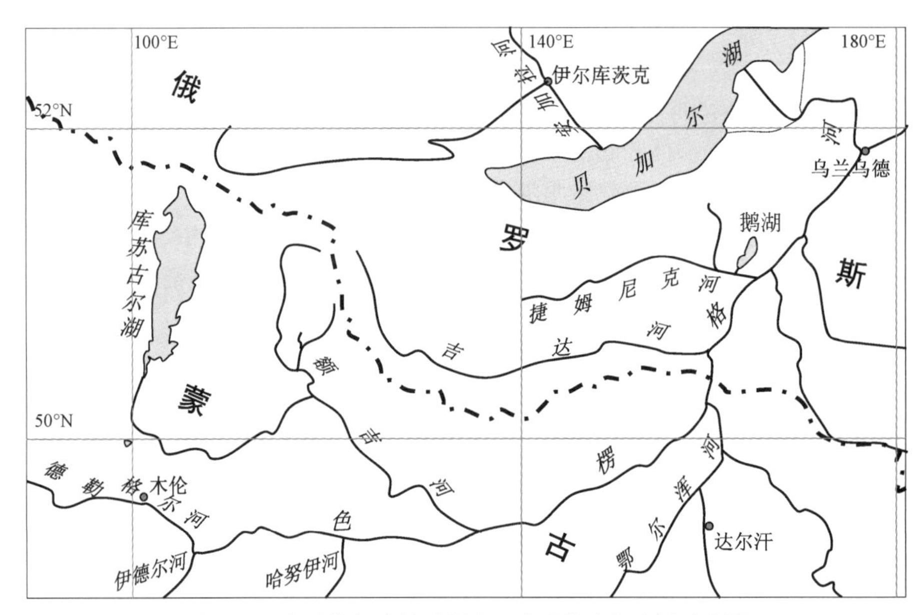

图4-38 中国北方及其毗邻地区地质构造湖流域示意图

(1) 贝加尔湖

贝加尔湖是这一湖区最典型的代表，位于51.43°N～55.85°N，103.62°E～110.04°E。南北长636km，宽度为25～80km，为狭长形的地质构造湖。贝加尔湖是最古老的湖泊（形成于30～25Ma），也是最深的湖泊（最深处为1642m），共有3个深湖盆，分别位于南部、中部和北部。贝加尔湖水容量为23 600km^3。贝加尔湖水体透明度高，矿化度低。主要入湖河流为色楞格河，在贝加尔湖的东南方向色楞格河三角洲入湖，主要出湖河流为西南向的安加拉河。

(2) 库苏古尔湖

库苏古尔湖地处蒙古北部，水面海拔1645m，水域总面积为2770 km^2，最深处达262.4m，平均深度138m，淡水储量380.7km^3，占蒙古淡水量的70%，占全世界淡水储量的0.4%。一共有大小96条河流汇入库苏古尔湖，由于周围被高山所包围，流域面积只有4920km^2，流域和水面比值很低（Kashiwaya et al.，2010）。库苏古尔湖是色楞格河上游的重要水体，湖水出流进入色楞格河的支流额吉河，并最终汇入贝加尔湖。库苏古尔湖属贫营养型湖泊，Ca^{2+}含量在31.9mg/L，盐度为2.60 mEq/L，有约390个动植物物种。其中，约20种为当地特有的底栖物种（Nara et al.，2010）。

库苏古尔湖流域属半干旱气候，植被覆盖以西伯利亚泰加林（针叶林）、干草原以及干草原森林为主。流域年平均气温低于 0℃。其中，5 ~ 9 月高于 0℃。流域年均降水量 300 ~ 500mm，降雨集中在 4 ~ 10 月（Murakami et al.，2010）。

由于库苏古尔湖的出流位于湖体南端，因此南部湖区水质对于色楞格河流域的影响最为直接，分析库苏古尔湖各个点位上层水 pH、DO、电导率在表层 0 ~ 7m 的垂向分布特征，发现随着水深的增加各指标变化不明显，只有 DO 含量在表层 1m 水深处呈一定的衰减特征，衰减幅度约为 0.3mg/L。南部湖区的 6 个调查点位 pH 和电导率的相互间差异不明显，pH 基本维持在 8.1 左右，电导率则基本稳定在 143μS/cm 左右。从北向南，各采样点表层水的 DO 含量略有提高，从约 11mg/L 升高至约 13mg/L。

通过营养盐浓度的分析结果（表 4-7）可以看出，库苏古尔湖南部表层水 TN、NH_4^+-N、NO_3^--N、NO_2^--N 浓度范围分别为 0.097 ~ 0.256mg/L、0.0306 ~ 0.169mg/L、0.003 ~ 0.054mg/L、ND ~ 0.002mg/L；TP、PO_4^{3-}-P 浓度分别为 0.012 ~ 0.018mg/L，0.687 ~ 2.938μg/L。为了更直观地与中国地表水水质进行比较，参考中华人民共和国国家标准《地表水环境质量标准》（GB 3838—2002）对该水体的营养盐浓度进行分级评价。库苏古尔湖南部水体营养盐浓度可划分为Ⅰ类、Ⅱ类水质，优良的水质得益于湖泊周围良好的本底生态环境以及当地政府在周围建立的几个大面积的生态保护区。

表 4-7　库苏古尔湖营养盐指标分析结果

点位	TN/(mg/L)	TP/(mg/L)	NH_4^+-N/(mg/L)	NO_3^--N/(mg/L)	NO_2-N/(mg/L)	PO_4^{3-}-P/(μg/L)
MN2	0.256	0.018	0.167	0.011	ND*	1.468
MN3	0.120	0.012	0.030	0.003	ND	0.687
MN4	0.134	0.015	0.095	0.014	ND	1.130
MN5	0.172	0.013	0.134	0.054	0.002	2.938
MN6	0.097	0.017	0.116	0.012	0.001	1.925
MN7	0.167	0.013	0.169	0.006	0.001	1.334

* ND 表示未检出。

总体来说，南部湖区上层水水质的空间分布差异不大，营养盐浓度较低，与我国水环境质量分级中的Ⅰ、Ⅱ类水相当。良好的水质为色楞格河上游，尤其是支流额吉河的水质提供了基础的保障。

（3）额克尔湖

蒙古北部地区除了有诸多淡水湖泊分布以外，高山草原牧场间也广泛分布有大量的咸水湖泊，形成了淡水湖泊-咸水湖泊相间而生、星罗棋布的景象。根据 Mitamura 等（2010）对蒙古 18 个湖泊的调查结果，蒙古湖泊的盐度范围变化幅度在 0.16 ~ 24.9g/L，湖泊类型多样化。

额克尔湖是一个小型的咸水湖泊，镶嵌于库苏古尔湖南部的高山草原牧场之中，与色楞格河上游的额吉河支流相距 12.5km，但并不与之连通，盐度高达 24.9g/L，面积 12.9km^2。

通过分析发现，额克尔湖的 TN、NH_4^+-N、NO_3^--N、NO_2^--N 浓度分别为 4.446mg/L、0.083mg/L、0.002mg/L、ND；TP、PO_4^{3-}-P 浓度分别为 0.067mg/L，1.189μg/L。在我国的水环境质量标准分级中，该水体的营养盐浓度可划分为Ⅲ类至劣Ⅴ类水质。很明显，由于该湖泊在草原牧场区域，牲畜的排泄物、牧草的残体及凋落物等降解以后，在地表机会径流的冲刷下会显著增高湖体的营养盐浓度。同时，由于无明显出流，营养盐几乎无水平空间输出，致使水体中营养负荷削减缓慢，得以维持在较高的水平。

（4）鹅湖

鹅湖（51°06′N～51°17′N，106°16′E～106°30′E）是俄罗斯境内色楞格河中下游的一个淡水湖泊，位于贝加尔湖南部，隶属于色楞格河水系。湖面面积 164km^2，最大和平均水深分别为 28m 和 17m，平均储水量 2.4km^3。湖泊流域面积为 924km^2，入流河道主要分布于西部和北部，而只有南部一条出湖河道汇入色楞格河，相对水力交换系数只有 0.0025。由于冬春季处于枯水期和结冰期，所以约 90% 的出湖水量集中在夏秋季节。据记载，鹅湖的生态系统进化仅有不到 300 年的历史，并于 20 世纪 40 年代开始逐渐受到邻近区域开放式矿业开采、火力发电、铁路运输、军事设施等人类活动的影响。20 世纪 50 年代以来，有 5 种鱼类被引入或入侵鹅湖，进而导致至少 6 个当地种已经或面临灭绝（Pisarsky et al.，2005）。鹅湖透明度约 7m，水质清澈。

通过营养盐浓度分析结果（表 4-8）可以看出，鹅湖表层水 TN、NH_4^+-N、NO_3^--N、NO_2^--N 浓度范围分别为 0.687～0.829mg/L、0.077～1.123mg/L、0.004～0.034mg/L、0.001～0.003mg/L；TP、PO_4^{3-}-P 浓度范围分别为 0.025～0.032mg/L，1.478～15.037μg/L。在我国的水环境质量分级中，该水体的营养盐含量可划分为Ⅱ类～Ⅳ类水质。湖泊营养盐含量分布南北差异比较明显，水质较差的点位主要分布在北端，相对位置较南，亦即更靠近湖泊排水区的点位营养盐含量较低。

表 4-8　鹅湖营养盐指标分析结果

点位	TN/(mg/L)	TP/(mg/L)	NH_4^+-N/(mg/L)	NO_3^--N/(mg/L)	NO_2-N/(mg/L)	PO_4^{3}-P/(μg/L)
RU1	0.687	0.028	1.123	0.034	0.003	15.037
RU2	0.829	0.032	0.077	0.004	0.002	3.147
RU3	0.758	0.025	0.085	0.008	0.001	1.478

三个调查点位中，RU1 点位于鹅湖北部入湖河道扎古斯泰河的末端，受扎古斯泰电厂的影响，其溶解态营养盐的含量在所有调查点位中为最高值。RU2 点位于湖泊北岸附近，周围芦苇密集，且在采样期（秋末）内有大量植物碎屑悬浮于水中，致使水体中颗粒态营养盐的含量很高，因此，虽然溶解态营养盐含量并不是很高，但该点的 TN 和 TP 是各采样点的最高值。RU3 点处于湖泊东部开阔区域，代表了湖体开放水域的水质特征，其营养盐含量已经处于较低的数值。所以，虽然湖泊北端的营养盐含量较高，但是在湖泊开放水体的稀释和自净能力作用下，湖泊在南部向色楞格河输出的营养盐负荷已大大降低，对色楞格河水质没有明显的消极影响。

4.2.1.4　中国东北松嫩平原湖泊群

中国北方地区最大的湖泊群位于东北，而其中松嫩平原的湖泊又是东北湖群的主体。松嫩平原湖泊的成因较多，与近期地表沉陷、地势低洼、出流淤塞和河流的摆动等因素有关。大都具有面积小、湖盆坡降平缓、湖水浅、矿化度较高等特点。东北松嫩平原湖泊群是一个低海拔平原湖泊群，俗称“泡子”，类型主要为内流湖泊和外流湖泊两大类。由于水力特征的不同，两类湖泊的水环境质量具有极其显著的差异。由于该地区降水量较小（400mm）而蒸发量却达到 1600 ~ 1900mm，冬季受西伯利亚大陆气团控制，低温干燥，夏季受副热带海洋气团控制，温和多雨，春、秋两季降水稀少，风力较大。湖区年平均温度为 3 ~ 6℃，1 月平均温度为 -15 ~ -19℃，7 月平均温度为 22 ~ 24℃，年降水量 360 ~ 480mm，降水的年际变率大，年蒸发量多在 1600 ~ 1900mm。对于内流湖而言，由于蒸发量大大高于降水量，导致内流湖泊水体盐分积累而造成水体矿化度高。同时，由于水温较低，入湖有机质分解较慢，导致水体腐殖质含量较高。随着东北松嫩平原地区人口增长和经济发展，与湖泡有关的水环境问题越来越严重，如旱涝灾害并存、水生生态系统退化、盐碱化加剧、富营养化明显等。

其中，查干湖和月亮泡均为构造凹陷基础上的连河湖，查干湖为松嫩平原面积最大的湖泊，包括辛甸泡、新庙泡和库里泡三个姊妹湖泊，总面积 480km^2，其中水面面积 372km^2，湖滨沼泽约 70km^2，平均水深 2.5m，最深达 6m。集水区内均为盐碱化农田和牧场；湖底平坦，湖盆为粉沙质土壤，周围土壤为白钙碱土，湖泊水质为苏打型盐碱水，叶绿素含量较低，多泥沙悬浮，属富营养型湖泊。连环湖位于松嫩平原北部、嫩江左岸，为曲流或汉河洼地被阻塞而成，主要靠嫩江丰水年补给。湖滩为沼泽化草甸。

4.2.1.5 华北平原湖泊

华北平原并非中国北方湖泊集中区域，其主要湖泊包括白洋淀、衡水湖和东平湖三个。白洋淀是中国海河流域最大的湖泊，位于河北省中部，在太行山前的永定河和滹沱河冲积扇交汇处的扇缘洼地上汇水形成。现有大小淀泊 143 个，其中以白洋淀较大，总称白洋淀，面积 366km^2。衡水湖位于 115°27′50″E ~ 115°42′51″E，37°31′40″N ~ 37°41′56″N，东西向最大宽度 22.28km，南北向最大长度 18.81km，海拔在 18 ~ 25m，总面积 75km^2，平均水深 2.5m。东平湖位于山东省泰安市境内，面积 148km^2，平均水深 2.5m。3 个湖泊中，白洋淀和衡水湖由于缺乏足够的入流水源补给，已呈萎缩状态，而东平湖位于南水北调东线，在南水北调一期完工后，水面将进一步扩大。

总体上，由于降水量较低，华北平原湖泊径流量普遍不足，因此，水体咸化趋势较为明显，如华北平原 3 个典型湖泊的平均矿化度超过 600mg/L，远远大于中国东南区域的湖泊。但是，营养水平，特别是氮、磷等营养离子的含量却低于中国东南区域的湖泊，富营养化水平并不高，甚至低于中国东北松嫩平原湖泊的平均值。

4.2.2 中国北方及其毗邻地区典型湖泊水环境

湖泊常量离子主要为阴阳离子，标志着湖泊水体的类型，同时也与水体的硬度相关。从钙离子水平看，八里泡属于钙质类型湖泊，华北地区、雅库茨克城市湖泊钙离子水平较高，其他区域湖泊钙离子含量均不高（图 4-39）。

钙镁属于同族金属，具有一定的同源性，因此镁离子水平与钙类似，但雅库茨克城市湖泊中镁离子水平最高，而八里泡等东北湖区的湖泊水体也较高（图 4-40）。

钾离子、钠离子在水体中为常量离子，其中，钠离子含量要远高于钾离子，与海水中类似。钾离子、钠离子较高的湖群主要为东北和雅库茨克湖群，显示出咸化趋势。这些湖泊在营养水平、常量阳离子方面都具有很高的相似度（图 4-41、图 4-42）。同时，

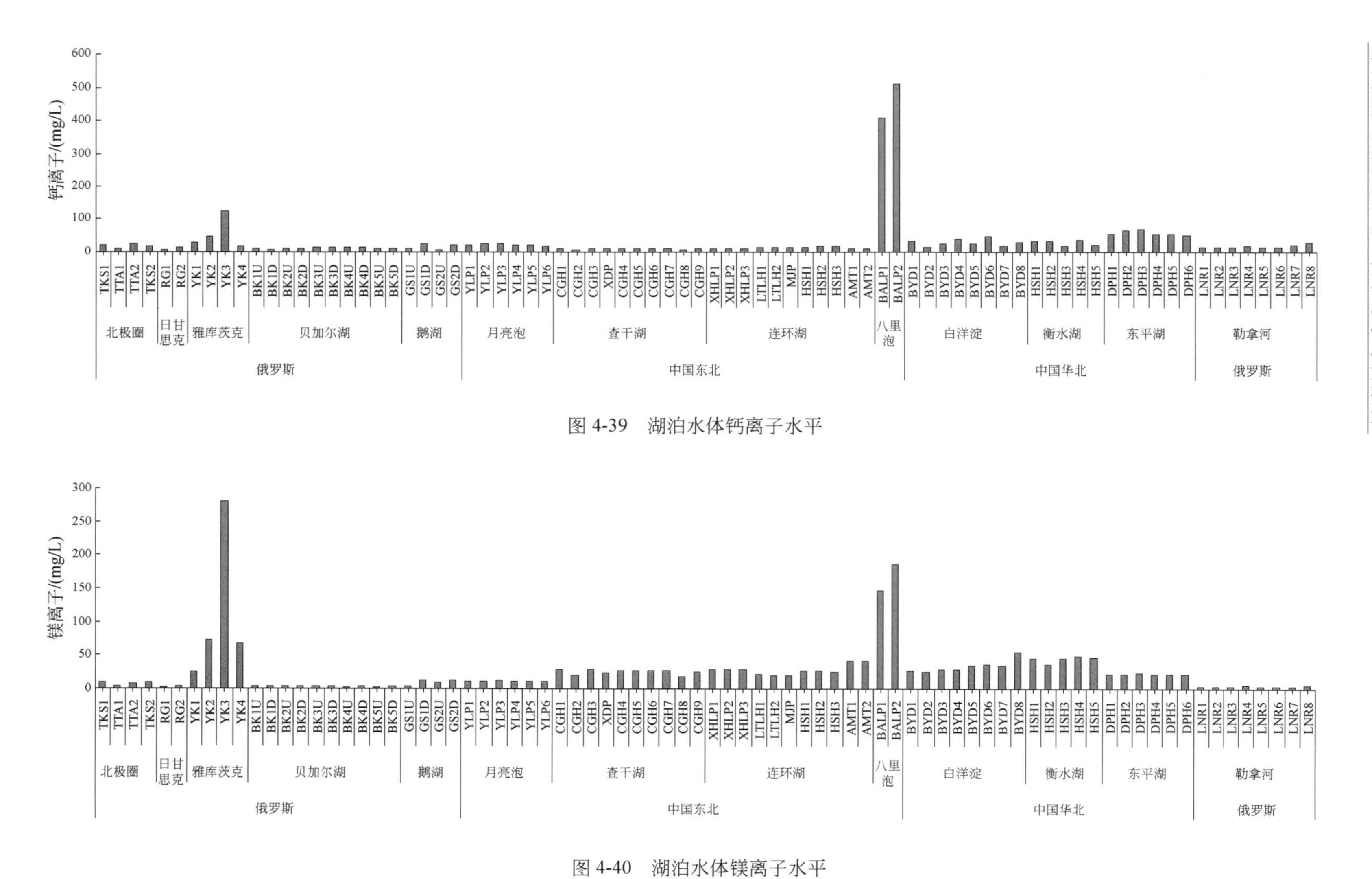

图 4-39　湖泊水体钙离子水平

图 4-40　湖泊水体镁离子水平

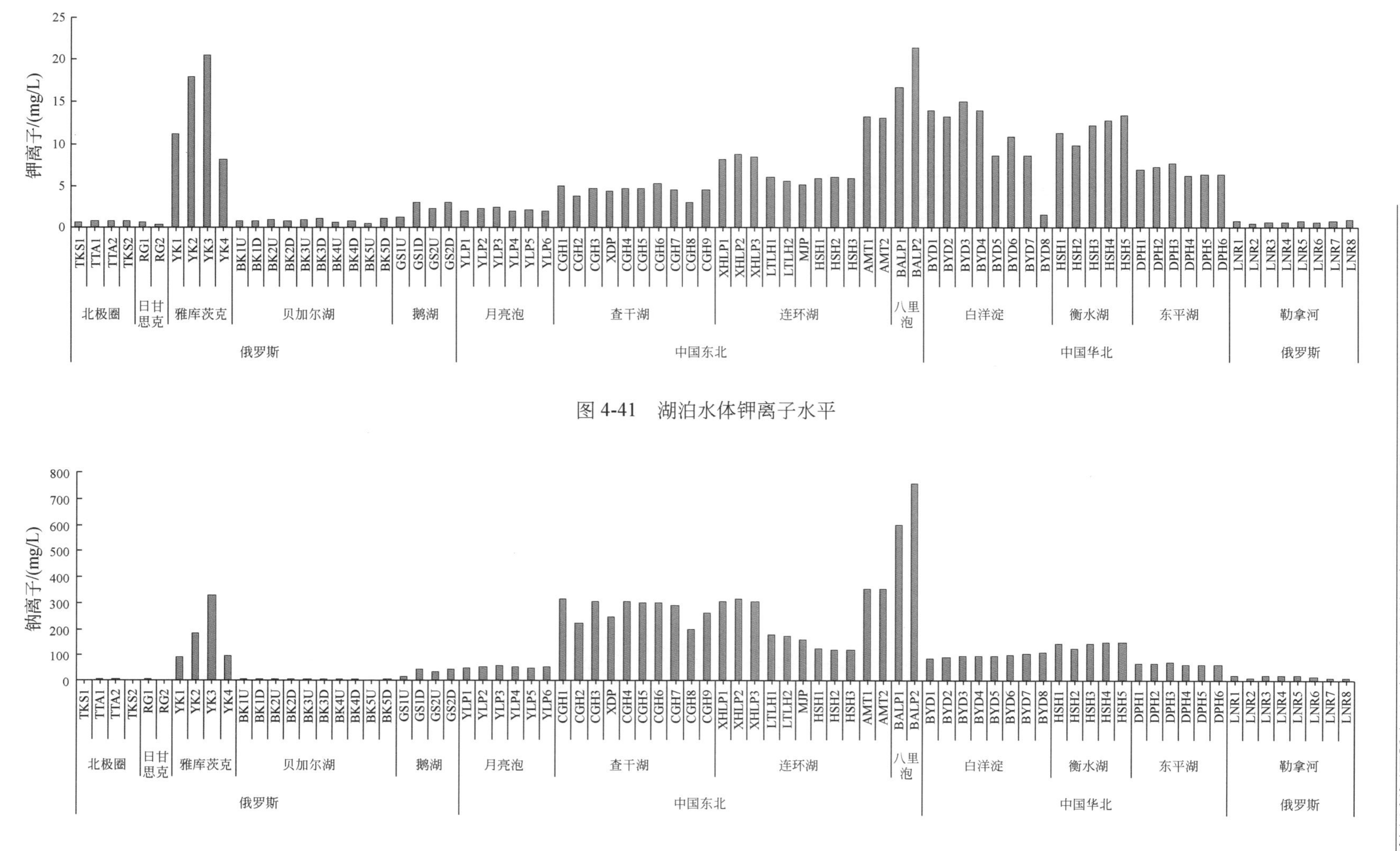

图 4-41　湖泊水体钾离子水平

图 4-42　湖泊水体钠离子水平

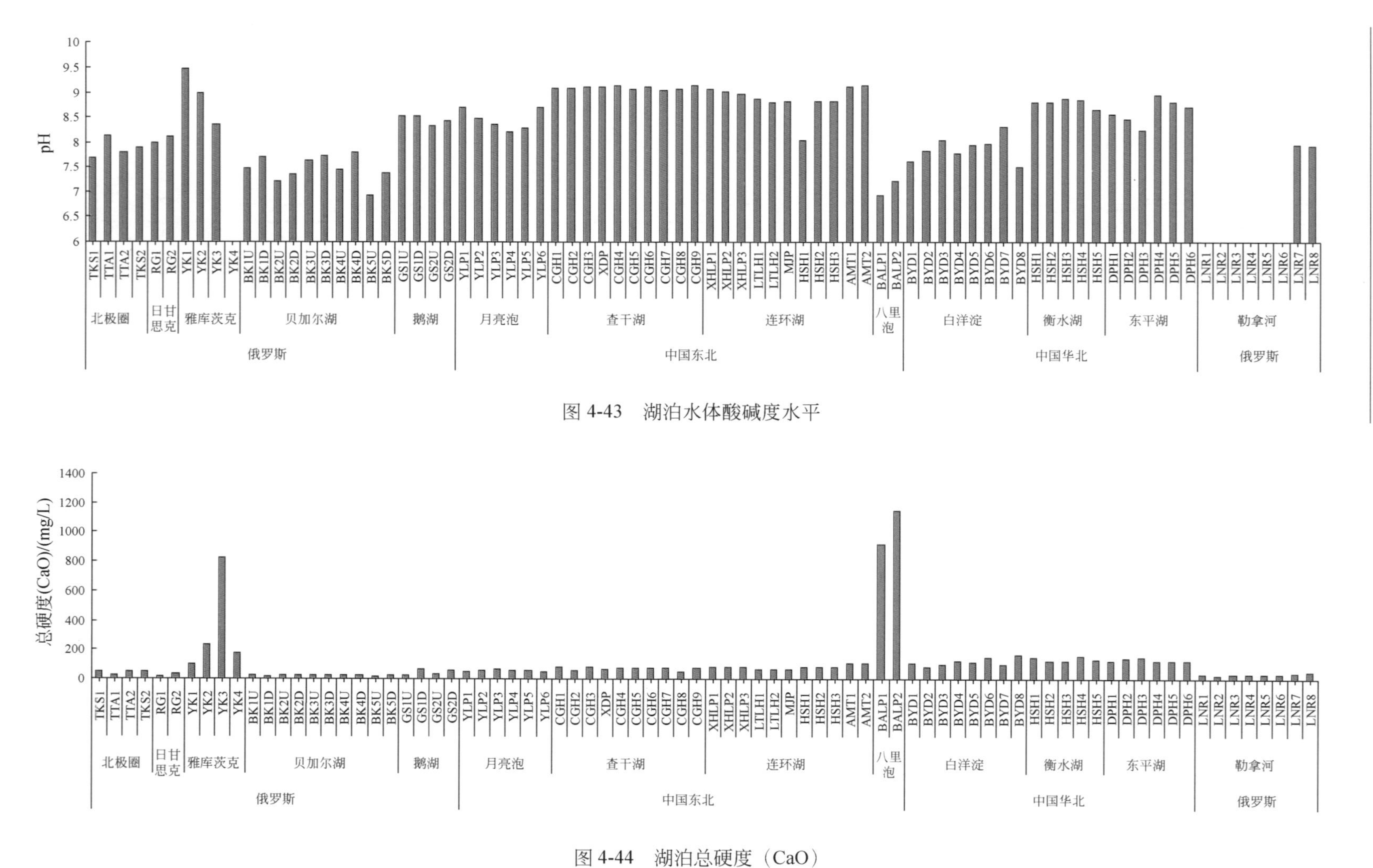

图 4-43 湖泊水体酸碱度水平

图 4-44 湖泊总硬度（CaO）

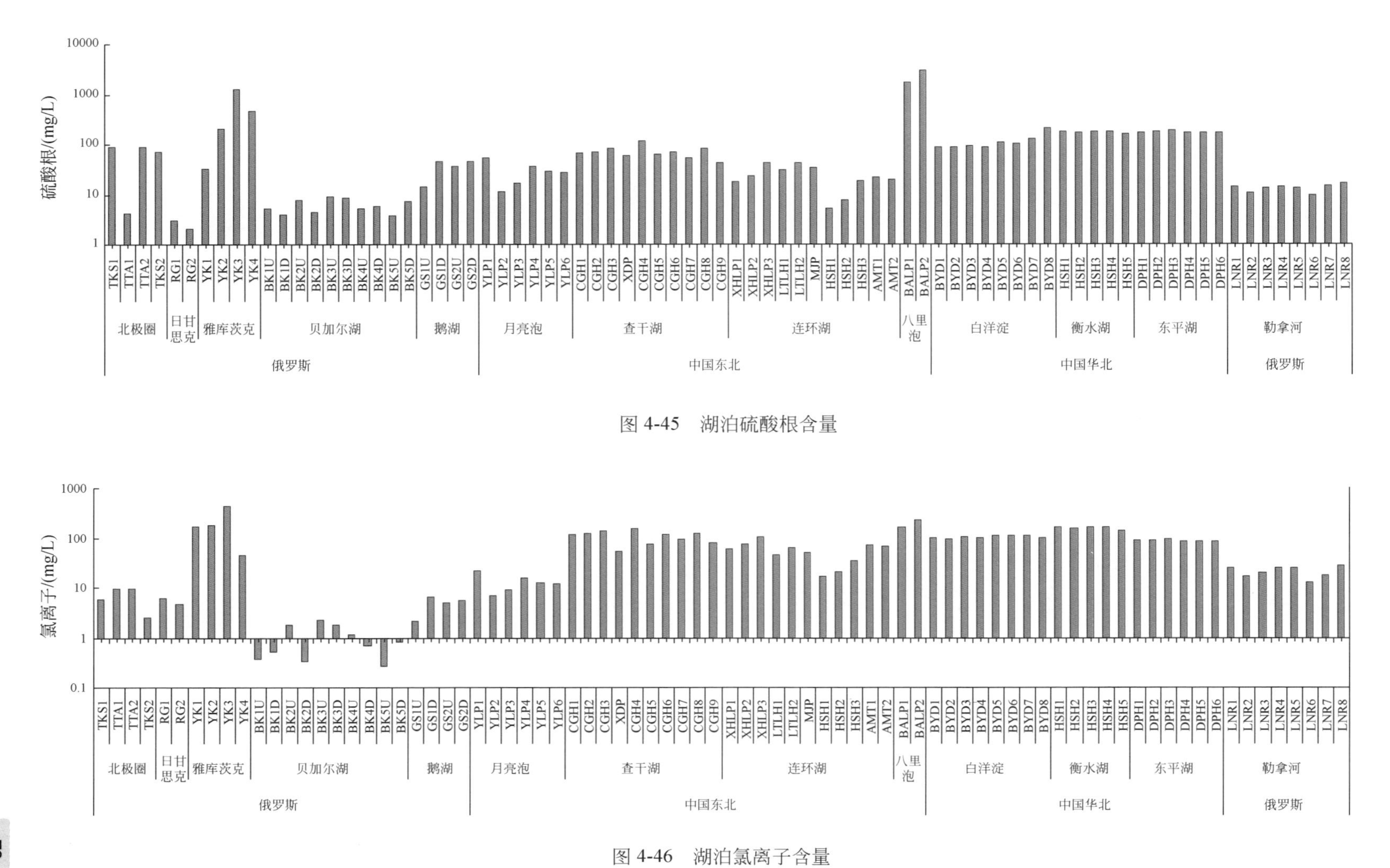

图 4-45　湖泊硫酸根含量

图 4-46　湖泊氯离子含量

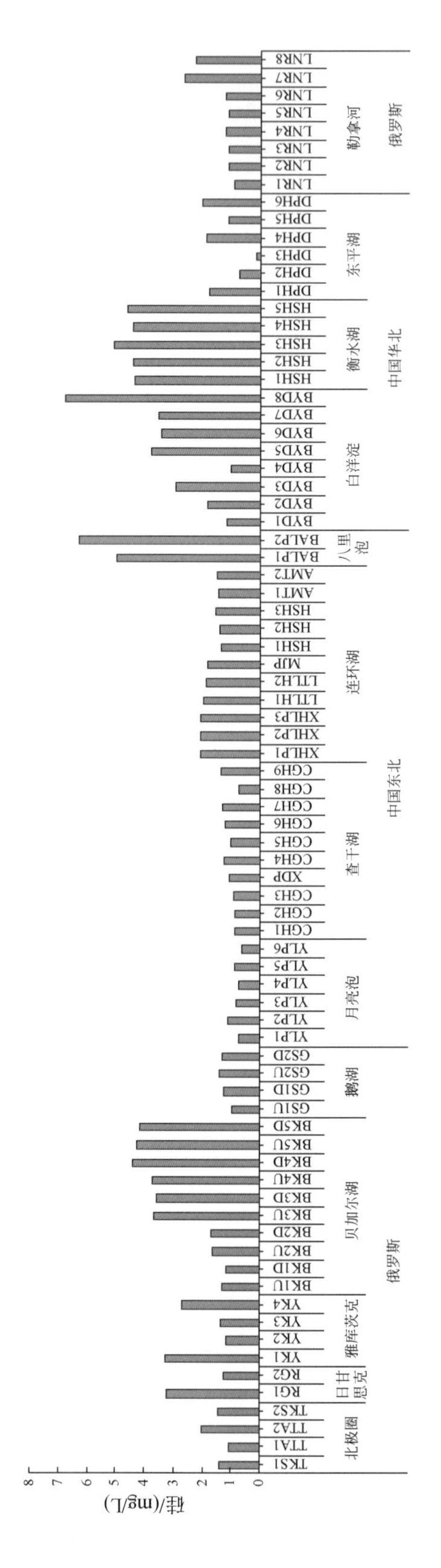
硅/(mg/L)
0
1
2
3
4
5
6
7
8
TKS1
TTA1
TTA2
TKS2
RG1
RG2
YK1
YK2
YK3
YK4
BK1U
BK1D
BK2U
BK2D
BK3U
BK3D
BK4U
BK4D
BK5U
BK5D
GS1U
GS1D
GS2U
GS2D
YLP1
YLP2
YLP3
YLP4
YLP5
YLP6
CGH1
CGH2
CGH3
XDP
CGH4
CGH5
CGH6
CGH7
CGH8
CGH9
XHLP1
XHLP2
XHLP3
LTLH1
LTLH2
MJP
HSH1
HSH2
HSH3
AMT1
AMT2
BALP1
BALP2
BYD1
BYD2
BYD3
BYD4
BYD5
BYD6
BYD7
BYD8
HSH1
HSH2
HSH3
HSH4
HSH5
DPH1
DPH2
DPH3
DPH4
DPH5
DPH6
LNR1
LNR2
LNR3
LNR4
LNR5
LNR6
LNR7
LNR8
北极圈
日甘思克
雅库茨克
贝加尔湖
俄罗斯
鹅湖
月亮泡
查干湖
连环湖
中国东北
八里泡
白洋淀
衡水湖
中国华北
东平湖
勒拿河
俄罗斯

图 4-47　湖泊硅含量

这些湖泊的 pH 也较高，显示出碱化的趋势（图 4-43）。说明这些缺乏出流的湖泊不仅表现在湖内水体营养水平的提高，同时还呈现盐碱化的特征。

利用钙镁离子，计算得到了水体硬度（以 CaO 计），发现这些湖泊中，硬度较高的有东北的八里泡和雅库茨克湖群，最高的八里泡硬度高达 1000mg/L，而其他湖泊水体硬度均低于 200mg/L（图 4-44）。

对湖泊水体中的阳离子（硫酸盐和氯化物）进行分析后认为，雅库茨克市郊湖泊的硫酸盐和氯化物含量最高，而东北八里泡等湖泊硫酸盐浓度也达到了 1000mg/L（图 4-45，图 4-46），盐化趋势十分明显。

硅也是湖泊重要的生源要素，是硅藻的重要组成元素。其中，华北的衡水湖、贝加尔湖近岸水域以及东北八里泡等湖泊硅含量较高（图 4-47）。

4.2.3　中国北方及其毗邻地区典型湖泊营养水平

4.2.3.1　总磷、总氮

总磷含量在纬度分布上没有显著梯度（图 4-48）。但是雅库茨克城市湖泊、东北地区湖泊特别是八里泡，以及白洋淀等湖泊总磷含量较高，而这些湖泊普遍为缺乏出流的入流湖。营养盐缺乏有效输出，受长期累积影响。与此同时，这些湖泊既有缺乏出流的特征，同时与人类影响有关。如雅库茨克两个湖泊（YK1，YK2），虽然纬度较高，湖泊热量条件差，营养盐内循环速率较低，但是由于受周边放牧影响，使得水体总磷高达 0.55 ~

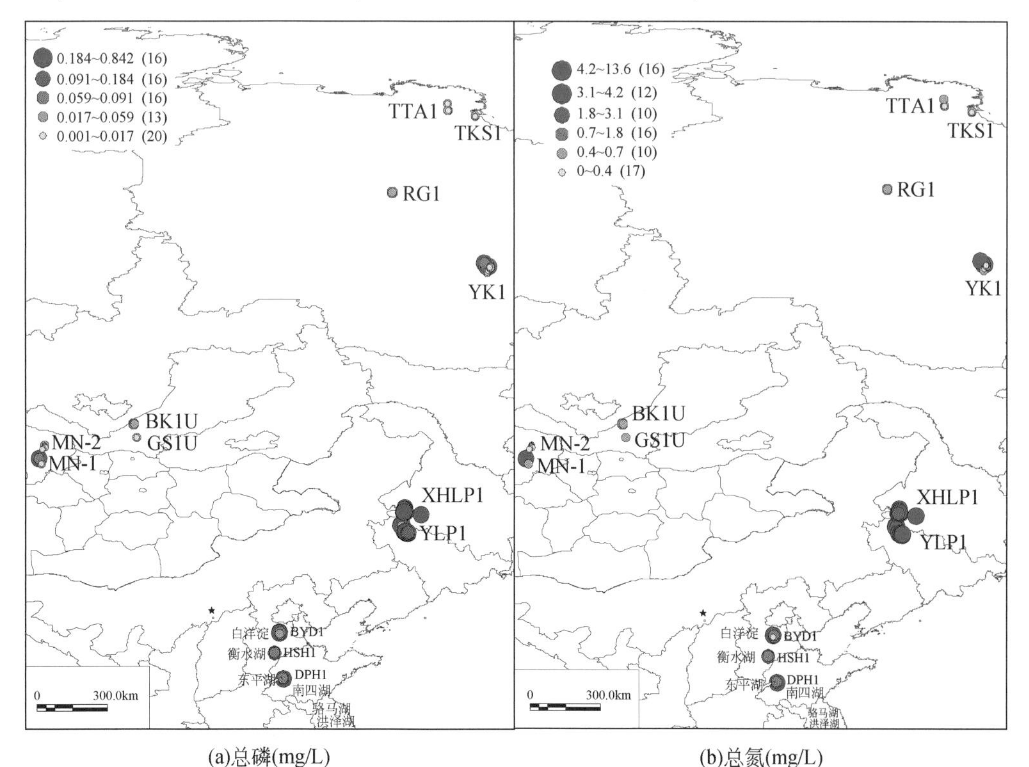

(a)总磷(mg/L)　　(b)总氮(mg/L)

图 4-48　中国北方及其毗邻地区典型湖泊总磷、总氮空间分布

0.7mg/L，大大超过湖泊富营养化的标准。中国东北境内湖泊总磷含量普遍高于0.1mg/L，最大值出现在八里泡，全湖两个样点均超过了0.8mg/L，为全部调查湖泊最高值。

贝加尔湖总磷含量极低，为所有调查湖泊中的最低值，其总磷含量甚至低于方法检测限（0.01mg/L），而在其上游的鹅湖的总磷含量也低于调查的其他湖泊，为0.007～0.034mg/L，均远低于富营养化阈值（0.1mg/L）。北极地区的湖泊，如季克西的水源地湖泊总磷含量较低（0.006～0.023mg/L），与勒拿河水体的总磷含量相当。

与我国长江比较，勒拿河水体总磷含量显著较低，但从空间分布上看，城镇环境压力对水体总磷具有一定的贡献。从勒拿河雅库茨克上游60km处到雅库茨克城市段共6个样点的结果表明，城市上游总磷含量（0.01mg/L）比城市段（0.024mg/L）要低得多。同样，勒拿河在流经日甘思克后，也出现了一个磷酸盐小幅升高的过程（0.041mg/L）。但河流水体具有较强的自净能力，在进入勒拿河三角洲后，水体总磷下降到0.017mg/L。

总氮的分布规律与总磷类似（图4-48），说明氮磷污染有一定的同源性。但受反硝化、固氮等过程的影响，氮的归趋比磷更为复杂。如八里泡总磷含量极高，但总氮含量并不突出，仅与东北的其他湖泊，如月亮湖、查干湖等接近。而雅库茨克城市的几个湖泊，仍然表现出相当高的氮污染特征。特别是处于牧区的两个湖泊，农业活动中畜牧的牛、马等的排泄物对水体总氮有显著贡献，使得这些水体总氮高达5.6～10.2mg/L。雅库茨克森林中的小湖，也受农牧业影响，总氮高达13.5mg/L。贝加尔湖总氮在0.23～1.56mg/L，且敞水区（100m水深）要低于近岸水域（色楞格河三角洲外围）。从近岸水域向敞水区呈现逐渐稀释降解的过程。鹅湖总氮则介于贝加尔湖敞水区与近岸水域之间的水平，平均值为0.63mg/L，在水深上并无明显的上下分层作用。勒拿河水体总氮在全部水体中最低，在雅库茨克城市段和日甘思克附近含量略高（0.35mg/L、0.55mg/L）。勒拿河总氮平均水平略高于贝加尔湖敞水区。

4.2.3.2 溶解态氮磷

除了雅库茨克森林湖泊和少数华北平原湖泊（白洋淀），调查的湖泊中氨氮含量普遍均低于1mg/L（图4-49），氨氮含量较低的原因有两个：一是湖泊中氮（包括有机氮）含量较低，氨化作用首先将有机氮转化为氨氮，由于北极及北方地区温度较低，氨化过程不强烈，从而使得大多数的氮停留在有机氮这个形态中，难以得到有效的氨化转化。二是由于温度较低，也导致水体氧化性较好，溶解氧丰富，因此硝化过程在这些湖泊中可能占据主要作用，大部分通过氨化过程分解的有机氮转化成氨氮后，也能较容易地通过硝化过程转变成硝酸盐氮。因此，在氮的循环过程中，氨氮作为中间产物，并不容易蓄积在水体中。这两个原因很容易通过水体硝酸盐与氨氮的比例得到证实。因此，中国北方及其毗邻地区湖泊与中国长江中下游湖泊最大的差异——湖泊热量的差异，造成了水体氧化性、氨化过程、硝化过程的差异，也导致了与我国长江中下游温带地区湖泊最显著的差别。

调查湖泊中水体有机氮在总氮中的比例明显占优，该比例在所有调查样点中呈明显偏正态分布，大多数湖泊有机氮比例为90%～100%，说明高纬度湖泊水体的形态氮以有机氮为主。图4-50为水体氨氮含量，图4-51为水体硝酸盐氮含量。

磷酸盐含量在大多数湖泊中并未表现出污染特征，仅在雅库茨克、东北八里泡、白洋

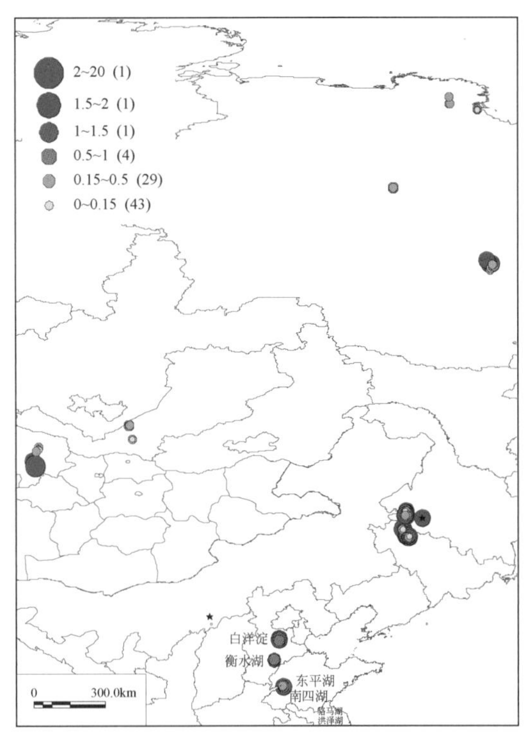

图 4-49　北方及其毗邻地区典型湖泊氨氮空间分布

淀、连环泡等湖泊中有较高的分布，其主要原因与外源输入有关（图 4-52）。与氮不同，一般的，除了内源释放外，大多数的磷酸盐均来自外源。特别是一些缺乏外流河道的湖泊（如雅库茨克城市湖泊、八里泡等）磷酸盐缺乏有效的输出途径，造成了磷酸盐的累积。

4.2.3.3　有机物含量

在北方地区湖泊中有机物含量（以高锰酸盐指数表征）差异存在明显的区域差异（图 4-53）。总体来说，从湖泊纬度带分，水体有机质含量为：北极圈湖群<贝加尔湖（鹅湖）<华北湖群<东北湖群<日甘思克、雅库茨克湖群。其中，北极圈湖群中 4 个湖泊高锰酸盐指数为 5.02mg/L（平均值）、1.94 ~ 8.75mg/L（最小值至最大值）；贝加尔鹅湖群为 5.02mg/L，1.93 ~ 8.75mg/L；华北湖群为 7.10mg/L，2.90 ~ 11.03mg/L；东北湖群为 18.64mg/L，13.74 ~ 29.08mg/L；日甘思克、雅库茨克湖群为 47.06mg/L，10.43 ~ 114.87mg/L。

从湖泊的纬度带分析，日甘思克和雅库茨克湖群与中国东北湖群具有更大的相似性，这些湖泊均为入流湖泊，出流较少。同时纬度较高，有机质分解速率低，腐殖质含量较高。

4.2.3.4　湖泊营养水平分布及其影响因素

湖泊营养指数（TSI）是水体营养水平的重要指标。利用总氮、总磷、透明度、叶绿素、悬浮物和高锰酸盐指数 6 项指标，根据 Carlson 的营养指数计算方法，计算得到了上述湖泊的营养指数（图 4-54）。其中，TSI<38 为贫营养；TSI=38 ~ 54 为中营养，

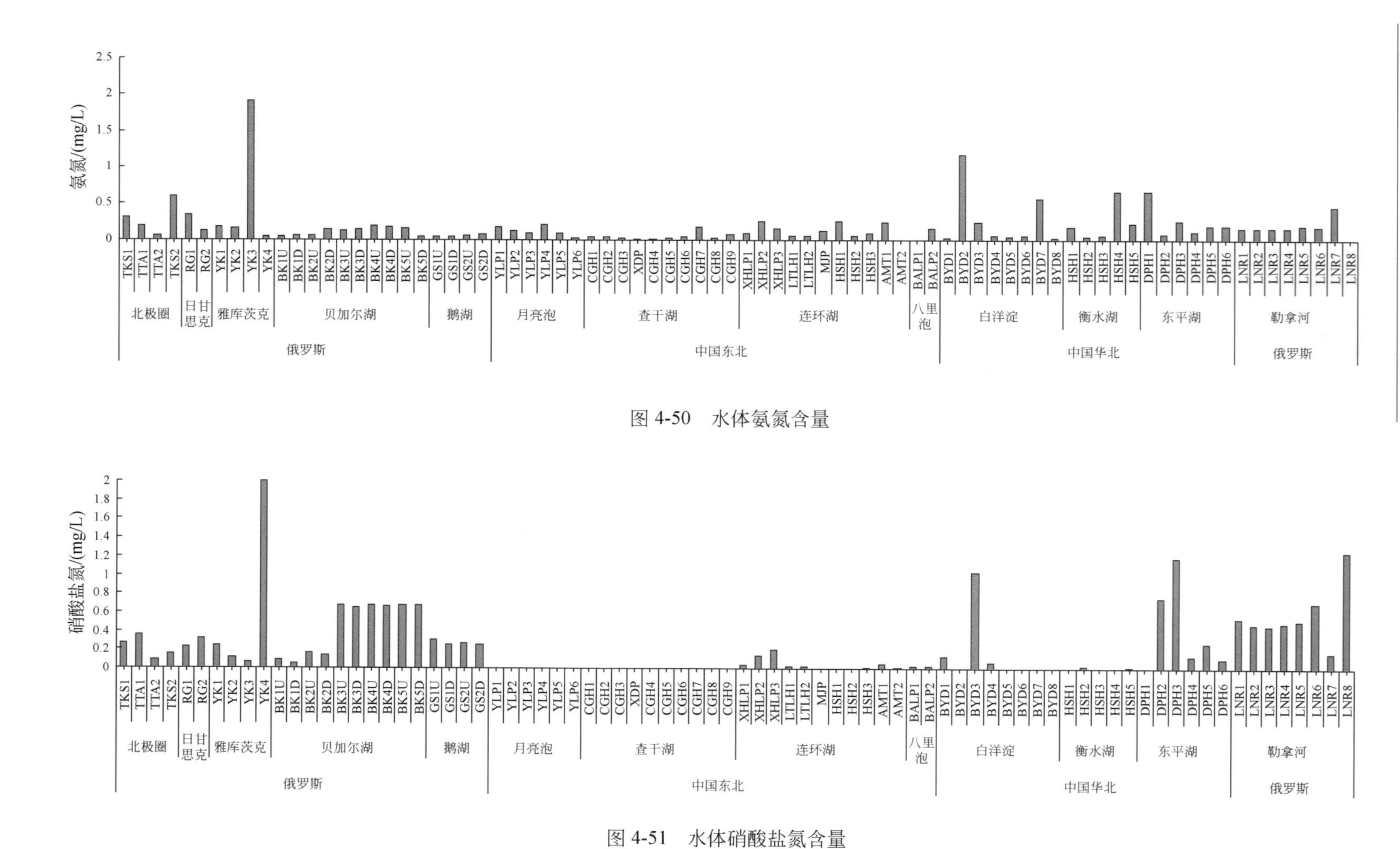

图 4-50　水体氨氮含量

图 4-51　水体硝酸盐氮含量

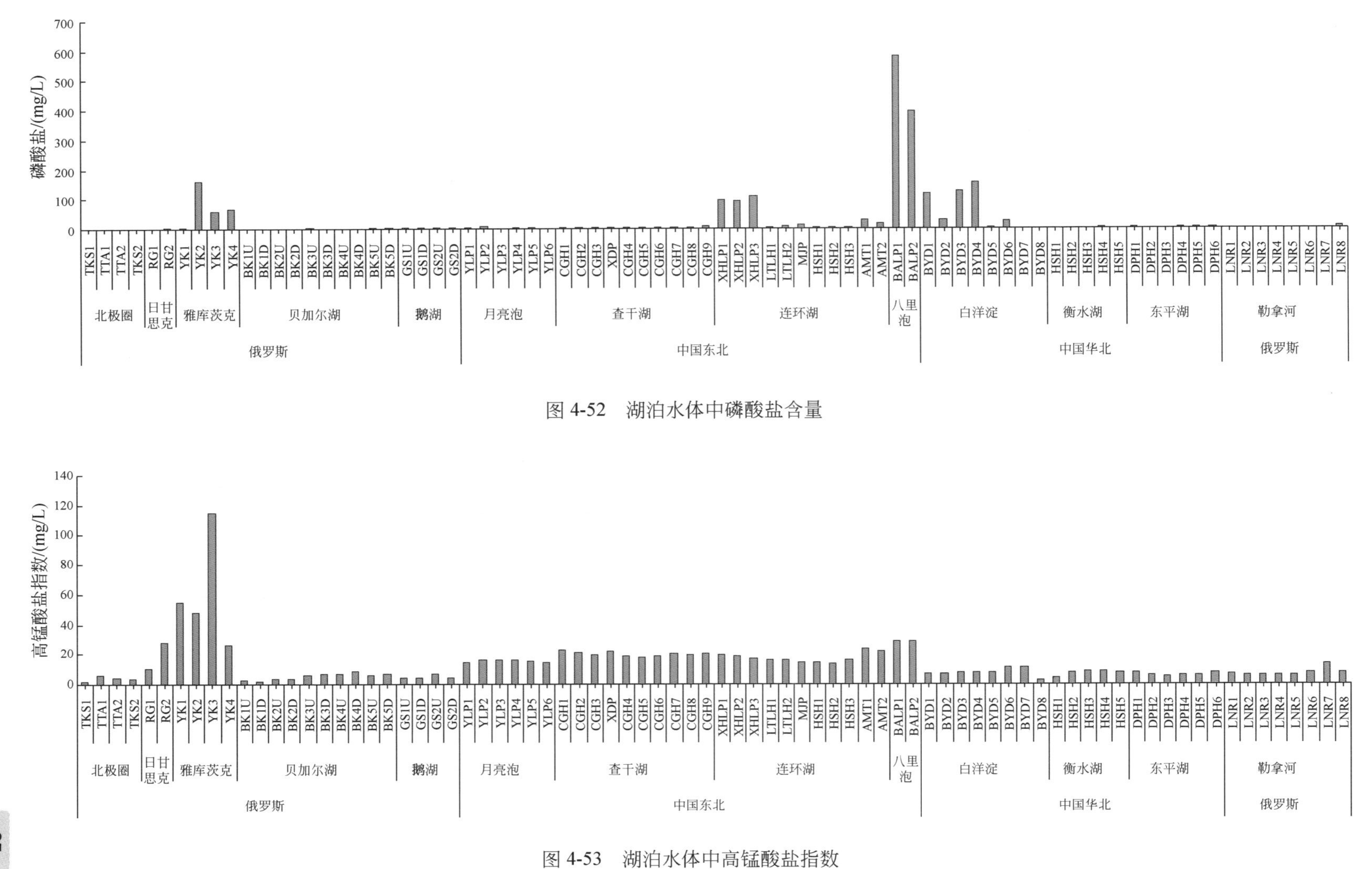

图 4-52　湖泊水体中磷酸盐含量

图 4-53　湖泊水体中高锰酸盐指数

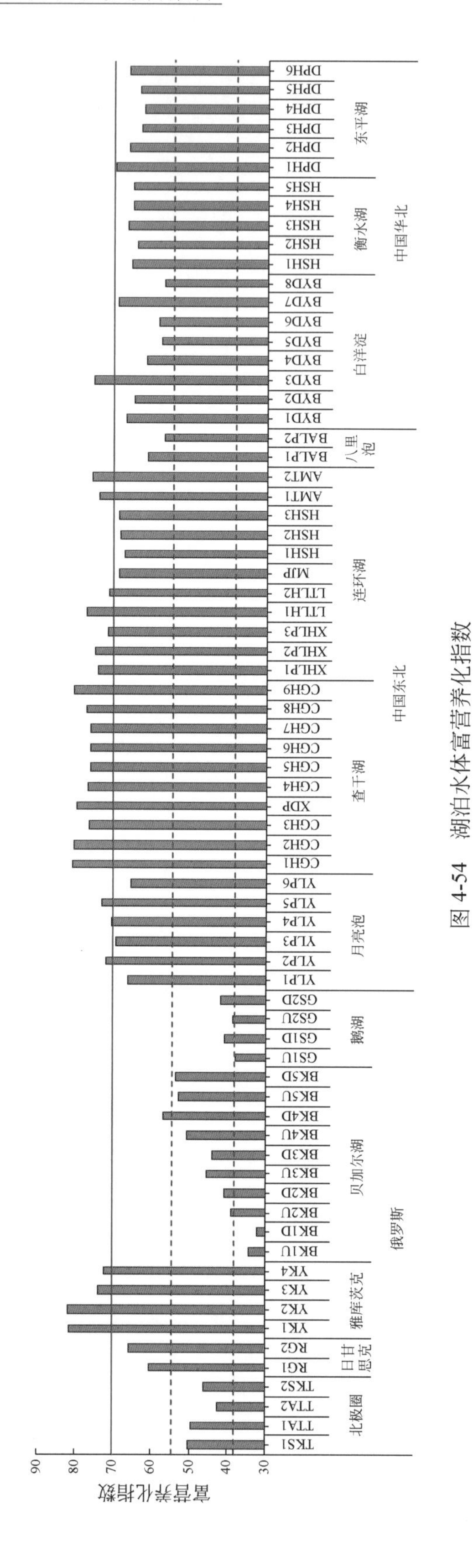

图 4-54 湖泊水体富营养化指数

TSI = 54 ~ 65 为富营养化，TSI>65 为重富营养。

从调查的湖泊营养指数看，涵盖了从贫营养到重富营养所有级别。其中，TSI 为贫营养的为贝加尔湖敞水区（100m 水深）以及鹅湖的上层水体。而贝加尔湖的色楞格入湖口到敞水区基本为中营养，北极圈内 4 个湖泊均为中营养，日甘思克湖泊则为富营养，雅库茨克 4 个城市湖泊均为重富营养。中国东北地区湖泊则大都处于重富营养状态，而华北地区湖泊则主要在富营养化阶段。从营养指数对这些地区湖泊进行分类，则可以将东北地区湖泊及雅库茨克湖泊均划入重富营养状态，而华北地区湖泊为富营养化状态，北极圈内及贝加尔近岸水域划入中营养状态，贝加尔湖及鹅湖敞水域基本划入贫营养水平。

这些湖泊的富营养化指数与水体总氮关系密切，但不同的营养水平与总氮相关性呈相反趋势（图 4-55）。即中营养水平以下的湖泊，有机氮含量及比例与富营养化指数呈负相关，而富营养化湖泊中，有机氮及其比例则与水体营养指数呈正相关。

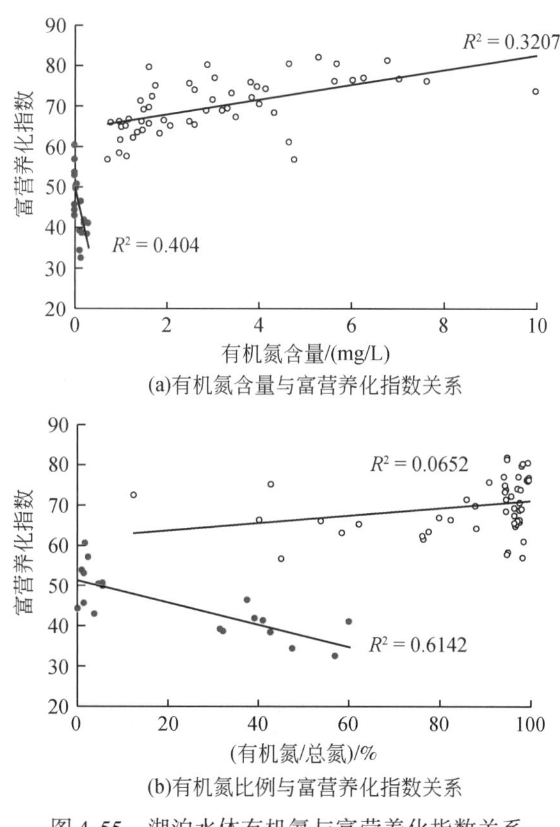

图 4-55　湖泊水体有机氮与富营养化指数关系

4.2.4　贝加尔湖水环境科学考察

4.2.4.1　贝加尔湖环境要素基本情况

贝加尔湖为南北向狭长形地质构造湖，长 636km，平均宽 48km，最宽 79.4km，面积 3.15 万 km^2，平均深度 744m，最深点 1620m，湖面海拔 456m，是世界上最深和蓄水量最大的淡水湖，位于布里亚特共和国和伊尔库茨克州境内。湖型狭长弯曲，宛如一弯新月，又称“月亮湖”。贝加尔湖湖水澄澈清冽，水质稳定，季节波动小，透明度最大可达40.8m，其总蓄水量23 600km^3，约占世界上可利用淡水资源的1/4。其容积巨大的原因在于其深度：该湖平均水深730m，两侧还有1000～2000m的悬崖峭壁包围着。在贝加尔湖周围，总共有大小336条河流注入湖中，其中，最大入湖河流为色楞格河，出湖河流仅有安加拉河，年均流量仅为1870m^3/s，且受位于伊尔库茨克的水力电站控制。

贝加尔湖湖内物种丰富，是一座集丰富自然资源于一身的宝库。湖中的动植物有1083种是世界特有品种。其中，有很多西伯利亚其他淡水湖已绝迹的物种。该湖还是俄罗斯的主要渔场之一。贝加尔湖就其面积而言仅居全球第九位，却是世界上最古老的湖泊之一（据考其历史已有2500万年）。湖周气候比周围地区温和，1～2月平均气温-19℃，8月平均气温11℃。湖面1月结冰，5月解冻。表面水温在8月约为13℃，在湖水浅处达20℃。浪可高达4.6m，矿化度和盐度均很低。

贝加尔湖是一个典型的贫营养湖泊，其最高透明度达30m以上，透明度较高的区域主要分布在中部湖区的西侧（图4-56）。北部湖区透明度较低。从季节变化看，夏季（7月）的湖水透明度要远高于其他季节。秋季湖水透明度大多不超过10m。从年际变化看，透明度的变化不甚显著。

2008年8月，对贝加尔湖从色楞格河入湖河口到安加拉河出湖口的断面监测显示，色楞格河口河透明度为2.2～7m，而安加拉河口透明度则为7.8～12m。由于承接了流域颗粒物的输入，且水深较浅，色楞格河河口易受风浪和湖流扰动，透明度较低。安加拉河河口则位于出流河口，湖体悬浮颗粒物经深湖区自然沉降后显著降低，而且出湖口水深较深，风浪对湖底部的扰动较弱，因而透明度显著提高。

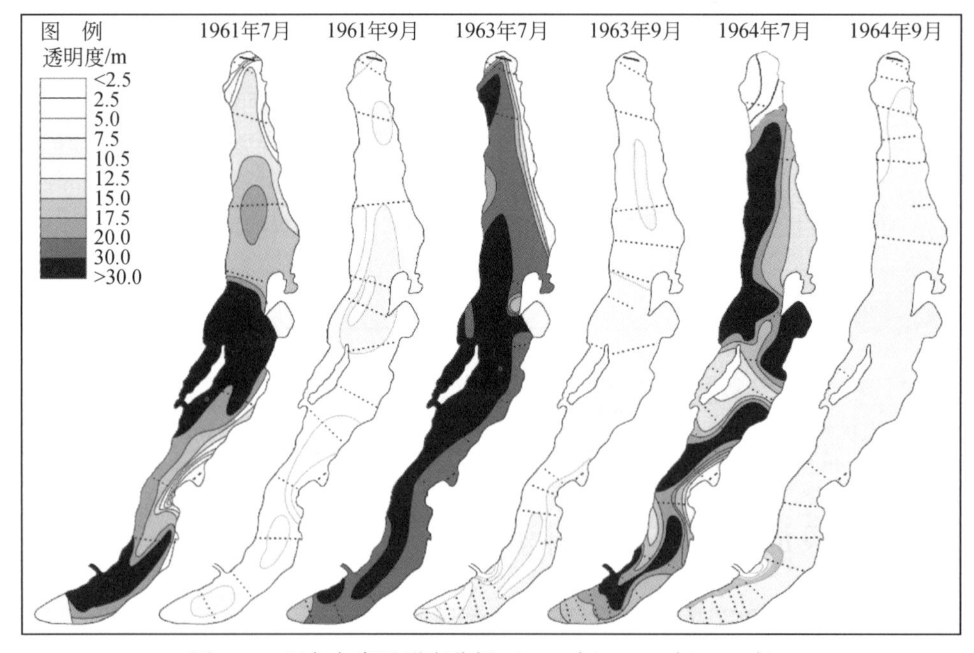

图4-56 贝加尔湖透明度分析（1961年、1963年1964年）

贝加尔湖水体悬浮物含量普遍较低，平均悬浮物含量均低于3mg/L。仅在一些入湖河口，特别是色楞格河河口外侧悬浮物含量较高。2008年调查发现，北部沿岸区也存在悬浮物含量较高的局部区域。夏季丰水期入湖经流增加导致悬浮物含量要略高。由于冬季湖面封冻以及入湖水量减少，颗粒物的输入明显降低，因此，在贝加尔湖进入封冻期（11月）后，湖泊水体的颗粒物含量迅速下降，一般都低于1.0mg/kg（图4-57）。但色楞格河入湖河口颗粒物含量则显著高于贝加尔湖的其他湖区，河口水深85m处悬浮颗粒物可达18.13mg/L。安加拉河河口悬浮颗粒物则降低至2.21mg/L。

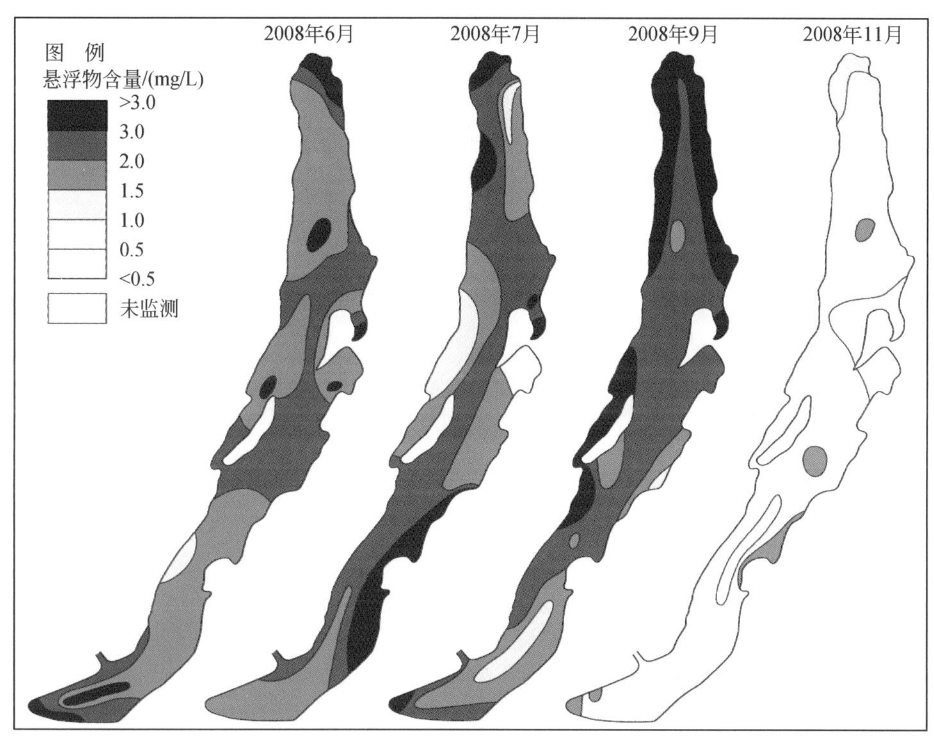

图4-57　贝加尔湖水体悬浮物含量

贝加尔湖水体化学耗氧量（COD_{Mn}）全年均低于2.0mg/L（图4-58），远低于西伯利亚地区其他小型浅水湖泊，更低于我国长江中下游和东北地区湖群水体。空间分布规律显示，色楞格河三角洲来水对水体化学耗氧量贡献较大，三角洲外围存在一个全湖最高的区域。而安加拉河出湖口处化学耗氧量含量较低（图4-59）。重铬酸钾耗氧量与高锰酸盐指数存在同样的规律。重铬酸钾耗氧量一般为2.5~4.0mg/L。

从贝加尔湖化学耗氧量的垂向断面分析，除了BK4（色楞格河河口与贝加尔深水区之间的沙坝）明显表现出下层高于上层的规律，其他各点位的上下层水体差别并不显著。BK4由于处于河口三角洲与深水区之间的沙坝，水深较浅，易受风浪扰动，因此，下层水体悬浮颗粒物浓度较高，同时，受颗粒物有机质影响，下层水体的化学耗氧量要显著高于上层水体。

贝加尔湖水体磷酸盐含量大都接近于钼酸盐比色法的检测限，大多低于10μg/L。含量较高的区域在东北部湖区，但也仅在10μg/L左右。硝酸盐含量在10~80μg/L，北部区域硝酸盐含量高于其他水体（图4-60）。

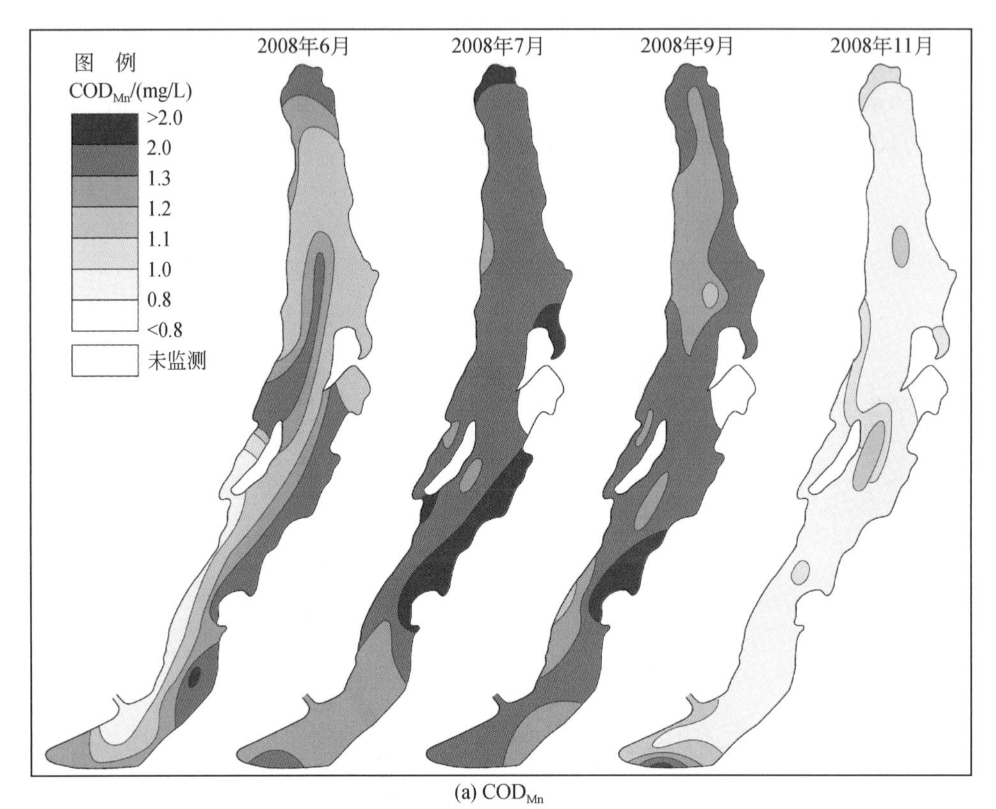

(a) COD_{Mn}

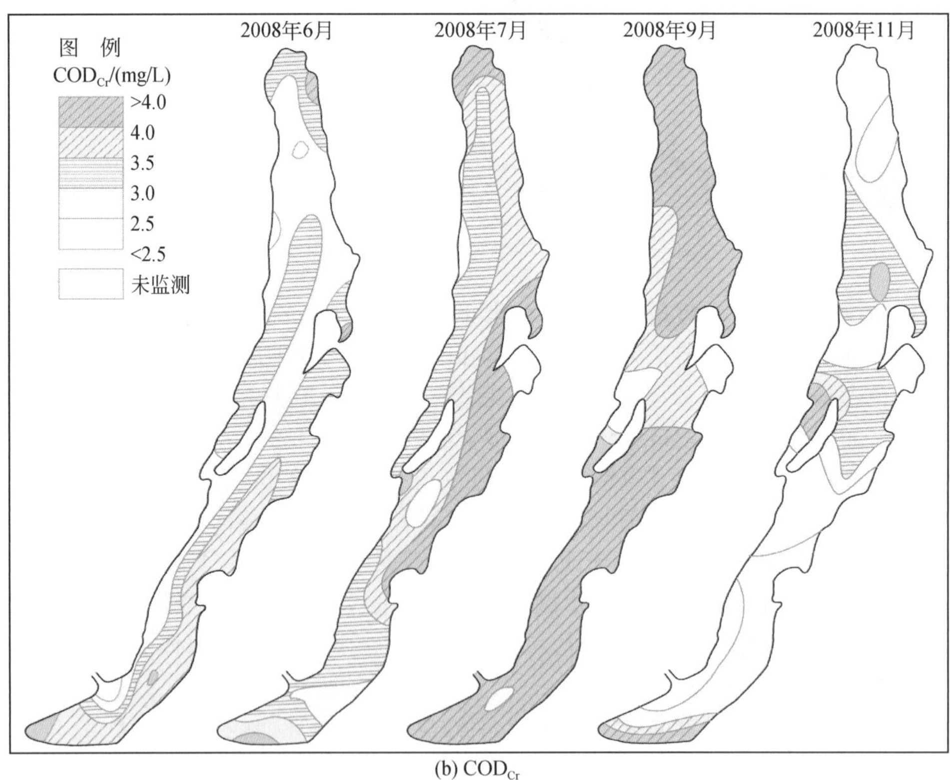

(b) COD_{Cr}

图 4-58 贝加尔湖水体化学耗氧量

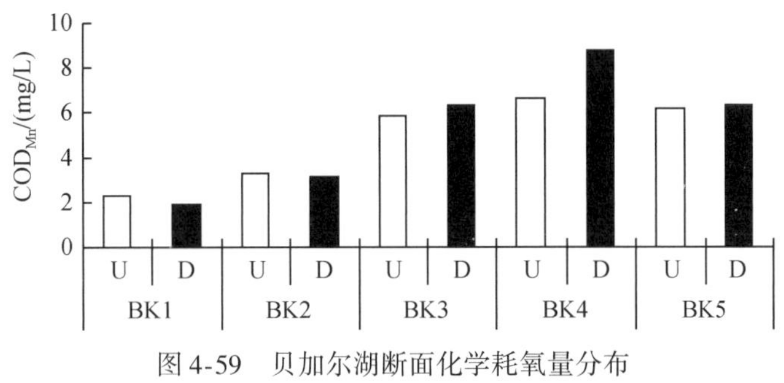

图 4-59　贝加尔湖断面化学耗氧量分布

U：上层水体；D：下层水体

水体有机氮磷含量也极低。有机磷含量最高仅为 18μg/L，而有机氮最高为 200μg/L。有机氮的空间分布特征受输入的影响较大。其中突出的特征是色楞格河河口有机氮磷含量均高于其他湖区，显示了有及氮磷的外源输入特性（图 4-61）。

总体而言，贝加尔湖属于贫营养湖泊，水体碳氮磷含量均极低。由于水体库容量巨大，换水周期达 400 年，输入的碳氮磷物质在湖泊中矿化降解和自然沉降作用显著。影响贝加尔湖水环境的主要因素与色楞格河三角洲的输入有密切关系。尽管贝加尔湖环境容量巨大，但色楞格河三角洲的污染输入对于贝加尔湖水环境影响的长期趋势不容忽视。

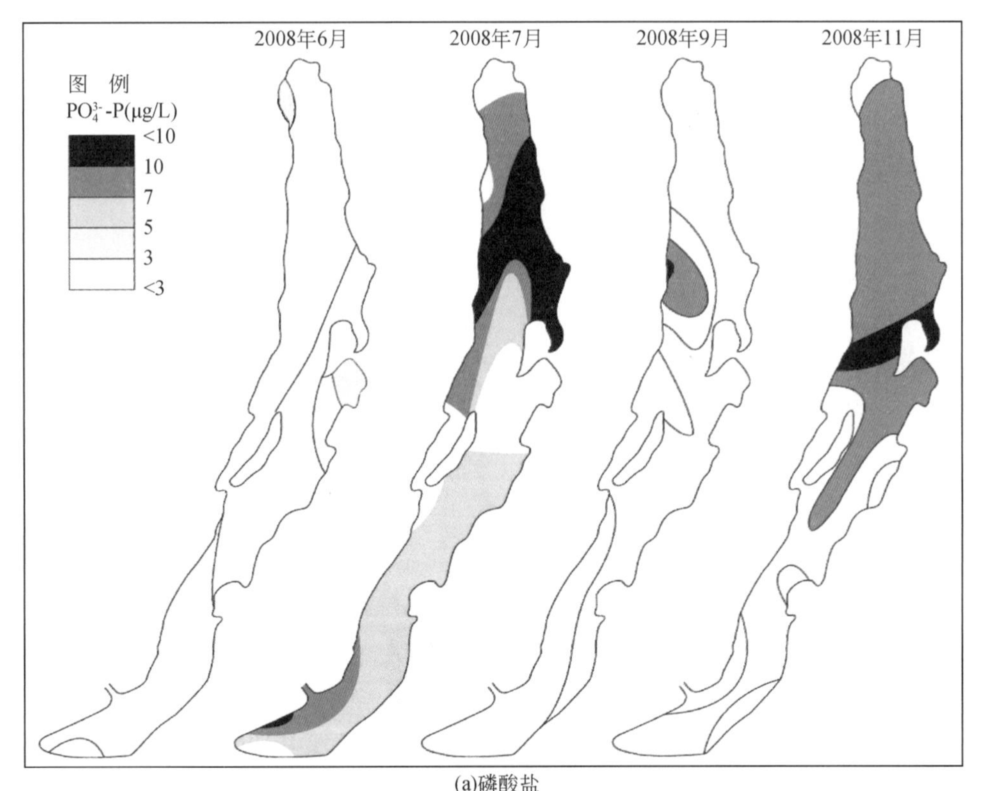

(a)磷酸盐

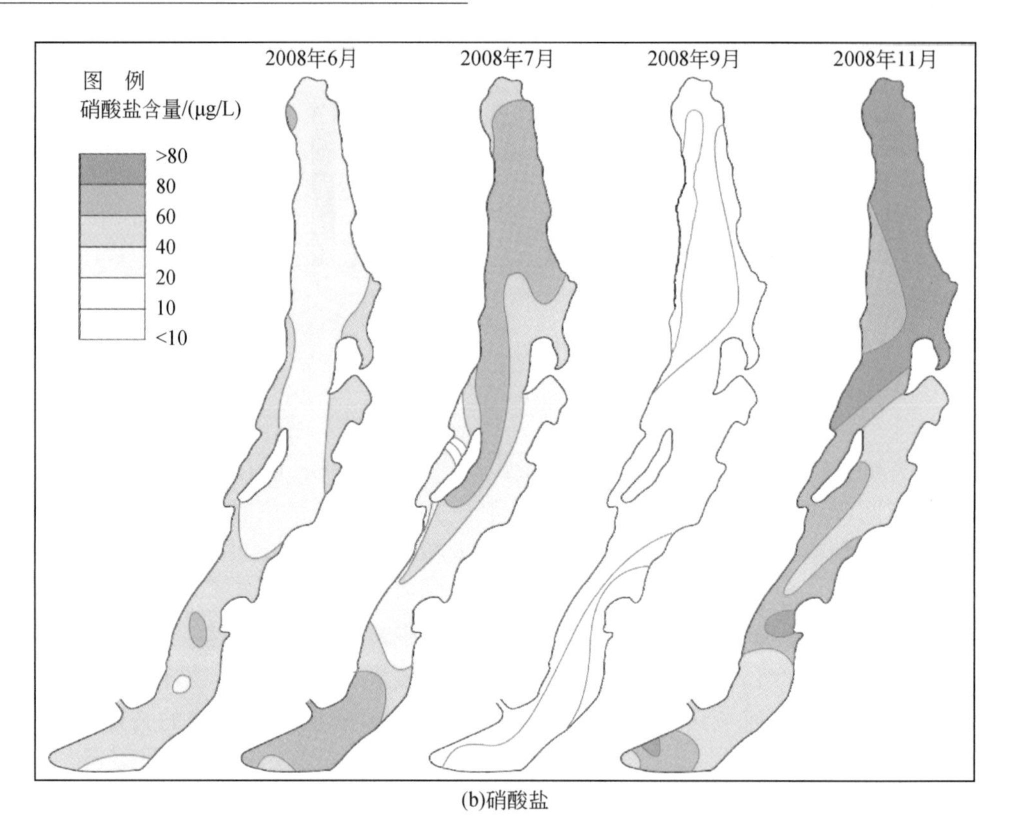

(b)硝酸盐

图 4-60　贝加尔湖水体磷酸盐和硝酸盐分布

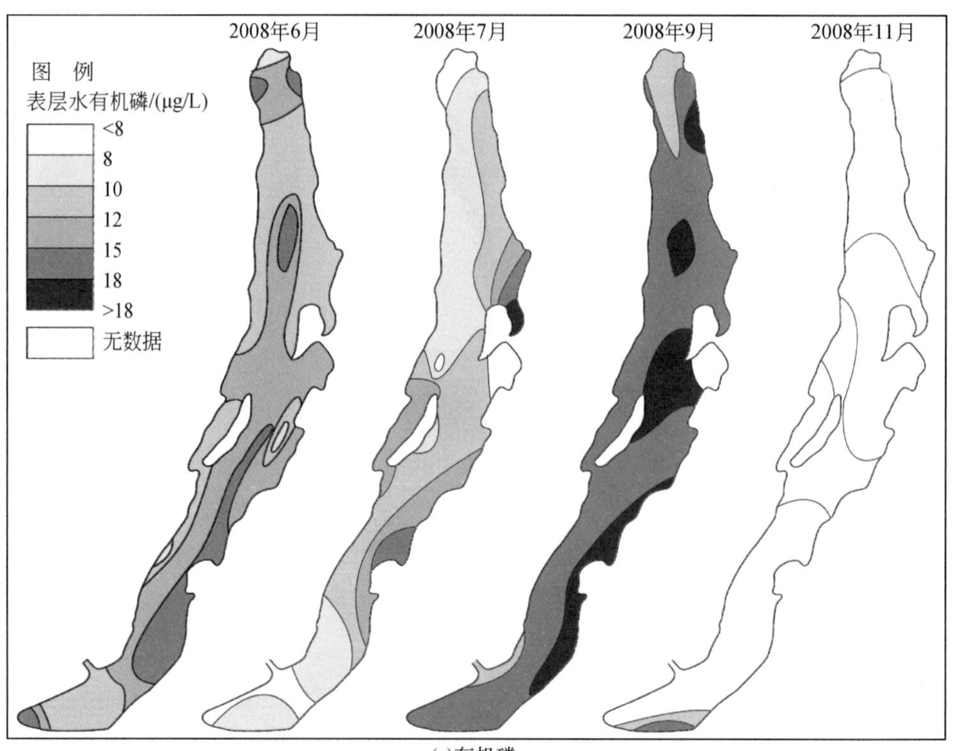

(a)有机磷

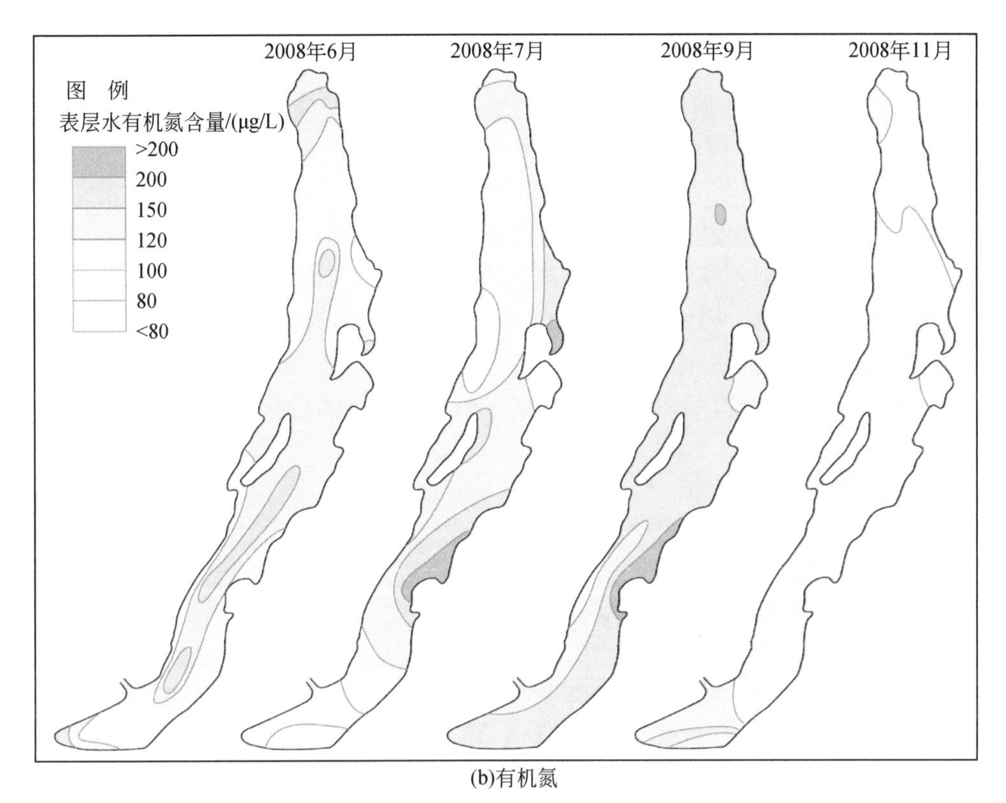

(b)有机氮

图4-61　贝加尔湖水体有机磷和有机氮含量

4.2.4.2　贝加尔湖流域典型湖泊水环境连续监测

在贝加尔湖流域两个典型湖泊，即贝加尔湖（Baikal Lake）及鹅湖（Gusinoye Lake）设立连续监测样点。其中，贝加尔湖连续监测点分别位于色楞格河河口（水深100m）及安加拉河河口（水深140m），鹅湖连续监测点位于湖北侧（水深15m）处。

(1) 水温

3个连续监测样点水温呈季节性波动。由于采样时间为每年湖泊解冻（5月）到年底湖泊封冻（11月）为止，3个样点水温的平均年际变化如图4-62所示。监测期最低水温为4℃，最高水温出现在2008年8月，为21℃。

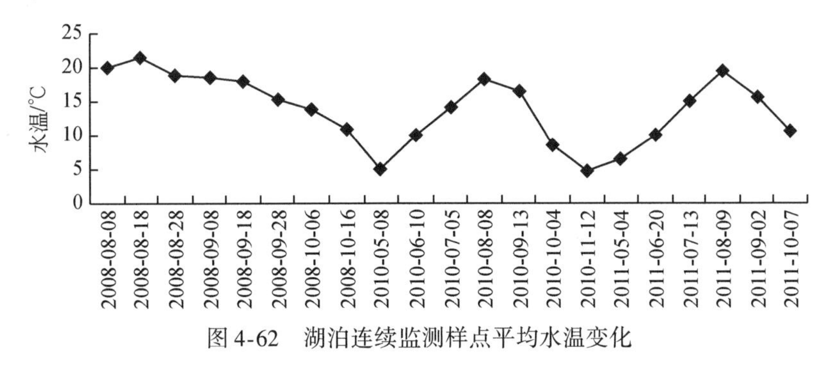

图4-62　湖泊连续监测样点平均水温变化

（2）pH

贝加尔湖水体 pH 较稳定，变化较小，年际波动范围在 7. 36 ~ 8. 17，其中，入口水域年平均为 7. 68，安加拉河出口水域年平均为 7. 76。最低值出现在春季。夏季初级生产力较高导致 pH 升高，因此最大值往往出现在夏秋季节。

鹅湖水体 pH 同样年际波动较小，其变化范围在 7. 97 ~ 8. 76，年平均为 8. 12，高于同季节贝加尔湖水体。但其季节性变化规律同贝加尔湖类似，同样为夏季略高。

俄罗斯境内的贝加尔湖和鹅湖纬度高于我国长江中下游湖泊，导致其水温较低，且由于营养盐水平也较低，因而其初级生产力明显低于我国长江中下游地区，因此其 pH 的季节性变化较小。

图 4-63 为色楞格河河口上层、安加拉河河口上层、古西诺耶湖上层监测样点 pH 变化。

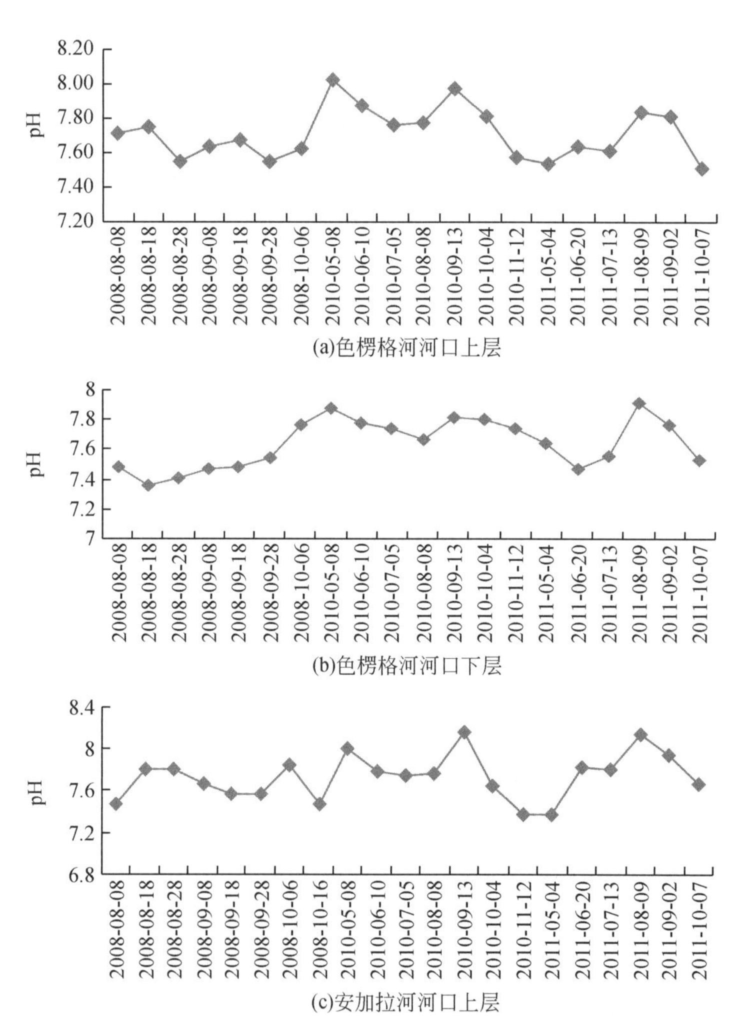

(a)色楞格河河口上层

(b)色楞格河河口下层

(c)安加拉河河口上层

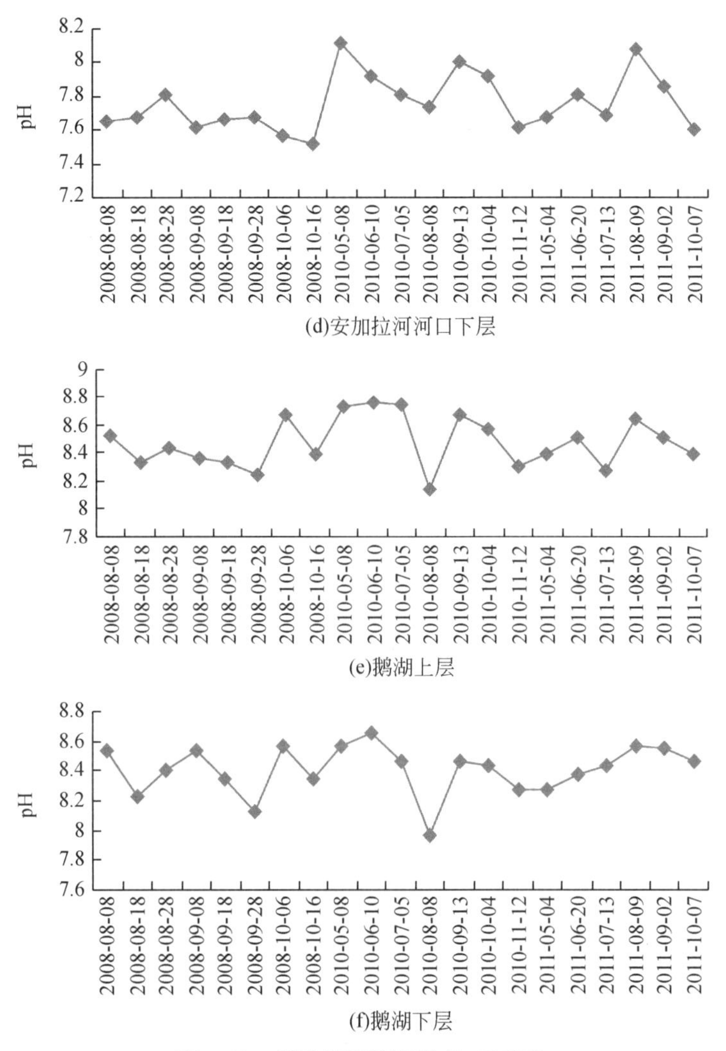

图4-63　湖泊连续监测样点pH变化

(3) 营养水平

在非冰冻季节，从贝加尔湖及鹅湖水体营养水平并未监测到显著的季节性变化（图4-64）。其中，贝加尔湖的营养水平，特别是总氮、硝酸盐含量均显著低于鹅湖，溶解氧则略高。矿化度则明显低于鹅湖。两个湖水体中无机氮均以硝酸盐为主要形态，氨氮含量则低于0.05mg/L。贝加尔湖矿化度为45～50mg/L；鹅湖的矿化度上层水体略高于下层水体，为180～200mg/L。

贝加尔湖的入湖口（色楞格河河口）和出湖口（安加拉河河口）比较看，入湖口水质略差于出湖口，但不显著。入湖口的矿化度也略高于出湖口，总磷和溶解态总磷含量同样也遵循入口高于出口的规律。

贝加尔湖化学需氧量为1.5mg/L左右。其中，入口浓度为1.5～1.6mg/L；出口略低，为1.4～1.5mg/L。鹅湖化学需氧量为3～3.3mg/L。

在定点连续观测中，对这3个样点每10天一次的采样分析后发现，两个湖并未表

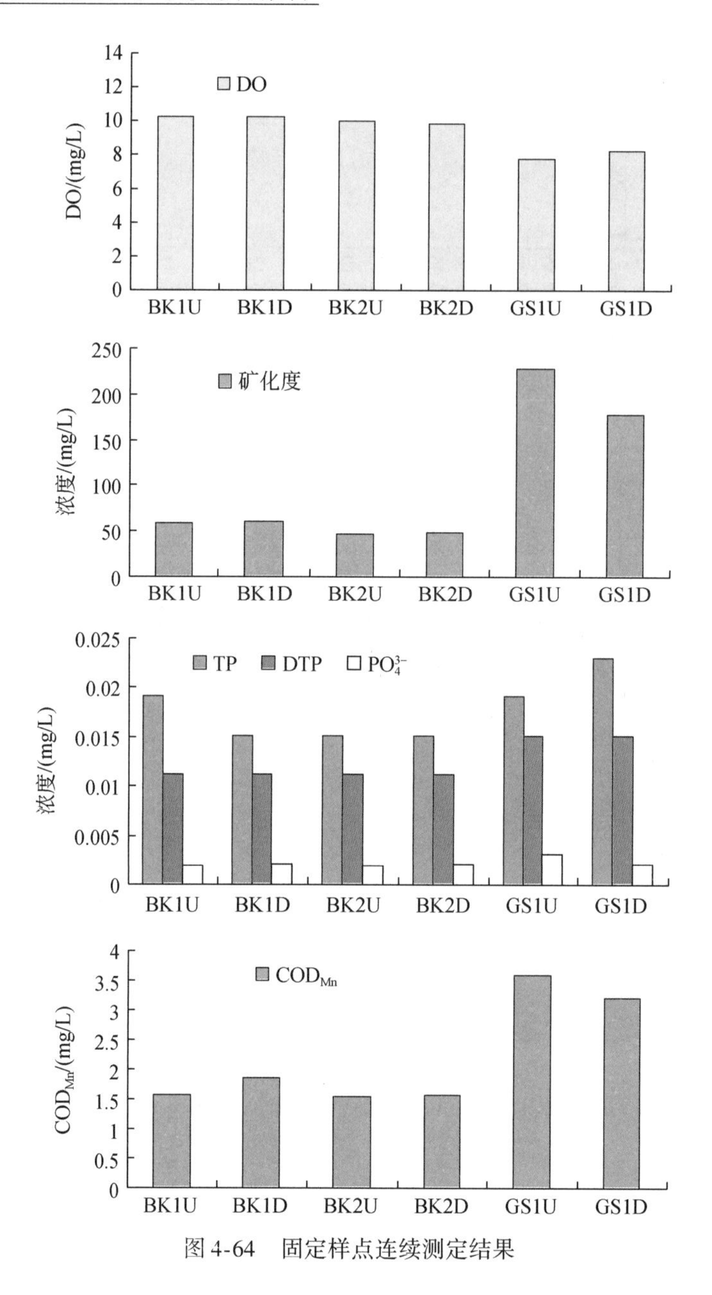

图 4-64　固定样点连续测定结果

现出明显的季节性变化规律。这与两个湖均为深水湖，水力停留时间和换水周期较长，同时，水体初级生产力较低，对营养盐和污染物的分解去除较弱有关，水质相对稳定。

贝加尔湖入口水体氨氮平均浓度为 0.053mg/L，最大值为 0.084mg/L，最小值为 0.037mg/L。春季氨氮浓度略高于夏季，但年际变化规律并不明显。出口水体的氨氮平均浓度为 0.043mg/L，最大值为 0.068mg/L，最小值为 0.011mg/L。出口氨氮浓度比入口水体略低（图 4-65）。

硝酸盐的变化规律与氨氮类似，色楞格河入口处平均值为 0.075mg/L，而安加拉河出口处为 0.064mg/L，其季节变化规律同样并不显著（图 4-66）。

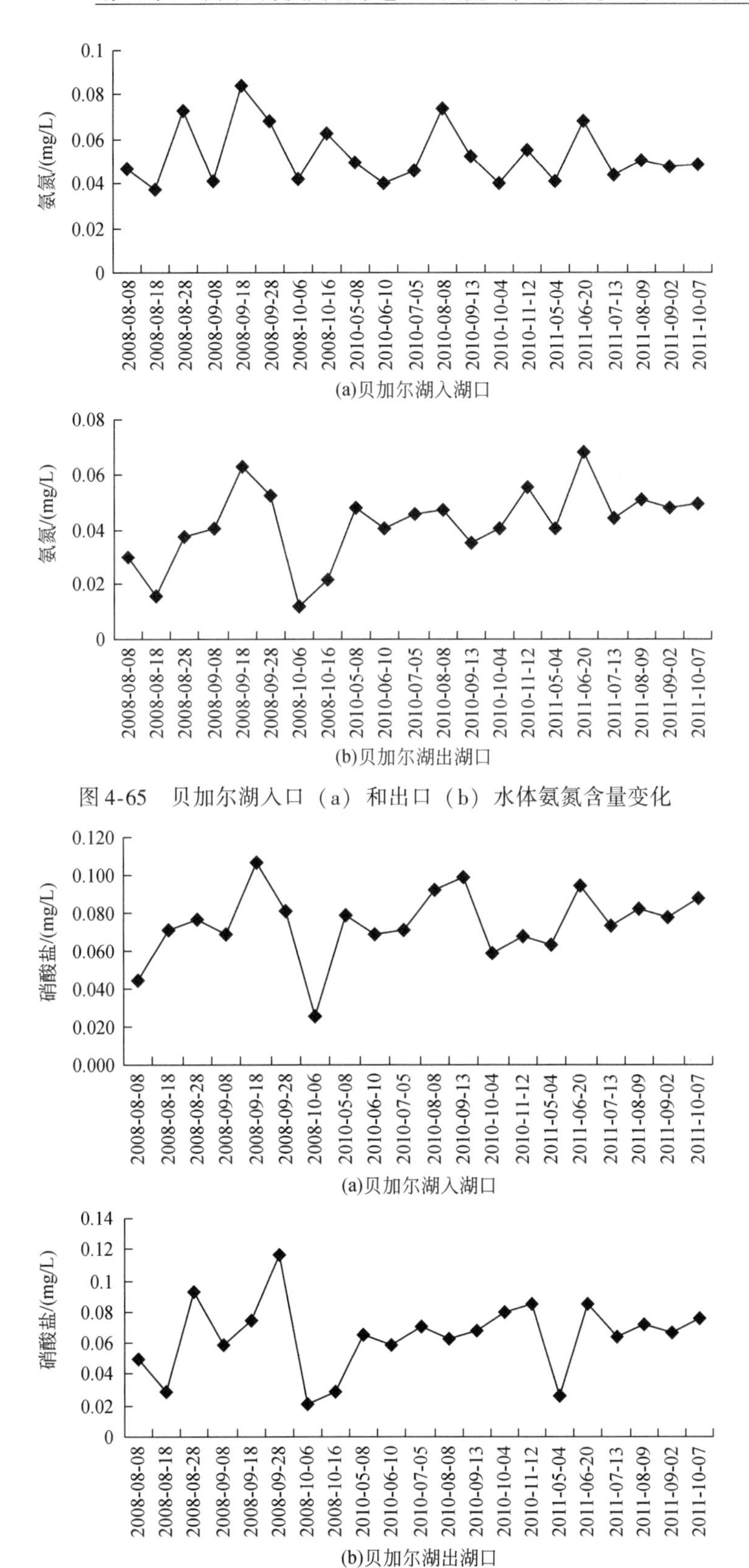

(a)贝加尔湖入湖口

(b)贝加尔湖出湖口

图 4-65　贝加尔湖入口（a）和出口（b）水体氨氮含量变化

(a)贝加尔湖入湖口

(b)贝加尔湖出湖口

图 4-66　贝加尔湖入口和出口水体硝酸盐含量变化

第5章 中国北方及其毗邻地区生物多样性格局

5.1 中国北方及其毗邻地区植物区系

中国北方及其毗邻地区草地隶属于泛北极植物区的两个地理区域内，即欧亚草原植物区和亚非荒漠植物区的一部分。为了植物区系研究的完整性，本章以蒙古高原为整体，其北部边界基本采用Grubov提出的内容，增加的杭爱山地区和蒙古-达乌里地区是采用其在《蒙古人民共和国维管植物检索表》中提出的内容，蒙古-俄罗斯达乌里地区边界是参考雍世鹏等提出的内容。

北界西起蒙古阿尔泰最高峰达拜博克多，向东沿赛柳格姆岭达唐努乌拉山、萨彦岭（库苏古尔山脉）、肯特山、雅布洛诺夫山脉（外贝加尔山脉）止于额尔古纳河与俄罗斯石勒喀河交汇处，向南折向大兴安岭西坡；南界为走廊南山；东界及东南界北起额尔古纳河与俄罗斯石勒喀河交汇处，向西南沿大兴安岭西坡至其南端黄岗梁，向南穿过浑善达克沙地至滦河分水岭（多伦、太仆寺旗北部）到达阴山山脉东端，沿北坡至大青山西端折向南，沿昆都仑河从包头昆区过黄河至达拉特旗树林召，沿东胜梁地西北坡至杭锦旗锡尼镇，向西南经鄂托克旗木凯淖尔镇、乌兰镇、包勒浩晓、查布苏木南，至鄂托克前旗敖勒召其镇北梁地，至宁夏盐池县西北高沙窝镇，沿西南至宁夏中卫、中宁，沿黄河谷地至甘肃白银北，沿乌鞘岭北坡至南界走廊南山；西界北起蒙古阿尔泰山最高峰达拜博克多，沿西南麓至阿哲博克多山脉，向南过诺敏戈壁西段，沿卡尔雷克塔格（托木尔提）北麓，到达北山西端，沿北山西端止于疏勒河谷。

在此基础上，根据各地区的主导植物科属组成、优势植物分布型、生活型和生态类型等因素的相似性与相异性，将蒙古高原按植物区、植物地区、植物州三级进行划分论述。

5.1.1 欧亚草原植物区

5.1.1.1 科布多地区

科布多地区山地草原、荒漠化草原植物地区，包括科布多河流域的蒙古阿尔泰北部和乌越淖尔湖。这里，到达永久雪线（哈尔希拉、图尔公、奥坦-胡亥）的高山与强烈荒漠化的深邃盆地相间分布。

优势植被类型为不同变型的山地干草原和小杂类草草原，这些类型是因海拔、坡向和土壤类型变化而定。山间盆地以*Stipa glareosa*、*Stipa orientalis*、*Anabasis brevifolia*和*Chenopodium frutescens*的藜类-针茅荒漠草原为主。这些草原常分布于山坡上部直达冰川终碛物。在高山垂直带上，山地草原逐渐过渡到干旱的嵩草（*Kobresia* spp.）和苔草（*Carex* spp.）—嵩草草甸，这里通常没有高山灌丛分布，西伯利亚落叶松（*Larix sibirica*）林仅分布于哈尔希拉和图尔公的东北坡。阿尔泰地区的适冰雪旱生植物在该地区直接与荒漠草原和荒漠物种相连接。这里出现了许多准噶尔-吐兰的代表植物，如绒藜（*Carex soongorica*、*Londesia eriantha*）、硬萼软紫草（*Arnebia decumbens*）、沙穗（*Eremostachys moluccelloides Bunge*）、*Galium humifusa*（*Asperula humifusa*）、*Serratula alatavica*。*Chenopodium frutescens* 群落最具准噶尔-吐兰特征。

5.1.1.2　蒙古阿尔泰地区

蒙古阿尔泰地区为山地草原植物地区，包括泰西里山和阿哲博格多在内的全部蒙古阿尔泰山系，从达板博格多山山结向东南深入戈壁止于吉奇吉奈山脉东段，呈一狭长的山地。在这个山地草原区域，山地上部逐渐由草原过渡到干旱的嵩草和苔草-嵩草草甸，在组成高山草甸的种类中，邻近的阿尔泰植物区系的作用明显增加，如穗发草（*Deschampsia koelerioides*）、阿尔泰金莲花（*Trollius altaicus*）、*Aconitum glandulosum*（*Aconitum altaicum*）、*Draba artaica*、*Sanguisorba alpina*、*Astragalus altaicus*、卡通黄芪（*Astragalus schanginianus*）、球囊黄芪（*Astragalus sphaerocystis*）、*Oxytropis altaica*、拉德京棘豆（*Oxytropis ladyginii*）、*Oxytropis martjanovii*、北高山大戟（*Euphorbia alpina*）、阿尔泰马先蒿（*Pedicularis altaica*）、*Campanula altaica*、*Artemisia altaiensis* 等。这些植物在蒙古阿尔泰地区的西北地段（与俄罗斯交界地段）最为丰富，而向东南随着山势降低，变得很贫乏并发生了变化，在区系中，邻近的准噶尔-吐兰植物区系的影响逐渐增强，可以见到天山高山和山地草原的种类，如大苞石竹（*Dianthus hoeltzeri*）、高山离子芥（*Chorispora bungeana*）、覆瓦委陵菜（*Potentilla imbricata*）、高山熏倒牛（*Biebersteinia odora*）、丝叶芹（*Scaligeria setacea*）、臭阿魏（*Ferula teterrima*）、*Gentiana turkestanorum*、山地糙苏（*Phlomis oreophila*）、新疆匹菊（*Pyrethrum alatavicum*）、突厥多榔菊（*Doronicum turkestanicum*）、全缘叶蓝刺头（*Echinops integrifolius*）。

森林植被只限于科布多河上游的一些地段，为西伯利亚红松+西伯利亚落叶松群落（Form. *Pinus sibirica* + *Larix sibirica*），以及分布于乌伦古河内部峡谷和蒙古阿尔泰中部的小片落叶松-草类群落。山地外部的下部分布着干草原和荒漠草原，在内部山间盆地也发生了强烈的荒漠化（如通希里淖尔等地）。蒙古阿尔泰东端的情况也是如此，这里蒙古戈壁的植物种类占优势，如 *Stipa* spp.、*Allium* spp.、*Artemisia* spp.、*Anabasis brevifolia* 等，而阿吉博格多以西的南坡已经属于准噶尔-吐兰省，其区系植物为荒漠和荒漠草原的代表。

5.1.1.3　杭爱山地区

杭爱山地区为一山地森林草原植物地区，包括整个杭爱山脉。西北包括伸入大湖盆地汗呼赫山脉，北部包括库苏古尔湖南部的德利格尔河和色楞格河河谷。杭爱山为一个不对称山体，南坡较陡，海拔急剧下降，西部及南部分别与大湖盆地、湖谷接壤，北坡相对平缓，逐渐过渡到色楞格河谷。

杭爱山脉是分布于蒙古高原草原区最北的一个山脉，越过色楞格河谷已进入北方山地泰加林带（萨彦山地泰加林）。杭爱山植被具有明显的过渡特征，即位于西伯利亚典型泰加林带与欧亚草原带的过渡区。杭爱山虽然分布着面积较大的森林，但是，大部分地区为山地草原覆盖。此外，高山草甸和开阔山间谷地的干草原也较发达。杭爱山只有主峰奥特洪-腾格里（3905 m）具有永久积雪，其他山峰偶见零散积雪片段，其下是裸露的高山碎石堆或生有低矮匍匐灌丛［*Betula* spp.、*Sabina vulgaris*、*Salix berberifolia*、*Grossularia acicularis*（*Ribes aciculare*）、*Berberis sibirica* 等］的碎石堆。碎石堆下部的高山植被主要是嵩草（*Kobresia wiud*）草甸和苔草+嵩草草甸（*Carex* spp. +*Kobresia* spp.），西部汗呼赫伊山还分布有 *Dryas* spp. +*Kobresia* spp. 草甸。山地森林主要是西伯利亚落叶松林（Form. *Larix sibirica*）和较少的西伯利亚落叶松+西伯利亚红松群落（Form. *Larix sibirica* + *Pinus sibirica*），且主要分布于山体北坡；山地下部和山间谷地、平原广泛分布着森林草原群落，优势禾草有 *Stipa* spp.、*Koeleria macrantha*、*Festuca ovina*、*Agropyron cristacum*、*Poa botryoides*、*Leymus chinensis* 等，在南坡山体下部接近大湖盆地和湖谷区，甚至有荒漠草原成分侵入山体；山体北部河谷和高原内部湖沼周围盐碱地上，分布有芨芨草盐化草甸（Form. *Achnatherum splendens*）、马蔺盐化草甸（Form. *Iris lactea*）和其他盐生植被。此外，北部河谷沼泽湿地上分布有柳灌丛、桦木灌丛和苔草、禾草沼泽。

5.1.1.4 蒙古-俄罗斯达乌里地区

蒙古-俄罗斯达乌里地区为低山-丘陵-草甸-草原植物地区。这一区域主要包括围绕在蒙古高原北部和东部的低山和山前丘陵区，即杭爱山东部丘陵区、肯特山山前丘陵区以及俄罗斯雅布洛诺夫山南部丘陵、平原区至石勒喀河与额尔古纳河汇流处折向南包括大兴安岭西麓低山、丘陵区，南端至赤峰市克什克腾旗黄岗梁。这一地区优势植被为贝加尔针茅草原（Form. *Stipa baicalensis*）、羊草草原（Form. *Leymus chinensis*）和线叶菊草原（Form. *Filifolium sibiricum*）以及在低山区也可以见到羊茅草原（Form. *Festuca ovina*），森林主要分布于沟谷阴坡，北部可以见到西伯利亚落叶松群落（Form. *Larix sibirica*）。此外，普遍可以见到的是白桦林（Form. *Betula platyphylla*）和白桦+欧洲山杨混交林（Form. *Betula platyphylla* + *Populus tremula*），在大兴安岭西麓常常可以见到的森林群落是白桦林或白桦+山杨林（Form. *Betula platyphylla* + *Populus davidiana*）。在这一区域的沙质地上常常可以见到欧洲赤松（*Pinus sylvestris*）及其变种樟子松（*Pinus sylvestris* var. *mongolica*）形成的森林群落。河流两岸常分布有柳灌丛（Form. *Salix* spp.）和苔草、禾草草甸以及分布于林缘的中生草甸。其中，分布较为广泛的种类有无芒雀麦、草地早熟禾、短穗看麦娘、老芒麦等，杂类草有地榆、毛节缬草、伪泥胡菜、野火球、红茎委陵菜等。

该植物地区受东亚以及东北植物区系影响较大，如分布有乌苏里鼠李（*Rhamnus ussuriensis*）、知母（*Anemarrhena aspodiloides*）、小黄花菜（*Hemerocallis minor*）、野鸢尾（*Iris dichotoma*）、芍药（*Paeonia lactiflora*）、黄花乌头（*Aconitum coreanum*）、黄花龙芽（*Patrinia scabiosifolia*）、桔梗（*Platycodon grandiflorus*）、绒背蓟（*Cirsium vlassovianum*）、山牛蒡（*Synurus deltoides*）等。

5.1.1.5 中恰尔恰地区

中恰尔恰地区为干草原植物地区。这是蒙古北缘中部的（乌兰巴托以南）一些具有花岗岩残丘和小岗的丘陵起伏的区域，南部至曼德拉戈壁，北界至西向东沿土拉河谷、克鲁伦河左岸分水岭一线为界，东至乔巴山西部、西乌尔特东部的丘陵区边缘。西至杭爱山地东部山前丘陵区，即鄂尔浑河右岸分水岭，西南以翁金河左岸分水岭与湖谷地区分开。

该地区常见的群落是克氏针茅–糙隐子草–冷蒿草原，干旱、石质的克氏针茅草原（Form. *Stipa krylovii*），糙隐子草–克氏针茅草原（Form. *Cleistogenes squarrosa-Stipa krylovii*）、冷蒿–克氏针茅草原（Form. *Artemisia frigida-Stipa krylovii*）在高地居为优势，低洼地分布有丝裂蒿–克氏针茅草原（Form. *Artemisia adamsii- Stipa* spp.）；在东部洼地上，还分布有寸草苔–针茅草原（Form. *Carex duriuscula-Stipa* spp.）、羊草–针茅草原（Form. *Leymus chinensis-Stipa* spp.）和葱类–克氏针茅草原（Form. *Allium* spp. -*Stipa krylovii*）。这里大面积分布有的锦鸡儿（*Caragana microphylla*，在南部较干旱的区域是 *Caragana pygmaea*）、灌丛化的沙生小禾草（*Agropyron cristatum*、*Cleistogenes squarrose*、*Festuca dahurica*、*Koeleria macrantha*）草原和锦鸡儿灌丛化的沙生小禾草–冷蒿草原。在低地、环湖和河谷的盐碱地上，广泛分布着芨芨草、羊草、赖草、苔草、马蔺盐化草甸，其中伴生有一年生的藜科植物碱蓬（*Suaeda* spp.）、滨藜（*Atriplex* spp.）。该地区的东面和南面已经见到在盐土和盐土低地上由典型戈壁成分组成的群落，如 *Kalidium gracile*、*Reaumuria soongorica*、*Salsola passerina*、*Anabasis brevifolia*；在砾质洪积扇上则分布有针茅、葱类–针茅、猪毛菜类–针茅荒漠草原。该地区植被和植物区系中，达乌里草原植物区系和典型蒙古荒漠和荒漠草原植物区系具有同等的意义。在巨大的花岗岩残丘和小岗上，还保存有中生植物 *Lilium pumilum*、*Scutellaria scordifolia*。

5.1.1.6　东蒙古地区

在蒙古高原，这是一个最平坦的干草原植物地区，具有无边无际、十分单调、组成贫乏，主要以多年生禾草为主的草原，优势种有 *Stipa grandis*、*Stipa krylovii*、*Leymus chinensis*、*Agropyron cristatum*、*Koeleria macrantha*、*Cleistogenes squarrosa*、*Festuca ovina*、*Festuca dahurica*、*Poa sphondylodes*、*Poa attenuata* 等。该地区地形相对平坦，植被带状分布规律极为明显：东部区分布有含丰富杂类草的大针茅草原和羊草草原；中部为含杂类草较少的大针茅、克氏针茅、丛生小禾草草原；西部地区随着水分的减少，大针茅草原逐渐被克氏针茅草原代替，形成克氏针茅–冷蒿草原或克氏针茅–丛生小禾草草原。该地区湖盆洼地和河流两岸发育着芨芨草盐化草甸，局部地段分布有马蔺盐化草甸、碱茅盐化草甸（Form. *Puccinellia* spp.）、短芒大麦草盐化草甸（Form. *Hordeum brevisubulatum*）。在盐湿低地上，荒漠成分红砂（*Reaumuria soongorica*）、盐爪爪（*Kalidium gracile*、*Kalidium foliatum*、*Kalidium cuspidatum*）、驼绒藜（*Krascheninnikovia ceratoides*）以及荒漠草原成分小针茅（*Stipa klemenzii*）、蓍状亚菊（*Ajania achilloides*）、多根葱（*Allium polyrrhizum*）、蒙古葱（*Allium mongolicum*）、蛛丝蓬（*Micropeplis arachnoidea*）等可以向东分布到呼伦贝尔达赉湖（呼伦湖）附近，并可以形成一定面积的群落片段。在盐化程度较低的河流中上游和沙地湖泊周围，分布着禾草、莎草科植物组成的草甸、沼泽，如巨序翦股颖草甸（Form. *Agrostis gigantea*）、拂子茅草甸（Form. *Calamagrostis epigejos*）、寸草苔草甸（Form. *Carex durivuscula*）、菵草沼泽

(Form. *Beckmannia erucaeformis*)、荸荠沼泽(Form. *Eleocharis* spp.)、水葱沼泽(Form. *Scirpus tabernaemontani*)、芦苇沼泽(Form. *Phragmites australis*)、灰脉苔草沼泽(Form. *Carex appendiculata*)、水甜茅沼泽(Form. *Glyceria triflora*)等。水生植被主要是由沉水植物眼子菜(*Potamogeton* spp.)、狐尾藻(*Myriophyllum spicatum*),浮水植物荇菜(*Nymphoides peltata*)、两栖蓼(*Polygonum amphibium*),挺水植物香蒲(*Typha* spp.)、芦苇等。

东蒙古地区的另一个显著特点是南部分布着面积较大的固定、半固定沙地,由东至西依次有呼伦贝尔沙地、乌珠穆沁沙地、浑善达克沙地。沙地的存在极大地丰富了东蒙古地区单调的草原景观,同时也丰富了该地区系组成。沙地植被的建群种主要是半灌木沙蒿(*Artemisia halodendron*、*Artemisia intramongolica*)、沙生小禾草(*Agropyron cristatum*、*Cleistogenes squarrosa*、*Festuca dahurica*)、根茎型禾草假苇拂子茅(*Calagrostis pseudophragmites*),一年生植物有沙米(*Agriophyllum squarrosum*)、虫实(*Corispermum* spp.)、狗尾草(*Seteria* spp.)等。此外,该地区沙地上乔木、灌木种类较为丰富,在沙地上可以形成疏林和灌丛植被,在呼伦贝尔沙地上最具特点的是沙地樟子松林(Form. *Pinus sylvestris* var. *mongolica*),也可以见到小片的山杨+白桦林(Form. *Populus davidiana* + *Betula platyphylla*)和榆树疏林(Form. *Ulmus pumila*),灌丛有小叶锦鸡儿灌丛(Form. *Caragana microphylla*)、黄柳灌丛(Form. *Salix gordejevii*)、小穗柳灌丛(Form. *Salix microstachya*)、半灌木群落有山竹岩黄芪群落(*Hedysarum fruticosum*);乌珠穆沁沙地和浑善达克沙地乔木、灌木群落组成是相似的,乔木林组要是榆树疏林(Form. *Ulmus pumila*)以及面积不大的山杨+白桦林,灌木群落有绣线菊灌丛(Form. *Spiraea* spp.)、黄柳灌丛、小叶锦鸡儿灌丛。此外,沙地上还可以见到稠李(*Prunus padus*)、山楂(*Crataegus* spp.)、华北卫矛(*Euonymus maackiii*)、山刺玫(*Rosa davurica*)、鼠李(*Rhamnus dahurica*)、细叶小檗(*Berberis poiretii*)等乔木和灌木。浑善达克沙地分布与该地区的南部、华北地区接壤,华北地区对该地区也有一定的影响,如华北地区的特征种油松(*Pinus tabulaeformis*)、虎榛子(*Ostryopsis davidiana*)可以分布到浑善达克沙地,甚至可以形成群落片段。此外,还有华北驼绒藜(*Krascheninnikovia arborescens*)等。

东蒙古地区西界和北界依次从蒙古乔巴山、西乌尔特一线向南进入中国境内,沿内蒙古苏尼特左旗满都拉图镇东石质丘陵区向南过镶黄旗新宝拉格镇、苏尼特右旗新民镇、四子王旗供济堂镇、乌兰花镇、武川的西乌兰不浪镇、固阳金山镇,至昆都仑河右岸分水岭。南界以阴山山脉分水岭为界,东界与蒙古-达乌里地区相邻。

5.1.1.7 东戈壁地区

东戈壁地区为一荒漠草原植物地区,地形主要是具有散布小岗的岗陇起伏的平原。这里的优势植被是由羽针组的小针茅类(*Stipa klemenzii*、*Stipa glareosa*、*Stipa gobica*)和主要分布于该地区南部的须芒组的短花针茅建群构成的,其他优势植物有 *Cleistogenes songorica*、*Cleistogenes squarrosa*、*Artemisia frigida*、*Ajania achilloides*、*Hippolytia trifida*、*Allium polyrrhizum*、*Allium mongolicum*、*Lagochilus ilicifolius*、*Jurinea mongolica*、*Astragalus efoliolatus*、*Caragana stenophylla*、*Caragana pygmaea*、*Caragana intermedia*。在黏质盐化

盆地和洪积扇上有该地区的北部已有短叶假木贼群落（Form. *Anabasis brevifolia*）、珍珠猪毛菜群落（Form. *Salsola passerina*）的分布，南部有红砂群落（Form. *Reaumuria soongorica*）和珍珠猪毛菜群落（Form. *Salsola passerina*）的分布，甚至在内蒙古四子王旗北部脑木更苏木的哈沙图查干淖尔有胡杨群落片段分布（Form. *Populus euphratica*）。

该植物地区东部边界与东蒙古地区西界相吻合，只是从昆都仑河经包头昆区西，过黄河，沿库布齐沙漠中的毛布拉格孔兑右岸分水岭至杭锦旗锡尼镇向西南经木凯淖尔镇到达鄂托克旗乌兰镇、包勒浩晓、查布苏木南至鄂托克前旗敖勒召旗镇北梁地至宁夏盐池县西北高沙窝镇，至贺兰山南端东麓。西界北段以翁金河为界，到达戈壁阿尔泰山麓，沿戈壁阿尔泰麓折向东南，过蒙古达兰扎德嘎德西南、汗博格多、东戈壁省哈腾布拉格折向西南到国界线进入中国内蒙古乌拉特中旗，西北沿图古日格南部丘陵区西北端进入乌拉特后旗，沿巴音查干、宝音图、乌力吉南部丘陵区向南穿过狼山西部，进入杭锦后旗陕坝，经临河市双河镇过黄河达杭锦旗呼和木都，东北沿摩林河穿过库布旗沙漠至伊和乌素镇，向西进入鄂托克旗公其日嘎西的深井、阿尔塞石窟、阿尔巴斯苏木东部三眼井，向南至查布苏木向西南，沿都斯图河左岸丘陵区向西南至宁夏陶乐，过黄河，至贺兰山东麓。

5.1.1.8　大湖盆地区

大湖盆地区基本上为平原荒漠草原州，这个处于蒙古阿尔泰、唐努乌拉山和杭爱山之间的形状复杂的巨大洼地，具有许多大湖（乌布苏淖尔、西尔吉斯淖尔、艾里克湖、哈尔乌逊淖尔、哈尔淖尔、都尔盖淖尔、沙尔加音湖），地势一般自南向北倾斜（1800 ~ 734m）。从行政区划上讲，大湖盆地区包括俄罗斯境内唐努乌拉山南部图瓦共和国的部分，南界至荒漠盆地沙尔加音戈壁。

大湖盆地可以分为 3 个在水文地理上是闭塞的、在山文上则是通过谷形低地来联系的大湖盆。杭爱山原西北部的支脉汗呼赫山脉深深嵌入大湖盆地使乌布苏湖盆水系与中央大湖盆地（包括西尔吉斯淖尔、艾里克湖、哈尔乌逊淖尔、哈尔淖尔、都尔盖淖尔）水系隔开，中央大湖盆地与南部沙尔加音（盆地）戈壁水系被不高的达尔壁山隔开。

这些洼地的中央平原和洪积扇下部，主要是荒漠植物群落，而洪积扇和山前区域则为荒漠草原。环湖地区通常为裸盐土或盐爪爪群落（Form. *Kalidium* spp.）和一年生猪毛菜类（*Salsola* spp.），有时有微药獐毛（*Aeluropus micrantherus*）沼泽盐化草甸、白刺堆（*Nitraria* spp.）、芨芨草（*Achnatherum splendens*）和芦苇（*Phragmites australis*）盐化草甸。流入盆地的河流谷地同样分布着芨芨草盐化草甸，或伴有柳灌丛和谷缘的多刺锦鸡儿（*Caragana spinosa*）和本氏锦鸡儿（*Caragana bungei*）灌丛。

乌布苏湖的东南纳林河谷及札布汗河、坤桂河下游、都尔盖湖附近的巨大沙地，主要为丘状新月形的半固定沙地，分布的主要植物有沙蒿和蒙古岩黄芪（*Hedysarum mongolicum*），在南部沙地偶尔分布有沙鞭（*Psammochloa villosa*）先锋群聚，聚居中还伴生有大赖草（*Leymus racemosus*）、冰草（*Agropyron cristatum*）、骆驼蓬（*Peganum* spp.）及一年生草本沙米（*AgriopHyllum squarrosum*）、翅果沙芥（*Pugionium pterocarpum*）等。

上述大湖盆的 3 个相对独立的湖盆，在物种、植被组成上也具有一定的差别。在北部最低的乌布苏湖盆地的环湖洪积扇上，荒漠草原和小蓬（*Nanophyton erinaceum*）荒漠占优势，这种植物是准噶尔-吐兰省的特征植物和群落。在乌布苏湖盆地植被组成中，大体上属于戈壁性质，但还分布有典型的准噶尔-吐兰省的特征植物及群落。这一事实证明过去植物区系和植被的形成是直接与邻近的准噶尔相接触的，从而也证明了现在分隔这些区域的不可逾越的蒙古阿尔泰西北部分是新近（第四纪）隆升的。对于唐努乌拉的西部，也应该得出同样的结论，因为在图瓦西部也分布有 *Nanophyton erinaceum*、角果藜（*Ceratocarpus arenarius*）等准噶尔-吐兰省特征植物及其组成的荒漠群落。*Nanophyton erinaceum* 经常与 *Salsola passerina*、*Stipa* spp. 形成复合荒漠-草原群落，但在盆地的西部和南部，有大面积的纯小蓬荒漠，洪积扇和山前上部分布有 *Stipa glareosa*、*Artemisia xerophytica*、*Caragana bungei* 组成的典型的蒙古高原荒漠草原类型，在盆地的北部和西南部尤为明显。在山前河流的石质河床上，可以见到乔木柔毛杨（*Populus pilosa*）和苦杨（*Populus laurifolia*），而在西北部一些河流下游的沼泽河谷出口，分布有稀疏的具有禾草-苔草草甸化的 *Betula microphylla* 和 *Larix sibirica* 小片森林群落。

中央大湖盆地是一个疏布小岗和低山的碎石质平原。大部分被荒漠草原植被覆盖，主要为猪毛菜类-针茅草原（*Anabasis brevifolia*、*Reaumuria soongorica*、*Chenopodium frutescens*），通常有短叶假木贼和蒿类-针茅草原（*Artemisia frigida*、*Ajania achilloides*），但也分布有葱类-针茅草原（*Allium polyrrhizum*、*Allium mongolicum*）、蒿类、猪毛菜-针茅草原（*Anabasis brevifolia*、*Reaumuria soogorica*、*Artemisia maritima*、*Artemisia caespitosa*），而在低山丘陵区分布有隐子草-针茅草原（*Cleistogenes squarrosa*）和针茅草原。盆地中部的环湖地区荒漠生长着真正的猪毛菜类，如短叶假木贼、红砂-猪毛菜类（*Anabasis brevifolia*、*Reaumuria soongorica*、*Chenopodium frutescens*、*Salsola abrotanoides*、*Krascheninnikovia ceratoides*），黏质盐土上生有 *Kalidium gracilie*、*Chenopodium frutescens*、*Reaumuria soongoria* 等盐生植被。梭梭荒漠在欧亚大陆最北的分布点是在这个盆地中的哈拉乌逊湖以北哈拉阿尔加令图山的南、北砾质洪积扇和台林河下游右岸，可以见到有矮锦鸡儿、驼绒藜、短叶假木贼伴生的梭梭荒漠。仅在山前和内部山脉才有面积不大的克氏针茅-蒿类、锦鸡儿灌丛化的克氏针茅-隐子草干草原。

位于大湖盆南部的最小但很深的沙尔加音盆地荒漠化程度更加严重。这里，荒漠草原葱类-针茅和部分短叶假木贼-针茅草原仅仅占据洪积扇的上半部，下半部已是典型的短叶假木贼荒漠。在盐土低地边缘分布有小型的梭梭或红砂与短叶假木贼相混合。盆地中部为广阔的黏质盐土，有些地方为龟裂土低地。低洼地上有蒙古分布面积最大、发育良好的梭梭荒漠群落，株高可达 4m，梭梭林下分布有 *Nitraria sibirica*、*Caragana leucophloea*、*Asterothamnus heteropappoides*、*Kalidium gracile*、*Reaumuria soongorica*。在洼地边缘通常分布有 *Caragana spinosa*、盐豆木（*Halimodendron halodendron*）、*Lycium ruthenicum* 灌丛和生长有白刺、芨芨草的小沙堆。在覆有薄沙层的砾质洪积扇上可以见到 *Caragana leucophloea* 灌丛。

5.1.1.9　湖谷地区

湖谷地区基本为平原的荒漠草原地区。占有长超过 500km，宽 150km 的巨大谷地，其中有许多大湖，如贝格尔泊、邦察干泊、阿达金察干泊、鄂罗克泊、塔察音泊、乌兰泊。这个谷地分割了杭爱山系和较南的蒙古阿尔泰和戈壁阿尔泰山系。谷地剖面不对称，其北缘形成于杭爱山逐渐降低的前山和洪积扇，而南缘则形成于突然降落的阿尔泰北麓洪积扇，很短促。谷地西界以蒙古阿尔泰向北的突出部分哈萨克图、泰西里山与邻近大湖盆地相连，东部则以翁金河与东戈壁平原接壤。

该地区大部分为砾质荒漠草原所覆盖，常见的群落类型有：葱类-小针茅类、隐子草-小针茅类、短叶假木贼-葱类-小针茅类、短叶假木贼-小针茅类、亚菊-葱类-针茅和锦鸡儿灌丛化的小针茅类荒漠草原；建群种有 *Stipa klemenzii*、*Stipa glareosa*、*Stipa gobica*、*Allium polyrrhizum*、*Cleistogenes songorica*、*Cleistogenes squarrosa*、*Anabasis brevifolia*、*Ajania achilleoides*、*Caragana pygmaea* 等。但在洪积扇和诸湖盆的低洼部分，已分布有荒漠群落，如短叶假木贼群落（Form. *Anabasis brevifolia*）、短叶假木贼+珍珠猪毛菜群落（Form. *Anabasis brevifolia* + *Salsola passerina*）；在湖盆底部盐土上则分布有珍珠猪毛菜群落（Form. *Salsola passerine*）、细枝盐爪爪群落（Form. *Kalidium gracile*）、珍珠猪毛菜+细枝盐爪爪群落（Form. *Salsola passerine* + *Kalidium gracile*）、红砂群落（Form. *Reaumuria soongorica*）等，间或伴有稀疏的梭梭群落（Form. *Haloxylon ammodendron*）。在湖滨的卵石平原，可以见到由 *Caragana pygmaea*、*Caragana bungei*、*Krascheninnikovia ceratoides*、*Salsola arbuscula*、*Artemisia* sp. 构成的稀疏的灌木群落。反之，杭爱前山具有过渡性质的植被，出现了稀疏的干草原，主要是克氏针茅群落（Form. *Stipa krylovii*）、隐子草-克氏针茅群落（Form. *Cleistogenes* spp. + *Stipa krylovii*）及冷蒿-克氏针茅群落（Form. *Artemisia frigida* + *Stipa krylovii*），群落中有时会出现 *Caragana pygmaea*。

在该地区东部面积不大的丘状沙地和湖盆堆积物上，有稀疏的梭梭群落（Form. *Haloxylon ammodendron*）分布，其中伴生有 *Caragana bungei*、*Hedysarum mongolicum*、*Artemisia* sp.、*Psammochloa villosa*。芨芨草群落（Form. *Achnatherum splendens*）和白刺堆（Form. *Nitraria sibirica*）通常生长在盐土低地上。

5.1.1.10　戈壁阿尔泰地区

戈壁阿尔泰地区为山地荒漠草原地区，包括有平行山脉的山系及与其相交替分布的宽阔山间谷地、盆地、平原及岗陇，从蒙古阿尔泰东部（吉奇吉奈山脉）末端起，自西北向东南，向蒙古南缘中部逐渐倾斜。只有最北山链的最西两个不大的山，伊赫博克多（3957m）和巴加博克多（3596m）达到永久雪线，而其余的山体一般不超过 2800m，并向东南降低到 1700m。这些山全部坐落在高而广阔、由坡积-洪积物形成的平垂形基盘上。因此，山间谷地和盆地具有很小的谷底，而其余表面部分则形成碎石质的、为干沟强烈切割的“贝尔”——洪积扇。地形的复杂性和广袤的面积，决定了该地区南北植被的多样性和植物的丰富性。荒漠草原植被占优势，占据所有的小陇岗间、低山、洪积扇和中山的下带以及该地区南部的所有山地。这种植被主要是猪毛菜类-葱类-针茅荒漠草原（Form. *Stipa glareosa*、*Stipa klemenzii*、*Stipa gobica*、*Anabasis brevifolia*、*Allium polyrrhizum*、*Allium mongolicum*、*Salsola passerina*）和洪积扇与平原上的短叶假木贼荒漠群落（Form. *Anabasis brevifolia*）以及低地和盆地底部的短叶假木贼荒漠、红砂+珍珠猪毛菜荒漠（Form. *Reaumuria soongorica* + *Salsola passerina*）、短叶假木贼+珍珠猪毛菜荒漠（Form. *Anabasis brevifolia* + *Salsola passerina*）和驼绒藜荒漠（Form. *Krascheninnikovia ceratoides*)。该地区的北部还有短叶假木贼-针茅荒漠草原(Form. *Anabasis brevifolia*-Stipa spp.)、猫头刺+短叶假木贼-针茅荒漠草原(Form. *Oxytropis aciphylla* + *Anabasis brevifolia*-*Stipa* spp.)、葱类-针茅荒漠草原和针茅荒漠草原，在平原上有驼绒藜-木地肤荒漠(Form. *Krascheninnikovia ceratoides*-*Kochia prostrata*)；在南部山地的碎石质洪积扇有红砂荒漠(Form. *Reaumuria soongorica*)、绵刺荒漠(Form. *Potaninia mongolica*)、霸王荒漠(Form. *Sarcozygium xanthoxylon*)和矮型梭梭荒漠(Form. *Haloxylon ammodendron*)；在该地区东南部的砂砾质平原上，分布有泡泡刺荒漠(Form. *Nitraria spHaerocarpa*)。在沙化的碎石质洪积扇和山坡上，广泛分布着灌木荒漠驼绒藜-针茅荒漠(Form. *Krascheninnikovia ceratoides*-*Stipa* spp.)和霸王-针茅荒漠(*Sarcozygium xanthoxylon*-*Stipa* spp.)以及*Caragana leucophloea*、*Prunus pedunculata*、*Salsola arbuscula*、*Ephedra przewalskii*、*Krascheninnikovia ceratoides* 荒漠，生有 *Kalidium gracile*、*Reaumuria soongorica*、*Salsola passerina* 群落，或有 *Reaumiria soongorica*、*Salsola abrotanoides*、*Salsola passerina*、*Kalidium gracile* 混生群落的黏质盐土，伴生有红砂和盐爪爪的疏生梭梭群落，生有 *Kalidium foliatum* 的疏松盐土以及完全光裸的龟裂地布满湖盆的底部和谷地。在一些山间谷地底部分布有面积不大的沙地，通常被一些沙生植物 *Artemisia* sp.、*Artemisia xerophytica*、*Caragana bungei*、*Psammochloa villosa*、*Hedysarum mongolicum*、*Krascheninnikovia ceratoides* 或稀疏的梭梭群落半固定。该地区的重要特征“松多克”，即在低洼地的巨大干沟出口的末端有一些不大的沙堆，通常盐化并有柽柳丛(*Tamarix* spp.)、巨大的梭梭丛、胡杨(*Populus euphratica*)的孤立木、白刺丛、铁线莲(*Clematis* spp.)、木本牛皮消、中亚紫菀木(*Asterothamnus centraliasiaticus*)灌丛以及芦苇、芨芨草等丰富的群落类型。这里通常有泉水或地下水接近地表，这些“松多克”是独特的绿洲，为游牧者所喜爱的驻地。

只有两座最大的北部山岳，即伊赫博克多和巴加博克多在地形和植被上与蒙古阿尔泰相近，并具有明显的典型山地草原带和苔草+蒿草草甸高山带以及沼泽化的阿尔卑斯石质冻原特点。在该地区东南部的古尔班赛汗山脉高山链也有山地草原的片段。这些山地中山带的北坡山谷和峡谷，出现杨树(*Populus pilosa*、*Populus densa*、*Populus laurifolia*)和桦树(*Betula microphylla*)以及中生灌丛(*Betula gmelinii*、*Salix* spp.、*Spiraea* spp.、*Cotoneaster melanocarpus*、*Cotoneaster mongolicus*、*Cotoneaster uniflorus*、*Grossularia acicularis*、*Ribes rubrum*、*Rosa acicularis*、*Lonicera microphylla*、*Lonicera altaica*)。

在其余中山的上部，仅发育着由 *Stipa krylovii*、*Artemisia frigida* 和 *Agropyron cristatum* 组成的禾草-蒿类石质干草原，也会出现叉枝圆柏(*Sabina vulgaris*)灌丛的斑块和旱生灌丛 *Prunus pedunculata*、*Prunus mongolica*、*Clematis fruticosa*、*Clematis tangutica*、*Caragana bungei*、*Caragana leucophloea*。总之，该地区植物区系为典型的戈壁性质，但高山还保存数量十分巨大的阿尔泰-萨彦岭及西藏的种类，如 *Carex pseudofoetida*、*Artemisia disjuncta*、*Artemisia pamirica*，组成山地草原的大部分是贝加尔-达乌里种类，这些种类证实了该地区在冰期时的联系。

5.1.2　亚非荒漠植物区

5.1.2.1　阿拉善戈壁地区

阿拉善戈壁地区分布于亚非荒漠区的最东段，该地区北界为戈壁阿尔泰山脉南缘，南界自东至西由腾格里沙漠南缘丘陵区（金昌市金川区）、北山（龙首山、合藜山）北麓向西过黑河沿金塔县北部丘陵南缘至桥湾等地疏勒河谷，东界与东戈壁地区西界吻合，西界北起奈墨格图山和托斯图山西端向马鬃山东端，自嘎顺淖尔（西居延海）东南折向沙质平原，沿额济纳河上游，经马鬃山东南端，折向西北，沿马鬃山南坡经桥湾折向北。

该地区的地貌以沙漠、戈壁与剥蚀残丘、低山相间排列为特点，境内著名的大沙漠从东至西有巴音戈壁沙漠（狼山北部）、库布齐沙漠（西段）、乌兰布和沙漠、亚玛雷克沙漠、腾格里沙漠、巴丹吉林沙漠，主要为流动和半流动沙丘和沙山所组成，沙漠中有许多湖泊与干湖盆分布。这些沙漠之间被破碎的剥蚀低山残丘（如沙尔扎山、巴彦诺尔公梁、巴音乌拉、雅不赖山、桌子山）所分隔，否则会连成一片。

阿拉善戈壁地区是亚洲中部荒漠区植物种类较为丰富的一个地区，平原戈壁植物以戈壁成分占主导地位，特有现象明显，如特有种绵刺（*Potaninia mongolica*）、沙冬青（*Ammopiptanthus mongolicum*）、四合木（*Tetraena mongolica*）、蒙古扁桃（*Prunus mongolicus*）、阿拉善单刺蓬（*Cornulaca alaschanica*）、茄叶碱蓬（*Suaeda przewalskii*）、百花蒿（*Stilpnolepis centiflora*）、紊蒿（*Elachanthemum intricatum*）等。

阿拉善戈壁地区小半灌木、半灌木、小灌木、灌木、小半乔木是构成荒漠植被的主要生活型。阿拉善戈壁地区，植被分布格局受地表物质组成影响较大，通常在覆沙或沙质戈壁上分布有绵刺荒漠（Form. *Potaninia mongolica*）、球果白刺荒漠（Form. *Nitraria sphaerocarpa*）、沙冬青荒漠（Form. *Ammopiptanthus mongolicus*）、霸王荒漠（Form. *Sarcozygium xanthoxylon*）、四合木荒漠（Form. *Tetraena mongolica*）、梭梭荒漠（Form. *Haloxylon ammodendron*）、戈壁短舌菊（Form. *Brachanthemum gobicum*）、星毛短舌菊（Form. *Brachanthemum pulvinatum*）、沙拐枣（*Calligonum mongolicum*）；在新月形沙丘上分布有半荒木蒿类（*Artemisia* sp *haerocephala*、*Artemisia ordosica*）群落、半灌木细枝岩黄芪（Form. *Hedysarum scoparium*）、多年生草本沙鞭（*Psammochloa villosa*）、一二年生草本沙芥（*Pugionium cornutum*、*Pugionium dolabratum*）及柠条锦鸡儿（*Caragana korshinskii*）、本氏锦鸡儿（*Caragana bungei*）、沙木蓼（Form. *Atraphaxis bracteata*）灌丛、沙拐枣（*Calligonum mongolicum*）、阿拉善沙拐枣（*Calligonum alaschanicum*）；在碎石黏质洪积扇上分布有短叶假木贼荒漠（Form. *Anabasis brevifolia*）（北部）和珍珠猪毛菜荒漠（Form. *Salsola passerina*）以及南部地区的红砂荒漠（Form. *Reaumuria soongorica*）；在石质山坡，丘陵分布有合头草（*Sympegma regelii*）、霸王（*Sarcozygium xanthoxylon*）、南部有短叶假木贼（*Anabasis brevifolia*）、松叶猪毛菜（*Salsola laricifolia*）、蒙古扁桃（*Prunus mongolica*）、裸果木（*Gymnocarpos przewalskii*）等。

5.1.2.2　西鄂尔多斯-东阿拉善州

西鄂尔多斯-东阿拉善州是一个草原化特征明显的平原荒漠植物州，东界与东戈壁西界吻合，西界北起蒙古博尔仲戈壁的南面的左赫山岭，过布尔干山向南进入中国阿拉善左旗北部的北银根，向南过乌力吉，沿沙尔扎山向南至雅布赖山，向西南至腾格里沙漠南缘为界（景泰西北白墩子、大靖土门、石羊河支流红水河右岸丘陵区），北界至戈壁阿尔泰山南麓。

境内一些中、低残山，如狼山西部、桌子山，蒙古的左赫山脉、呼尔赫山链，是许多古地中海残遗植物的避难所，如沙冬青、绵刺、四合木（*Tetraena mongolica*）、内蒙古野丁香（*Leptodermis ordosica*）等。特有植物有四合木、内蒙古亚菊、荒漠风毛菊、阿尔巴斯葱等，是亚洲中部荒漠区植物多样性最高的一个区域。

在石质残丘普遍分布着松叶猪毛菜（*Salsola laricifolia*）、刺旋花（*Convolvulus tragacanthoides*）、合头草（*Sympegma regelii*）、内蒙古野丁香（*Leptodermis ordosica*）以及仅分布于西鄂尔多斯砾石质丘陵区的半日花群落（Form. *Helianthemum soongoricum*）等；沙质戈壁上分布有绵刺、霸王、沙冬青等群落，沙地上分布有沙蒿（*Artemisia ordosica*、*Artemisia* sp *haerocephala*）、柠条锦鸡儿（*Caragana korshinskii*）、梭梭（*Haloxyron ammodendron*）、白刺（*Nitraria tangutorum*）；典型黏土戈壁上分布有红砂、珍珠猪毛菜、短叶假木贼（北部）。

5.1.2.3　西阿拉善州

西阿拉善州东界与西鄂尔多斯–东阿拉善州西界吻合，西界与阿拉善戈壁西界相吻合，北界达戈壁阿尔泰山南麓，南界达北山北麓，位于阿拉善戈壁地区的西半部，北部是浩瀚的戈壁，南部是茫茫的巴丹吉林沙漠。

在戈壁滩上分布着由红砂、珍珠猪毛菜、球果白刺、短叶假木贼（北部）形成的典型荒漠群落，多年生草本数量极少；巴丹吉林沙漠的流动沙丘上几乎无植物生长，只有在其北部和西北部生长着稀疏的沙拐枣、梭梭，东部边缘半流动沙丘上分布着白沙蒿群落；石质残丘上生长着稀疏的合头草。本州特有植物少，常见的是亚洲中部荒漠中的广布种，球果白刺、霸王、沙拐枣、膜果麻黄、红砂等。

5.1.2.4　贺兰山州

贺兰山位于阿拉善高原的东缘和银川平原的西侧，北起阿拉善左旗的楚鲁温其格，南至宁夏中卫县的照壁山，最高峰海拔3556m。作为荒漠和草原的分界线，贺兰山独特的地理位置，为不同区系的渗透、迁移、共存提供了有利的条件，其山地植被以青海云杉为主，但在低山带华北成分油松、虎榛子、酸枣等在植被中具有重要作用，而高山、亚高山带又明显的与青藏高原植物区系有一定的联系。

5.1.2.5　河西地区

河西地区东南以乌鞘岭分水岭为界，南以祁连山北坡为界，北部自东至西由腾格里沙漠南缘丘陵区（金昌市金川区）、北山（龙首山、合藜山）北麓向西过黑河沿金塔县北部丘陵南缘至桥湾等地疏勒河谷。该地区最突出的一个景观特征是山地–绿洲耦合系统。

5.1.2.6 西戈壁地区

西戈壁为亚洲中部极旱荒漠的一部分。东界与阿拉善戈壁相吻合，西界北起阿哲博克多山脉，向南过诺敏戈壁西段，沿卡尔雷克塔格（托木尔提）北麓，到达北山西端，沿北山西端止于疏勒河谷，北界至蒙古阿尔泰山东段吉奇吉奈山脉南麓和戈壁阿尔泰主峰南麓，南界止于疏勒河河谷。

5.2 森林

5.2.1 森林空间分布特征

作为贝加尔湖的地带性植被，樟子松林占据绝大部分。在我们的考察中记录到的群落类型主要有3类。

1）欧洲赤松、杂草类常绿针叶林。主要分布在贝加尔湖奥里洪岛（Olkhon）中央等相对干燥的地段。这类森林的物种组成比较贫乏，群落结构比较简单。上层乔木层通常仅有欧洲赤松，有时也含有极少量的西伯利亚落叶松以及落叶阔叶树，郁闭度约0.4，高度一般在18～24m，胸径一般在22～40cm，个别植株的胸径可达50cm以上。林下通常经过反复地面火烧，树干上一般都留有明显的过火痕迹，所以，林下的灌木极少，甚至在局部根本就看不到灌木。林下草本主要为典型草原中的植物种类，在山坡上杂类草的种类比较多，重要值较大，但在平缓的地带禾草类植物种类较多，重要值较大。代表性的植物群落如在Olkhon岛中部（53°4.34′N，107°12.77′E，海拔约667m）山坡上所记录到的，在20m×20m样方中，乔木层有欧洲赤松大树15株，平均高度19.5m，最高26m，枝下高平均3.5m左右，但局部高达6m以上，似乎与局部的地面火烧有关，平均胸径28.5cm，最大45cm，林冠下幼树仅有4株，最大一株高度仅1.3m。灌木层完全缺失。草本层有19种植物，其中杂类草13种，分别为*Astragalus fruticosus*、*Trifolium* spp.、*Vicia* spp.、*Polygonum* spp.、披针叶黄华（*Thermopsis lanceolata*）、多叶棘豆（*Oxytropis myriophylla*）、繁缕、委陵菜、棱子芹、白头翁、柴胡、地榆（*Sanguisorba officinalis*）、麻花头，杂类草的总覆盖度约为10%；禾草和莎草类植物6种，分别为苔草（*Carex* spp.）、冰草（*Agropyron cristatum*）、披碱草（*Elymus* spp.）、早熟禾（*Poa* spp.）、洽草（*Koeleria* spp.）、羽茅（*Achnatherum sibiricum*），总覆盖度约3%。

2）欧洲赤松-达乌里杜鹃-野豌豆常绿针叶林。主要分布在海拔略高、湿度较大的山坡。这类森林的物种组成和群落结构明显较复杂。在Olkhon岛东南坡（53°7′34.8″N，107°15′47.0″E，海拔约781m）处记录到的样地可以代表这个类型。该样地位于西南坡，坡度约3°，地面平坦。树干基部2～3m具有火烧过的痕迹，但林下灌木仍比较茂盛，估计过火时间已比较久。乔木层由欧洲赤松和西伯利亚落叶松组成，前者具明显优势，郁闭度约0.3～0.4，高度一般为20～24m，胸径一般为25～43cm。在20m×20m样方中记录到欧洲赤松13株，平均高度21.3m，最高24m，平均胸径36.5cm，最大46cm；西伯利亚落叶松3株，平均高度23m，最高25m，平均胸径33cm。灌木层以达乌里杜鹃（*Rhododenron dahuria*）为主，平均高度约1.7m，覆盖度约35%；越橘（*Vaccinium vitisidaea*）仅贴地面，覆盖度达25%左右；欧亚绣线菊（*Spiraea media*）高约0.7m，覆盖度约6%；另外还有零星的蔷薇。草本层记录到16种植物，覆盖度最高的为野豌豆（*Vicia sepium*），约5%；矮山黧豆（*Lathyrus humilis*）和蒿（*Artemisia tanacetifolia*），约为3%；白头翁（*Pulsatila patrens*）和狐茅（*Festuca ovina*）的覆盖度约为2%；地榆、苔草（*Carex macroura*）约为1%；乌头（*Aconitum barbatum*）、西伯利亚老鹳草（*Geranium sibiricum*）、龙胆（*Gentiana acuta*）、三叶草（*Trifolium lupinaster*）、蝇子草（*Silene repens*）、披碱草、野菊（*Dendranthema zawadskii*）、早熟禾、龙胆（*Gentiana barbata*）覆盖度不足1%。

3）欧洲赤松+越橘+苔藓常绿针叶林。分布在贝加尔湖周边海拔较高、湿度较大的山地上。这类森林是当地常绿针叶林中物种组成和群落结构最复杂的类型。在贝加尔湖东南岸山地（52°30′12.5″N，107°19′55.1″E，海拔900m以上）西南坡上的样地具有较好的代表性。该样地位于山谷侧坡下部，坡度约14°，地表湿润，土层深厚，群落中早期枯倒木很多，且多已经腐烂。在林下已经腐烂的树干上生长着大量苔藓和越橘。乔木层树种有欧洲赤松、西伯利亚落叶松、西伯利亚松（*Pinus sibirica*）、白桦（*Betula alba*）、西伯利亚冷杉（*Abies sibirica*）、西伯利亚云杉（*Picea obovata*）、西伯利亚花楸（*Sorbus sibirica*）。其中，上层以欧洲赤松占绝对优势，西伯利亚落叶松为次优势树种，乔木下层以西伯利亚冷杉占绝对优势。林冠郁闭度约0.8，高度约25m，最高达27m。在10m×10m的样方中，乔木层有欧洲赤松3株，平均高度24m，平均胸径45cm；有西伯利亚落叶松3株，平均高度17m，平均胸径24cm；西伯利亚冷杉12株，平均高度4.7m，最高9m，平均胸径8cm，最大10cm；桦木2株，平均高9m，平均胸径7cm；西伯利亚松2株，高度5m，胸径7cm；西伯利亚花楸2株，高3m，胸径5cm；西伯利亚云杉1株，高6m，胸径7cm。灌木层植物主要为越橘，平均高度虽然仅25cm，但覆盖度约9%，其他还有欧亚绣线菊、蔷薇（*Rosa acicularis*）、桦木幼树、杨树幼树、黑果枸子、忍冬、石生悬钩子等，总盖度约4%。草本层主要为拂子茅和苔草（*Carex macroura*），覆盖度分别达33%和11%，其他还有唐松草（*Thalictrum minus*）、矮山黧豆、种阜草、舞鹤草、北方拉拉藤、老鹳草（*Geranium pseudosibiricum*）、东北羊角芹、单花堇菜、鹿蹄草、七瓣莲等。地表苔藓层发育较好，覆盖度约9%。地衣在地表也很多，覆盖度可达5%。

俄罗斯贝加尔湖地区主要由伊尔库茨克州（贝加尔湖地区的西部和北部）和布里亚特共和国（贝加尔湖地区的东部和南部）组成。因此，根据俄罗斯1∶400万电子版植被图，贝加尔湖地区的森林类型共计有13个，伊尔库茨克州拥有全部类型（图5-1），布里亚特加盟共和国只有其中的10个森林类型（图5-2）。组成各类森林主要建群种有西伯利亚落叶松、欧洲赤松、西伯利亚云杉、西伯利亚冷杉、西伯利亚红松及兴安落叶松。

在伊尔库茨克州，落叶松林有4个类型，松林或欧洲赤松林有4个类型，五针松林有2个类型、云冷杉林或暗针叶林有3个类型，它们在世界植被区划中隶属北方森林。

伊尔库茨克州落叶松林的4类分别是矮灌木-苔藓或矮灌木-地衣-兴安落叶松疏林（larch thin forest with low bush-moss and low bush-lichen cover）、平原落叶松林（larch forest）、矮灌木-苔藓-地衣-落叶松林（larch forest with low bush-moss-lichen cover）、山地落叶松林（larch forest）（包括兴安落叶松林和西伯利亚落叶松林）。

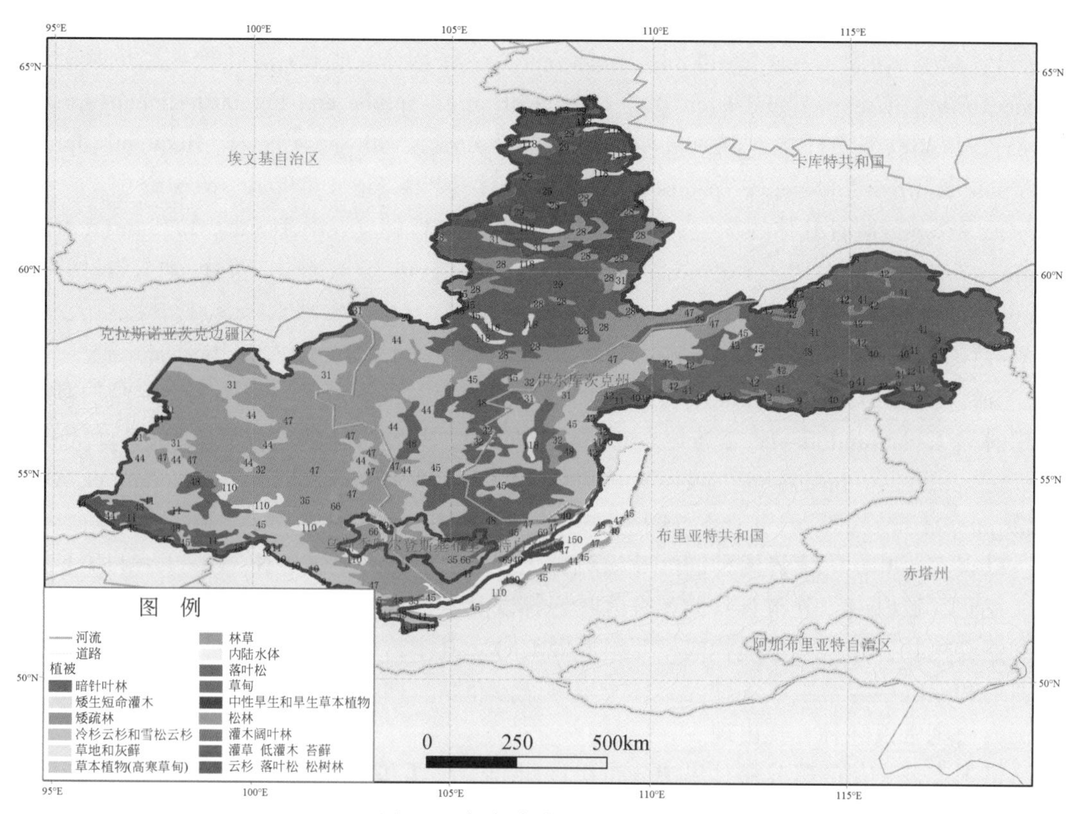

图 5-1　伊尔库茨克州植被分布

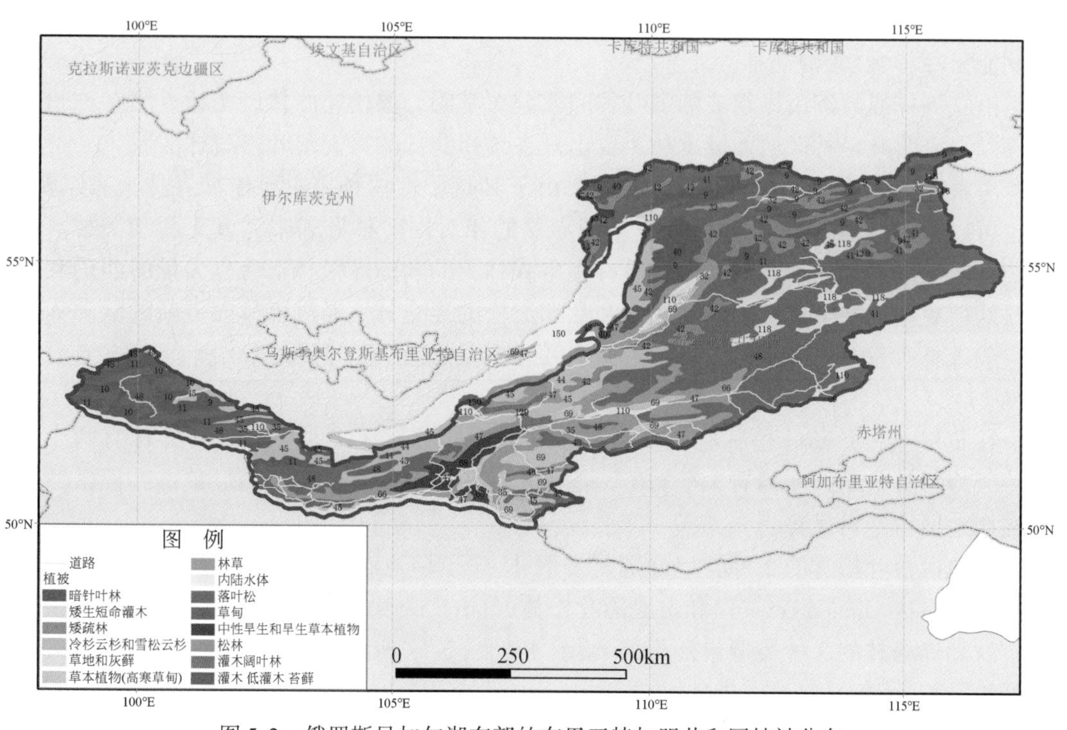

图 5-2　俄罗斯贝加尔湖东部的布里亚特加盟共和国植被分布

松林的 4 类包括有矮灌木-地衣-松林（pine forest with low bush-spruce and lichen cover）、草类-矮灌木-地衣-欧洲赤松林或草类-矮灌木-地衣-落叶松-欧洲赤松林 [pine（*Pinus sylvestris*）and larch-pine forest with grass-spruce and low bush-lichen-spruce cover]、草类欧洲赤松林 [pine forest（*Pinus sylvestris*）with grass cover, frequently forest with pine and meadow-steppe species]、欧洲赤松林 [Pine forest（*Pinus sylvestris*）]。

云冷杉林或暗针叶林的 3 类有西伯利亚红松云冷杉林 [cedar-spruce-fir forest（*Abies sibirica*, *Picea obovata*, *Pinus sibirica*）with mosaic short grass]、矮灌木-苔藓-地衣暗针叶林（dark coniferous forest with low bush-moss-lichen cover）、草类-矮灌木-云冷杉林或草类-矮灌木-西伯利亚红松-冷杉林（spruce-fir and cedar-fir forest with grass-low bush cover）。

五针松林两类：一是矮灌木-矮草-西伯利亚红松林或矮灌木-矮草-冷杉-西伯利亚红松林 [Cedar and fir-cedar forest（*Pinus sibirica*, *Abies sibirica* , *Larix sibirica*, *Picea obovata*）with low bush-short grass-spruce cover]，二是偃松矮曲林（Communities with *Pinus pumila* in combination with larch open woodland and tundra）。

以兴安落叶松为优势树种的落叶松疏林主要分布在 60°N ~ 70°N、105°E ~ 110°E 区域。在此区域以南，分布有其他 3 类落叶松林以及欧洲赤松林、西伯利亚云冷杉林和西伯利亚红松林，它们或是纯林或相互组成混交林。其中，西伯利亚云杉、西伯利亚冷杉与西伯利亚红松经常组成各种混交林，呈镶嵌分布状；西伯利亚落叶松、兴安落叶松和欧洲赤松则常以纯林方式出现。

伊尔库茨克州的落叶松林集中分布在该州的中北部和东北部（兴安落叶松林）。贝加尔湖的西岸南部主要由欧洲赤松纯林占据，北部则由西伯利亚红松、西伯利亚冷杉组成的混交林占领，间或混有西伯利亚落叶松和西伯利亚云杉。该州的西南部主要是西伯利亚云杉冷杉-红松混交林，中西部是欧洲赤松纯林，中东部是西伯利亚落叶松林和西伯利亚云冷杉-红松混交林。

由欧洲桦或欧洲山杨组成的阔叶林间或分布其间。偃松矮曲林斑块状点缀在该州东北部的兴安落叶松林区域。灌木林主要出现在该州北部的兴安落叶松疏林区域。

考察发现，该地区欧洲赤松林的更新由于其是阳性树种，主要依靠森林火来维持，但也可以通过林窗（gap）更新形成欧洲赤松的相对同龄林方式来完成更新和演替。在周边有西伯利亚红松种源的地段，没有发生森林火的欧洲赤松林下会有大量的西伯利亚红松幼苗更新，并形成西伯利亚红松和欧洲赤松的混交林。通过森林火更新的欧洲赤松林一般森林火发生 3 年以上火烧迹地才可能有幼苗出现，且形成欧洲赤松的绝对同龄林。

在布里亚特，落叶松林有 2 个类型，欧洲赤松林有 3 个类型，五针松林有两个类型，云冷杉林或暗针叶林有 3 个类型，比伊尔库茨克州的森林类型稍显单一，但落叶松林在该地区占绝对优势。

该地区落叶松林的 2 种类型分别是矮灌木-苔藓-地衣-落叶松林（larch forest with low bush -moss-lichen cover）和山地落叶松林（larch forest）。

欧洲赤松林的 3 种类型包括草类-矮灌木-地衣-欧洲赤松林或草类-矮灌木-地衣-落叶松-欧洲赤松林 [pine（*Pinus sylvestris*）and larch-pine forest with grass-spruce and low bush-lichen-spruce cover]、草类-欧洲赤松林 [pine forest（*Pinus sylvestris*）with grass cover, frequently forest with pine and meadow- steppe species]、欧洲赤松林 [pine forest (*Pinus sylvestris*)]。

云冷杉林或暗针叶林的 3 种类型有矮草–西伯利亚红松–云冷杉林 [cedar- spruce- fir forest (*Abies sibirica*, *Picea obovata*, *Pinus sibirica*) with mosaic short grass]、矮灌木–苔藓–地衣–暗针叶林 (dark coniferous forest with low bush-moss-lichen cover)、草类–矮灌木–云冷杉林或草类–矮灌木–西伯利亚红松–冷杉林 (spruce- fir and cedar- fir forest with grass- low bush cover)。

同伊尔库茨克州类似，该地区的五针松林类型也是矮灌木–矮草–西伯利亚红松林或矮灌木–矮草–冷杉–西伯利亚红松林 [cedar and fir- cedar forest (*Pinus sibirica*, *Abies sibirica* , *Larix sibirica*, *Picea obovata*) with low bush- short grass- spruce cover] 和偃松矮曲林 (communities with *Pinus pumila* in combination with larch open woodland and tundra)，但后者的分布面积明显大于伊尔库茨克州。

该地区的落叶松林大面积分布在该地区的东北部和西南部，西伯利亚冷杉、西伯利亚云杉和西伯利亚红松组成混交林，间或有欧洲赤松林，后二者主要分布在贝加尔湖东岸附近。在布里亚特共和国西南部的奥卡地区，由于地势较高，主要由西伯利亚落叶松林和各种高山苔原植被占据，西伯利亚红松与西伯利亚冷杉、西伯利亚云杉组成的混交林主要分布在山间沟谷地带，欧洲赤松林则分布在海拔 1200m 以下的部分区域。在布里亚特共和国的东北部，有大面积的以兴安落叶松为优势树种的落叶针叶林，另有大量的偃松矮曲林和灌木林镶嵌其间。

分布在奥卡地区的西伯利亚落叶松林与欧洲赤松林类似，主要是通过森林火来完成更新与演替。由于西伯利亚落叶松自身的生物学与生态学特性，在海拔 1200m 以上，几乎到处都是它的纯林或与欧洲桦形成混交林，且树木树形优良，树干通直；在海拔 1200m 以下，很难看到西伯利亚落叶松的纯林，即使有，也主要分布在水湿地或立地条件非常差的地段，且树形很差，林相不良。

根据资料，我们 3 次（2005 年、2006 年、2008 年）考察的地区应该有西伯利亚红松林分布，但一路考察下来，仅在布里亚特共和国阿尔善地区发现一片西伯利亚红松林，且是与欧洲赤松形成的混交林。另外，在贝加尔湖东岸的两处地方发现零星分布的西伯利亚红松树。同主要分布在中国东北小兴安岭、长白山及朝鲜半岛的另一种红松 (*Korea pine*) 类似，西伯利亚红松也是主要通过林下更新方式来完成其演替的最初阶段。西伯利亚红松林下的主要草本植物组成与中国东北红松 (*Korea pine*) 林下的主要草本植物组成非常接近，如单叶舞鹤草、双叶舞鹤草等，表明两种红松林在地质史的发生起源关系非常密切。考察发现，西伯利亚红松分布的最高海拔可达 2000m 处。分布在该海拔地带的西伯利亚红松主要生长在西伯利亚落叶松林（蒙古样地调查资料 LS-005）下，且大部分都出现林木顶端枯死现象。

考察中，我们都没有见到成片分布的西伯利亚云冷杉林，仅在个别地区见到零星分布的西伯利亚云杉和冷杉树木。最值得一提的是，我们在布里亚特共和国阿尔善地区发现有 2 排树龄高达 200 年以上的西伯利亚云杉行道树，说明该地周边地区应该有成片的西伯利亚云杉林和冷杉林分布。

5.2.2 主要森林类型的积蓄量

我们利用俄罗斯科学家已有研究成果，借助 GIS 技术将 1∶400 万俄罗斯植被空间矢量数据库与俄罗斯行政区划及水系分布空间矢量数据库进行叠加，分别提取了俄罗斯贝加尔湖地区各种植被类型数据和相关生物量、NPP 数据（表 5-1，图 5-3、图 5-4），完成了布里亚特共和国森林草地植被图及伊尔库茨克州森林草地植被图以及各种森林类型及草地类型森林草地植被图，同时结合俄罗斯联邦森林报告中的各主要树种参数（图 5-5），成功反演了俄罗斯贝加尔湖地区主要森林类型蓄积量密度，进而掌握了该地区主要森林类型的蓄积量分布特征；利用收集的各种文献数据，分析并了解了俄罗斯贝加尔湖地区森林资源的主要特点，如主要森林类型、面积、活立木蓄积、林分生产力状况、林龄结构等。

表 5-1 俄罗斯东西伯利亚地区主要森林类型植被碳密度

林型	碳密度/($kg\ C/m^2$)	生物量/(t/hm^2)
针叶林	5.18	103.6
松林（指欧洲赤松林）	5.39	107.8
云杉林	5.14	102.8
冷杉林	5.40	108.0
落叶松林	4.80	96.0
红松林（西伯利亚红松林）	6.10	122.0
硬阔叶林	3.32	66.4
软阔叶林	3.99	79.8
桦树林	3.68	73.6
杨树林	5.10	102.0
灌木林（主要是偃松矮曲林）	0.85	17.0
总平均	4.66	93.2

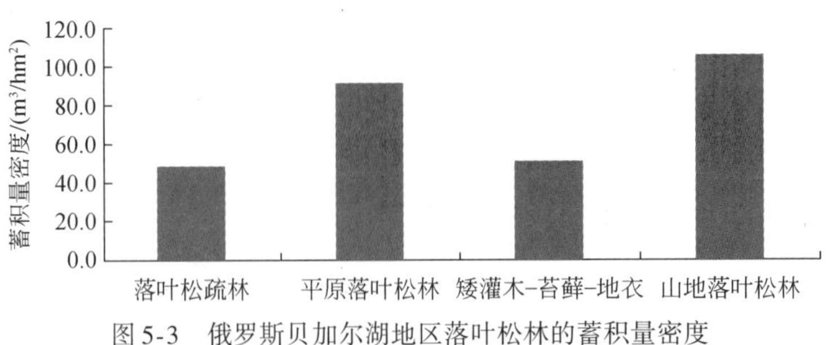

图 5-3 俄罗斯贝加尔湖地区落叶松林的蓄积量密度

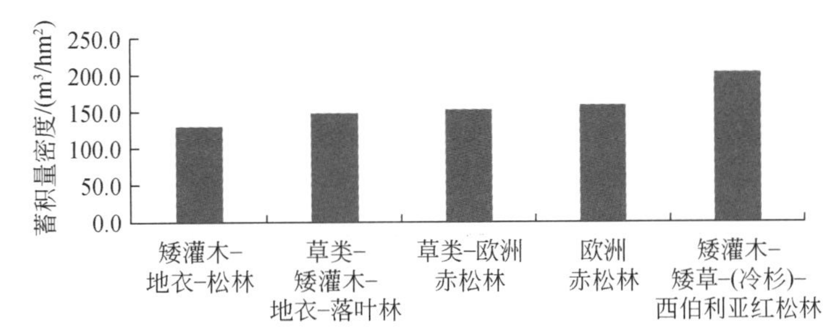

图 5-4　俄罗斯贝加尔湖地区欧洲赤松林、西伯利亚红松林的蓄积量密度

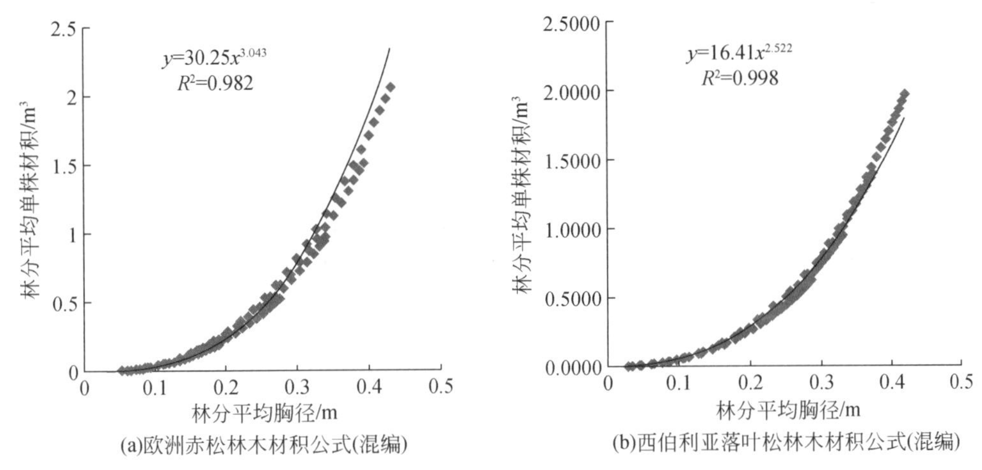

图 5-5　欧洲赤松林和西伯利亚落叶松林木材积公式

5.3　草地

5.3.1　中国北方及其毗邻地区草地资源分布与时空动态特征

5.3.1.1　草地 NPP 总体空间格局分析

整体上，中国北方及其毗邻地区内草地净初级生产力（NPP）空间宏观格局为东部、东南部和北部明显高于中部和西部，尤其东部地区 NPP 普遍较高。这主要是植被 NPP 分布与水分梯度一致，东部由于距离海洋比较近，降水量大，水分条件好，植被生长状况较好，而该区域的中西部草地分布有大面积的荒漠化草原、荒漠和戈壁，植被生长状况差，生产力低下，此情况与实地考察经过路线所见一致。该区域北部、东部和东南部草地年均 NPP 大部分在 $100gC/m^2 \cdot a$ 以上，说明植被覆盖状况较好。而位于中国和蒙古的中西部草地植被 NPP 普遍在 $100gC/m^2 \cdot a$ 以下。

中国和蒙古部分的草地分布面积很广，但是草原状况各异，植被覆盖好的区域和差的区域差距很大，造成总体 NPP 平均值较低。蒙古北部草原状况很好，中南部及西部地区大部分荒漠化草原及戈壁等恶劣的生境造成 NPP 明显低于其他地方，在中国也是东南部及西南部NPP较高，而西部和中部的荒漠及荒漠化草原区则NPP值很低。

俄罗斯南部区域的平均NPP值明显大于蒙古和中国，原因是俄罗斯区域的草地大部分为生长良好的草原，而蒙古和中国部分分布有大面积的荒漠化草原，中国区域NPP明显大于蒙古，是因为中国纬度较低，平均温度高，太阳辐射强，生长期比较长（图5-6）。

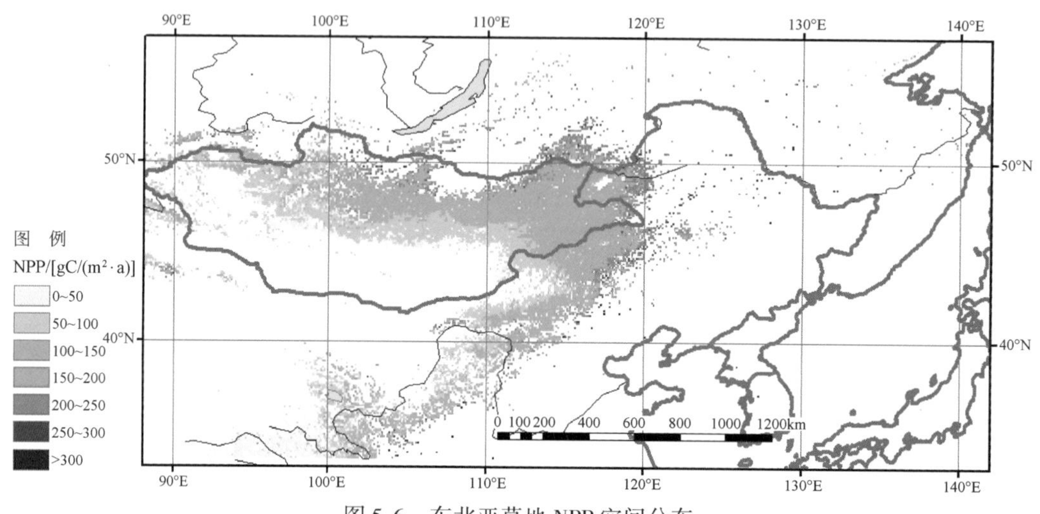

图5-6 东北亚草地NPP空间分布

草地NPP随着年内月变化存在明显的空间分布差异，生长季初期（4月、5月）NPP先从南部升高，主要为中国部分，秋末（9月、10月）NPP也在南部较高，表明南部草地在秋季NPP降低得比较慢。这主要是气温的作用，南部在春天温度升高较早，而在秋季气温降低较晚（图5-7）。

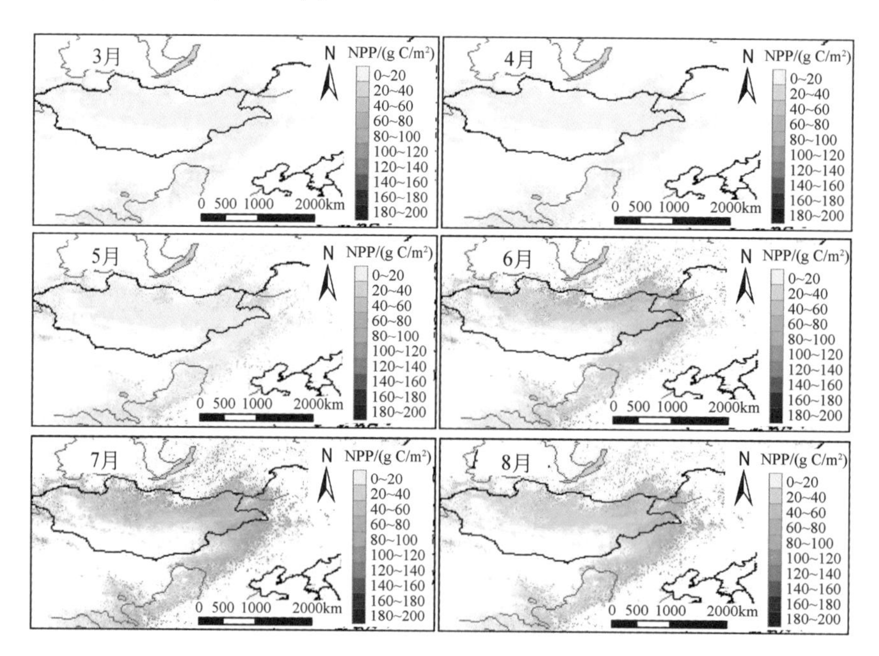

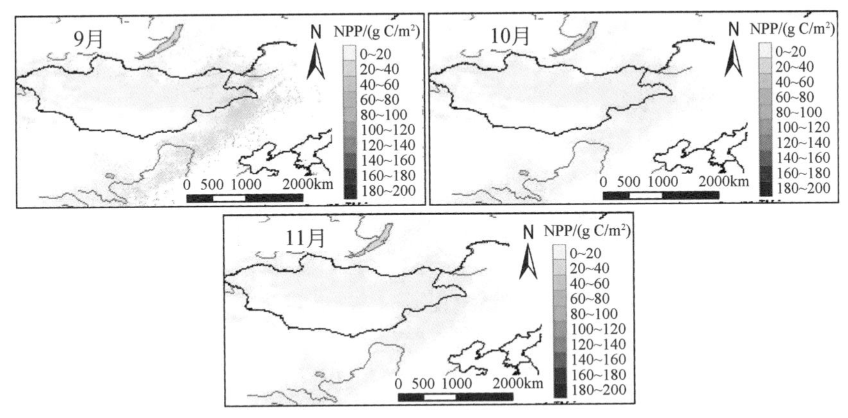

图5-7　东北亚草地1983～2005年生长季内3～10月各月平均NPP空间分布

从东北亚草地春夏秋三个生长季节的NPP整体空间分布也可以看出，春季和秋季南部中国区域草地的平均NPP高于北部的蒙古、俄罗斯，而在夏季蒙古北部和俄罗斯东南部草原及其毗邻草原的平均NPP则很高（图5-8）。

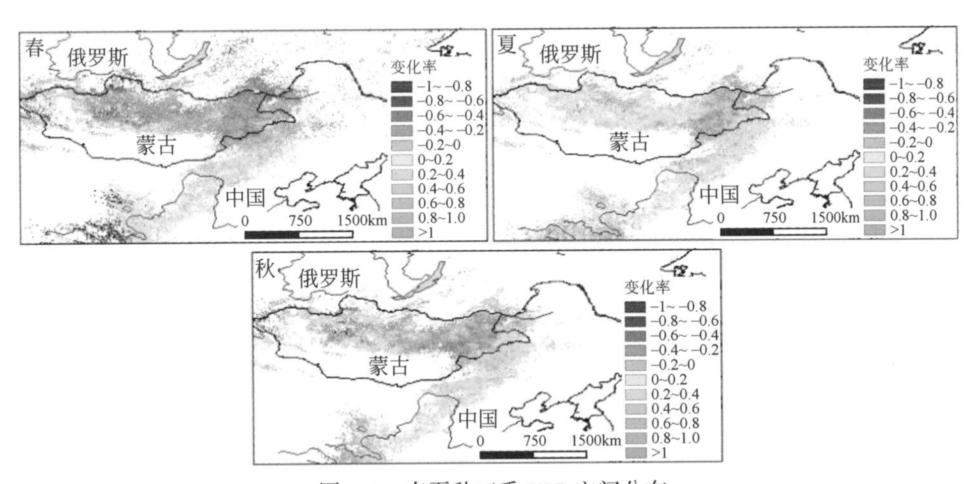

图5-8　春夏秋三季NPP空间分布

为了比较该区草地NPP在23年中的变化程度，用后期（1994～2005年）的NPP与前期（1983～1994年）的差值得到了东北亚草地的整体空间变化（图5-9），发现该区域草地NPP后期与前期相比，增加的部分大于降低的部分，尤其中部和东南部增加较多，降低的部分主要分布于蒙古北部草地和俄罗斯南部，南部也有部分呈降低趋势，东北亚草地大部分地区变化程度比较小。

5.3.1.2　草地NPP时间变化特征分析

1983～2005年该区域草地NPP年平均为146.05gC/(m^2·a)，呈现波浪状起伏，峰值变化幅度较大，在2005年出现最高峰，1999年出现最低峰，但总体变化趋势不显著（r=0.096，P=0.662）。东北亚草地年均NPP在100gC/(m^2·a)以上，大部分为100～200gC/(m^2·a)（图5-10）。

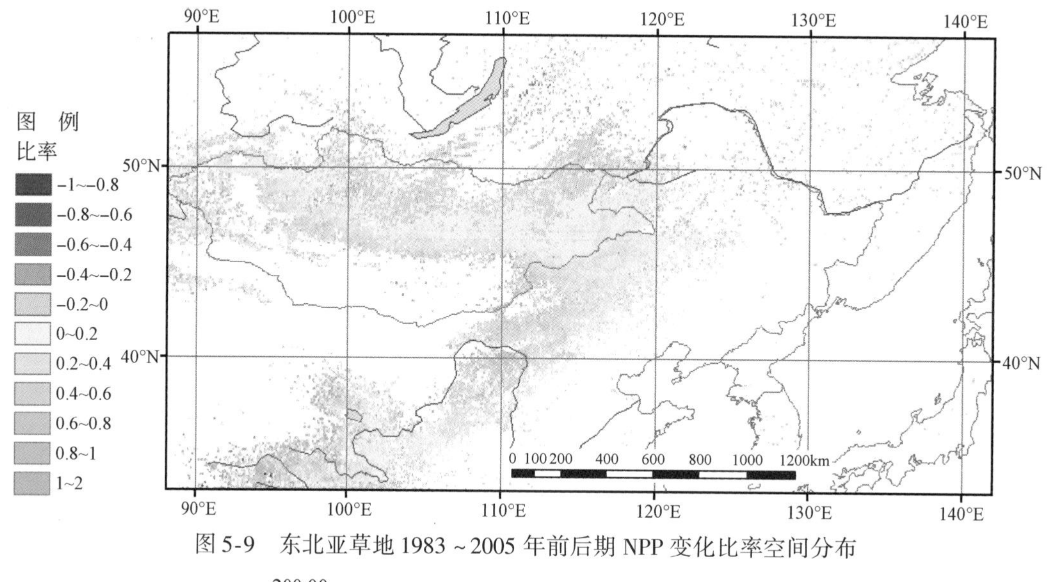

图 5-9 东北亚草地 1983 ~ 2005 年前后期 NPP 变化比率空间分布

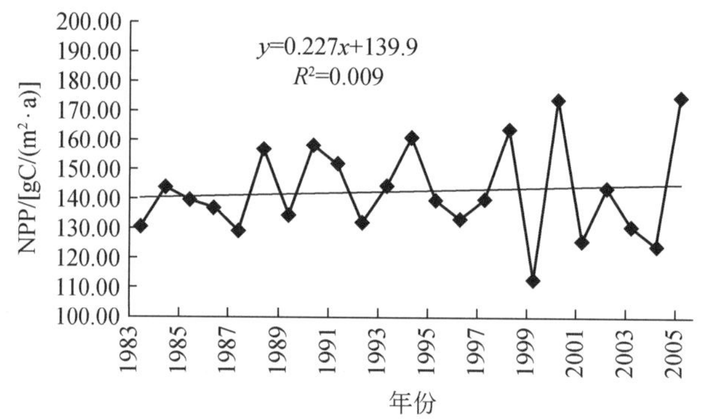

图 5-10 东北亚草地 NPP 年际变化

草地植被的主要生长期 5 ~ 9 月 NPP 均较大，由 1983 ~ 2005 年逐月平均 NPP 变化曲线可以看到，多年的 NPP 月份变化虽然有所差异，但东北亚草地历年逐月 NPP 均呈单峰型，NPP 均在夏季的 7 月达到最高值，且最高 NPP 峰值波动幅度较大。这与气候条件的波动较大有关。NPP 的年内月变化很好地反映年内东北亚草地植被变化状况，较好地反映草地返青期、生长期、盛草期和枯草期的植被变化特征（图 5-11），具体变化特征如下。

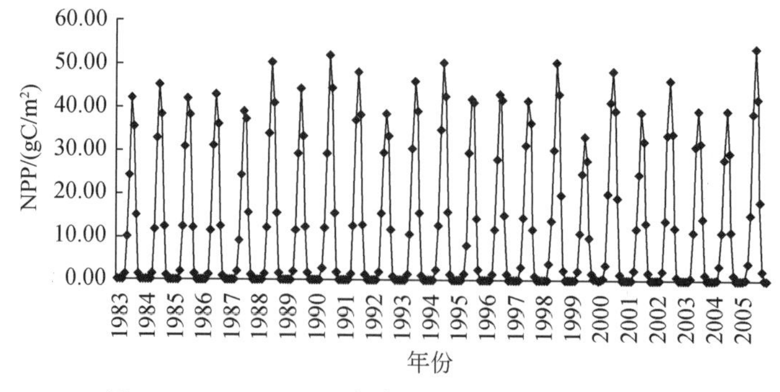

图 5-11 1983 ~ 2005 年东北亚草地 NPP 逐月变化

年初1~2月，NPP值为0，主要因为草地植被处于冬季休眠期。3月、4月，NPP开始有所增加，但数量极低，4月还均低于5gC/m²，此时草地植被开始返青，但生长很微弱，NPP并没有大的变化；至5~6月，NPP值开始有明显的增长趋势；5月达到10gC/m²以上，6月则大部分能达到30gC/m²，此时草地植被开始进入全面生长期，净初级生产力形成能力大大增强，NPP明显增加；至7月，水热条件最好，草地植被进入快速生长时期，NPP值达到最高值，大多在50gC/m²以上；8月NPP仅次于7月；至9月，NPP开始明显降低，这是因为该区域草地处于较高纬度，秋季温湿度都降低较明显，NPP形成开始变得很缓慢，此时草地处于生长季末期，虽然植被覆盖度还较高，但NPP已经变得较低，牧草开始进入枯黄期；至10月开始大部分枯萎；进入11~12月，植被进入冬季休眠期，NPP值又降到了0。

3~10月为该区域草地NPP形成的主要月份，7月NPP值达到最大，从全年来看NPP积累主要集中在夏季。这是因为在东北亚地区位于北回归线以北，夏季的水热条件好，辐射强度高，均达到了适宜植物生长的最佳状态，植物生长积累最快，7月多年平均NPP达到多年平均年NPP积累的31%，整个夏季（6~8月）三个月NPP的积累达到全年的79%（图5-12）。

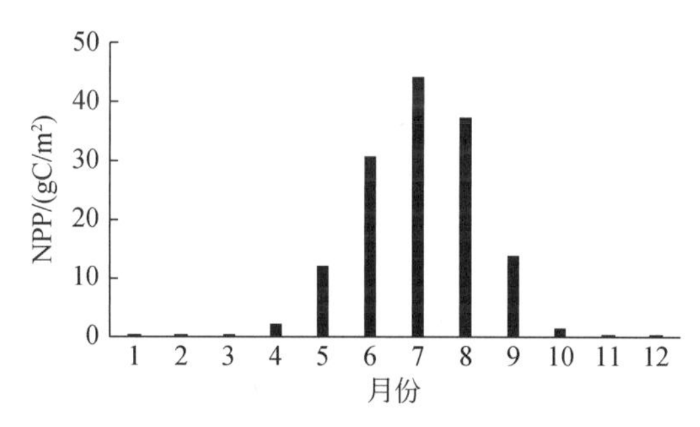

图5-12　多年平均年内各月NPP对比

根据1983~2005年春夏秋植被生长季节的平均NPP时间分布特征及变化趋势如下：春季（3~5月平均）有显著的上升趋势，达到0.05显著性水平（r=0.43，P<0.05）。这与春季气温的升高趋势有关，东北亚草地大部分年份春季NPP基本上在20gC/m²以下。因为春季草原刚刚开始返青生长，处于生长初期，该时期温度降水都还较低，造成NPP也较低，从其历年变化趋势上可见，NPP呈现微弱的上升趋势。夏季（6~8月平均）NPP变化趋势呈现微弱的降低趋势（r=-0.02，P=0.93），平均值为112.68gC/m²，夏季的NPP贡献率在全年大大高于其他季节，但是波动幅度较大，年平均NPP的波动幅度较大也主要是夏季NPP波动造成的。秋季（9~11月平均）NPP变化趋势平稳（r=0.19，P=0.40），主要分布于10~20gC/m²（图5-13）。

5.3.1.3　各区域草地NPP变化

中国北部、蒙古、俄罗斯东南部草地NPP值在23年间变化趋势均不显著（中国，r=0.40，P=0.06；蒙古r=0.05，P=0.83；俄罗斯，r=-0.06，P=0.79），但变化幅度均较大（图5-14）。

这3个主要草地分布区域23年的平均NPP分别为148.24gC/(m²·a)、127.17gC/

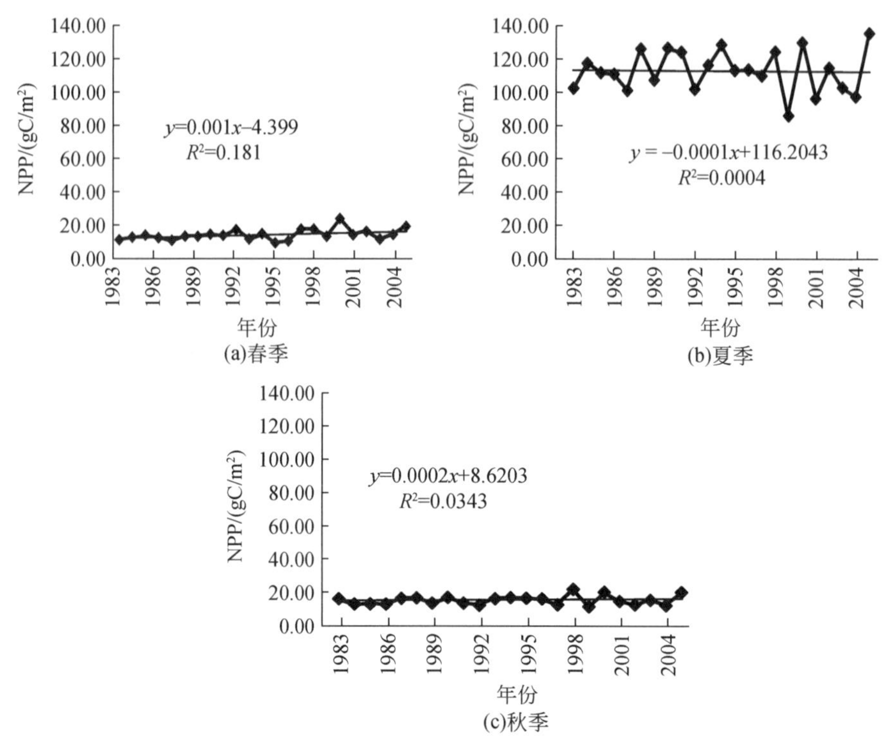

(a)春季 (b)夏季 (c)秋季

图 5-13 东北亚草地春季、夏季、秋季 NPP 逐年变化趋势

(m² · a) 和 179.98gC/(m² · a)，中国北方草地在 2005 年最高，为 185.30gC/(m² · a)，俄罗斯和蒙古在 2000 年的 NPP 最高，分别为 157.34gC/(m² · a) 和 222.51gC/(m² · a)。俄罗斯部分的草地年平均 NPP 历年来均为各区域中最高。各年均明显高于蒙古和中国部分，中国部分 NPP 值略高于蒙古部分，这是由于俄罗斯部分的草原均是长势较好的草原，而蒙古部分长势良好的草原主要分布于东部和北部，南部和中部分布大面积的荒漠、荒漠化草原和戈壁质地的草原，造成其总体 NPP 量较低（图 5-14）。

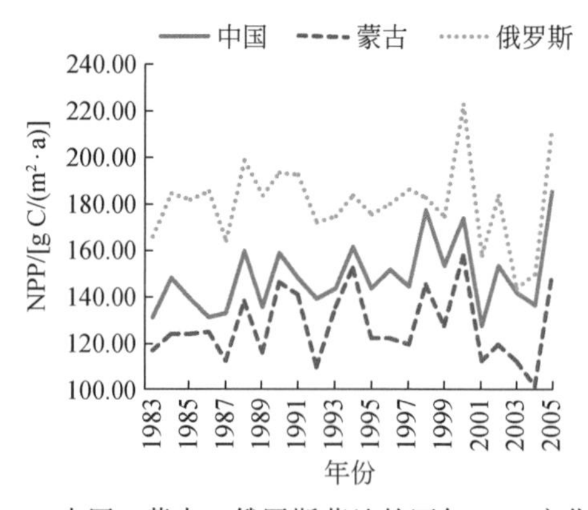

图 5-14 中国、蒙古、俄罗斯草地的逐年 NPP 变化对比

各区域历年来的逐月 NPP 变化趋势均为年内呈单峰状，均在 7 月达到最高，在中国、蒙古、俄罗斯，7 月 NPP 最高值分别达到 51.81gC/m² (1998 年)、52.72gC/m² (1990

年）、73.30gC/m^2（2005 年）（图 5-15）。

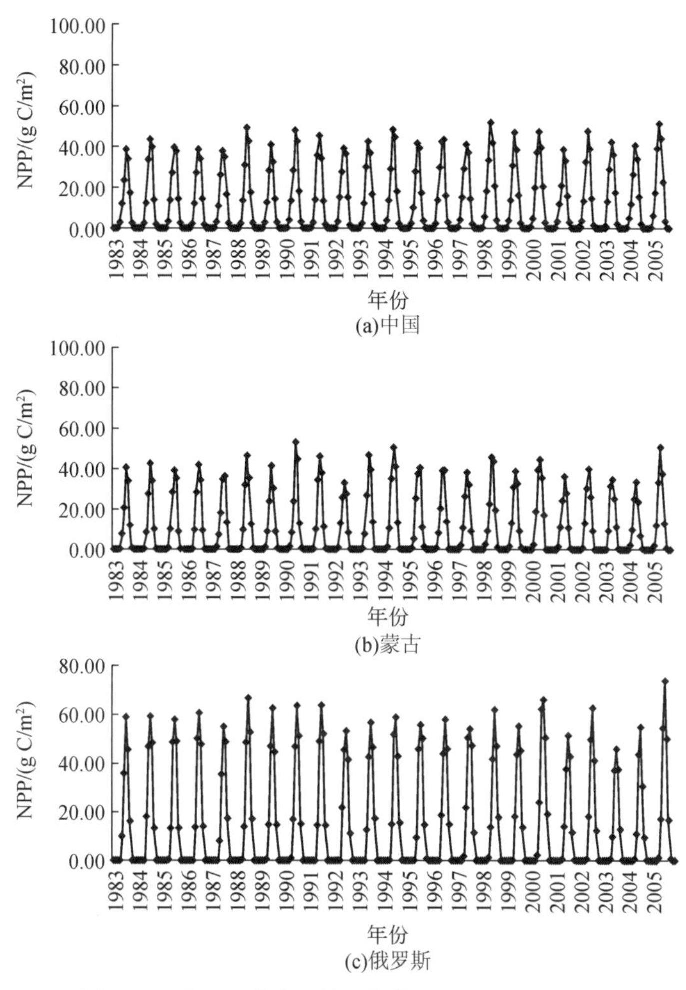

(a)中国

(b)蒙古

(c)俄罗斯

图 5-15　中国、蒙古、俄罗斯草地的逐月 NPP 变化

中国北部草地在春季 4 月 NPP 已经开始较高，且秋季 10 月 NPP 仍较高，而这两个时段蒙古区域和俄罗斯区域的草地 NPP 还未明显升高或者已经明显降低。春季中国北部草地 NPP 值在各区域中最高，而在秋季中国区域 NPP 值降低则比俄罗斯、蒙古慢。这主要是受温度控制，因为中国的纬度较低，在春季温度率先较大幅度升高，而在秋季温度降低则较晚，因此适宜植物生长的时期比俄罗斯、蒙古要长。蒙古比俄罗斯纬度低，比中国纬度高，存在相同的规律（图 5-16）。

中国北部草地夏季 NPP 占全年 NPP 的 73.97%，蒙古和俄罗斯东南部草地夏季 NPP 则占全年的 79.41% 和 82.74%，说明纬度越高的区域草地生长越依赖于气候暖湿的夏季，夏季 NPP 所占全年 NPP 比例越高。

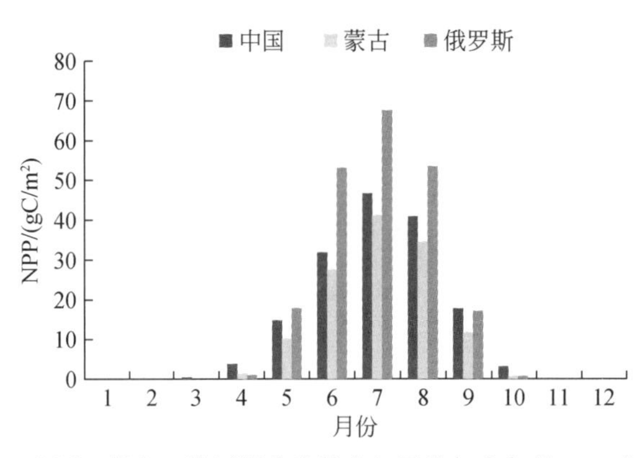

图 5-16　中国、蒙古、俄罗斯草地的多年平均年内各月 NPP 变化对比

5.3.1.4　中国内蒙古和蒙古草地利用状况——草地变化差异对比及驱动力分析

中国内蒙古和蒙古均以畜牧业为主，畜牧业在其经济收入中占据了重要的位置，对比分析两国草地利用状况，对于深入认识该区草地退化的机制具有重要的意义。为此，我们选取贝加尔湖流域这两个典型区域进行了对比研究，分析了它们草地利用状况。

中国内蒙古和蒙古地区草地的 NDVI 呈清晰的时空变化，以及不同的利用程度（图 5-17、图 5-18），在不同季节显示出不同的利用趋势（图 5-19、图 5-20）。具体而

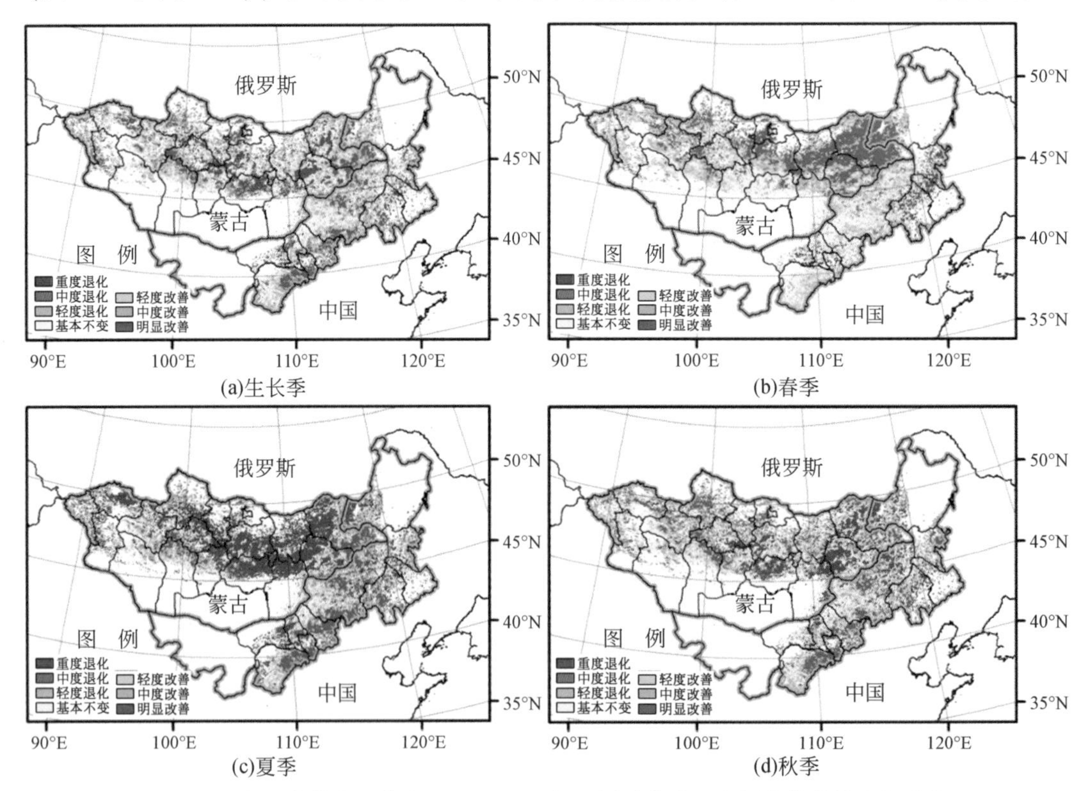

图 5-17　中国内蒙古和蒙古 1982～2006 年不同季节草地年际变化趋势空间分布

言，从整个生长季变化来看，中国内蒙古和蒙古均表现为以草地植被改善为主的变化趋势。内蒙古地区草地植被改善区域达到50%以上，其中明显改善区域面积约24%（17%，$P<0.05$），主要分布在内蒙古南部鄂尔多斯地区以及东南部边界地区；退化区域不足20%，重度退化区域面积非常小，仅为3%（$P<0.05$）；蒙古草地植被改善区域约41%，其中明显改善面积约18%（$P<0.05$），主要零散分布在蒙古西部地区；退化区域面积也较大，约30%，但重度退化区域面积为8%（$P<0.05$），主要分布在蒙古中南部地区（图5-17，图5-18）。

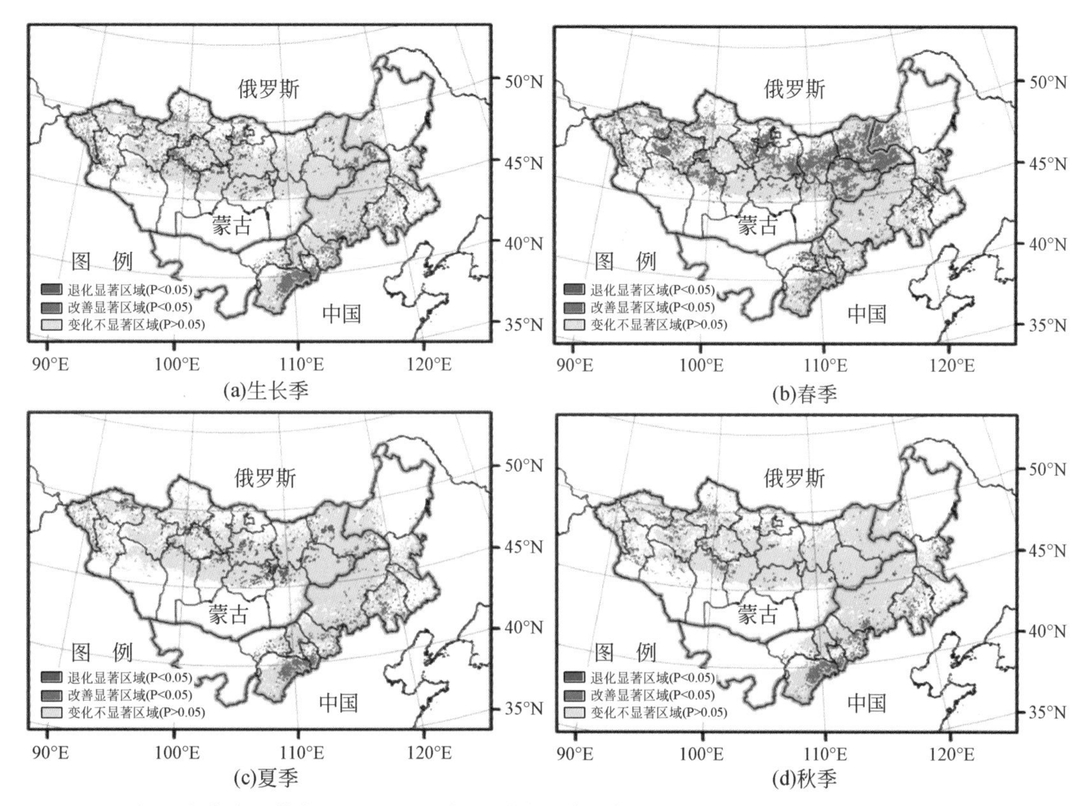

图5-18　中国内蒙古和蒙古1982～2006年不同季节草地年际变化趋势显著区域（$P<0.05$）空间分布

从季节上来看，中国内蒙古和蒙古草地NDVI均呈增加趋势，但空间分布及面积情况存在一定的差异。内蒙古地区春季植被改善区域面积约40%，显著改善区域仅为13%（$P<0.05$），且变化幅度较小，主要分布在内蒙古南部的鄂尔多斯地区；退化面积约21%，重度退化区域约5%（$P<0.05$），主要分布在内蒙古东部的科尔沁沙地。蒙古大部分地区春季植被呈现出大幅度的改善趋势（71%），明显改善面积约38%（$P<0.05$），主要分布在蒙古的东部和西部大部分地区，显著退化区域面积不足1%（图5-17、图5-18）。

在夏季，中国内蒙古和蒙古草地植被变化差异仍较大，主要体现在内蒙古草地以改善为主，而蒙古以退化为主。具体来看，内蒙古地区约57%的区域NDVI呈增加趋势，约35%的区域以明显改善为主（$P<0.05$），显著改善的区域仍然主要分布在鄂尔多斯地区；而退化区域面积约22%，严重退化区域约9%（$P<0.05$）。蒙古草地植被改善区域面积较小，约31%的地区NDVI呈增加趋势，17%的区域明显改善（$P<0.05$），显著改

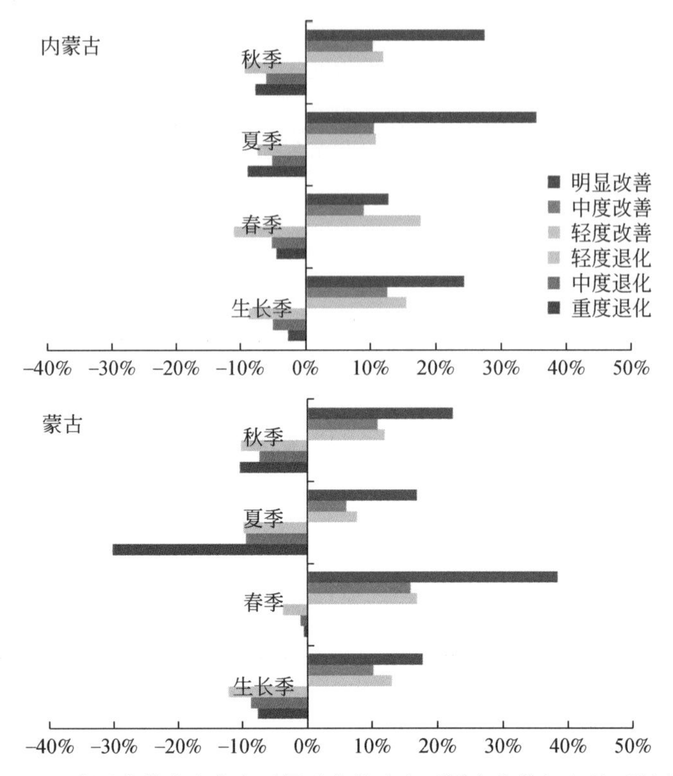

图 5-19　中国内蒙古和蒙古不同季节草地在不同变化等级上的面积比例

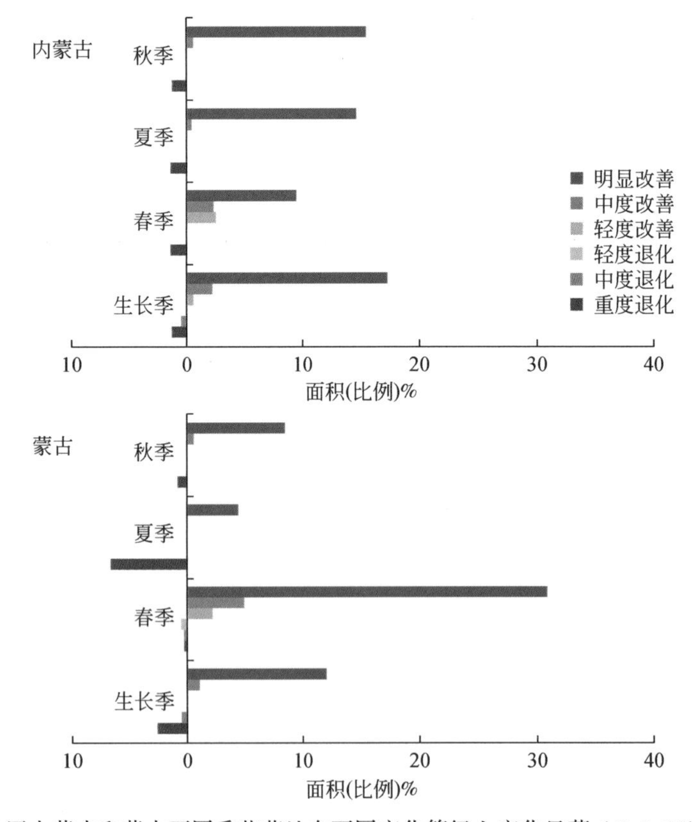

图 5-20　中国内蒙古和蒙古不同季节草地在不同变化等级上变化显著（$P<0.05$）的面积比例

善地区主要零星分布在东部和西部地区；蒙古地区草地退化面积较大，仅 50% 地区 NDVI 呈降低趋势，其中严重退化区域占到 30%（$P<0.05$），严重退化区域主要零散分布在蒙古中部地区（图 5-17、图 5-18）。

在秋季，中国内蒙古和蒙古草地植被变化趋势较一致，均以明显改善为主，退化区域面积较小。内蒙古地区约 50% 的区域 NDVI 呈增加趋势，约 27% 的区域以明显改善为主（$P<0.05$），显著改善的区域仍主要分布在鄂尔多斯地区；退化区域面积约 24%，严重退化区域约 8%（$P<0.05$）。蒙古草地植被改善区域面积约 45%，22% 的区域明显改善（$P<0.05$），显著改善地区主要零星分布在蒙古高原西部地区；蒙古草地退化面积约 28%，重度退化面积达到 10%（$P<0.05$），显著退化区域主要零散分布在蒙古中部地区。

基于以上分析，中国内蒙古和蒙古草地植被变化存在一定的特点。中国内蒙古地区南部的鄂尔多斯草地植被在不同时期均表现出改善的趋势。蒙古则表现出春季大部分地区草地植被改善明显，夏季中部局部地区退化显著。基于这两个问题，本节选取中国内蒙古、蒙古典型区域，探讨典型区表征植被变化的 NDVI 年际变化特征及其引起该变化的主要原因。

选取内蒙古南部鄂尔多斯草地植被改善显著的区域作为典型区（图 5-18），统计该区域不同时期 NDVI 年际变化（图 5-21），发现生长季及不同季节该区域草地植被的 NDVI 呈显著增加趋势，特别以夏季和秋季增加幅度最大（夏季为每年 0.0029，$R^2=0.44$，$P<0.001$；秋季为每年 0.0027，$R^2=0.55$，$P<0.001$）。与内蒙古其他地区草地变化对比来看，该典型区表征草地植被的 NDVI 增加异常明显。该地区植被的显著改善主要是对放牧活动的限制得来的。自 2000 年以来，鄂尔多斯在全区率先推行禁牧、休牧、划区轮牧制度，从变革生产方式上促进生态恢复。草原植被覆盖度不断提高，草群高度由平均不足 15cm 提高到 35cm 左右。

蒙古东部大部分地区春季草地 NDVI 呈显著增加趋势，与中国内蒙古北部呼伦贝尔地区春季草地变化与蒙古东部地区变化趋势一致。呼伦贝尔草原地区与蒙古东部均处于大兴安岭西部的整个蒙古高原上，因此，通过对内蒙古呼伦贝尔地区草地变化驱动因素的探讨一定程度上能够显示蒙古春季草地植被变化的原因。根据前期对内蒙北部呼伦贝尔地区草地植被与气候要素的关系研究表明，呼伦贝尔春季草地植被生长对气温变化的敏感性较降水变化高，而呼伦贝尔地区春季升温较明显。这在一定程度上说明蒙古东部大部分地区春季草地改善主要是由于春季升温带来的。

蒙古夏季草地植被呈严重退化区域面积较大，但达到显著的区域不大，零散分布在中部地区。蒙古草地除了受区域气候变化影响外，牲畜数量的变化对草地植被的影响也较大。蒙古以农牧业为主，其中畜牧业占农牧业总产值的 87.6%。自 1990 年蒙古实施私有化以来，牲畜数量迅速增加。有专家认为，在今天蒙古的自然条件下，按照蒙古传统的游牧生产方式，蒙古草原的载畜量最多只能够允许 8000 万羊单位，而 1999 年的水平就相当于 7200 万羊单位，导致沙漠化速度大大加快。因此蒙古草地变化主要受气候变化和人类活动的共同影响。

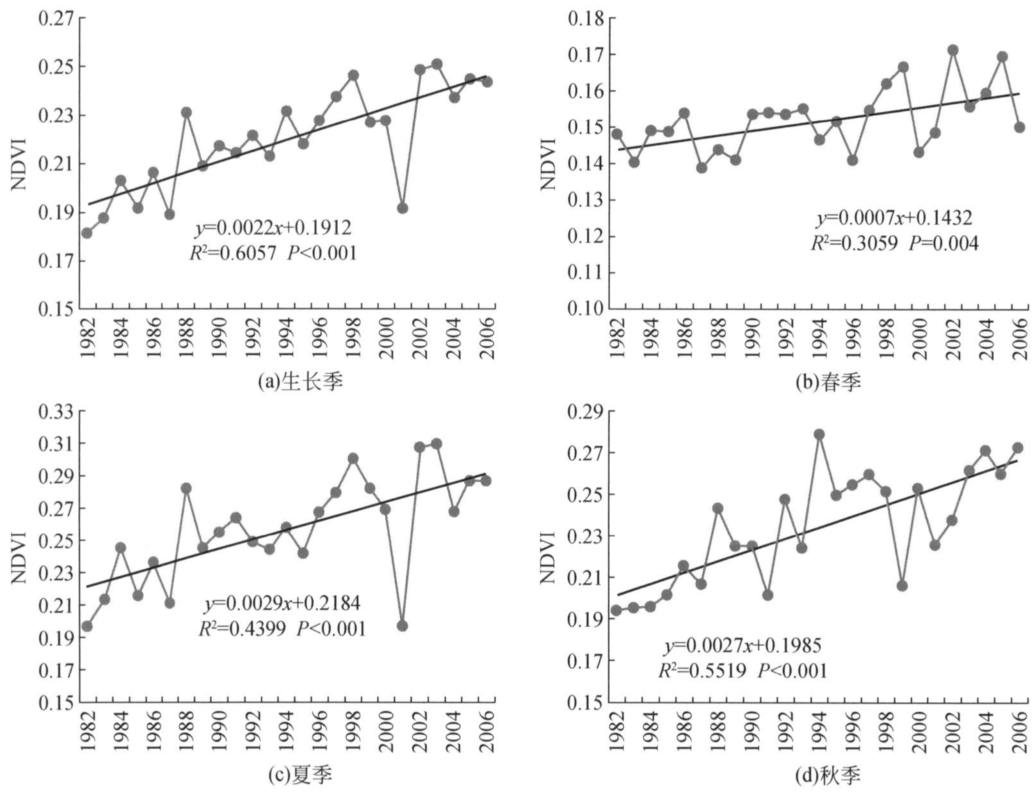

图 5-21　内蒙古南部鄂尔多斯 1982～2006 年不同时期草地 NDVI 年际变化

5.4　水生生物

5.4.1　考察区主要湖泊河流概况

5.4.1.1　贝加尔湖

贝加尔湖（布里亚特蒙古语，Байгал нуур；俄语，О′зеро Байка′л）位于俄罗斯西伯利亚南部伊尔库茨克州及布里亚特共和国境内，距蒙古边界仅 111km。贝加尔湖是世界上最深，也是体积最大的淡水湖。有多达 336 条河流注入，其中最大的河为色楞格河，而其外流河为叶尼塞河的支流安加拉河，其出水口位于西南侧，往北流入北极海。贝加尔湖也是世界最古老的湖泊，它已经在地球上存在超过 2500 万～3000 万年。贝加尔湖位于欧亚大陆内陆，属大陆性气候，湖面 1 月～5 月结冰，冰层厚度为 60～80cm，冰层厚处可达 1.2～1.5m。由于巨大的体积，贝加尔湖沿岸具有滨海气候特征，相对于东西伯利亚的其他地区，贝加尔湖附近的气候要相对温和。12 月平均气温-12～-27℃，夏季 15～18℃。

5.4.1.2　蒙古水体

蒙古面积约156.65万km^2，东西长2400km，南北宽260km，是亚洲中部的内陆国家，东、南、西三面与中国接壤，北面同俄罗斯的西伯利亚为邻。地处蒙古高原，平均海拔1580m，地势自西向东逐渐降低，西部边界地区为阿尔泰山，向东南延伸至戈壁，杭爱山脉位于蒙古中部地区，肯特山脉从首都乌兰巴托延伸至俄蒙边境。西部、北部和中部多为山地，东部为丘陵平原，南部是戈壁沙漠。蒙古属典型的温带大陆型气候。降水从南到北逐渐降低。季节变化明显，冬季漫长，夏季较短。每年有一半以上时间为大陆高气压笼罩，是世界上最强大的蒙古高压中心，为亚洲季风气候区冬季“寒潮”的源地之一。

蒙古水资源丰富，山地间多河流、湖泊。河流总长约50 000km，主要河流有色楞格河水系（上游支流伊德尔河、鄂尔浑河、图勒河、额吉河）、克鲁伦河、鄂嫩河、科尔布多河、扎布汗河、特斯河等。境内湖泊总面积约有15 995km^2，约占蒙古总面积1%。大于10hm^2的湖泊有3000多个，大于5000hm^2的湖泊有27个，面积大于超过1万hm^2的湖泊有4个。

蒙古水体可以分为3个区域，即位于蒙古北部和西北部的外流向北冰洋的河流湖泊、位于蒙古东部的外流太平洋水域以及位于西部和南部的内流区。

外流北冰洋水体集水区占蒙古面积的20.6%（323 000km^2），占全国的水资源的52.1%，包括色楞格河、Shishhid河、Bulga Gol河以及与这些河流相联系的湖泊和位于Darhat山谷中的湖泊。外流太平洋的水系包括阿穆尔河（黑龙江）及其支流以及东部平原的内流湖泊。该区域占蒙古总面积的13.5%，占水域面积的15.9%。东部区域拥有900多个湖泊，72%以上的湖泊位于鄂嫩河、乌勒兹河和Halhin Gol流域。这一地区超过85%的湖泊都小于100hm^2。内流区是3个区中最大的区，占蒙古国土面积的65%，水域面积的32%，包括位于阿尔泰山脉的高山湖泊、戈壁谷地的内流水体以及杭爱山高原的部分湖泊。蒙古最大的湖泊坐落在戈壁山谷中，这一地区为干旱荒漠区，年降水量约100mm，蒸发量高达900～1000mm。内流区分为4个亚区：阿尔泰高山湖泊亚区、杭爱高原湖泊亚区、大湖亚区以及戈壁亚区。

5.4.1.3　勒拿河

勒拿河（俄语：Ле′на；雅库特语：Өлүөнэ），全长4400km，流域面积2 490 000km^2，是俄罗斯最长的河流，是世界第十长河。勒拿河起源于中西伯利亚高原以南的贝加尔山脉西坡，源头海拔1640m，距离贝加尔湖仅12km。勒拿河有超过2500条支流注入。西侧最大的支流是Aldan河（2273km）、Vitim河（1837km）和Olekma河（1436km）；东侧主要的支流有Vilui河（2650km）、Linde河（804km）和Nyuja河（798km）。流域南部主要是由降雨和地下水汇入，而流域北部主要是雪水注入。由于河流接近北极，地下水在河流供应方面的作用变得不那么重要。河流水位的特点是高春汛，夏、秋季降雨充沛，而冬季低水位。

勒拿河的河口注入西伯利亚北面的拉普捷夫海（Laptev Sea）和北冰洋。在新西伯利亚群岛西南方形成面积达32 000km^2的巨大的三角洲，是北极地区最大的三角洲，也是世界第二大三角洲，面积仅次于美洲的密西西比河三角洲。勒拿河三角洲是俄罗斯联邦最广阔的荒原保护地区。勒拿河平均每年流入拉普捷夫海约540km^{3}的水量，注入约12万t冲积物和41万t溶解物质。

三角洲湿地冻源是鸟类迁徙和繁殖的重要地区，同时还拥有丰富的水生生物资源，有92种浮游生物，57种底栖动物和38种鱼类。

5.4.1.4 黑龙江（阿穆尔河）

黑龙江（阿穆尔河）为中国第三大河，流经中国东北边陲，为中俄、中蒙的界河。有南北两源，南源为额尔古纳河，发源于大兴安岭西坡，长1542km；北源为石勒喀河，发源于蒙古北部肯特山东麓，长1660km。两源在黑龙江省漠河县以西的洛古河村附近汇合，蜿蜒东流，称黑龙江干流；经漠河、塔河、呼玛等县至黑河市附近接纳左岸最长支流结雅河；再南折东经孙吴、逊克、嘉荫、萝北、绥滨等，至同江市三江口接纳右岸最大支流松花江；再折向东北，流经抚远县至俄罗斯哈巴罗夫斯克市，与南来的支流乌苏里江汇合后进人俄罗斯境内，在克拉耶夫附近注入鄂霍次克海的鞑靼海峡。

以额尔古纳河为正源，黑龙江（阿穆尔河）全长4363km，在中国境内（界河）长2965km，占全长的67.9%。中国境内流域面积为89万km^2，占流域面积的48%，年径流量为$2720\times10^8m^3$。

依河谷特征和水流条件，黑龙江（阿穆尔河）干流分上游、中游、下游三段。上、中游江段位于中国东北边陲，下游全程在俄罗斯境内。

额尔古纳河与石勒喀河交汇处（黑龙江省漠河县以西的洛古河村）至结雅河口（黑龙江省黑河市）为上游。常年最高水温不超过20℃，封冰期长达181天，属典型山区性冷水水域。中游自结雅河口（黑河市）至乌苏里江汇入处。长982km。河道穿行于山地、平原之中，在我国这一侧为小兴安岭山地和三江平原。乌苏里江河口至入海口为下游，长934km，全程在俄罗斯境内。

松花江是黑龙江（阿穆尔河）最大的一级支流。全长2317km，流域面积为55.68万km^2，跨吉林省、黑龙江省和内蒙古自治区。上游流经地区多为山区、丘陵，中下游为丘陵和广阔平原。乌苏里江是黑龙江（阿穆尔河）一级支流。东源发源于俄罗斯境内锡霍特山西侧，西源松阿察河发源于兴凯湖，两源汇合后，至哈巴罗夫斯克（伯力）从黑龙江（阿穆尔河）右岸汇入。从松阿察河口以下至黑龙江（阿穆尔河）口长492km，为中俄两国边境河流，流域总面积18.7万km^2，其中在中国黑龙江省境内为6.15万km^2。

黑龙江（阿穆尔河）及其数量众多的支流形成了黑龙江、吉林两省大部分地区纵横交错的水网，造就了星罗棋布的湖泊、水库群。主要湖泊有达赉湖（又称呼伦池、呼伦湖，面积约2100km^2）、五大连池、镜泊湖（面积约100km^2）、连环湖、茂兴湖及石人沟放养场、松花湖（又称丰满水库，面积约412.5km^2）、大兴凯湖（中国一侧面积1080km^2）、小兴凯湖等。

5.4.1.5 绥芬河

绥芬河位于黑龙江省东南部，是中国注入日本海的第二大水系，发源于吉林省长白山老爷岭，流经黑龙江省东北部的东宁县境内（258km），在俄罗斯（185km）的符拉迪沃斯托克（海参崴）注入日本海。

绥芬河属山区河流，具有地理纬度高、水温低、水质澄清、水流湍急，石砾底质等山区河流型的特点。流域内山峦起伏，沟壑纵横，河网密布，格局复杂。西北面太平岭呈东北、西南展布，为绥芬河和穆棱河分水岭；南部有老松岭、通肯山东西衔接，与图们江分界；中部为绥芬河河谷地带，其分水岭高程在1000m左右，地形向流域中部逐渐递降，整体形成上游流经崇山峻岭，河道曲折蜿蜒，地表切割破碎，中下游趋于平坦的地貌。

绥芬河虽然位于中纬度寒温带大陆性季风气候区，但由于周围群山环抱，西北有太平岭做天然屏障，东南距日本海较近，经常受海上气候的调节，使其大陆性气候特点减弱。

5.4.1.6　黄河

黄河全长约5464km，干流长度4675km，平均流量1774.5m^3/s，流域面积约79.5万km^2，是中国境内长度仅次于长江的河流，它发源于青海省巴颜喀拉山脉北麓的卡日曲。黄河流经青海、四川、甘肃、宁夏、内蒙古、山西、陕西、河南及山东9个省，最后流入渤海。

黄河流域界于32°N～42°N，96°E～119°E，南北相差10个纬度，东西跨越23个经度，集水面积超过75.2万平方千米。河源至河口落差4830m。黄河年径流量574亿m^3，平均径流深度77mm。汇集有35条主要支流，较大的支流在上游，有湟水、洮河，在中游有清水河、汾河、渭河、沁河，下游有伊河、洛河。下游两岸缺乏湖泊且河床较高，流入黄河的河流很少，因此黄河下游流域面积很小。渭河为黄河的最大支流。主要湖泊有扎陵湖、鄂陵湖、乌梁素海、东平湖。

内蒙古托克托县河口镇以上的黄河河段为黄河上游。上游河段全长3472km，流域面积38.6万km^2，流域面积占全黄河总量的51.3%；上游河段总落差3496m，平均比降为1‰；河段汇入的较大支流（流域面积1000km^2以上）有43条，径流量占全河的54%；上游河段年来沙量只占全河年来沙量的8%，水多沙少，是黄河的清水来源。

内蒙古托克托县河口镇至河南孟津的黄河河段为黄河中游，河长1206km，流域面积34.4万km^2，占全流域面积的45.7%；中游河段总落差890m，平均比降0.74‰；河段内汇入较大支流30条；区间增加的水量占黄河水量的42.5%，增加沙量占全黄河沙量的92%，为黄河泥沙的主要来源。

河南孟津以下的黄河河段为黄河下游，河长786km，流域面积仅2.3万km^2，占全流域面积的3%；下游河段总落差93.6m，平均比降0.12‰；区间增加的水量占黄河水量的3.5%。由于黄河泥沙量大，下游河段长期淤积形成举世闻名的“地上悬河”，黄河约束在大堤内成为海河流域与淮河流域的分水岭。除大汶河由东平湖汇入外，该河段无较大支流汇入。

5.4.2　贝加尔湖地区的藻类

5.4.2.1　区系组成

贝加尔湖地区采得的绿藻门植物，大多是分布广泛的普生种类，但多是适应冷水环境清洁水体指示种类，典型的种类如块四集藻（*Palmella mucosa*）、葡萄藻（*Botryococcus braunii*）、环丝藻（*Ulothrix zonata*）、骈胞藻（*Binuclearia tectorum*）、池生微孢藻（*Microspora stagnorum*）、筒藻（*Cylindrocapsa geminella*）、豆点胶毛藻（*Chaetophora pisiformis*）、粗枝羽枝藻（*Cloniophora macrocladia*）、簇生竹枝藻（*Draparnaldia glomerata*）、溪流链瘤藻（*Gongrosira fluminensis*）、珍珠鼓藻（*Cosmarium margaritatum*）、曼弗角星鼓藻（*Staurastrum manfeldtii*）。其中，环丝藻在该区域的湖泊沿岸带风浪区、河流岸边各种硬基质上大量生长，是一个代表性种类。也有一些是罕见种类如不规则毛丝藻（*Chaetonema irregulare*），仅发现于大型藻类的胶被上。

还有一些种类在某些特定生境大量生长，成为该环境的特色性种类，如在蒙古的Khanvi河中，浒苔生物量非常大，在幼时着生在河流各种硬基质上，但长成后则漂浮流走，是该河流的一个特色物种。

虽然该区域大部分水体属于清洁性水体，但也有一些小水体处于严重富营养化，如贝加尔湖边的一个小水塘，优势类群是微囊藻（*Microcystis* spp.）、直链藻（*Melosira* sp.）和施氏球囊藻（*Sphaerocystis schroeteri*）、端尖月牙藻（*Selenastrum westii*）、湖生卵囊藻（*Oocystis lacustris*）、美丽网球藻（*Dictyosphaerium pulchellum*）、双射盘星藻（*Pediastrum biradiatum*）、短棘盘星藻（*Pediastrum boryanum*）、小尖十字藻（*Crucigenia apiculata*）、盘状栅藻（*Scenedesmus disciformis*）、伪新月栅藻（*Scenedesmus pseudolunatus*）、四尾栅藻（*Scenedesmus quadricauda*）等，这些都是富营养化的代表种。还有在蒙古草原上的一个小积水坑中，只有一种小毛枝藻（*Stigeoclonium tenue*），这也是一个耐污种类。

贝加尔湖地区也有特有种类，如贝加尔竹枝藻（*Draparnaldia baicalensis* Meyer）。它个体非常大，主轴细胞被假根形成的皮层包裹，在此属中非常独特，迄今为止只在贝加尔湖被发现过。

大型球状的念珠藻属（*Nostoc*）种类如葛仙米、地木耳可以食用，这两种经济蓝藻均在该区域有大量发现，如在俄罗斯的一个小湖中，葛仙米（*Nostoc sphaeroidea*）长得很大（图5-22），而在蒙古的White Lake岸边生长的葛仙米个体体积虽然不大，但总生物量很大，绵延几十千米（图5-23）。在蒙古草原的许多潮湿区域还大量发现地木耳（*Nostoc commune*）生长。这两种藻类应该在该区域具有良好应用前景。

图5-22　俄罗斯湖边的葛仙米

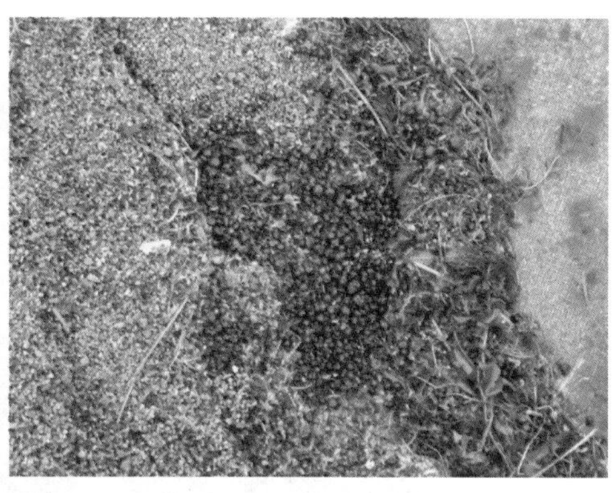

图 5-23　蒙古湖边的葛仙米

5.4.2.2　生态类型多样性及其群落特点

(1) 临时性小水体

这些水体水的来源不固定，因此在此生长的藻类生命周期都比较短，一般能在较短时间内完成整个生活世代，或有较强的环境耐受能力，有恰当的机制度过不良时期。如标本 ELS-2008-056（图 5-24），采自马路边一个洼地，主要是雨水汇集，牲畜常在此饮水和排泄，水质非常肥沃，乳状类球藻（*Nautococcus mammilatus* Korshikov）在此形成水华，此种单细胞藻的生命周期很短，只有几天就通过形成胞囊度过干旱时期。还有如 ELS-2008-078（图 5-25），也是采自城市街道边的一个积水坑，由于这里雨季雨水充沛，雨水能够较长时间在这里存留，在水坑边小石块上附着生长有一种鞘藻（*Oedogonium* sp.），鞘藻属的许多种类生命周期能够在 3 周左右的时间完成，其度过不良环境的方式是通过卵式生殖形成合子。同样的还有 ELS-2008-003，是采自路边树林下的小水坑，主要也是雨水汇集，这里的优势类群也是鞘藻属种类（图 5-26）。

图 5-24　俄罗斯小镇街道边水坑表面形成绿色水华

图 5-25　俄罗斯 Gusinoozersk 市区马路边积水坑

图 5-26　俄罗斯伊尔库茨克路边树林积水坑

另外一种小水体，本身与大水体相邻，由于雨季洪水泛滥而留下，其藻类来源也是源自大水体，如标本 ELS-2008-010，采自河边草地涨水后留下的小水坑，其优势种类多甲藻（*Peridinium* sp.）和附近一个永久性水坑一样，显然是由于涨水时联通而带过来的（图 5-27）。还有 ELS-2008-052 采自河边草丛水草茎叶上，以豆点胶毛藻具勾变种 *Chaetophora pisiformis* var. *hamata* Jao 为绝对优势，很显然它们也是来自附近的河滩沼泽。

标本材料包括：ELS-2008-003、ELS-2008-010、ELS-2008-052、ELS-2008-054、ELS-2008-056、ELS-2008-057、ELS-2008-058、ELS-2008-059、ELS-2008-078。

（2）稳定性良好的小水体——水坑、池塘

这类水体面积较小，但终年有水，因此环境非常稳定，一般长有水草，营养良好，因此藻类种类也比较丰富。ELS-2008-011、ELS-2008-012（图 5-28）采自同一个水体，

图 5-27　俄罗斯河边草地暂时性积水坑

是河边草地永久性小水坑，长有水生高等植物，水体浮游藻类优势有一种多甲藻（*Peridinium* sp.）、佩氏拟多甲藻（*Peridiniopsis penardii*）、锥囊藻（*Dinobryon* spp.），球囊藻（*Sphaerocystis schroeteri*）、美丽胶网藻（*Dictyosphaerium pulchellum*）等，水面还漂浮有丝状的双星藻科（*Zygnematacea*）种类，水草和丝状藻类中间还生活有大量鼓藻（*Desmids*）类，附着种类有鞘藻（*Oedogonium* spp.）、毛鞘藻（*Bobulchaete* spp.）等。总之，种类非常丰富。同样情况的还有 ELS-2008-031、ELS-2008-032，也是采自路边一个小水坑，长有大量水草，但不同的是该处水有交换，是过水性的，有很小的山泉进水和出水，因此水质非常清洁，浮游优势种类是锥囊藻（*Dinobryon* spp.），水草丛中附着有大量着生硅藻。

图 5-28　俄罗斯河边草地永久小水坑

另外一种比较富营养化的小水坑，类似池塘，如 ELS-2008-049（图 5-29）采自一个贝加尔湖边的小池塘，水源是森林的腐殖质渗水，水质肥沃，浮游植物优势类群是绿藻门的绿球藻目（Chlorococcales）种类，如盘星藻（*Pediastrum* spp.）、栅藻（*Scenedesmus* spp.）等，还有硅藻门的直链藻（*Melosira* sp.）和蓝藻门的微囊藻（*Microcystis* spp.）等，都是一些富营养化水体代表种类。

图 5-29　俄罗斯贝加尔湖边小池塘

一个特例是在蒙古草原上的一个小水坑（MG-2008-021，图 5-30），应该也是长时间有水，但牛羊经常在此饮水，把小水坑搅得很浑浊，完全没有透明度，因此水中藻类很少，但沿岸带的轮胎塑料瓶上附生有小毛枝藻（*Stigeoclonium tenue*），这是一种分布广泛的耐污种，是富营养化的指示种。

图 5-30　蒙古小水坑中塑料瓶上附着藻类

蒙古草原上的沼泽地应该也属于这一类型，我们只采一个样点（图 5-31），标本号为 MG-2008-001，MG-2008-002。这里芦苇丛生，水非常浅。优势类群是刚毛藻（*Cladophora* sp.），和盐田浒苔（*Enteromorpha salina*）。

标本材料包括：ELS-2008-011、ELS-2008-012、ELS-2008-031、ELS-2008-032、ELS-2008-049、MG-2008-001、MG-2008-002、MG-2008-021、MG-2008-22。

图 5-31　蒙古的沼泽及沼泽中的浒苔

（3）湖泊

湖泊的藻类有两个大类群，一个是浮游藻类，一个是岸边的着生藻类。这里的湖泊如贝加尔湖（图 5-32）浮游藻类占优势的是一些硅藻，包括直链藻（*Melosira* spp.）和脆杆藻（*Fragilaria* spp.）等，俄罗斯的藻类学家研究很多，我们不具体论述。我们重点关注的是有区域特点的岸边着生藻类。

图 5-32　俄罗斯贝加尔湖三角洲

ELS-2008-024 号标本是采自一个山间小湖（图 5-33），在其岸边小石头上发现有淡水红藻，一种串珠藻（*Batrachospermum* sp.）。

图 5-33　俄罗斯山谷间小型湖泊

贝加尔湖岸边风浪较大，沿岸带各种基质上附着有大量环丝藻（*Ulothrix zonata*），这是贝加尔湖的一个代表性种类。它还在相邻的蒙古大型湖泊库苏古尔湖沿岸带广泛生长。

贝加尔竹枝藻（ELS-2008-050）是这里的特有种类，采自一个湖湾小水沟。

Gusinoozersk 市的 Goose Lake 是另外一种类型（图 5-34），这里的浅水区域具有丰富的胶毛藻科（*Chaetophoraceae*）种类，如毛枝藻（*Stigeoclonium*）、胶毛藻（*Chaetophora*）和竹枝藻（*Draparnaldia*），还有刚毛藻（*Cladophora*）和轮藻（*Chara*）。可能和我们采样点风浪较小有关。

图 5-34　俄罗斯 Goose 湖

蒙古 Terkhiin Tsasaan 湖沿岸带也有刚毛藻和环丝藻（图 5-35），但非常特殊的是这里生长有大量葛仙米（MG-2008-020，图 5-23）。而俄罗斯的另外一个小湖 Sagon-Nur 也有葛仙米，且体积非常大（ELS-2008-075，图 5-22）。

图 5-35　蒙古 Tsagaan Nuur 湖边石块上的藻类

蒙古的 Ogii 湖（图 5-36）是一个草原湖泊，面积较大，但由于湖泊周边家养牲畜承载量过大，他们的排泄物在一些湖湾聚集，也造成了该湖泊的富营养化，蓝藻微囊藻（*Microcystis* spp.）在这里形成了水华，而且一种有毒的波兰多甲藻（*Peridinium polonicum*）也较多，但湖里的鱼也很多。

图 5-36　蒙古 Ogii 湖

标本材料：ELS-2008-021、ELS-2008-022、ELS-2008-024、ELS-2008-035～042、ELS-2008-046、ELS-2008-47、ELS-2008-050、ELS-2008-051、ELS-2008-060～062、ELS-2008-066～075、MG-2008-006、ELS-2008-007、MG-2008-009～011、MG-2008-017～020、MG-2008-023、MG-2008-024。

（4）溪水–河流

一类是缓流的小溪，如标本 ELS-2008-004、ELS-2008-005（图 5-37）都是采自一个水流很小且缓慢的小流水沟中，基质是小碎石，优势种类分别为骈胞藻（*Binuclearia tectorum*）和池生微孢藻（*Microspora stagnorum*）；在下游土壤基质多一点，水流更缓，优势种则为一种无隔藻（*Vaucheria* sp.）。

图 5-37　俄罗斯路边的小溪

河流分叉或漫滩处的水流也比较缓慢，由于沉淀了许多颗粒物，营养条件良好，水绵（*Spirogyra*）、双星藻（*Zygnema*）等双星藻科种类也能通过假根在这里固着大量繁殖，如标本材料 ELS-2008-025、ELS-2008-027、ELS-2008-028、ELS-2008-076（图 5-38）。如果淤泥更多，还会有黄藻门的无隔藻（*Vaucheria* sp.）在这里大片生长，如 ELS-2008-026。ELS-2008-033，ELS-2008-034 也是类似情况，采自河流中的一块大石头上，上面附有许

图 5-38　俄罗斯的溪流

多苔藓，丛中沉淀有许多沙子和有机颗粒等，优势种也分别是水绵和无隔藻。同样采自苔藓丛中的还有 ELS-2008-055，MG-2008-016，不同的是这里较阴，水流更急且水温低，只有10℃左右。

温泉形成的流水是一个特例（图 5-39）。这里的温度较高，在泉水喷溅处超过40℃，是以耐高温的丝状蓝藻鞘丝藻为优势；下游水沟可达 30～40℃，优势种变为温泉毛枝藻（*Stigeoclonium thermale*）。

图 5-39　俄罗斯温泉及温泉水流水沟

在水流很急的溪流中的硬基质上，是一些着生能力很强的种类，如链瘤藻（ELS-2008-016，ELS-2008-029）；胶毛藻，以假根假胶垫固着（ELS-2008-030）；毛枝藻，以一层基细胞或假根固着（ELS-2008-017；ELS-2008-048）；以假根固着的环丝藻（*Ulothrix zonata*）（ELS-2008-028、MG-2008-003）；以假根固着的团集刚毛藻（*Cladophora glomerata*），只生活在流水或风浪中（ELS-2008-019、ELS-2008-063）。后面一些以假根固着的种类还经常出现在大型湖泊风浪较大的沿岸带各种基质上。

在蒙古的 Khanvi 河中，浒苔生物量非常大，在幼时着生在河流各种硬基质上，但长成后则漂浮流走，是该河流的一个特色物种。标本材料为 MG-2008-004，MG-2008-005（图 5-40）。

图 5-40　蒙古 Khanvi 河边

标本材料见 ELS-2008-003-009、ELS-2008-013-19、ELS-2008-025-030、ELS-2008-033-034、ELS-2008-048、ELS-2008-053、ELS-2008-055、ELS-2008-063、ELS-2008-076、MG-2008-003-005、MG-2008-016。

（5）气生、亚气生生境

藻类不仅仅生长在各种类型的水体中，气生、亚气生也是其重要生境类型。如潮湿地表（图 5-41、图 5-42）。优势类群有蓝藻类鞘丝藻（*Lyngbya* sp.）（ELS-2008-001）、细克里藻（*Klebsormidium subtile*）（ELS-2008-002、ELS-2008-045）、无隔藻（*Vaucheria* sp.）（ELS-2008-064）、原管藻（*Protosiphon botryoides*）（ELS-2008-077）。

图 5-41　俄罗斯伊尔库茨克市区树下潮湿的地表

图 5-42　俄罗斯潮湿地表丝状藻类

潮湿的苔藓丛中或草丛，优势类群是一些固氮蓝藻念珠藻属种类地木耳（*Nostoc*

commune）等，如 ELS-2008-020、MG-2008-008（图 5-43）。念珠藻属种类具有外胶被，干旱条件下能够保住内部水分。

图 5-43　蒙古草原上的草原及小湖泊

树皮表面也有藻类生长（图 5-44），如 ELS-2008-044，优势种类是克里藻（*Klebsormidium subtile*）和小球藻（*Chlorella*）等，他们能利用空气中的水分生长，也能够耐受很长时间的干旱环境。

标本材料包括：ELS-2008-001、ELS-2008-002，ELS-2008-020、ELS-2008-023、ELS-2008-045、ELS-2008-064、ELS-2008-065，ELS-2008-077、MG-2008-008、ELS-2008-044。

图 5-44　俄罗斯松树皮上的气生藻

5.4.2.3 部分代表绿藻门物种描述

(1) 乳状类球藻(图 5-45)

植物体单细胞，常在水面漂浮生活；细胞近球形到梨形，直径 12～21μm，一端具漂浮帽，近无色；色素体不规则块状，充满细胞的大部分，具一个中央蛋白核。

标本编号：ELS-2008-056，小镇街道边水坑，牛常在此饮水排泄，表面形成绿色水华。

其漂浮帽非常特殊，非常罕见，还分布于乌克兰和斯洛伐克，中国也有。

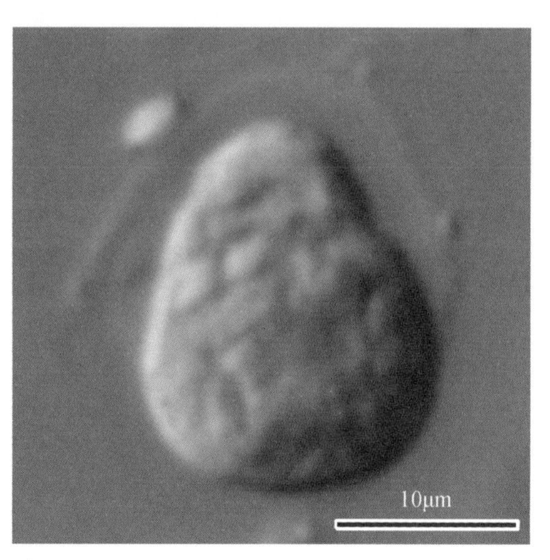

图 5-45 *Nautococcus mammilatus* Korshikov 1926

(2) 胶块四集藻(图 5-46)

群体大型，形状不规则，胶被无色，无结构而坚实，在群体表面常形成若干大小不一的凸起部分，橄榄绿色，宽可达 10cm。细胞在幼年时期常为椭圆形，外常有自己的

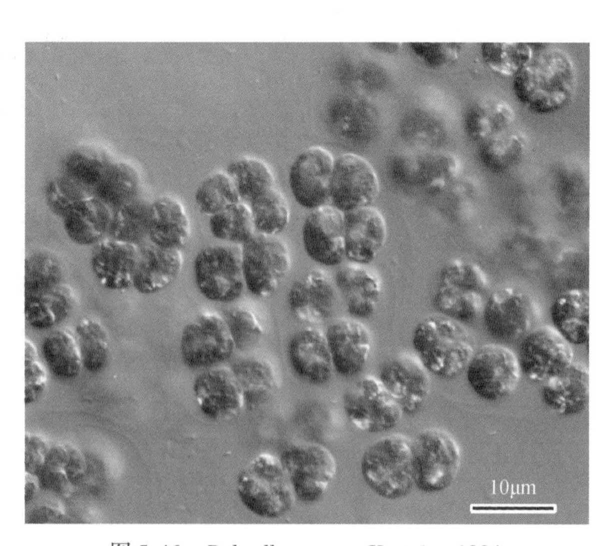

图 5-46 *Palmella mucosa* Kuetzing 1884

胶被，成长后常成为圆形，胶被消失，在群体胶被内排列分布均不规则，直径6～14μm；具一个很大的杯状色素体，其中含一个很大的蛋白核。

标本编号：ELS-2008-038，贝加尔湖边，绿色胶质条块。

冷水性种类，比较少见。

（3）施氏球囊藻（图5-47）

植物体为球形胶群体，浮游；群体有4、8、16、32个细胞组成，各细胞以相等距离排列在胶被四周，胶被无色、透明。细胞球形，细胞壁明显。1个色素体，杯状，具1个蛋白核。细胞直径9～12μm；群体直径34～80μm。

标本编号：ELS-2008-011，河边草地永久小水坑，长有水草，网捞。

世界性广泛分布，非常普遍。通常生活在较肥沃的稻田、湖泊等水体中。

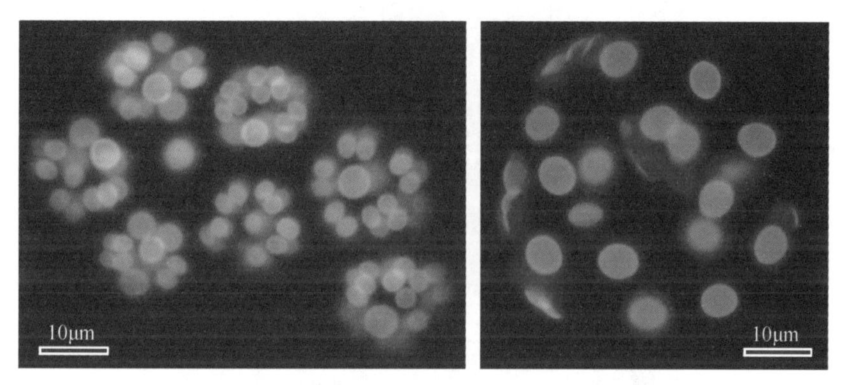

图5-47　*Sphaerocystis schroeteri* Chodat 1897

（4）气球原管藻（图5-48）

植物体为单细胞，大，肉眼可见，成熟后在良好光照后积累虾青素而成红色。细胞延伸成形像气球的囊状，包括一个绿色的地上球形部分，和地下长而无色、通常不分叉的假根。具一个网状周生的叶绿体；蛋白核幼时一个，后为多个；细胞多核。上部球形膨大部分直径可达200μm，假根宽5～15μm，长可达1mm以上。

标本编号：ELS-2008-077，色楞河边，地表，红色颗粒状。

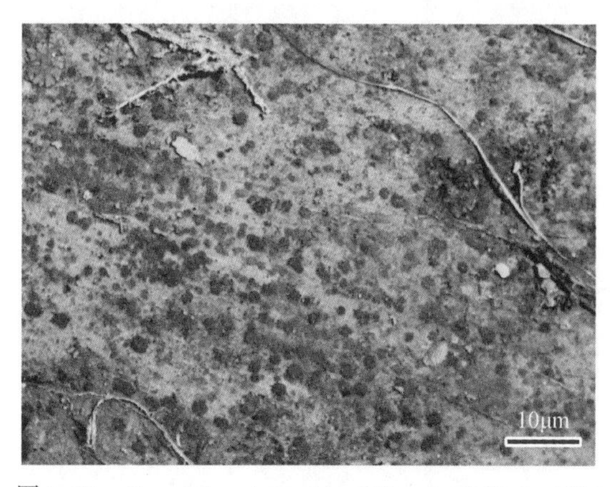

图5-48　*Protosiphon botryoides*（Kuetzing）Klebs 1896

广泛分布于世界各地。诱导后细胞内能够积累高含量的虾青素，是一个具有规模化生产前景的藻种。

（5）端尖月牙藻（图 5-49）

植物体常由 4 或 8 个细胞聚于一起。细胞新月形，以背部凸出部分相接触，两端狭长斜向伸出，顶端尖锐，有的两端略反向弯曲，色素体 1 个；具 1 个或不具蛋白核。细胞宽 2～3μm，长 20～30μm，两端直线距离 15～20μm。

标本编号：ELS-2008-049，贝加尔湖边小池塘，网捞。

世界普生种。常见于富营养化小水体。

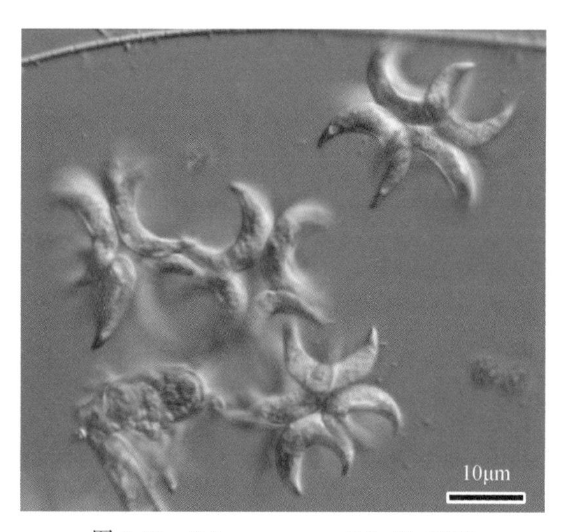

图 5-49　*Selenastrum westii* Smith 1920

（6）湖生卵囊藻（图 5-50）

植物体单细胞，浮游。母细胞壁扩大并胶化，内含 2～4（或～8）个细胞；细胞纺锤形，两端微尖，细胞壁具短圆锥状加厚；色素体 1～4 个，片状，周位；各具 1 个蛋白核。细胞宽 10～15μm，长 18～25μm。

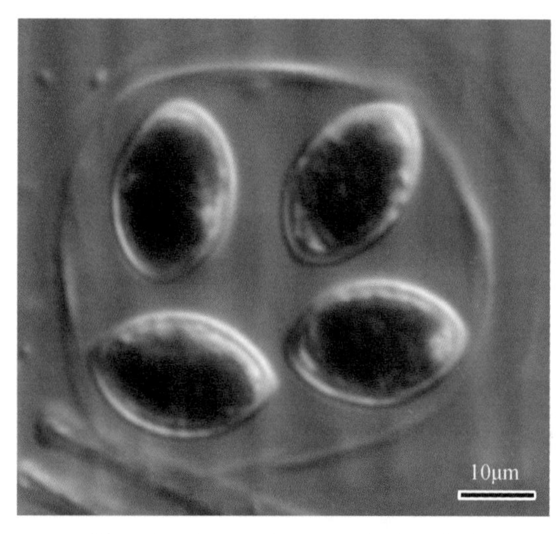

图 5-50　*Oocystis lacustris* Chodat 1897

标本编号：ELS-2008-069，Gusinoozersk 市 Goose 湖，网捞。

普生种类。

(7) 葡萄藻 (图5-51)

集结体由2~4~8或更多的细胞组成，由母细胞壁残余部分形成的粗糙而不规则，且长短各异的绳索状胶质部分将之连接而成；细胞侧面观卵形或宽卵形，顶面观圆形，略呈辐射状排列在集结体表面，细胞基部分埋藏在上述胶质部分中，顶部通常裸露在外；色素体单个，片状，占细胞中部的大部分，侧位；细胞多为黄绿色，宽6~9μm，长9~12μm。

标本编号：ELS-2008-010，河边涨水留下临时性小水坑，网捞。

广泛分布于世界各地。常在较清洁的水体形成水华，油脂含量非常高。

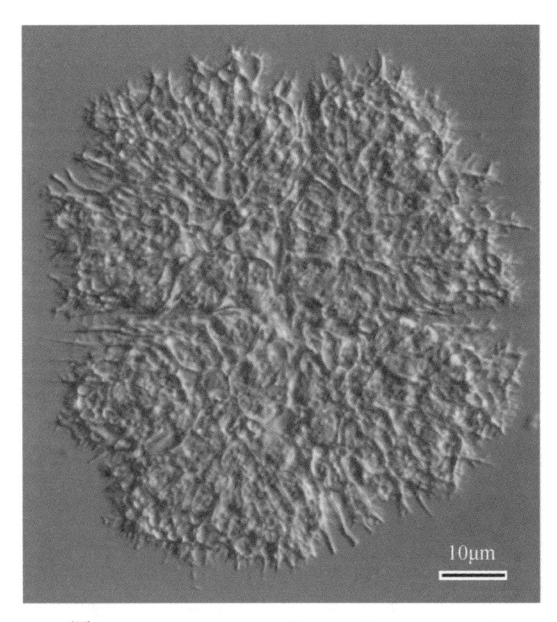

图5-51　*Botryococcus braunii* Kuetzing 1849

(8) 美丽网球藻 (图5-52)

集结体球形或阔卵形，由4、8、16、32或更多细胞组成；具共同的透明胶被，细

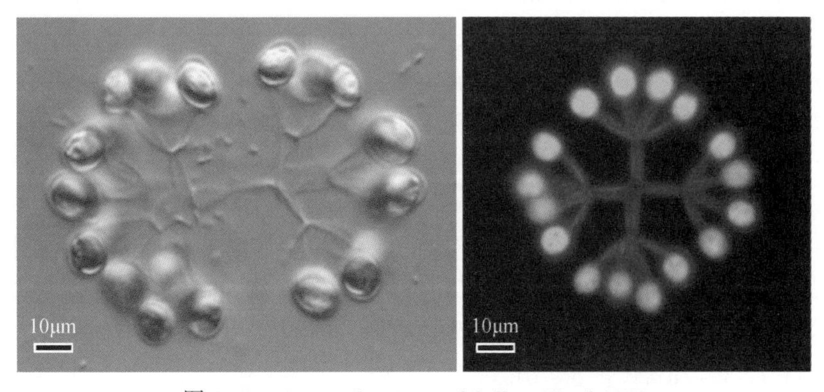

图5-52　*Dictyosphaerium pulchellum* Wood 1872

胞球形，与重复二分义的胶质柄末端相连，而近于透明胶被的边缘，常 4 个细胞一组；色素体一个，杯状，多位于细胞基部；具一个蛋白核；细胞直径 3 ~ 10μm。

标本编号：ELS-2008-011，河边草地永久小水坑，长有水草，网捞。

广泛分布。一般中富营养水体指示种。

（9）双射盘星藻（图 5-53）

集结体由 8 个细胞组成，具穿孔；外层细胞具深裂的两瓣，瓣的末端具分枝状缺刻，细胞之间以其基部相连接；内层细胞亦具分裂的两瓣，但末端不具缺刻；细胞两侧均凹入；细胞壁光滑；外层细胞长 12um（其中，角突长 3 ~ 4μm），宽 5 ~ 11μm；内层细胞长 8 ~ 9μm，宽 7 ~ 9μm。

标本编号：ELS-2008-049，贝加尔湖边小池塘，网捞。

世界性普生种。

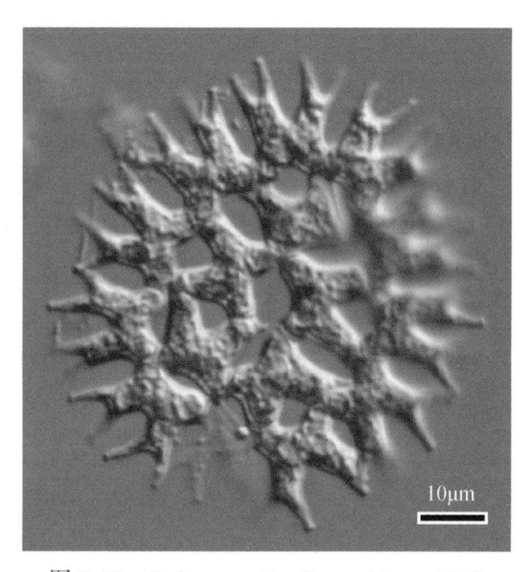

图 5-53　*Pediastrum biradiatum* Meyen 1829

（10）短棘盘星藻（图 5-54）

集结体由 8、16、32 或 64 个细胞组成，无穿孔。外层细胞具 2 个前端钝圆的短角突，常扭曲而不在一个平面；两角突间具较深的缺刻；细胞 5 至多边形，细胞壁具颗粒；集结体直径 40 ~ 89μm；外层细胞长 9 ~ 17μm（其中角突长 4 ~ 5μm），宽 8 ~ 16μm；内层细胞长 8 ~ 12μm，宽 9 ~ 18μm。

标本编号：ELS-2008-049，贝加尔湖边小池塘，网捞。

生长于各种水体。世界性普生种。

（11）小尖十字藻（图 5-55）

集结体由 4 个细胞组成，菱形四边形，中央孔隙呈方形；有时 4 个集结体组成一个复合集结体；细胞宽，长圆形而略不对称，一侧常较另一侧突出，4 个细胞常以较突出的一面相对排列；细胞壁较厚，细胞两端处更厚，有时具小齿；色素体 1 个；具 1 个蛋白核；细胞直径 3 ~ 7μm，长 5 ~ 10μm。

标本编号：ELS-2008-069，Gusinoozersk 市 Goose 湖，网捞。

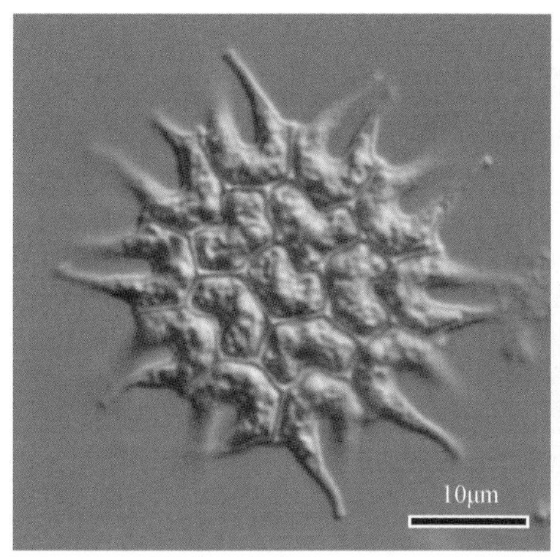

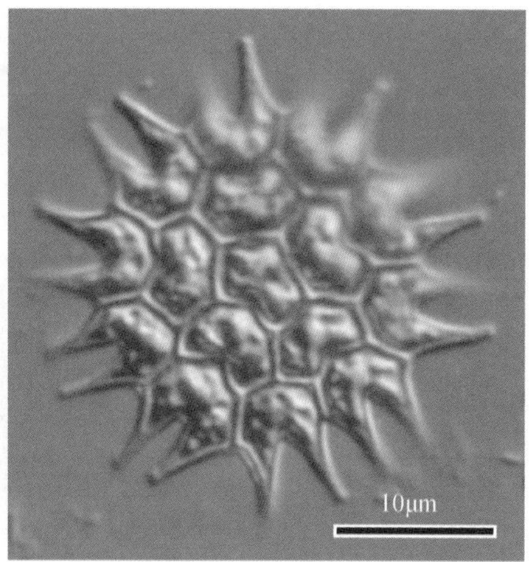

图 5-54　*Pediastrum boryanum*（Turpin）Meneghini 1840

普生性种类，多生于富营养性水体中。

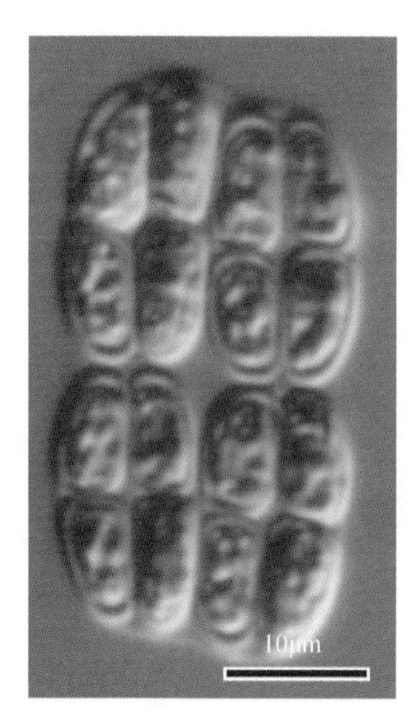

图 5-55　*Crucigenia apiculata*（Lemmermann）Schmidle 1900

（12）盘状栅藻（图 5-56）

集结体由 4、8 个细胞组成，细胞以侧壁及两端紧密连接，胞间无空隙；8 个细胞的集结体常排成 2 行，4 个细胞的集结体常平直地排成 1 行或呈四球藻型近菱形排列；细胞肾形到弯曲的长卵形，两端钝圆；胞壁光滑；细胞直径 2 ~ 4μm，长 6 ~ 12μm。

标本编号：ELS-2008-069，Gusinoozersk 市的 Goose Lake，网捞。

普生性种类，多生于富营养性水体中。

（13）伪新月栅藻（图 5-57）

集结体由 2 个或 4 个细胞构成，直线排成一行，平直或弯曲成弧状；细胞柱状长圆形，两端钝圆，以大部分相连接，每端各具 2 ~ 3 个颗粒状突起；两侧细胞略向外弯曲成新月形，外侧边缘各有一行纵列的颗粒状突起；中间细胞直。细胞直径 6. 5 ~ 7. 0μm，

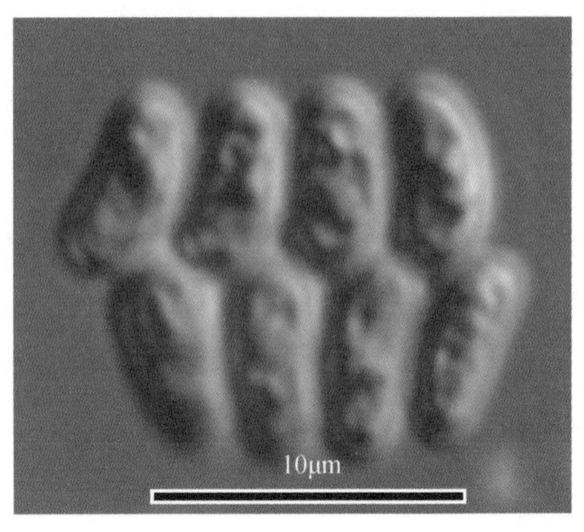

图 5-56 *Scenedesmus disciformis*（Chodat）Fott & Komarek 1960

长 8μm。

标本编号：ELS-2008-049，贝加尔湖边小池塘，网捞。

此种比较罕见，首先发现于中国无锡。

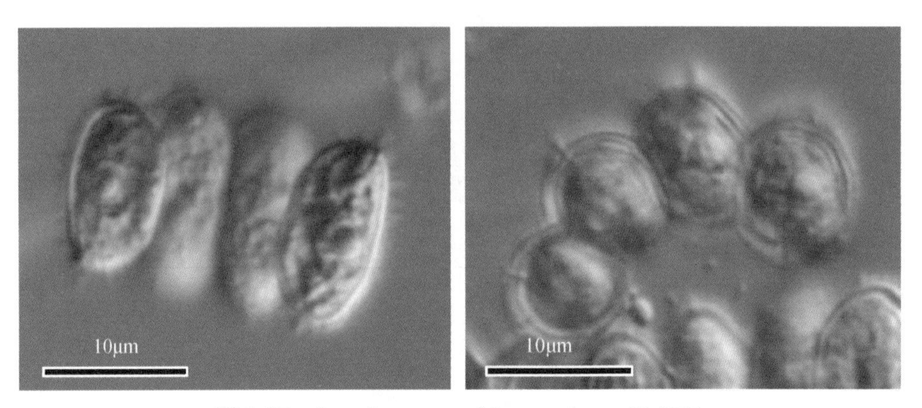

图 5-57 *Scenedesmus pseudolunatus* Jao et Bi 1996

（14）四尾栅藻（图 5-58）

集结体由 2、4 或 8 个细胞组成；直线排成一行，平齐；细胞长圆形或长圆柱形，两端宽圆；外侧细胞两端各具一长而粗壮且略弯的刺，中间细胞有或无刺；细胞直径 3～8μm，长 7～22μm，刺长 7～15μm。

标本编号：ELS-2008-049，贝加尔湖边小池塘，网捞。

世界性广泛分布。属于富营养化水体指示种。

（15）细克里藻（图 5-59）

丝状体由数目极多的极长圆柱形细胞构成；两端细胞顶端钝圆；细胞壁薄，宽 5～7（或～10）μm，长为宽的 1～3 倍，色素体椭圆形或圆形，具 1 个蛋白核。

标本编号：ELS-2008-001，伊尔库茨克市区树下潮湿砖块表面。

亚气生种类，多生于土壤、岩石表面及树皮上，也生于瀑布附近和滴水处。广泛分布。

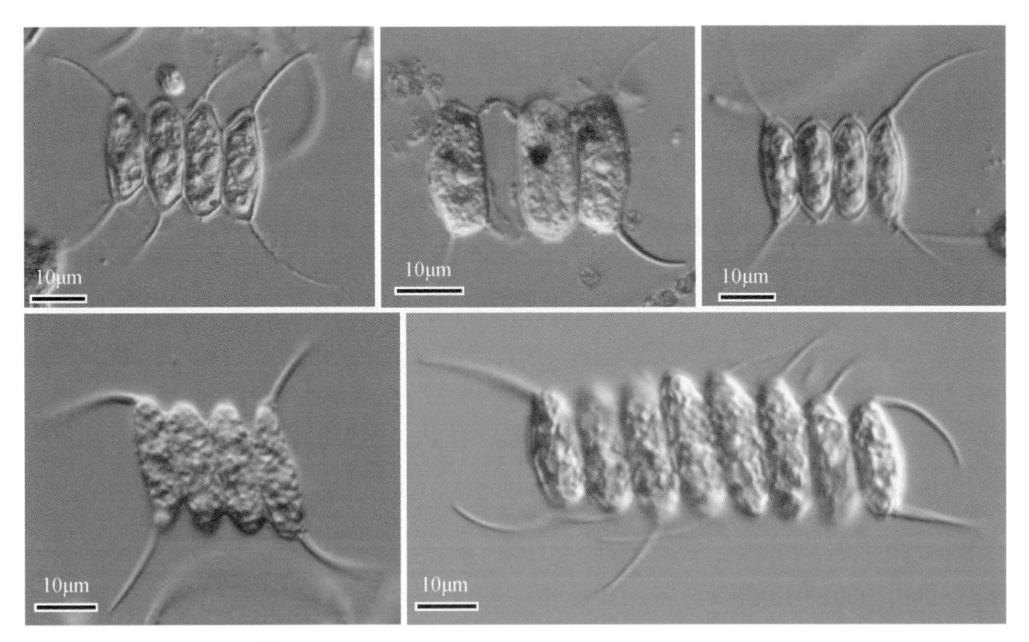

图5-58　*Scenedesmus quadricauda*（Turpin）Brebisson

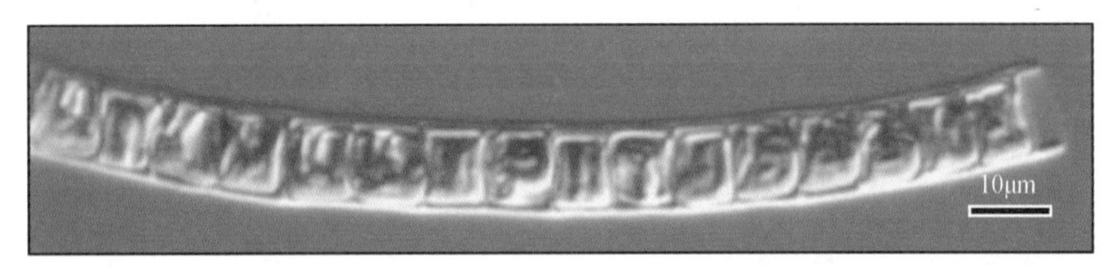

图5-59　*Klebsormidium subtile*（Kuetzing）Wei 1996

（16）环丝藻（图5-60）

丝状体极长，由一列为数极多的圆柱状细胞构成，丝状体早期着生；细胞的长度与宽度变化很大，有时略有膨大，顶端细胞前端宽圆或平截而具圆角；细胞宽10～50μm，长为宽的0.3～1.5倍；幼体的细胞壁薄，成熟后增厚。色素体环带状，窄或宽，周位，围绕细胞一圈，具几个蛋白核。

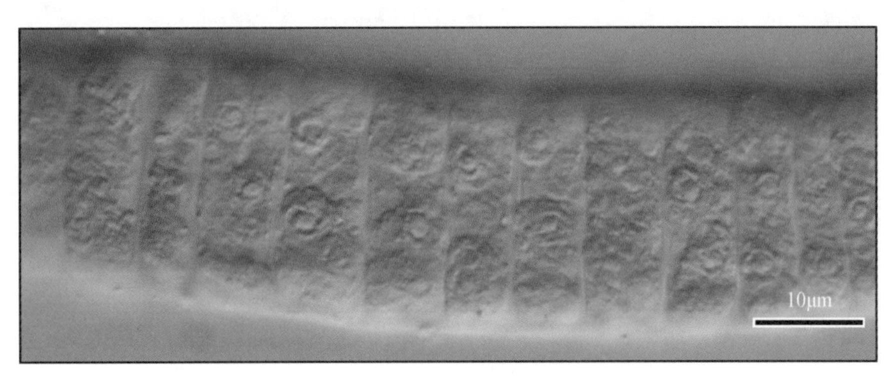

图5-60　*Ulothrix zonata*（Weber et Mohr）Kuetzing 1843

标本编号：ELS-2008-028，河滩上流水石头上附着；ELS-2008-039，贝加尔湖边石头上；ELS-2008-041，贝加尔湖边石头上；ELS-2008-046，贝加尔湖边石头上；MG-2008-003，Khanvi River 河边石头上；MG-2008-010，库苏古尔湖湖边木桩上；MG-2008-018，Tsagaan 湖边石块上。

此种藻是冷水性种类，广泛附着于贝加尔湖及其周边地区的湖泊、河流沿岸带各种基质上，是该地区的代表性物种。

（17）骈胞藻（图 5-61）

丝状体长，单列，不分枝，幼时具球形固着器，固着生长，成熟后漂浮；细胞圆柱形，具平顶圆角，常 2 个细胞成为一组，细胞壁厚而分层。胶质厚可达 7 ~ 10μm，两组细胞之间的横壁较同一组的两个细胞之间的横壁更厚，侧壁的 H 片结构有时清晰可见，细胞宽 5 ~ 11μm，长为宽的 0.5 ~ 8 倍；色素体片状、侧位，占细胞周壁的大部分，蛋白核 1-2 个，有时不明显。

标本编号：ELS-2008-004，路边小溪流中。

此种分布广泛，但仅见于一些小生境，并不是很常见。生长在水中，漂浮或附生池壁上，也生于潮湿土壤表面。

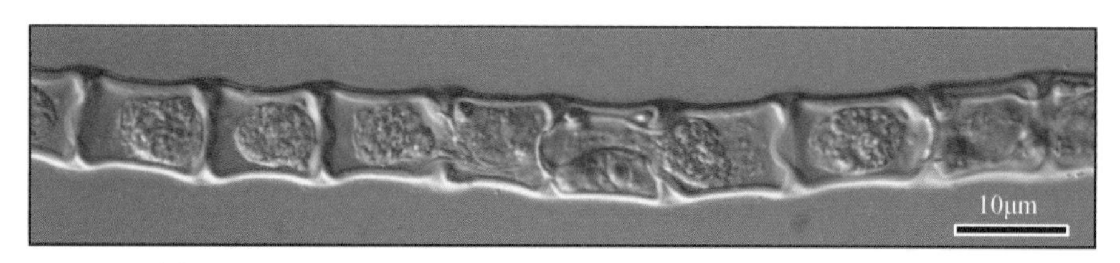

图 5-61 *Binuclearia tectorum*（Kuetzing）Beger ex Wichmann 1937

（18）池生微孢藻（图 5-62）

丝状体由 1 列圆柱状，有时为近方形细胞构成，H-片构造在丝状体两端可见。细胞宽 7 ~ 9μm，长为宽的 1.5 ~ 4 倍。细胞壁薄，横壁不收缢。色素体形状不规则，多为带状，充满或不充满整个细胞。

标本编号：ELS-2008-005，路边小溪流中。

广泛分布全球，常生于静水中，与其他丝状藻类混生。

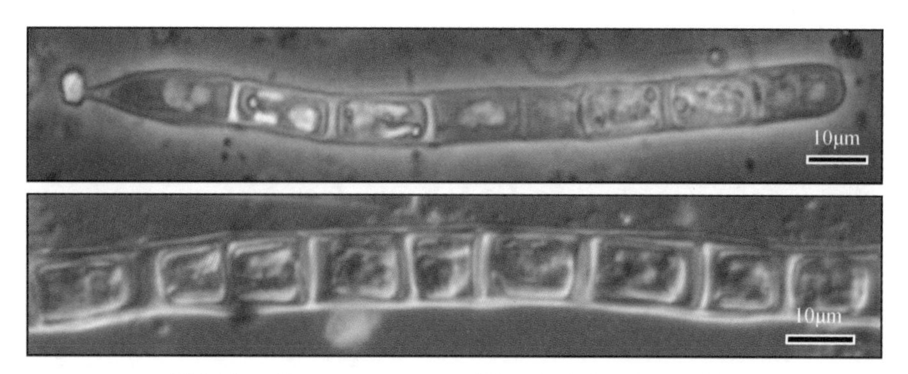

图 5-62 *Microspora stagnorum*（Kuetzing）Lagerheim 1887

（19）筒藻（图5-63）

植物体为不分枝的丝状体，幼时固着，稍后可自由漂浮；通常由以2个为一组的1列细胞构成，细胞圆柱形、近球形或长圆形，宽14~25μm，长为宽的1~2.5倍；老的细胞壁较厚，无色、分层；色素体轴生近星芒状，但常模糊不清，有一个中央的蛋白核。

标本编号：ELS-2008-012。河边草地永久性小水坑，长有水草。

广泛分布于世界各地，常与其他丝藻类混生。

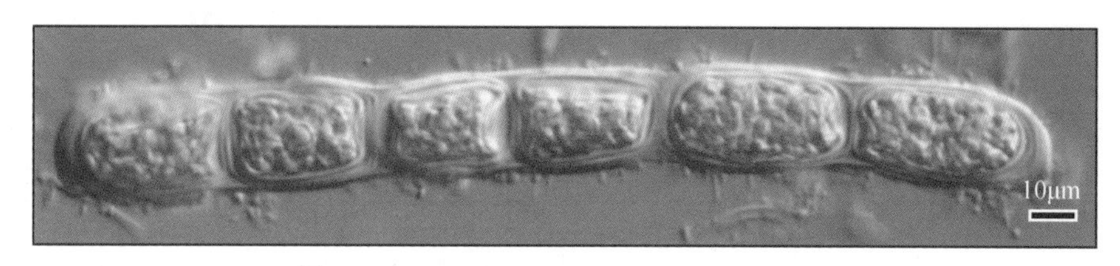

图5-63　*Cylindrocapsa geminella* Wolle 1887

（20）豆点胶毛藻原变种（图5-64）

植物体球形、近球形，具稠密而坚实的胶被，直径可达5mm，暗绿色；分枝丝状体从胶团中央向四周辐射状伸出，分枝多为双叉型，有时为三叉型或单侧分枝，分枝密集成丛状聚集；小枝顶端细胞细长而前端尖，有的具多细胞的毛，主枝细胞宽5~10μm，长为宽的3~6倍；小枝细胞宽3.5~6μm，长为宽的3~6倍；细胞具1个周生、带状的色素体，常具2个、有时1个或3个蛋白核。

标本编号：ELS-2008-030，流水小溪石头上。

俄罗斯标本材料中末端分枝成非常显著的簇状，和原变种有一定区别。

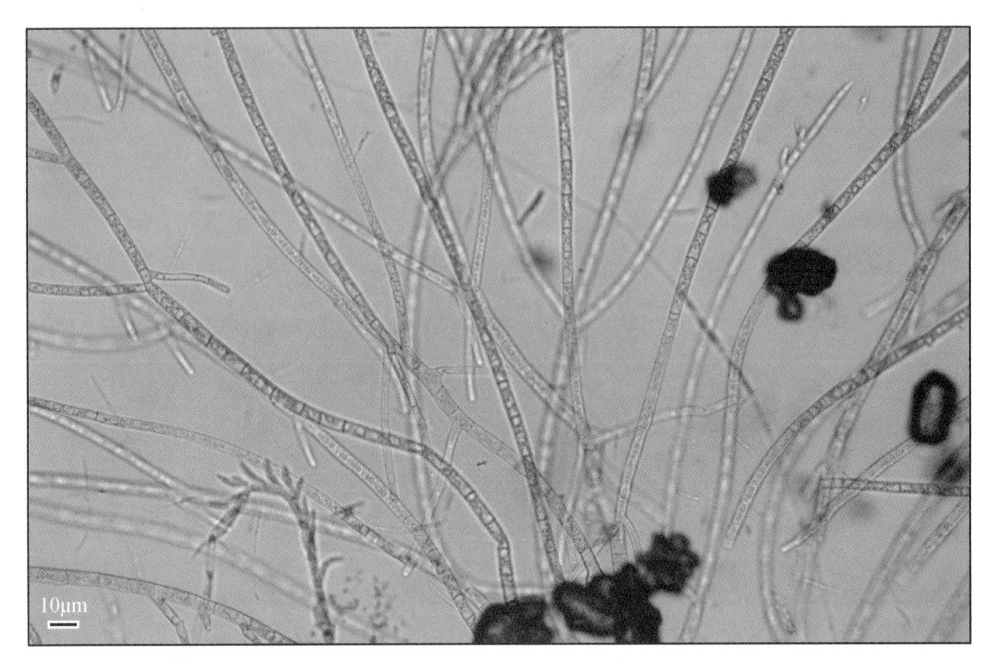

图 5-64　*Chaetophora pisiformis* ?（Roth）Agardh 1824 var. pisiformis

（21）豆点胶毛藻具勾变种（图 5-65）

植物体球形，具稠密而坚实的胶被，直径可达5mm，暗绿色；分枝丝状体从胶团中央向四周辐射状伸出，分枝多为双叉型，有时为三叉型或单侧分枝，分枝密集成丛状聚集；小枝稠密，前端向一个方向弯曲，形似钩状；老丝体的一些下部细胞具多细胞的假根；主枝丝体下部细胞宽 4.5～7μm；长 50～120μm，上部细胞宽 4.5～6μm，长 14～31μm，小枝细胞宽 4.5～6μm，长 9～17μm。

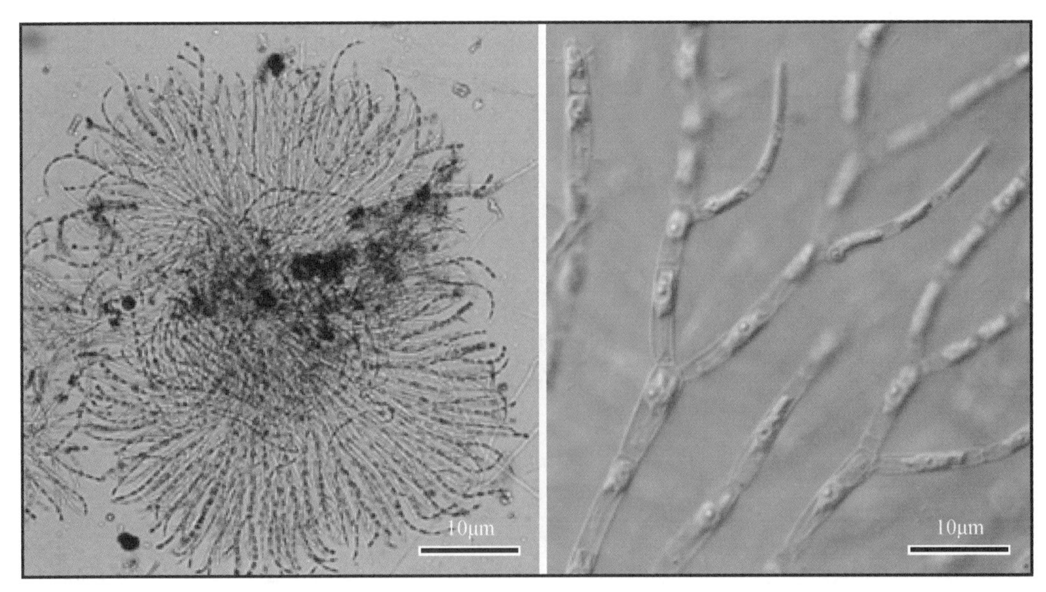

图 5-65　*Chaetophora pisiformis*（Roth）Agardh var. hamata Jao 1940

标本编号：ELS-2008-052，河滩新淹没草丛上，绿色胶球。

此变种此前仅发现于中国湖南。

（22）温泉毛枝藻（图5-66）

植物体鲜绿色，高1～5cm，从短的、匍匐蔓延的基部长出丰富的直立部分，基部具假根；初级分枝双叉型或互生型，小枝稀疏，互生或有时彼此远离，小枝逐渐向顶部变狭形成尖的顶部或呈鞭形，有时具毛；主轴细胞圆柱形，常略膨大，宽8～12μm，长为宽的2～4倍，小枝细胞长为宽的2～5倍。

标本编号：ELS-2008-013，温泉流水沟，鲜绿色。

此种生长在温泉中，水温幅度30～40℃左右。

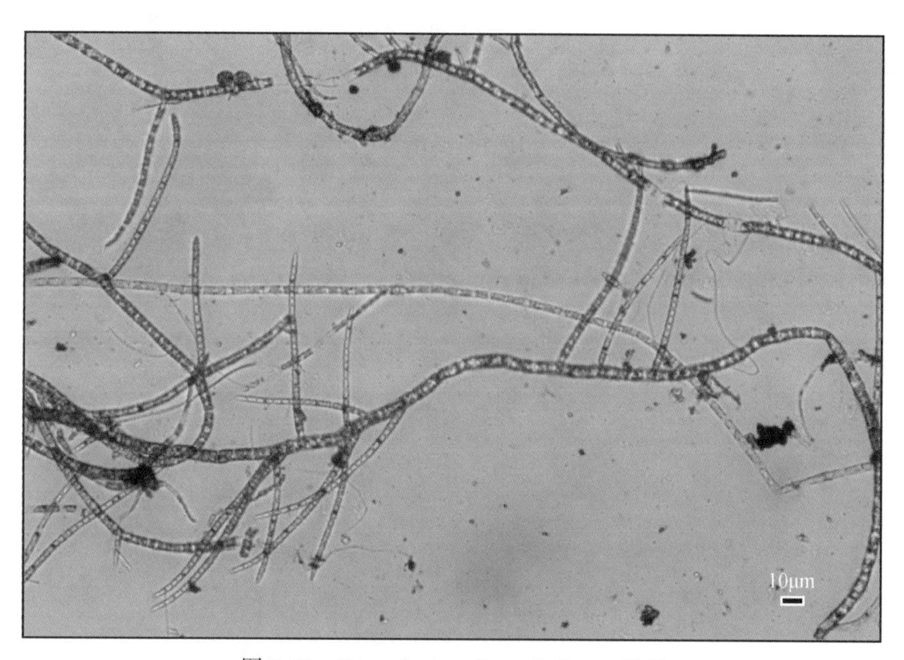

图5-66　*Stigeoclonium thermale* Braun 1849

（23）丰满毛枝藻（图5-67）

植物体附生，匍匐部分假薄壁组织状和单层细胞厚，细胞多少呈多角形，等径，排列紧密，几乎每个匍匐细胞产生一个直立丝体；直立部分分枝简单，主轴下部几乎无分枝，上部分枝互生，分枝顶端钝尖，罕见末端细胞具无色多细胞的毛；主轴细胞圆柱形或膨大，宽6～8μm，长为宽的1～2倍，有时略长，分枝顶端细胞常较长。

标本编号：ELS-2008-068，Gusinoozersk市Goose湖，沿岸带浅水石头上，绿色斑点。

在清洁水体中分布较广，附着在各种基质上，成绿色圆斑。

（24）小毛枝藻（图5-68）

植物体垫状，丛生，滑腻，鲜绿色，高可达10cm，匍匐部分胶群体状，有丰富的假根；直立枝丰富，分枝简单，互生或对生，分枝常从具角的短而小的细胞长出，向前渐细，顶端圆锥形，罕具柔细的毛，上部的次级分枝较短，散生或互生，或为细长的丛状；主轴细胞圆柱形，横壁略收缢，宽6～17μm，长为宽的2～5（或～6）倍。

标本编号：MG-2008-021，草原小积水坑中，塑料瓶、废轮胎上，绿色绒毛状。

图 5-67 *Stigeoclonium farctum* Berthold 1878

此种是这一属中最普通和最多形的种类之一，世界广泛分布，多数生长在流动水体中，对重金属、富营养等有较高的耐受力。

图 5-68 *Stigeoclonium tenue*（Agardh）Kuetzing 1843

（25）粗枝羽枝藻（图 5-69）

植物体高约 5cm，以假根着生；直立主轴分枝丰富，对生、互生，主轴细胞绝大多数为短腰鼓形或棒形，膨大，横壁具收缢，宽 40～60μm，长为宽的 1～2（或～3）倍，在主轴和初级分枝上具有许多短的、由少数细胞组成的小枝，单一和不规则稀疏地散生，小枝顶端细胞顶部钝圆，细胞多数膨大，横壁具收缢，宽 6 ~ 10μm，长为宽的 1 ~ 2 倍，色素体带状，主轴细胞蛋白核多数。

标本编号：ELS-2008-048，流水沟水草叶上，绿色丛状。

我国黑龙江有分布。

图 5-69　*Cloniophora macrocladia*（Nordstedt）Bourrelly 1952

（26）簇生竹枝藻（图 5-70）

植物体高可达 2cm，以假根着生；分枝丰富，单生、对生，与主轴多成直角伸出；小枝丛状，对生或轮生，无明显的中轴，外形呈圆形或椭圆形，小枝基部常有 1 或 2 个柄细胞，顶端细胞前端有时形成无色的长毛；主轴细胞明显膨大，腰鼓形（桶形），宽 35 ~ 70μm，长为宽的 1 ~ 2 倍，色素体带状，位于细胞中部，约占细胞长度的一小半，具数个蛋白核，小枝细胞宽 6 ~ 15μm。

标本编号：ELS-2008-066，Gusinoozersk 市 Goose Lake，沿岸带浅水石上。

此种在我国分布较广，但形态变化也大，仅出现在早春。

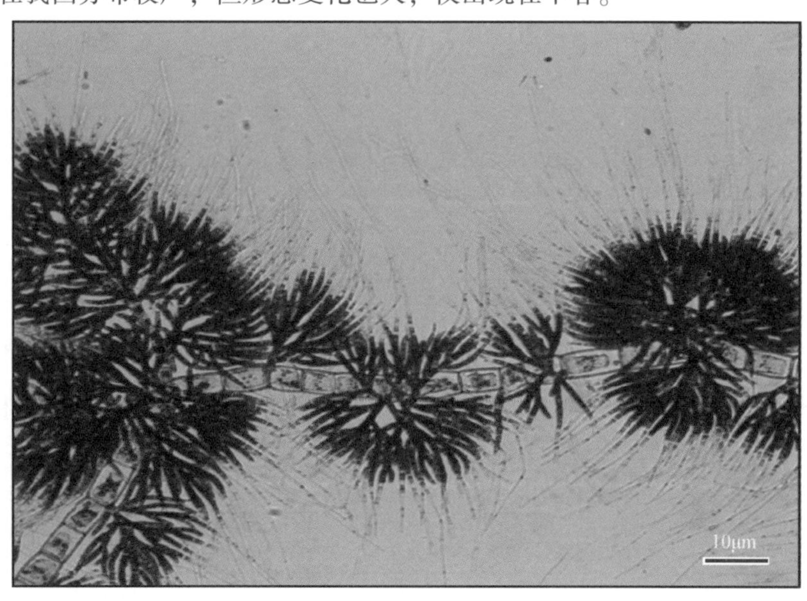

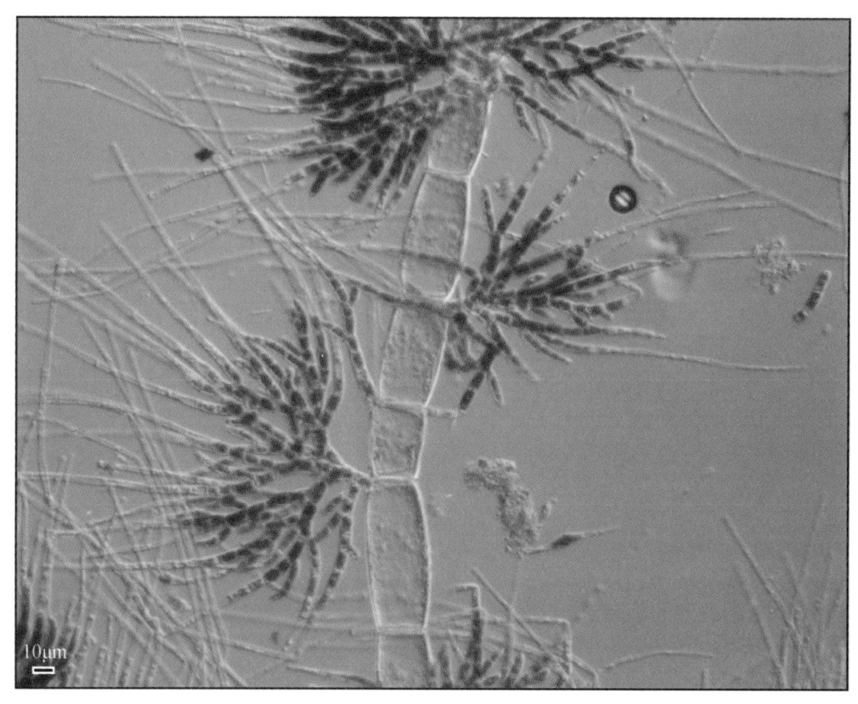

图 5-70 *Draparnaldia glomerata*（Vaucher）Agardh 1824

（27）贝加尔竹枝藻（图 5-71）

植物体为鲜绿色，长可达 30cm，被明显胶质包裹，主轴被假根包围形成皮层。主轴二叉分枝，主轴上的小枝分枝密集形成明显的节，类似淡水红藻串珠藻，一个主轴细胞上着生小枝通常 2 ~ 3 个；主轴细胞非常宽，可达 400 ~ 500μm，分枝细胞宽 12 ~ 15μm。

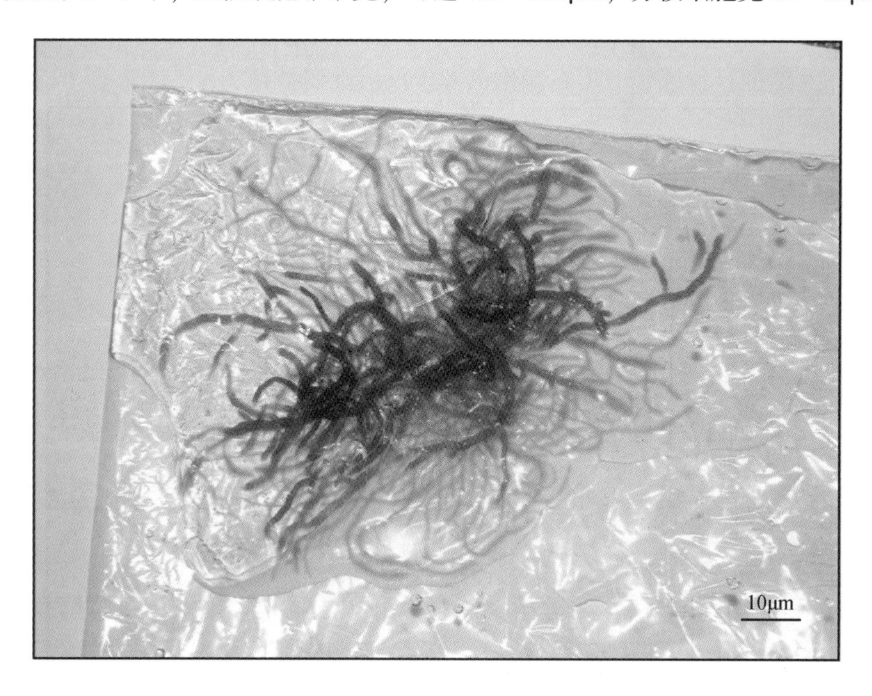

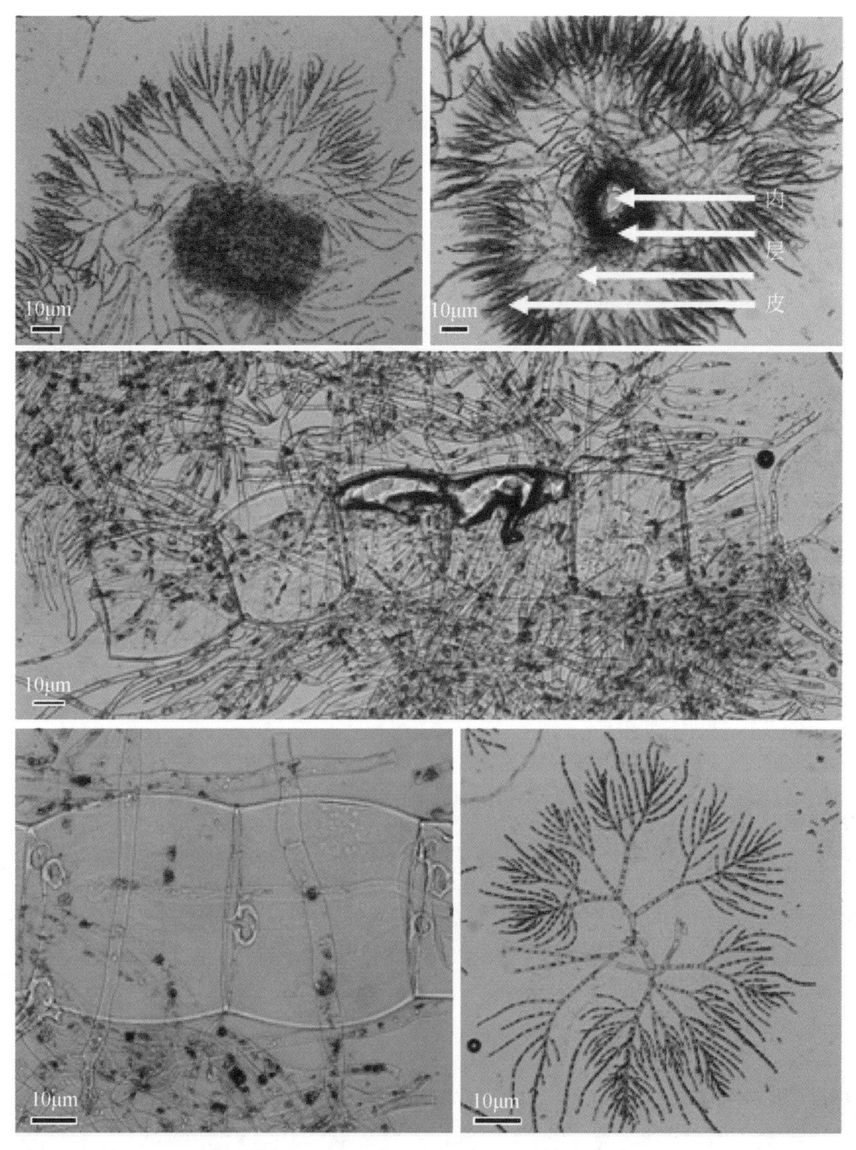

图 5-71　*Draparnaldia baicalensis* Meyer 1922

标本编号：ELS-2008-066，贝加尔湖湖湾小水沟。

此种自发表后一直少有人再采得标本进行详细研究，它的植物体非常大，在此属中绝无仅有，肉眼容易和淡水红藻串珠藻混淆，但植物体为鲜绿色。Forest（1957）对苏联人 Denisova 在 1955 年采集的标本进行了研究，认为它和苏联人定名的贝加尔湖标本 *D. lubrica*、*D. lubrica* f. *ramulifera*、*D. pilosa* 和 *D. pumila* 是同物异名。在竹枝藻属中，其胶被和分枝发育最复杂，但没有发现多细胞的孢子囊。

经过 Meyer 和 Forest 的研究，贝加尔竹枝藻的形态特征依然没有得到充分仔细的描述，特别是很重要的特征如小枝形态和皮层组成，附图也不清楚。依据我们的观察，它的植物体横切可分为四层结构，分别是：①内层髓细胞，就是其主轴细胞，在其上端着生 2～3 个小枝；②皮层，由小枝基部的假根组成，接近无色，但有残存色素体。在

Meyer 的最初描述中就有关于皮层的绘图，但没有详细叙述它的组成及外层密集分枝系统；Forest 的研究也没有描述这项精细结构；③中间层，由二分叉的小枝轴细胞组成，和胶毛藻属（*Chaetophora*）类似，非常疏松；④外层，由小枝末端密集分枝系统组成，很显然，这些末端分枝系统也是有主轴的，每一个分枝最初是从轴细胞斜生向外的，但后来可以发育成二叉分枝状，并且和小枝轴细胞一样宽，构成中间层。Meyer 和 Forest 都对末端分枝系统进行了绘图，但绘图技术太粗糙，均没能如实反映它的形态。

我们认为，它的植物体主轴细胞具有由假根组成的皮层，和此属其他种的区别非常大，后者通常只有植物体基部具有固着假根，也许应该新成立一个单独的属，但这需要更多证据，我们将进一步深入研究，特别是分子证据。

（28）溪流链瘤藻（图 5-72）

植物体垫状，圆形，直径可达 900μm，牢固附着于底物上；较大个体表面常有数轮圈纹；植物体由分枝丰富、互相交织的丝状体组成的匍匐部分，和向上伸出的直立枝构成；匍匐部分的丝状体较长，长度几乎相等，彼此排列近于平行，各丝状体约在同一位置伸出分枝；丝状体近基部的细胞较短，近前端者较长；分枝均较短，一般只由 1 ~ 3 个细胞组成，不再分枝；细胞宽 3 ~ 5μm，长与宽的 1.5 ~ 5 倍，含 1 个侧位片状色素体，有 1 ~ 2 个蛋白核。

标本编号：ELS-2008-016、ELS-2008-029，均生于急流中石头上。

仅见于水质良好的急流中。

图 5-72 *Gongrosira fluminensis* Fritsch 1929

（29）隐毛藻（图 5-73）

植物体是不分枝、或分枝极短的丝状体，匍匐，通常只由数个或十余个近圆柱形或略膨大的细胞组成；细胞宽 6 ~ 12μm，长 7 ~ 15μm；每个细胞朝上生出 1 根，单细胞刺毛，其长可达 200um 以上，基部膨大如葱头状，宽 3 ~ 4μm；细胞内有 1 个侧位的带状色素体，1 到几个蛋白核。

标本编号：ELS-2008-011，河边草地永久小水坑，长有水草，网捞。

世界各地都有记录，附生于大型丝状藻类、轮藻类或其他高等水生植物体上。

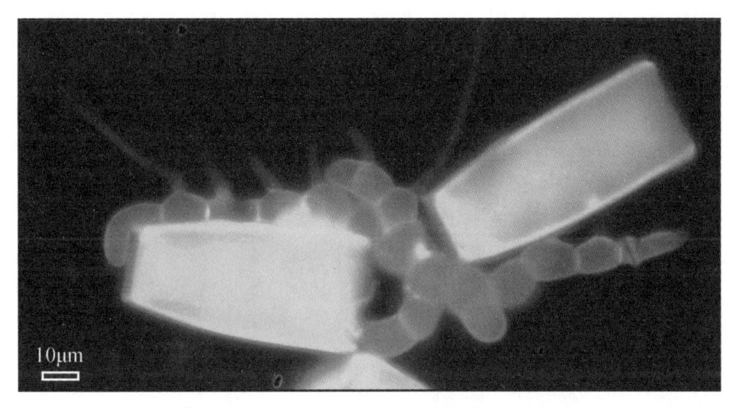

图 5-73　*Aphanochaete repens* Braun 1851

（30）不规则毛丝藻（图 5-74）

植物体附生或内生于淡水红藻——一种串珠藻的胶被中，单列丝状体不规则分枝，主要丝状体匍匐在胶被外围，分枝和毛向外伸展，毛基部多少膨大，毛位于分枝末端或其他细胞上。细胞圆柱形，9 ~ 15μm 宽，长为宽的 2 ~ 4 倍，色素体周生，片状，具 1 ~ 2 个蛋白核。毛基部宽 4 ~ 5μm。

标本编号：ELS-2008-024，山间小湖湖边石头底面上附着胶丝状体。附着在淡水红藻——一种串珠藻（*Batrachospermum*）上。

常生活于串珠藻（*Batrachospermum*）、胶毛藻（*Chaetophora*）、四胞藻（*Tetraspora*）的胶被上。这是一种比较罕见的附生藻类，相关研究不多，文献查不到它具有卵式生殖，但俄罗斯标本中并没有看到，可能是季节原因。其他地区只有欧洲和北美的报道，中国没有记录。

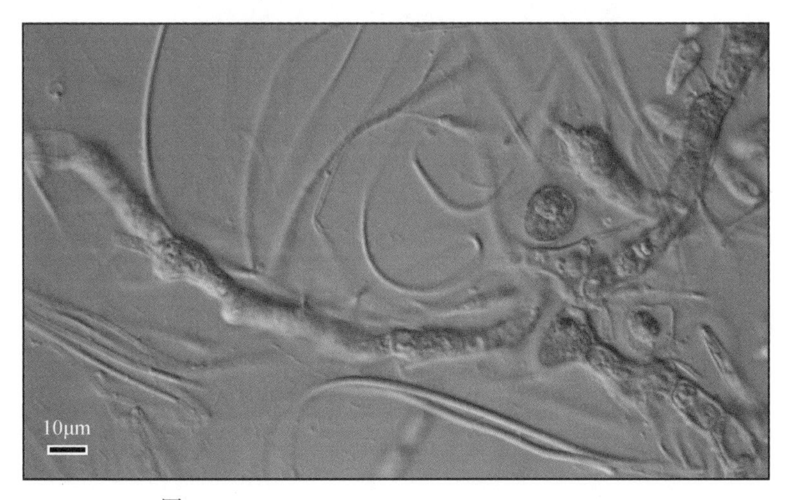

图 5-74　*Chaetonema irregulare* Nowakowski 1876

（31）一种鞘藻（图 5-75）

雌雄异株，雄株宽 13 ~ 15μm，长为宽的 4 ~ 5 倍，精子囊 3 ~ 6 个连生，精子横分裂；雌株宽 12 ~ 14μm，长为宽的 4 ~ 5 倍，卵囊球形，开孔上位，卵孢子未成熟。

标本编号 ELS-2008-078，附着在 Gusinoozersk 市区马路边积水坑的石头上。

鞘藻属的种类在全世界各种生境广泛生长，附着在水体各种基质上，贝加尔湖地区也应该有丰富的鞘藻属种类，但由于季节原因，我们采的标本大都处于营养时期，未能鉴定到种。

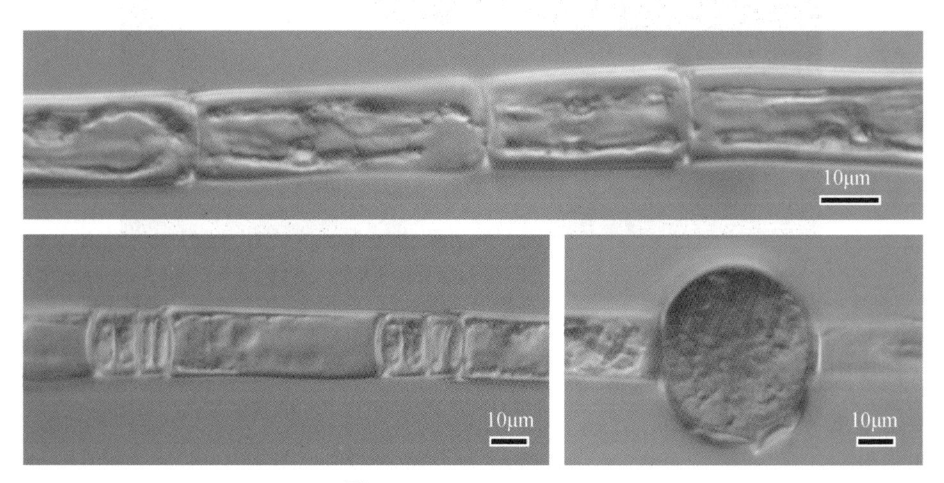

图 5-75　*Oedogonium* sp.

（32）一种毛鞘藻（图 5-76）

雌雄同株，营养细胞长为宽的 1.5 倍，宽 14 ~ 16μm。植物体未成熟。

标本编号 ELS-2008-012。河边草地永久性小水坑，长有水草。

毛鞘藻属常附着在清洁水体的大型藻类或水草茎上，贝加尔湖地区应该种类丰富，但我们采集季节不是很好，繁殖特征难以确定。

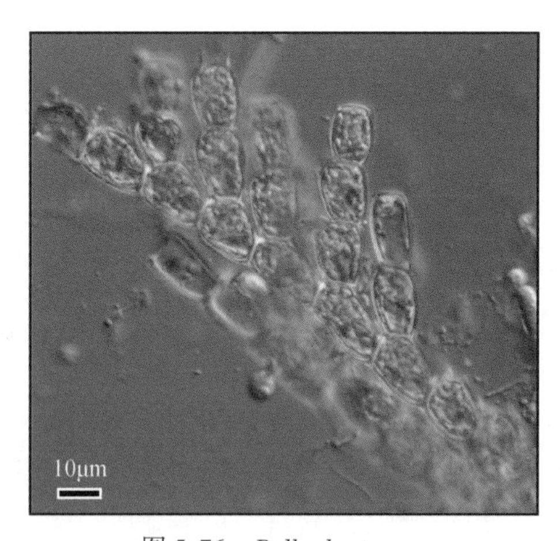

图 5-76　*Bulbochaete* sp.

（33）孤枝根枝藻（图 5-77）

植物体深绿色，为不分枝的单列丝状体，夹杂在苔藓丛中。丝状体具单细胞的，偶成多细胞的假根；营养细胞宽 10 ~ 32μm，长为宽的 2 ~ 5 倍，细胞壁宽 1 ~ 2μm。

标本编号：ELS-2008-055，山间小溪苔藓丛中。分布广泛，但变异也大。

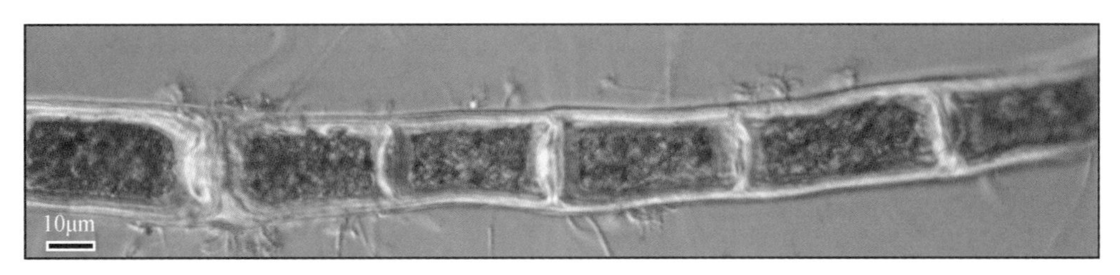

图 5-77　*Rhizoclonium hieroglyphicum*（Agardh）Kuetzing 1843

（34）团集刚毛藻（图 5-78）

分枝丝状体，主轴假双叉分枝，末端分枝系统为向顶形态，常呈镰刀形的向内或外弯曲。在顶端的分枝系统生长主要是顶端分裂，每一个新细胞在细胞顶端产生一个分枝。居间生长开始于离顶端一段距离处。次级分枝在离顶端一段距离的居间横壁处产生。分枝斜向着生在细胞顶端，植物体变老时，和主轴分开的横壁可能接近水平，因此呈现假双叉形态。每个细胞最多可着生 3 个分枝；末端细胞经常轻微渐尖。顶端细胞直径：32～43μm，长/宽为 3.5～13；主轴细胞宽 82～110μm，长/宽为 2.5～8；植物体长可达 30cm。

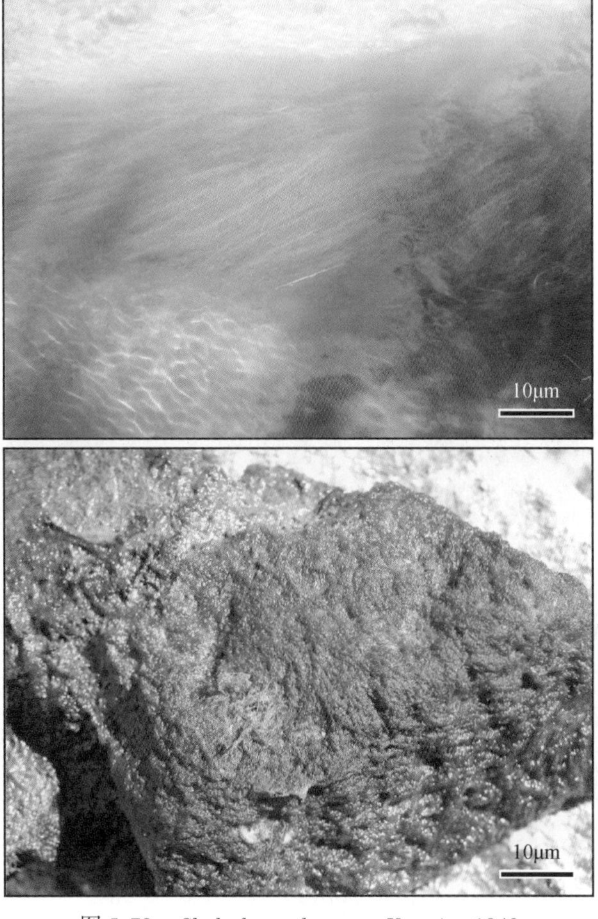

图 5-78　*Cladophora glomerata* Kuetzing 1843

标本编号：ELS-2008-063，乌兰乌德市区河流石头上；MG-2008-007、MG-2008-017，湖泊岸边石头上。

全世界广泛分布，生活于各种流动水体，包括湖泊风浪带的各种基质上。

（35）盐田浒苔（图 5-79）

植物体管状，常有分枝；丝状体宽 60 ~ 110μm，细胞多为四角形，宽 10 ~ 15μm，排列较整齐。

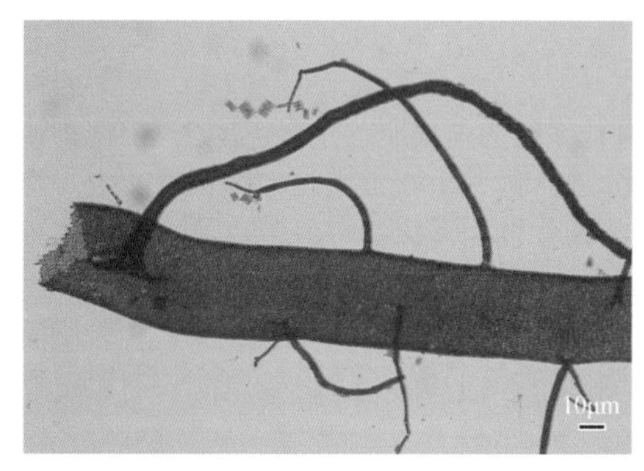

图 5-79　*Enteromorpha salina* Kuetzing 1856

标本编号：MG-2008-001，草原盐泽中漂浮。

国内产于内蒙古。

（36）裂线藻（图 5-80）

植物体为不分枝多列丝状体，长可达 10cm；下部由一列圆柱状细胞组成，细胞长 10 ~ 25μm，宽 5 ~ 20μm；中部由多个近球形细胞构成的实心圆柱体；圆柱体的横边平行，或因横向收缢而向外凸出，有时可见加厚的环状横壁；最宽处可达 180μm。基部细胞含一个带状色素体，侧位，绕细胞壁不及一周，有 2 ~ 5 个蛋白核，中部以上细胞的色素体形状不规则，具几个蛋白核。

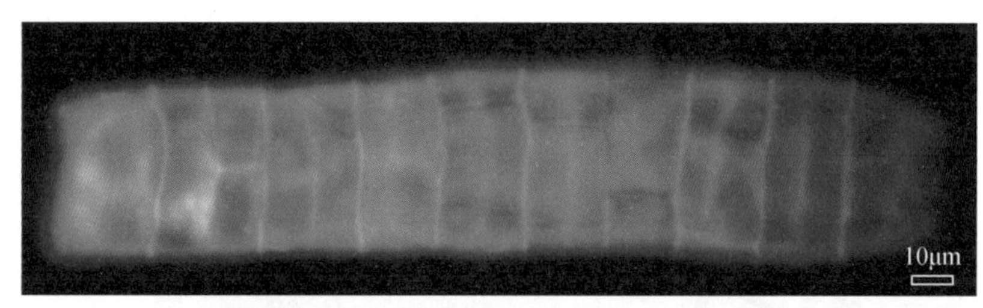

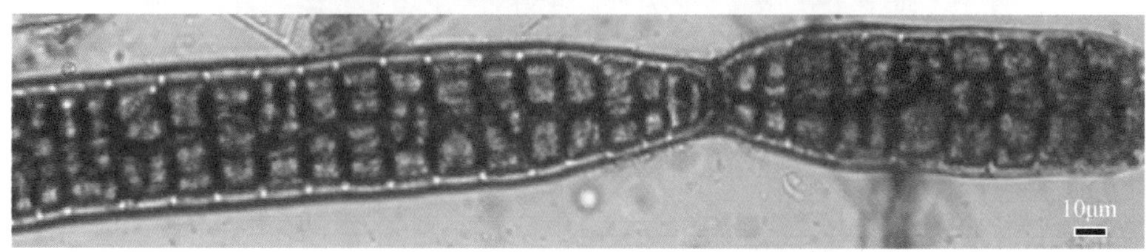

图 5-80　*Schizomeris leibleinii* Kuetzing 1843

标本编号：ELS-2008-059，巴尔古津河滩积水处，水面漂浮黄褐色团块丝状体；标本编号：ELS-2008-011，河滩草地永久性小水坑，水草多。

此种为普生性藻类，在全世界分布极广，但并不常见，生态变异甚大。

（37）锐新月藻（图 5-81）

细胞大，狭纺锤形，长为宽的 8 ~ 10 倍，背缘弯曲，腹缘近平直，顶端略向背缘反曲，细胞壁平滑，无色。每个半细胞具 1 个脊状色素体，中轴具 1 列蛋白核。末端液泡具一些颗粒。细胞宽 25 ~ 50μm，长 300 ~ 500μm。

标本编号：ELS-2008-025，河滩缓流处，多小石头。

此种为普生性藻类。

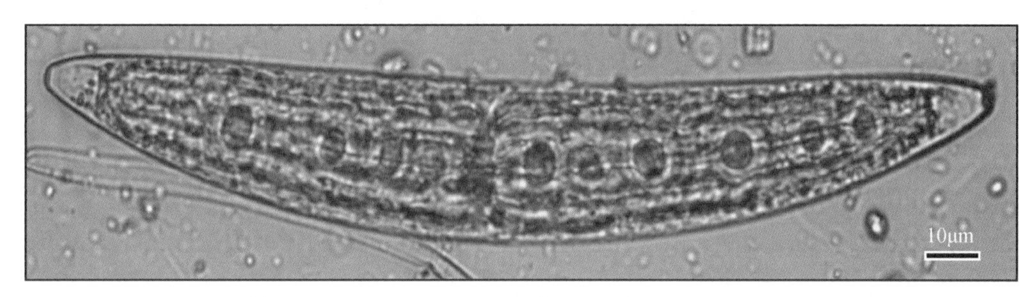

图 5-81　*Closterium acerosum*（Schrank）Eherenberg 1828

（38）模糊鼓藻（图 5-82）

细胞中等大小，长略小于宽，缢缝深凹，狭线形，顶端扩大。半细胞正面观半椭圆形，顶缘略平。半细胞侧面观扁圆形；垂直面观椭圆形。细胞宽 45 ~ 50μm，长 35 ~ 40μm。

标本编号：ELS-2008-011，河滩草地永久性小水坑，水草多。

此种为普生性藻类。

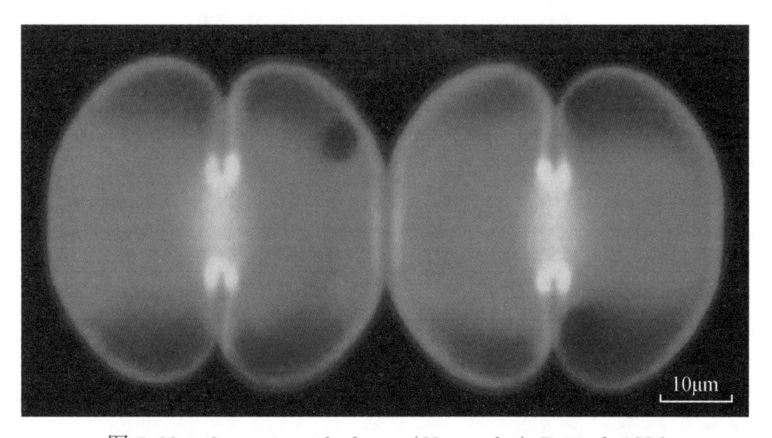

图 5-82　*Cosmarium obsoletum*（Hantzsch.）Reinsch 1826

（39）布莱鼓藻（图 5-83）

细胞小。长略大于宽，缢缝深凹，狭线形。半细胞正面观半圆形，顶缘平直，侧缘具 4 个圆齿。细胞宽 10 ~ 15μm，长 10 ~ 20μm，厚约 10μm，缢部宽 3 ~ 6μm。

标本编号：ELS-2008-011，河滩草地永久性小水坑，水草多。

较常见。

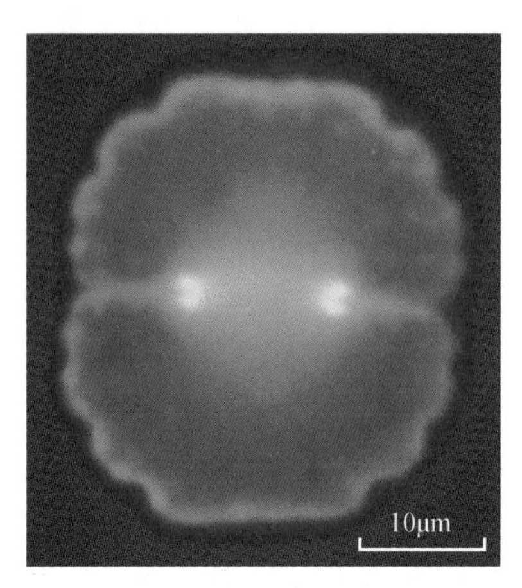

图 5-83 *Cosmarium blytii* Will 1912

(40) 珍珠鼓藻 (图 5-84)

细胞大，长略大于宽，缢缝深凹，狭线形，外端扩大。半细胞正面观近长方形，顶缘和侧缘均略凸起；侧面观近圆形。垂直面观长椭圆形。细胞宽 60～70μm，长 70～80μm，厚 35～40μm。

标本编号：ELS-2008-011，河滩草地永久性小水坑，水草多。

较常见种类。

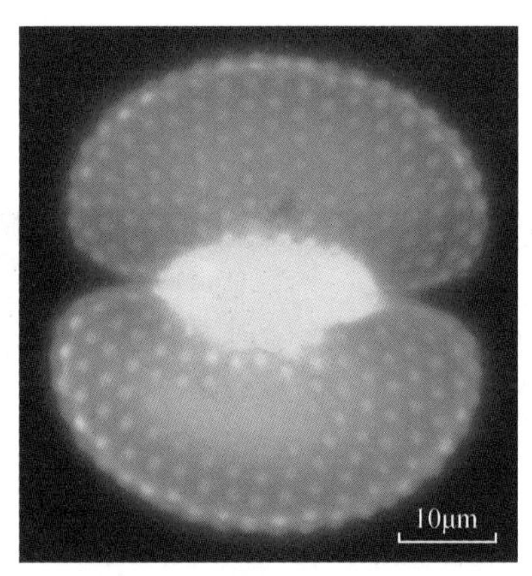

图 5-84 *Cosmarium margaritatum* (Lund) Roy et Biss. 1945

(41) 曼弗角星鼓藻 (图 5-85)

细胞中等大小，宽约为长的 1.3 倍，缢缝顶端尖，向外张开成锐角。半细胞近杯形，顶缘略凸出，侧缘斜向上，缢部上端具一圈颗粒。顶角具数轮齿，缘边呈波状，末端具 3～4 个小刺。垂直面观三角形。细胞宽 40～60μm，长 30～40μm，缢部宽 8～10μm。

标本编号：ELS-2008-011，河滩草地永久性小水坑，水草多。

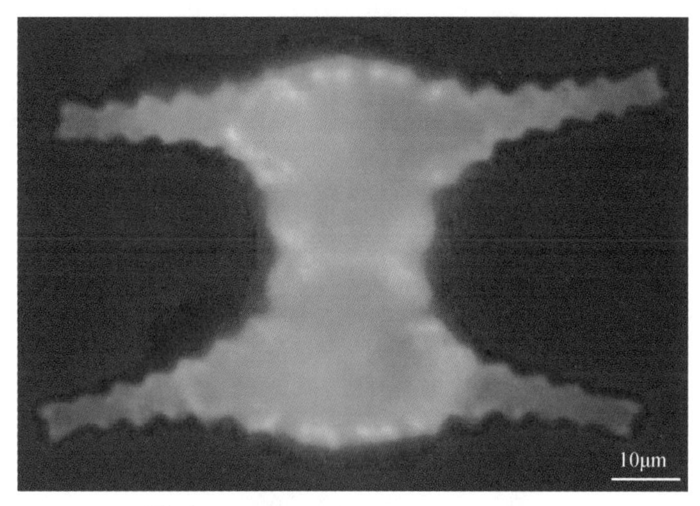

图5-85　*Staurastrum manfeldtii* Delp. 1932

（42）十字双星藻（图5-86）

营养细胞宽30～35μm，长35～58μm；梯形接合；接合孢子囊近圆柱形；接合孢子位于雌配子囊中，球形或近球形，宽30～35μm，长32～40μm；中孢壁具圆孔纹，孔径2～3μm。

标本编号：ELS-2008-059，巴尔古津河滩积水处，水面漂浮黄褐色团块丝状体。

分布较广。

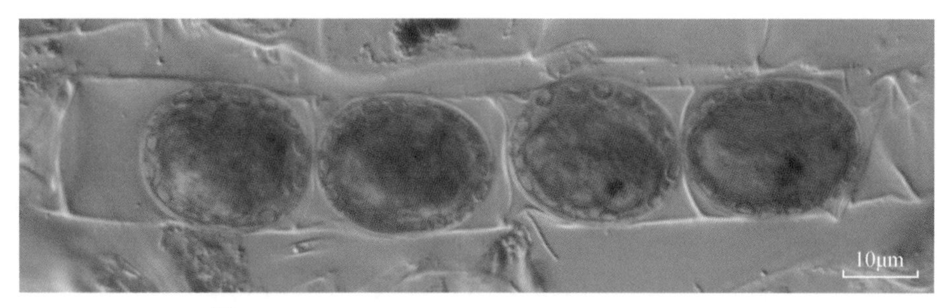

图5-86　*Zygnema cruciatum*（Vaucher）Agardh 1817

（43）密集水绵（图5-87）

营养细胞宽45～50μm，长为宽的2～4倍；横壁平直，色素体1条，3～6螺旋，梯形接合，接合管由雌雄配子囊形成；接合孢子囊圆柱形或略膨大；接合孢子囊椭圆形，两端略尖圆，宽43～48μm，长52～80μm；中孢壁平滑，成熟后黄褐色。

标本编号：ELS-2008-059，巴尔古津河滩积水处，水面漂浮黄褐色团块丝状体。

此种比较少见，海拔可达4000m以上。

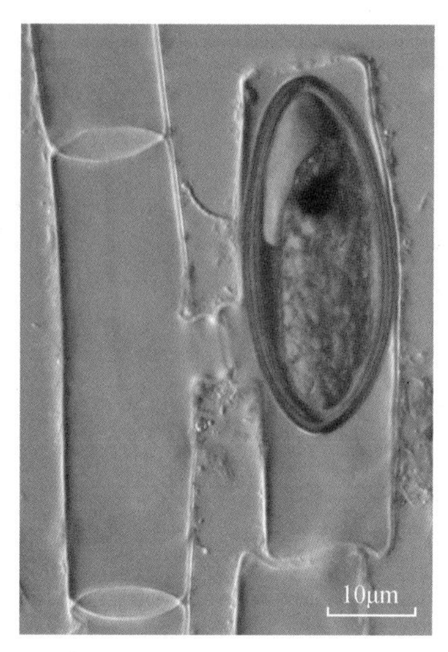

图 5-87 *Spirogyra condensate*
(Vaucher) Kuetzing 1843

5.5 自然保护区

5.5.1 贝加尔湖地区自然保护区

贝加尔湖是世界上容量最大，最深的淡水湖，位于俄罗斯东西伯利亚南部、布里亚特共和国和伊尔库茨克州境内（53°N，108°E），距蒙古边界仅 111km，是东亚地区不少民族的发源地（图 5-88）。贝加尔湖长 636km，平均宽 48km，最宽 79.4km，面积 $3.15\times10^4km^2$，居世界第 8 位。平均深度 744m，最深点 1642m，湖面海拔 456m，贝加尔湖总容积 23 600km^3。在贝加尔湖周围，总共有大小 336 条河流注入湖中，而从湖中流出的则仅有安加拉河，年均流量仅为 1870m^3/s。贝加尔湖在众多的俄罗斯自然景观中第一批被列入联合国教科文组织世界文化遗产名单。贝加尔湖呈长椭圆形，似一镰弯月镶嵌在西伯利亚南缘，又有“月亮湖”之称，景色奇丽，令人流连忘返。

5.5.1.1 贝加尔湖周边地区自然保护区

贝加尔湖中有植物 600 种，水生动物 1200 种，其中，3/4 为特有种，如鳇鱼、鲟鱼、凹目白蛙和鸦巴沙。贝加尔湖虽是淡水湖，却也生长有硕大的北欧环斑海豹和髭海豹。湖畔辽阔的森林中生活着黑貂、松鼠、马鹿、大驼鹿、麝等多种动物。湖水结冰期长约 5 个多月。湖滨夏季气温比周围地区约低 6℃，冬季约高 11℃；相对湿度较高，具有海洋性气候特征。湖水澄流澈清冽，且稳定，透明度 40.8m，为世界第二。贝加尔湖上最大的岛屿是奥利洪达岛（长 71.7km，最宽 15km，面积约为 730km^2）。贝加尔湖沿岸生长着松、云杉、白桦和白杨等组成的密林，地下埋藏着丰富的煤、铁、云母等矿产资源，湖中盛产多种鱼类，是俄罗斯重要渔场之一。但近些年来沿岸工业的发展，特别是南岸工厂尘烟的洒落，湖水受到污染。不过俄罗斯政府已经提出了一项保护贝加尔湖

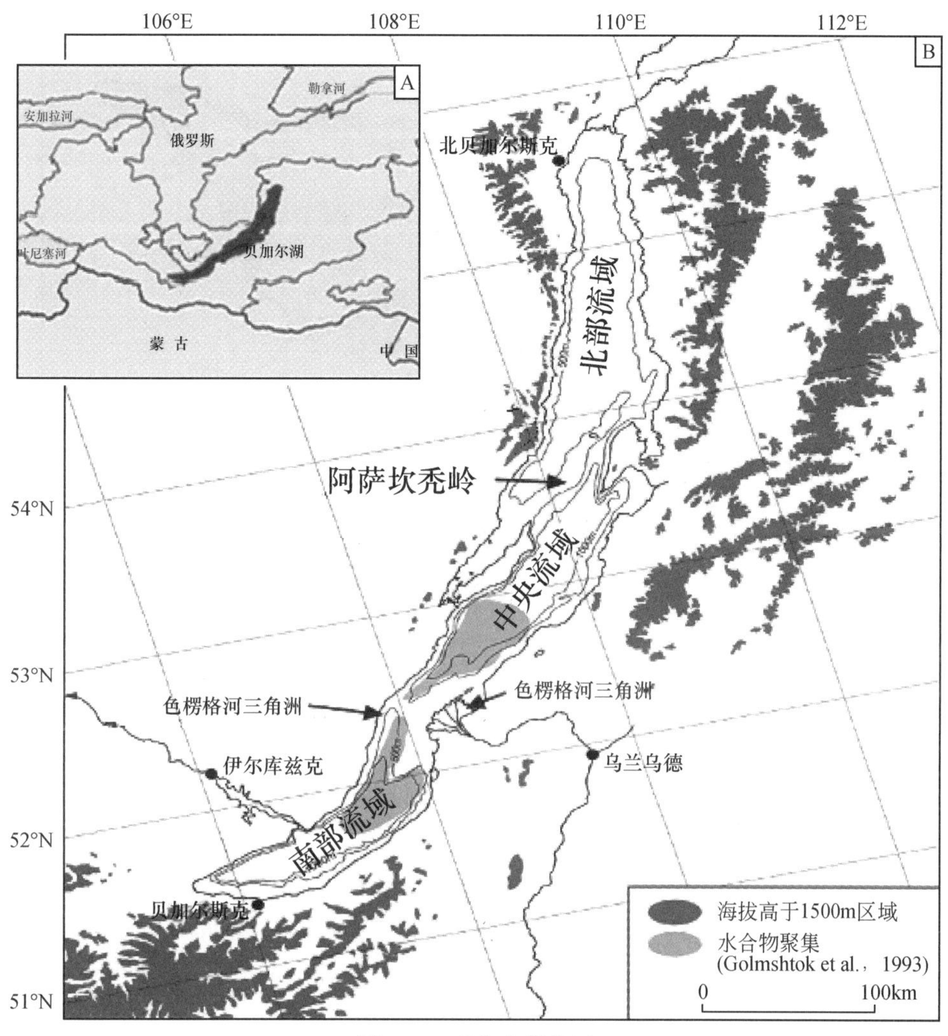

图 5-88　贝加尔湖位置

的法令，其中包括纸浆厂必须改造，到 1993 年已全部实现了无害于环境的生产活动。

因贝加尔湖具有得天独厚的条件，俄罗斯专门在这里建立了“贝加尔湖自然保护区”。科学家们卓有成效地进行了自然科学、生态学的研究，贝加尔湖是研究进化过程的一个大自然实验室。

图 5-89 为贝加尔湖地区自然保护区分布状况。

5.5.1.2　贝加尔湖周边地区植被

贝加尔湖两岸是针叶林覆盖的群山（表 5-2 为贝加尔湖地区植被名录，图 5-90 为贝加尔湖地区自然保护区植被景观）。山地草原植被分别为杨树、杉树和落叶树、西伯利亚松和桦树，植物种类达 600 多种，其中 3/4 是贝加尔湖特有的品种。贝加尔湖西岸是针叶林覆盖的连绵不断的群山，有很多悬崖峭壁，东岸多为平原。由于两岸气候的差异，自然景观也就迥然不同。贝加尔湖地区的森林树种以松科植物占优势，但却比中国

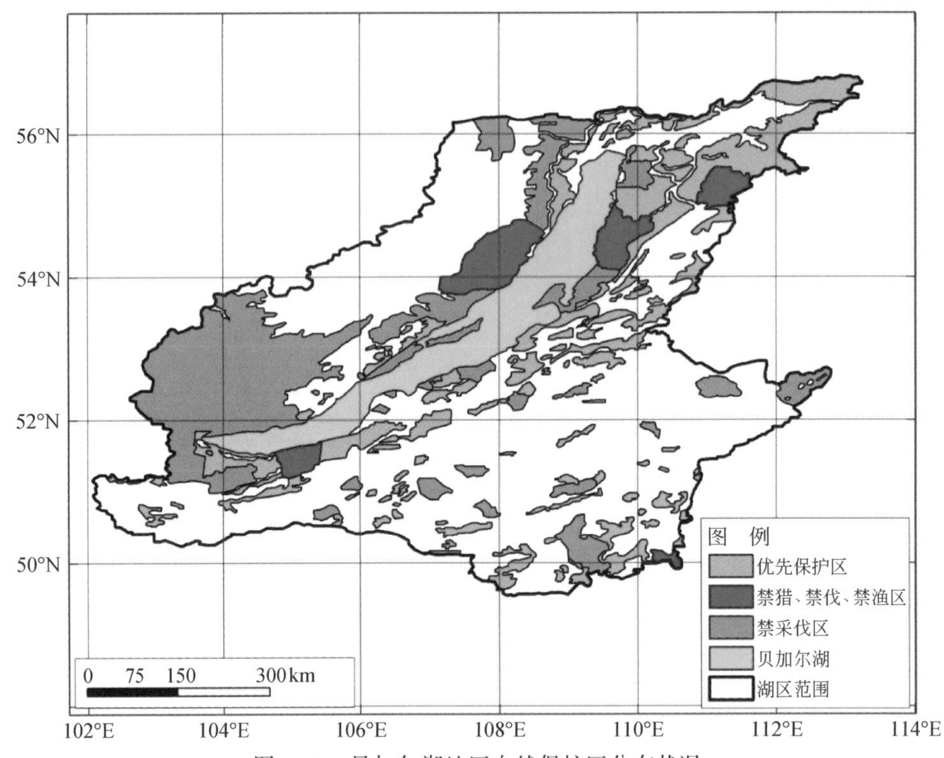

图 5-89 贝加尔湖地区自然保护区分布状况

东北地区的森林树种单一，且呈现明显的地理替代。例如，落叶松属植物，在贝加尔湖地区为西伯利亚落叶松（*Larix sibirica*）和 *Larix czekanowski*，在中国东北地区为长白落叶松（*Larix olgensis* var. *changpaiensis*）、兴安落叶松（*Larix gmelinii*）和华北落叶松（*Larix prencipis-rupprechtii*）；松属植物，两地共有的是适应恶劣生境中的偃松（*Pinus pumila*），在贝加尔湖地区的松林以西伯利亚红松（*Pinus sibirica*）和欧洲赤松（*Pinus sylvestris*）为优势，而到了中国东北地区则以红松（*Pinus koraiensis*）、樟子松（*Pinus sylvestris* var. *mongolica*）、兴凯松（*Pinus ussuriesis*）、油松（*Pinus tabulaeformisnii*）等为优势。

贝加尔湖地区的植被为典型的温带森林草原植被，但不同植被类型的分布有着明显的地理差异。该地区的植被以泰加林为主，森林覆盖率达 70%，分布海拔在 500～1100m，优势树种为西伯利亚落叶松（*Larix sibirica*）、西伯利亚红松（*Pinus sibirica*）和欧洲赤松（*Pinus sylvestris*）。在相同的海拔上，分布着以针茅（*Stipa* spp.）、羊茅（*Festuca* spp.）为优势的羊草草甸，随着海拔升高，出现亚高山草甸和山地苔原，而在贝加尔湖或森林草甸之间大小湖泊的湖滨带，则呈现出以莎草科、毛茛科、蔷薇科植物为主的沼泽草甸，在湖泊水体中为以眼子菜（*Potamogeton* spp.）、水毛茛（*Batrachium* spp.）、黑三棱（*Spargonium* spp.）为主的水生植被。贝加尔湖水生植被的重要特点之一是拥有大量的海绵，有的海绵高达 15m，形成水下丛林。植被的南北差异也很明显。以森林为例，在贝加尔湖地区的南部，为以西伯利亚红松（*Larix sibirica*）和欧洲赤松（*Pinus sylvestris*）为优势的松林，树种较多，除松树外，还有桦木（*Betula* spp.）、蔷薇（*Rosa* spp.）等，而在北部地区则为以西伯利亚落叶松（*L. sibirica*）为优势的落叶松林，树种单一，几乎是纯林。

表 5-2　贝加尔湖地区植被名录

科名		贝加尔湖地区植被名录		中国黑龙江省种数
		属数	种数	
Asteraceae	菊科	51	140	234
Poaceae	禾本科	40	135	170
Cyperaceae	莎草科	8	101	128
Fabaceae	豆科	20	91	95
Ranunculaceae	毛茛科	24	83	98
Rosaceae	蔷薇科	22	77	126
Brassicaceae	十字花科	32	55	52
Caryophyllaceae	石竹科	23	55	47
Scrophulaceae	玄参科	12	38	49
Apiaceae	伞形科	22	36	55
Polyonaceae	蓼科	10	32	58
Liliaeeae	百合科	5	8	113
Labiatae	唇形科	16	33	59
Salicaceae	杨柳科	2	26	49
Chenopodiaceae	藜科	8	17	40

资料来源：（吴兆录和李正玲，2007）。

图 5-90　贝加尔湖地区自然保护区植被景观

5.5.1.3　贝加尔湖的生物多样性

贝加尔湖有各种各样的植物和动物，大约有 1800 种生物（另一资料 1200 多种）在湖中生活，其中3/4是贝加尔湖所特有的，世界其他地方寻觅不到，从而形成了其独一无二的生物种群，如各种软体动物、海绵生物以及海豹等珍稀动物。贝加尔湖中有约50种鱼类，分属7科，最多的是杜文鱼科的25种杜文鱼。大麻哈鱼、苗鱼、鲱型白鲑和鲟鱼也很多。最值得一提的是一种贝加尔湖特产鱼，名为胎生贝湖鱼。另外，还有两种完全是透明的贝尔鱼。湖里有255种虾，包括有些颜色淡得近乎白色的虾。这个地区还拥有320多种鸟类以及不同种类的无脊椎动物。

湖中水生动物中多种为特有品种，如凹目白鲑、奥木尔鱼等。52种鱼类，约一半属刺鳍鱼科。贝加尔虾虎鱼科和鳍鱼科是该湖特有的鱼科。鳍鱼是深水鱼，绯红邑，无鳞，鳍像大蝴蝶的翅膀，身子透明，在亮光下整个骨骼清晰可见，最奇怪的是，鳍鱼不产卵，而生小鱼。湖中还生活着一种怪物——贝加尔海豹，即北欧海豹。这种海豹的皮色泽美丽，质地优良。它是在贝加尔湖里生活着世界上唯一的淡水海豹。冬季时，海豹在冰中咬开洞口来呼吸，由于海豹一般是生活在海水中的，人们曾认为贝加尔湖由一条地下隧道与大西洋相连。实际上，海豹可能是在最后一次冰期中逆河而上来到贝加尔湖的。

贝加尔湖地区植物植被资料是相当缺乏的，最详细的资料为2005年出版的《贝加尔地区国家公园维管束植物要览》，系统地记述了出现在该国家公园4173 km^2范围内的维管束植物，共118科494属1385种。此外，该地区还有地衣250多种、苔藓物200多种。对维管束植物物种多样性的分析发现，很少的科拥有绝大多数的植物物种。菊科、禾本科、莎草科等10个科（占总科数的8%）拥有51%（254属）的属和59%（811种）的种，这些科为该地区的大科，在植物物种构成中扮演着重要角色。而该地区还有很多小科，一个科里只有一个属或一个种。在118个科里，有67个科为单属科，占57%，有38个科为单种科，占32%。也就是说，占总科数8%的大科包含了59%的物种，占总科数32%的小科仅拥有2.7%的物种，是贝加尔湖地区植物物种多样性的一个特点。与之相比较的是中国黑龙江省大兴安岭北部，该区域与俄罗斯中南部的贝加尔湖地区南部的纬度相同。两地植物的大科均为菊科、禾本科、莎草科、豆科、毛茛科、蔷薇科，而在物种数量较多的其他科里，贝加尔湖地区百合科和藜科的物种相对贫乏，十字花科、石竹科的物种相对丰富。

5.5.2 伊尔库茨克（Irkutsk）地区自然保护区

伊尔库茨克市海拔467m，1月平均气温-20℃，7月平均气温17℃。这里年均降水量约400mm。由于受贝加尔湖调节，1月平均气温为-15℃，夏天7月平均气温为19℃，为避暑的好地方。伊尔库茨克是东西伯利亚第二大城市，位于贝尔加湖南端，是离贝加尔湖最近的较大城市，也是主要的交通枢纽。

伊尔库茨克州分布着贝加尔地区民族公园、两个自然保护区（贝加尔-勒拿自然保护区和维季姆斯基自然保护区）、13个地区性季节禁猎区、78个自然文物区，其中联邦自然文物区4个，州立自然文物区30个，地方自然文物区44个。伊尔库茨克地区自然保护区分布状况如图5-91所示。

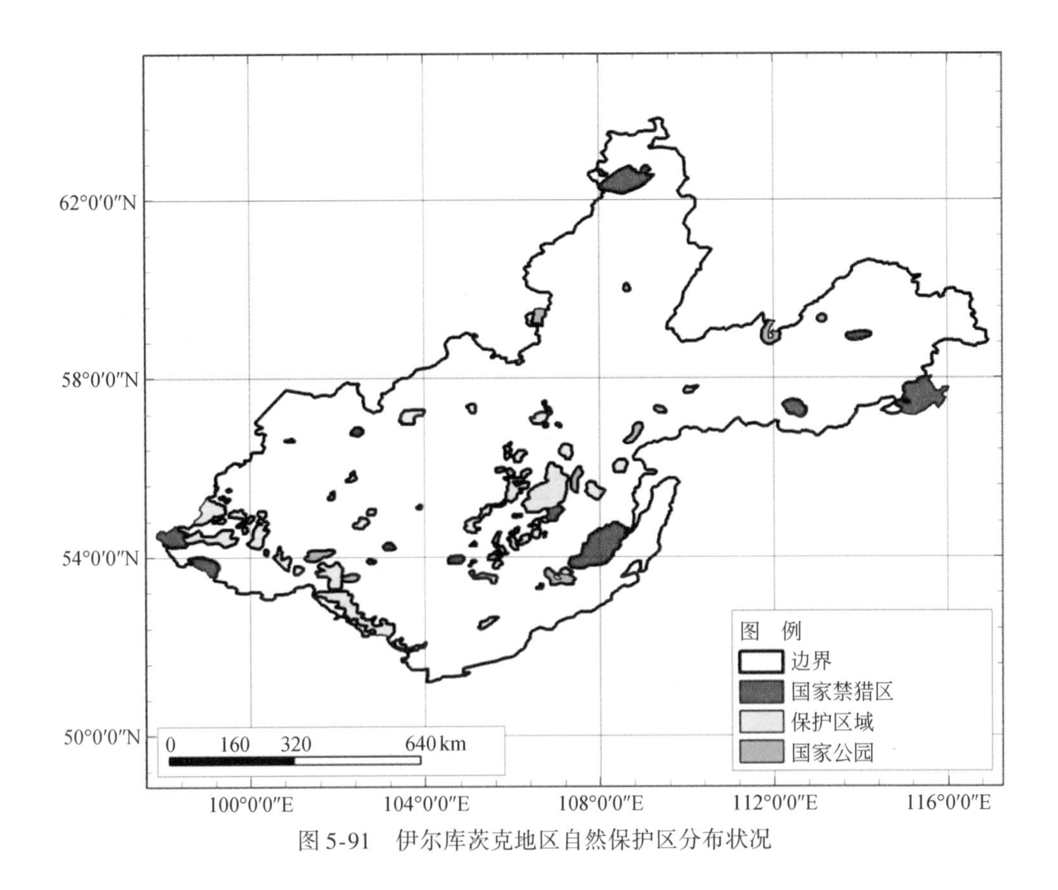

图5-91　伊尔库茨克地区自然保护区分布状况

5.5.3　雅库茨克地区自然保护区

雅库茨克位于62°N，在西伯利亚大陆腹部，冬天气温常降至-60℃，夏天最热可达40℃，温差100℃，为全世界大陆性气候表现最典型的城市。雅库茨克市是俄罗斯萨哈（雅库特）共和国的首府，距北冰洋极近，是萨哈（雅库特）共和国的科学、文化和经济中心，建于1632年，从莫斯科到雅库茨克市距离为8468km。雅库茨克市内有两个区，分别为十月区和亚拉斯拉夫斯克区，人口22万，居民多以雅库特人为主。雅库茨克属大陆性气候，严寒期长。雅库茨克1月平均气温为-40.9℃，而7月平均气温为18.7℃。由于雅库茨克市建于永久冻土层上，因此有“冰城”之称。雅库茨克地区自然保护区分布状况如图5-92所示。雅库茨克地区自然保护区植被景观如图5-93所示。

勒拿河起源于中西伯利亚高原以南的贝加尔山脉海拔1640m处，距离贝加尔湖仅20km，先朝东北方向流动，基陵加河和维京河汇入其中。与奥廖克马河会合后，经过最大城市雅库茨克进入低地区。接着河流转向北方再汇入右支的阿尔丹河。在上扬斯克山脉的阻挡下，河流被迫以取西北途径，再吸纳最重要的左支维柳依河，最后向北注入北冰洋边缘的拉普捷夫海，并在新西伯利亚群岛西南方形成面积18 000km^{2}的三角洲。河道在那里分成七支，最重要的是最东的Bylov河口。

勒拿河三角洲占据的地理区十分辽阔，面积仅次于美国的密西西比河三角洲。它占地38 073km^2，庞大的河系分成150多条水道。尽管它是最大的永久性冻土区的三角洲水系，

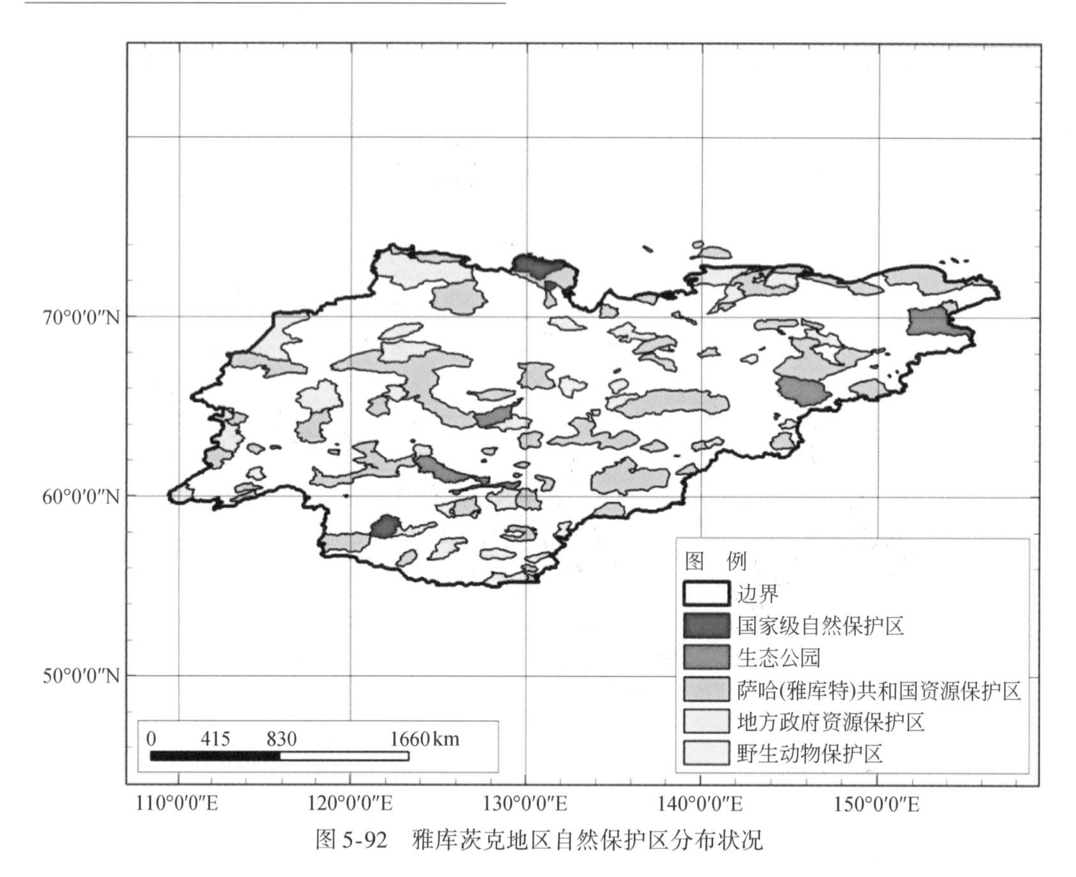

图 5-92 雅库茨克地区自然保护区分布状况

图 5-93 雅库茨克地区自然保护区植被景观

大量的泥沙有规律地顺流冲下来，沉积在三角洲地区，这就意味着三角洲处在不断变化之中。三角洲阔 400km，每年有 7 个月冰封成冻原。自 5 月开始剩下的时间是一片苍翠繁茂的湿地。三角洲的一部分已列作保护用途，称为勒拿河三角洲野生生物保护区。

勒拿河三角洲保护区是俄罗斯面积最大的野生动物保护区，是许多西伯利亚野生动物一个重要的避难所和生息地。1985 年，勒拿河三角洲的广阔地域被定义为乌斯基自然保护区。当时的苏维埃政府设置了 14 323km^2 的区域用来保护 29 种哺乳动物、95 种鸟类、723 种植物，在这为数众多的名单上，有熊、狼、驯鹿、黑貂、西伯利亚鸡貂等，也是诸如贝维基天鹅和罗斯鸥等鸟类的繁殖地。

第6章 中国北方及其毗邻地区经济社会时空格局

6.1 中国北方及其毗邻地区经济地域分异与格局

6.1.1 东北亚经济区具有重要战略地位

考察区包括俄罗斯远东联邦区与东西伯利亚联邦区南部地区、蒙古全境、中国北方华北七省（自治区、直辖市）、东北三省、西北五省（自治区），地域辽阔，资源丰富。2010年考察区GDP 2.5万亿美元，约占世界GDP总量的4%，大致相当于日本2010年国内GDP的46%，韩国GDP的2.5倍。

6.1.1.1 经济发展在东北亚总体上属欠发达水平

2010年考察区范围人均GDP约为4300美元，与中国平均人均GDP水平相当，低于俄罗斯1万美元的平均水平，仅相当于韩国人均GDP的1/5，日本的1/10。总体上处于工业化的中期阶段。

6.1.1.2 人均国内生产总值保持高速增长

2000～2010年俄罗斯远东地区人均GDP年均增长率最高，俄罗斯东西伯利亚联邦区与中国华北七省（自治区、直辖市）次之，中国东北四省与西北五省（自治区）人均GDP增长较慢。

6.1.1.3 中俄蒙的贸易联系日趋紧密

2000～2010年，中、俄、蒙贸易保持了高速增长（表6-1），年平均增长21.5%。2010年，三边贸易额总量达到604亿美元。中俄贸易主导了中俄蒙贸易的发展，中俄贸易额占三边贸易总量的92%，10年间年均增长21.4%。中蒙贸易在中俄蒙三方增长速度最快，10年间年均增长28.5%。俄蒙之间贸易也呈现加速增长的趋势。

表6-1　2000年、2005年、2010年中俄蒙贸易情况

贸易	2000年	2005年	2010年	年均增长率/%
中、俄、蒙贸易额总计/亿美元	85.93	304	604.3	21.5
俄蒙双边贸易额/亿美元	2.7	4.6	10	14.0
中俄双边贸易额/亿美元	80	291	554.5	21.4
中蒙双边贸易额/亿美元	3.23	8.4	39.8	28.5

6.1.2 内部经济发展不均衡

6.1.2.1 中国北方地区为考察区内区域经济发展主体

中国华北七省（自治区、直辖市）国内生产总值占全考察区的65%，东北三省占20%，西北五省（自治区）占11%；俄罗斯区域仅占3.6%；蒙古不到1%。中俄蒙国际合作潜力巨大（图6-1）。

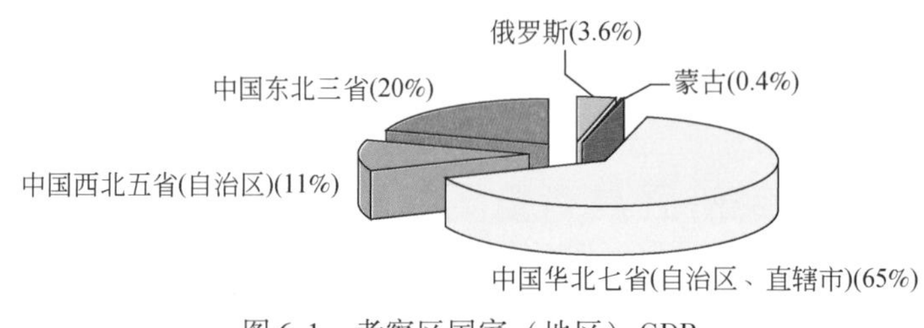

图6-1 考察区国家（地区）GDP

6.1.2.2 经济发展地域差异明显

人均GDP较高地区多为人口较少但资源经济发达。由于人口稀少，俄罗斯伊尔库茨克、远东沿海、萨哈（雅库特）共和国等地区人均GDP处于较高水平。中国北方地区北京、天津、大连、青岛、哈尔滨等中心城市，以及内蒙古呼包鄂、柴达木盆地等资源产业区人均GDP超过70 000元（图6-2）。

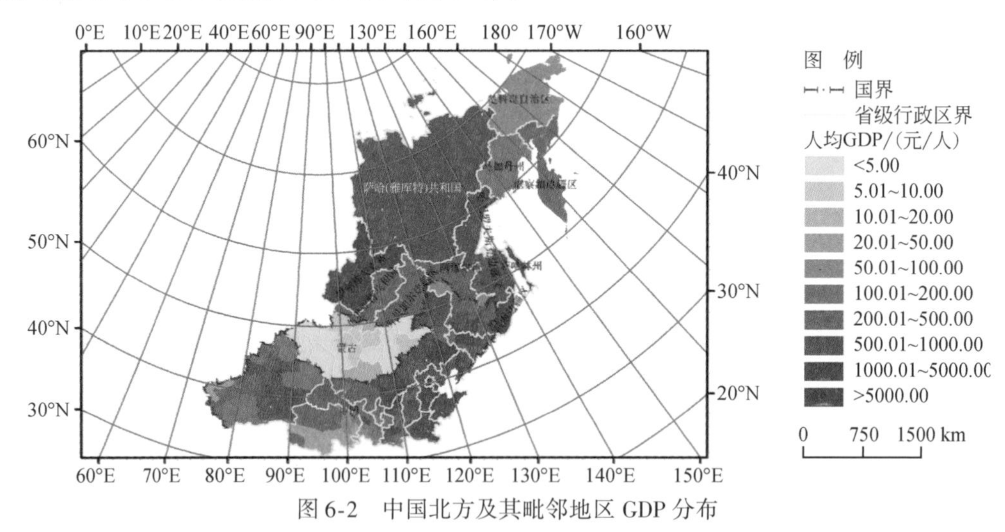

图6-2 中国北方及其毗邻地区GDP分布

经济密度总体上南高北低。中国北方地区经济总量大，土地资源相对紧张，经济密度处于较高水平，且经济密度呈现东高西低的格局；俄罗斯、蒙古地广人稀，俄罗斯经济密度较低，蒙古经济密度最低（图6-3）。

样带内地区生产总值，2010年呈现南北高，中间低的4个梯度空间分布特征。第一梯度为样带东南部中国环渤海湾北京、天津、河北、山东等，经济发展水平最高，沿海的地区GDP基本在1000亿元以上；第二梯度为样带北部俄罗斯泰梅尔（多尔干-涅

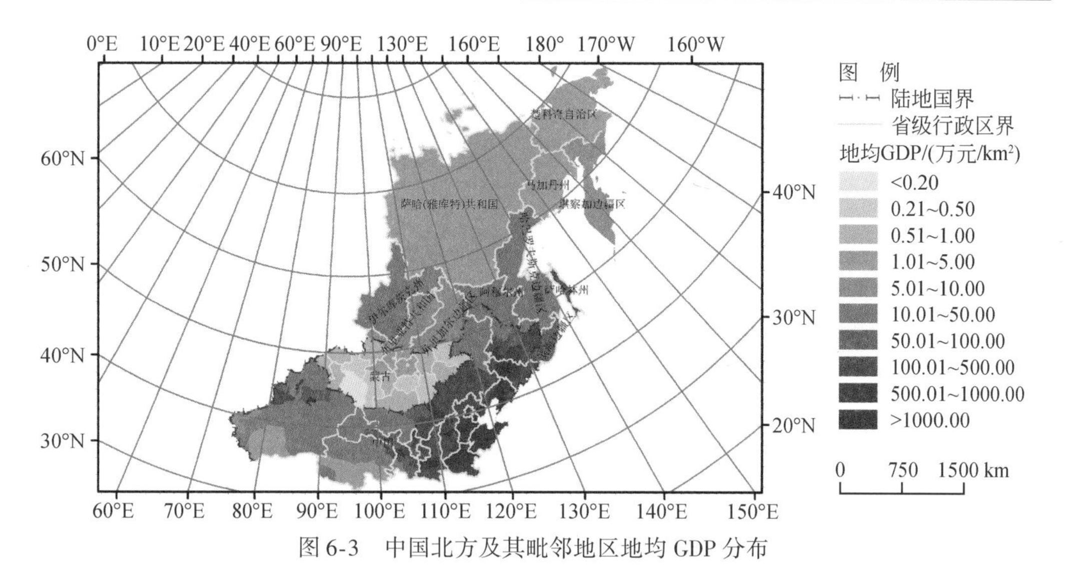

图 6-3　中国北方及其毗邻地区地均 GDP 分布

涅茨）自治区、埃文基自治区、伊尔库茨克州、萨哈（雅库特）共和国及样带东南部中国山东、河南等 GDP 总量均在 500 亿 ~ 1000 亿元；第三梯度为样带中部俄罗斯布里亚特共和国、外贝加尔边疆区及样带南部中国内蒙古、陕西、山西、宁夏、甘肃等的市（州）区域；第四梯度为样带中部的蒙古各省市，GDP 总量在 10 亿元以下。从 2005 ~ 2010 年南北样带 GDP 总量空间分布对比来看，空间分布并没有显著的变化，主要是俄罗斯外贝加尔边疆区与周边布里亚特、伊尔库茨克州差距在缩小，中国的锡林郭勒、赤峰等与其相邻东南部地区差距缩小（图 6-4）。

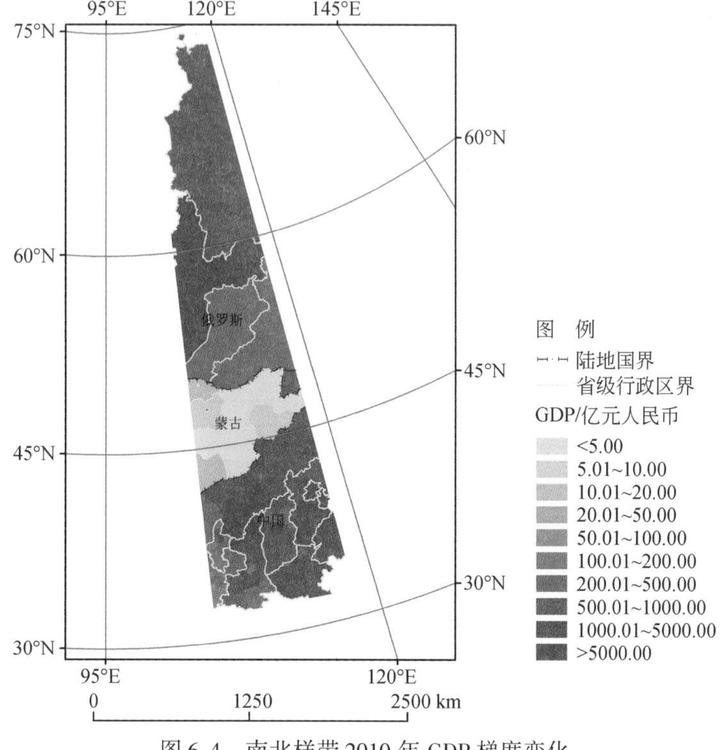

图 6-4　南北样带 2010 年 GDP 梯度变化

样带人均 GDP 的空间分布，2010 年从样带北部向南部快速递减。样带表现出 4 个梯度。第一梯度为俄罗斯泰梅尔（多尔干-涅涅茨）自治区、埃文基自治区、萨哈（雅库特）共和国及中国北京市、天津市和内蒙古西部地区，人均 GDP 达到 5 万元以上；第二梯度为俄罗斯伊尔库茨克州，中国内蒙古东部、陕西省北部、河北省中南部、河南省北部等区域，人均 GDP 为 2.5 万 ~5 万元；第三梯度为俄罗斯布里亚特共和国、外贝加尔边疆区和中国内蒙古中东部区域，人均 GDP 为 1.5 万 ~2.5 万元；第四梯度集中在蒙古和中国宁夏、甘肃、陕西南部、河南南部地区，人均 GDP 小于 1.5 万元（图 6-5）。

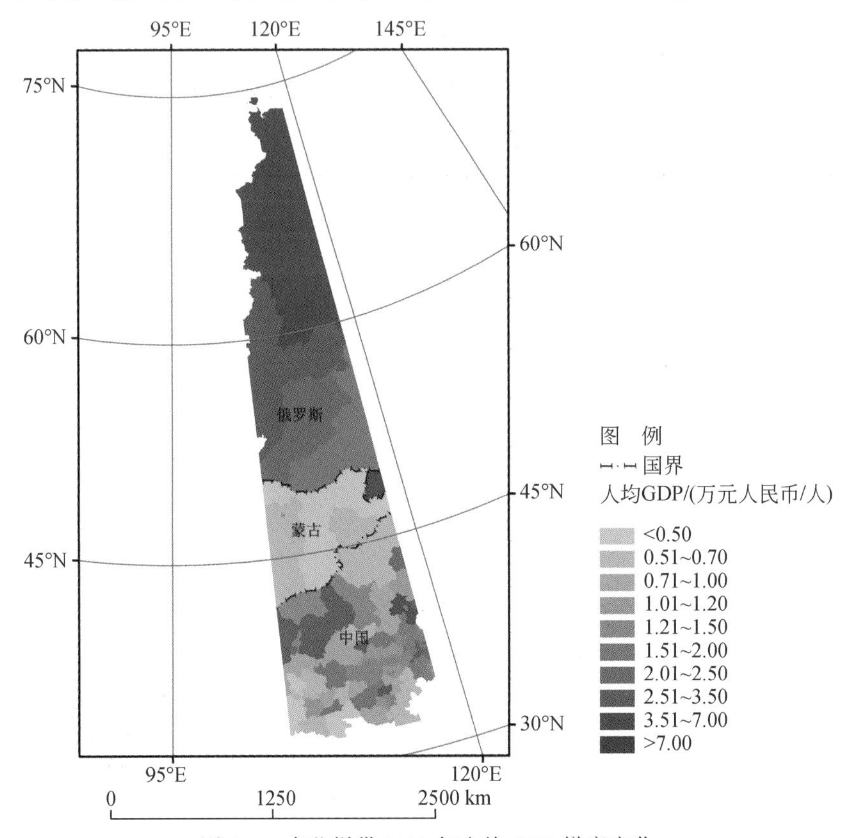

图 6-5　南北样带 2010 年人均 GDP 梯度变化

6.1.2.3　劳动生产率地域差异明显

由于资源禀赋和科学技术的区域差异，通过资金、技术与资源的空间优化，中国北方区域劳动生产率等存在着巨大的发展空间（图 6-6）。

样带区域劳动生产率呈现北高南低分布特征。2005 年，俄罗斯埃文基自治区、泰梅尔（多尔干-涅涅茨）自治区、萨哈（雅库特）共和国、布里亚特共和国、伊尔库茨克州、外贝加尔边疆区为样带劳动生产率高的集中分布区域；中国北方北京、天津、内蒙古中西部、陕西中部等主要大中城市劳动生产率高的地区呈现组团分布，上述区域的平均劳动生产率在 4 万元/(人·a) 以上。蒙古，中国陕西、甘肃东部、宁夏、河南省、山西省等大部分地区劳动生产率较低，并且呈现集中分布。

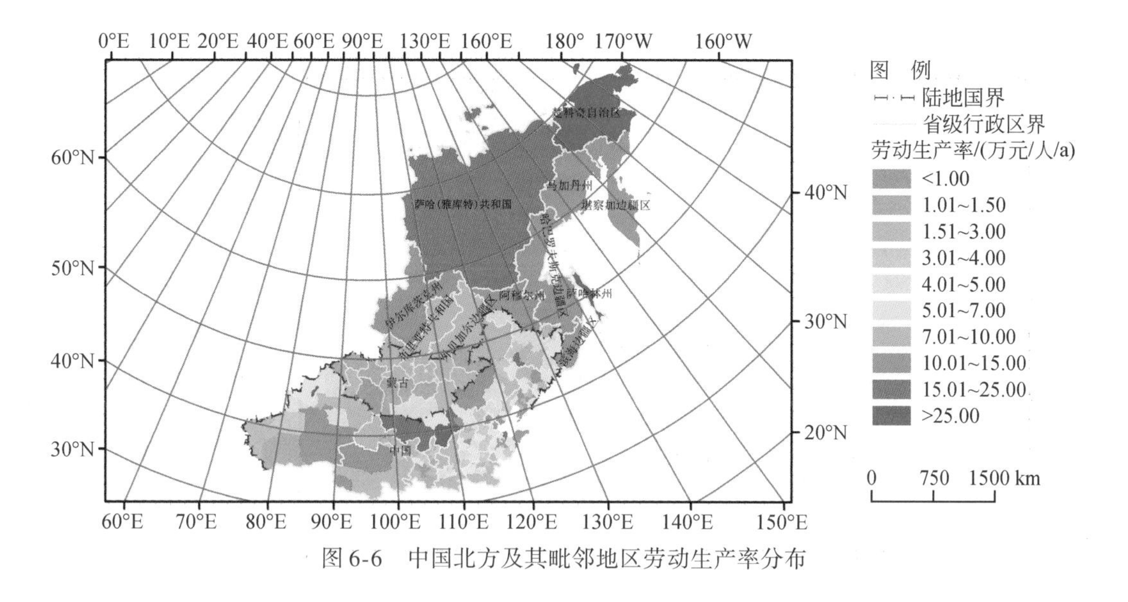

图 6-6　中国北方及其毗邻地区劳动生产率分布

6.1.3　农业经济地域分异与空间格局

6.1.3.1　土地资源以俄罗斯最为丰富

俄罗斯远东和西伯利亚土地面积为 4.2 亿 hm^2，但很大一部分地区位于北极圈内，农业用地面积为6531 万 hm^2，还不到全部土地面积的 1/6，占俄罗斯农业用地面积的30%左右，人均农业用地 2.4hm^2。蒙古可利用土地面积为 1.56 亿 hm^2，其中，农牧业用地面积占 80%，森林面积 10%，水域面积占 1%。蒙古北部的草原地带和乌兰巴托以北的暗栗钙土是蒙古最有利的农业土壤。

6.1.3.2　农业气候条件复杂多样

俄罗斯东部地区热量资源总体不足，东西伯利亚和远东南部的年积温为 1500 ~ 2500℃。远东的太平洋沿岸地区因受海洋季风的影响，降水为 500 ~ 1000mm，东西伯利亚地区仅为 200 ~ 300mm。蒙古属典型的大陆型气候，气温年较差大，气候干燥，降水量少，季节交替明显，冬季寒冷，夏季炎热。年辐射总量较高，较同纬度日照多 200 ~ 500h。降水很少，年平均降水量 120 ~ 250mm，70% 集中在 7 月、8 月。中国华北地区雨热同期，可以满足多种作物生长期需求，因此农产品种类丰富。东北地区大部分位于中温带，1500 ~ 3700℃的年积温和 450 ~ 750mm 的降水量适合于一年一熟的雨养旱作农业发展。西北地区为世界干旱区之一，具有干旱少雨、降水变率大、日照强烈、温差大等气候特征。

6.1.3.3　种植业中国北方地区相对发达

俄罗斯境内播种面积主要集中在俄罗斯贝加尔湖以南和阿穆尔河沿岸地区，蒙古境内主要分布于色楞格河流域，中国北方地区主要分布在的东北与华北的广大地区（图 6-7）。

东北地区是我国重要的商品粮基地，以占全国 1/10 的耕地面积，生产了占全国

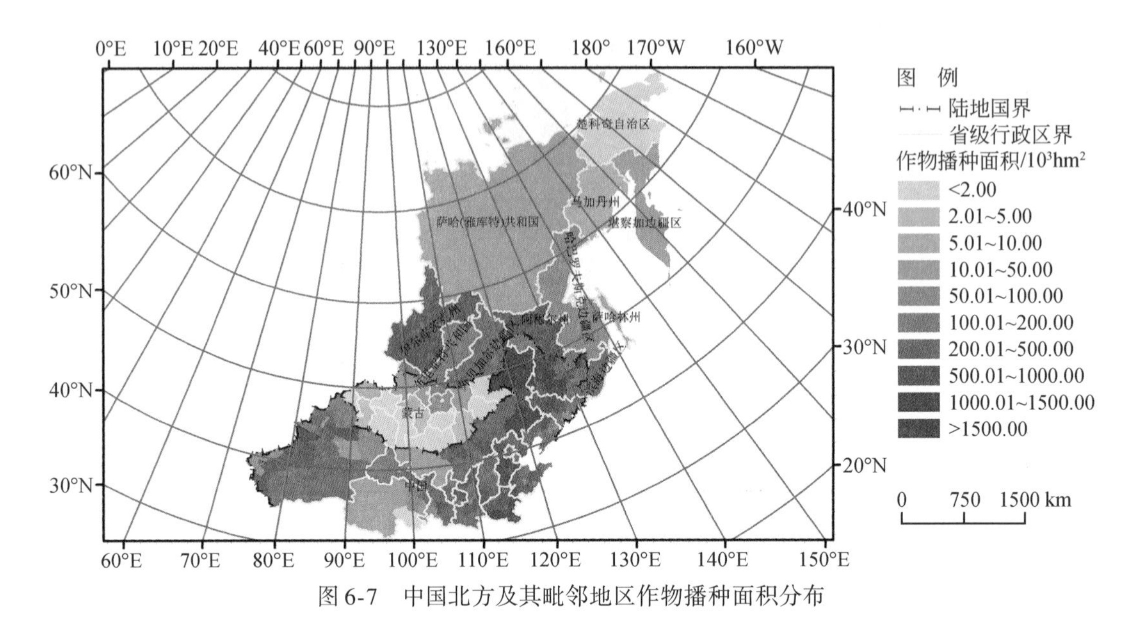

图 6-7　中国北方及其毗邻地区作物播种面积分布

1/4 的商品粮。全区以玉米、大豆、水稻、小麦、谷子、高粱作为主要粮食作物，通过保护耕地面积提高耕地质量，保证农业可持续发展。2010 年，东北三省粮食产量达到 1946 亿斤①，占全国粮食产量的 17.8%。

西北地区的种植业在农业中占很大比重，2009 年种植业总产值占到农业总产值的 64.4%，棉花总产量和单产量均位于全国前列。

6.1.3.4　养殖业在蒙古经济地位最为突出

蒙古畜牧业是传统的经济部门，也是国民经济的基础，畜牧业产值占农业经济总产值的84%。畜群的1/3 分布在水草丰富的森林草原区，以半游牧方式经营，占农畜产品的40%，草原区占蒙古畜群的1/2，以饲养绵羊、马为主。戈壁荒漠区以饲养绵羊、骆驼、山羊为主。

俄罗斯东部地区的畜牧业产值占农业总产值的 55%，主要饲养牛、猪、羊、禽类，远东地区以养马为主。俄罗斯以工业化大型养殖企业养殖牛、猪为主，其中养牛业提供了市场 98% 的奶，40% 以上的肉。蓄牧产业提供了高营养价值的肉、蛋以及高质量的皮革、猪鬃、绒毛、羽毛等工业原料。

中国北方地区为全国重要的畜牧业基地，拥有广阔的草原与山地牧场，现代养殖业也有较大发展。东北地区在实施“粮变肉”和精准畜牧业工程的过程中，大幅度提高了畜牧业生产能力。西北地区是我国传统畜牧业基地，畜产品以肉类、奶类、羊毛、羊绒为主。

6.1.3.5　林业生产以俄罗斯区域最具优势

俄远东及东西伯利亚地区森林资源丰富。西伯利亚 70°N 以南的绝大部分地区是森林

① 1 斤 = 500g。

草原地带。森林资源面积共计7.93亿hm^2，占全俄罗斯的71.38%，木材蓄积量为466.92亿m^3，占全俄罗斯的68.82%。但利用率很低，实际年采伐量最高都不超过许可采伐量的20%。东西伯利亚的森林资源丰于远东，远东的木材采伐量却高于东西伯利亚。目前，木材出口由以原木为主向木材成品转变，成为世界最具潜力的木材生产基地。蒙古森林覆盖率为10%，森林面积为1830万hm^2，主要分布于东西伯利延伸的原始森林的南部边缘和蒙古北部山区地带。由于保护措施得力，蒙古森林面积逐年递增。中国东北地区占全国森林总面积和木材总蓄积量的34.2%和31.7%，是东北亚另一处森林资源较为丰富的地区，但由于多年的高强度开发，其森林资源消耗过渡（表6-2）。

表6-2 2010年考察区森林面积与木材储量

考察区	森林面积/万hm^2	木材储量/亿m^3
俄罗斯远东	31 600	223.1
西伯利亚	44 800	483.9
蒙古	1 530	12.7
中国东北地区	4 393	37
华北七省（自治区、直辖市）	2 922	25
西北地区	225	8.8
考察区合计	85 470	790.5

6.1.4 工业经济地域分异与空间格局

6.1.4.1 俄蒙能源工业战略地位突出

俄罗斯境内石油天然气资源具有国际性战略意义。俄罗斯远东与东西伯利亚地区的油气资源已探明储量为128亿t，主要分布在西伯利亚台地和远东的库页岛（萨哈林州）。其中，92.4亿t储藏在东西伯利亚地区。远东与东西伯利亚地区天然气探明储量约4.9万亿m^3，约占全俄的10%，其中90%以上蕴藏在东西伯利亚。东西伯利亚和远东地区的油气开采量较小。油气生产主要集中在克拉斯诺亚尔斯克边疆区和伊尔库茨克州，以及萨哈（雅库特）共和国和萨哈林州。蒙古的油、气资源探明储量相对较少，但勘探前景广阔。

俄蒙煤炭资源开发潜力巨大。俄罗斯东部地区煤炭资源探明储量1300亿t，资源开发程度极低，储采比大于500。远东的煤炭探明储量的42%都分布在雅库特。东西伯利亚的煤炭则主要集中在克拉斯诺亚尔斯克边疆区、伊尔库茨克州和贝阿铁路沿线地区。蒙古煤炭探明储量为500亿t。储量多、分布广，主要分布于塔本陶勒盖、纳林苏海特、乌兰鄂博、特布饮戈壁等地区，可露天开采，成本低。

俄罗斯电力工业具有国际合作前景。东西伯利亚和远东可用于经济开发的水能资源为8593亿kW·h/a，但该地区水力资源的利用率却只有8%。水库和水利工程建设比较发达，最大的水电站建在叶尼塞河上的萨彦岭舒申斯克水电站，装机容量为640万kW。

6.1.4.2 俄蒙采矿业开发潜力巨大

俄罗斯东西伯利亚与远东地区采矿业相对发达。远东是俄罗斯最大的锡矿石产地，俄罗斯几乎 1/4 的铝生产都在贝加尔地区。蒙古本身的矿业开发规模有限，已探明储量但尚未进行开采的矿床有很多，矿产品总值分别约占其国内生产总值及总工业产值的 1/3 和 3/4，矿产品占出口总额的一半以上，一些大中型矿山正在建设之中（图 6-8）。

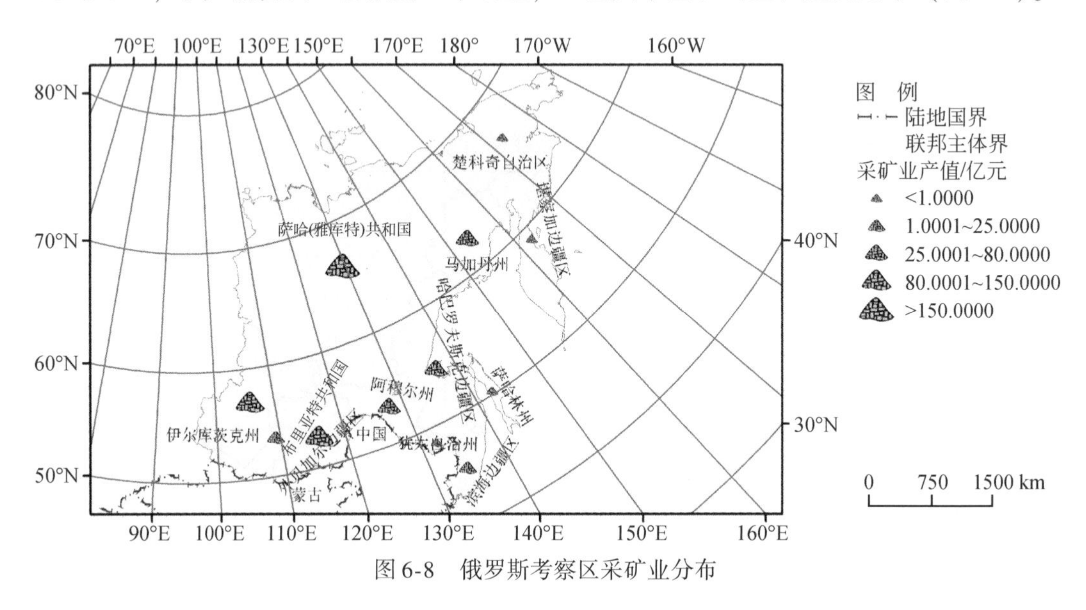

图 6-8　俄罗斯考察区采矿业分布

铁矿资源集中在俄境内，俄远东和东西伯利亚储量约为 120 亿 t，蒙古铁探明储量约有 20 亿 t。俄罗斯境内集中分布于克拉斯诺亚尔斯克边疆区、伊尔库茨克、赤塔州、阿尔丹、恰拉-托克和奥缪马克地区。蒙古境内以图木尔陶勒盖、特木尔台和巴彦高勒最为集中。

俄铜矿资源量巨大，蒙古极具开发潜力。在俄罗斯境内集中东西伯利亚，储量占全俄的 62.6%，约有 5527 万 t，分布在外贝加尔边疆区东北部和克拉斯诺亚尔斯克边疆区北部，是铜的主要产地，外贝加尔边疆区的乌多坎有全俄最大的铜矿；蒙古铜的储藏量约 800 万 t，主要分布在三大金属成矿带，额尔登特铜钼矿已列入世界十大铜钼矿之一，居亚洲之首，出口额占蒙古出口总额的 30%，东戈壁省的查干苏布尔加斑岩铜（钼）矿和南戈壁省的奥云陶勒盖铜矿尚未进行正式开采。

铅锌矿资源主要集中在俄罗斯。铅矿在东西伯利亚和远东的储量约为 644 万 t，集中分布在布里亚特共和国和克拉斯诺亚尔斯克边疆区，其中克拉斯诺亚尔斯克边疆区戈列夫的铅储量占全俄总储量的 40% 以上。俄罗斯已探明的锌储量居世界之首，总储量 4540 万 t，其中有近一半分布在东西伯利亚的布里亚特共和国。

金矿主要集中在俄罗斯境内。俄罗斯是世界上最重要的贵金属生产国，东西伯利亚与远东地区黄金总储量大约 12 万 t，占全俄的 80% 以上，分布在东西伯利亚的维季姆河、外贝加尔边疆区以及远东的阿尔丹河、科雷马河和楚科奇等地。俄罗斯黄金现探明的存储量是 12 745t，在俄罗斯的土地范围之内，大概有 5944 个金矿，339 个是应验的金矿，有116个是复杂的多金属金矿，5349个是冲击金矿，在俄罗斯黄金的潜力是非常高的。蒙古金矿资源量约3000t，肯特金矿开采的黄金占蒙古的80%，采金业成为蒙古发展最快的行业。

萤石资源在世界占重要地位。东西伯利亚和远东萤石的探明总储量为1670万t。其中，1200万t集中在远东的滨海边疆区。蒙古萤石蕴藏量约为800万t，集中分布在克鲁伦北部的布尔矿及南部的包如温都尔附近地区。

6.1.4.3　加工业中俄蒙极具互补优势

俄罗斯东西伯利亚与远东地区加工业优势逐步流失。俄罗斯大量技术、管理与技术工人向俄罗斯西部地区迁移，在俄罗斯工业生产下降的时期，远东及外贝加尔地区的下降幅度高于全俄平均水平。加工业基本上分布在西伯利亚铁路沿线，发展水平也呈现西高东低的总体变化趋势，以伊尔库茨克州与太平洋沿岸区为加工业生产中心。森林工业是东西伯利亚与远东的重要支柱产业。主要分布在伊尔库茨克州和远东南部地区。建有多家大型的森林工业综合体，组成包括木材原料厂、木材水解厂、刨花板厂、木材综合加工厂等完整的大型木材综合加工生产体系，生产锯材、刨花板、家具、纸浆等产品。其中，伊尔库茨克州森林利用量占俄罗斯第一位，木材采伐几近东西伯利亚木材产量的一半，被采伐的木材有67%用于再加工，28.8%的原木出口，人均出口木材的数量超过俄罗斯平均指数的5倍，占俄罗斯联邦硬纸板生产的11%，占纸浆生产的51%（图6-9）。

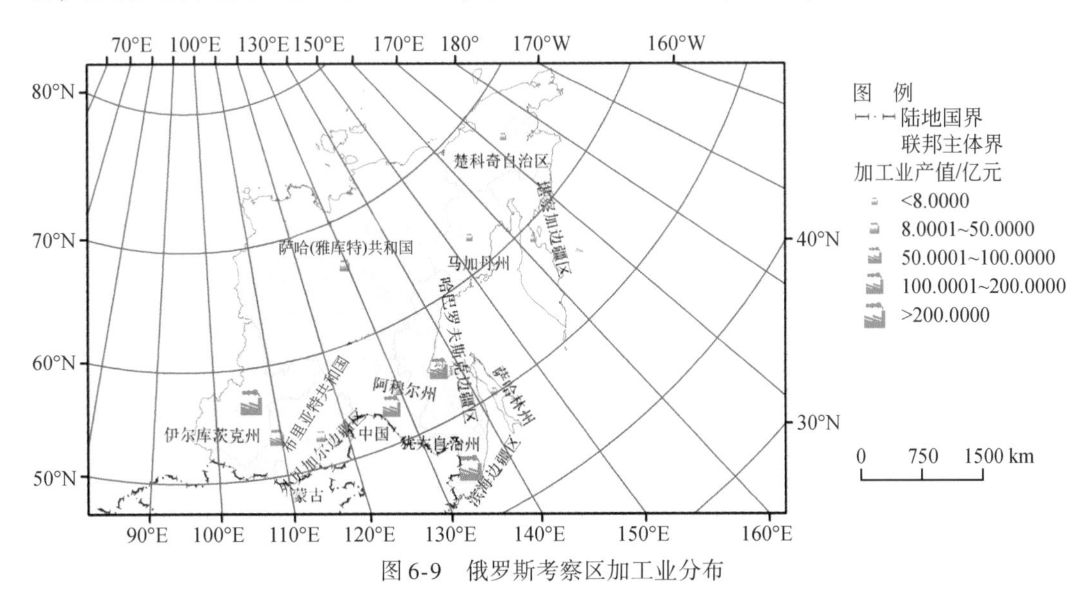

图6-9　俄罗斯考察区加工业分布

蒙古工业发展还处于初级阶段。工业以轻工、食品、采矿和燃料动力工业为主，工业发展方向主要是能源和矿产业，以资源密集型企业为主。畜产品加工是最主要的工业部门，包括畜产品乳肉、皮革、绒毛和植物原料加工以及制革工业、制鞋工业、皮制品工业、毡子呢料工业等轻工业部门（表6-3）。

表 6-3　蒙古农畜产品相关产业产值　　（单位：亿图格里克）

产业	2006 年	2007 年	2008 年	2010 年
食品饮料制造业	1 217. 8	1 563. 9	1 864. 8	2 225. 3
烟草制造业	152. 6	212. 1	234. 4	200. 2
纺织业	101 989. 6	124 400. 2	130 034. 1	116 201. 8
服装、毛皮染色业	268. 5	234. 9	173. 6	91. 5
包裹、马具和鞋类	59. 4	47. 0	20. 8	29. 6

中国北方地区工业以重工业为特色。东北地区具有良好的工业经济基础，作为国家的重工业基地，东北三省在能源和重工业方面具有明显的产业结构优势，成为全国原油、木材、煤炭、钢铁及多种重型装备的供应地。东北三省的生铁、钢、成品钢材、平板玻璃、硫酸年最高产量占全国比重达 70% 以上，纯碱达 60% 以上，烧碱和汽车达 40% 以上。2009 年华北地区工业总产值为 21 931. 26 亿元，工业产值占全国工业总产值的 16. 22%。西北地区工业经济规模较小，工业经济效益较好。其中，规模以上工业企业利润最多的省份是陕西，西北地区产品都是资源型产品，技术性较强的通信设备和家用电器的产量却是很低，不到全国的总量 1%。居于全国前列的包括原煤、原油、天然气、乙烯、纯碱、初级形态的塑料和化肥。2005 ~ 2010 年西北地区工业产品销售率呈现下降趋势。

6. 1. 5　服务业地域分异与空间格局

6. 1. 5. 1　旅游产业各具特色互补性强

（1）旅游资源互补性特点

俄罗斯远东与东西伯利亚以原始生态与多元文化旅游魅力最为突出。旅游资源极其丰富，但大部分地区旅游资源尚未开发：一是自然生态系统环境极佳，众多的自然保护区生态保持了原始性和独特性，被称为世界自然资源宝库；二是众多的民族使俄罗斯远东和东西伯利亚形成了丰富多彩的传统文化。如贝加尔湖的奥利洪岛是 6 ~ 10 世纪古文化的中心，古迹保存完好，诺日湖等成吉思汗历史文化，大赫赫齐尔山国家自然保护区兽、鱼和人面等神秘图像，具有深厚的人文历史内涵和很高的观赏价值的欧洲教堂及修道院等。

蒙古旅游以古文化与原始自然风貌为特色：一是古代文化异彩纷呈。完整地保留了匈奴、鲜卑、突厥、回鹘、契丹、女真、蒙古等民族不同历史时期的大型文化遗存。蒙古最大的寺庙甘丹寺，拥有汉、藏两种式样殿宇的博格达汗冬宫，13 世纪蒙古帝国首都哈尔和林遗址，成吉思汗故乡呼德呼日德等都是蒙古最重要的历史古迹。二是地域辽阔的蒙古自然景观复杂多样，草原、森林、丘陵、沙漠兼备。同时，蒙古自然景观人为痕迹极少，绝大多数均保持着其原始风貌。夏季比同纬度其他国家相对凉爽。东方省和苏赫巴托省拥有一望无际的草原，肯特省和色格楞省森林资源丰富，东戈壁省则是蒙古戈壁景观的最典型代表，古生物化石繁多，有双峰骆驼、野马、野骡、豹、野山羊和戈壁熊等稀有野生动物资源。呼斯台国家自然公园是世界上唯一的蒙古野马保护地。以杜香属植物著名的特列尔吉休养地，被外国游人称为“天然博物馆和动物王国”。蒙古疗养业以矿泉疗养为主，医疗效果显著。贝尔湖与中国内蒙古的呼伦湖并称“姐妹湖”。

中国北方地区旅游资源丰富，拥有中国最为美丽壮阔的草原，北京、西安等历史人文古都，众多的现代旅游文化产品。旅游资源种类齐全，并已基本构成体系。

（2）旅游业发展

俄罗斯东部大开发中发展旅游业是重要内容。近年来，远东和东西伯利亚旅游产业发展势头强劲。生态休闲旅游和出入境旅游则是俄远东和东西伯利亚的主要发展方向，主要包括滨海边疆区的休闲疗养旅游、贝加尔湖沿岸观光旅游、楚科奇和萨哈（雅库特）共和国的探险求知旅游、堪察加的狩猎旅游、以教育为主题的语言类教育旅游、边境旅游等，伊尔库茨克和符拉迪沃斯托克（海参崴）分别是东西伯利亚和远东的旅游中心城市，经济实力雄厚且旅游基础设施较为完备。远东和东西伯利亚地区的国内休闲度假旅游人次是出境旅游人次的5倍。滨海边疆区、外贝加尔边疆区与克拉斯诺亚尔斯克边疆区（在黑海之滨）是俄罗斯国内旅游者的主要集中地。

蒙古旅游产品主要是以草原风光为主的生态旅游和戈壁探险旅游，着力发展狩猎和民俗风情旅游产品以及家庭旅游，不断扩大牧民对旅游业的参与，形成了以乌兰巴托为中心的旅游网络。首都乌兰巴托是蒙古最重要的旅游城市，是整个蒙古的旅游集散中心。蒙古的入境旅游者有90%以上来自亚太地区和欧洲，中国和俄罗斯这两大邻国的游客是其主要入境旅游客源。蒙古旅游部给出的数据显示，2010年上半年，赴蒙的中国游客大幅增加，带动了蒙古东部地区旅游收入同比增长20%。

中国北方地区依托丰富的旅游资源，不断通过旅游产品的深度开发来提高区域旅游产业的竞争力。中国东北地区辽宁省通过滨海大道将沿海旅游资源整合，推动了传统观光游向休闲度假等新兴旅游方式的转型升级，并使东北地区的滨海旅游资源发挥了经济效益的最大化作用。黑龙江省在进一步提升冰雪旅游的品牌效应外，利用资源优势深度开发“大森林”“大草原”“大界江”“大湿地”“大农业”等特色旅游产品。在蒙东地区不断挖掘草原文化、打造新型旅游产品的同时，吉林省则以长白山旅游为核心，深入开发特色旅游产品。西北地区旅游产业发展迅速，在外汇收入方面，总收入2000～2010年上升了182.27%，其中陕西作为旅游大省外汇收入增长262.86%；横向比较，西北地区发展水平较低，西北地区总的外汇收入2010年仅占全国的2.7%。

6.1.5.2　交通运输业逐步形成国际网络

（1）铁路交通运输与国际化网络

俄罗斯东西伯利亚和远东铁路分布密度较低，主要干线仅有东西向的西伯利亚大铁路、贝阿铁路等。在铁路运输中，货运方面占首位，广泛采用并发展集装箱运输和打包运输，横跨西伯利亚的集装箱运输已得到国际承认，建立起了自动化管理系统。

蒙古铁路具有沟通中俄的“路桥”特点。现有铁路的年运送能力为2200万t，2010年货物总运量达到1416.45万t，同比下降3.3%。运输量构成为过境运输229.59万t，出口运输292.57万t，进口运输127.22万t，国内运输767.06万t。2010年铁路运送旅客310万人，同比下降29.0%。全国铁路运输领域实现收入1.57亿美元，同比增加10.5%。未来蒙古将着重发展连接中、蒙、俄三国经贸合作走廊沿线地区的天津—二连浩特—扎门乌德—乌兰巴托—阿拉坦布拉格—恰克图—乌兰乌德—伊尔库茨克等地区，并同步提高口岸的通关能力。

中国北方地区通过华北铁路连通蒙古、贝加尔湖地区，东北铁路连通俄罗斯外贝加尔边疆区与远东地区，成为了中俄蒙国际贸易的主要桥梁。

(2) 公路交通运输与国际化网络体系

俄罗斯公路在西伯利亚和远东较少，主要表现在道路质量差，里程少，实载率低，分布不平衡。

蒙古公路运输对国内更具意义。蒙古地广人稀，经济相对不发达，公路构成了其国民经济的主要流动网络。公路货运量低于铁路，但客运量远高于铁路。2010 年公路运输货物 1056.38 万 t，同比年增长 11.4%，运送旅客 2.29 亿人，增长 0.9%，运输收入 0.89 亿美元。

中国东北以“口岸经济”为主导，形成了满洲里–外贝加尔斯克口岸、绥芬河–格罗捷科沃口岸、黑河–布拉戈维申斯克（海兰泡）口岸、抚远–哈巴罗夫斯克（伯力）口岸等进出通道，满足货物和人员往来扩大的需要。西北地区公路运输在交通运输中占重要地位。2010 年西北地区的公路营业里程在西北地区各类运输长度中所占比重为 96.85%，年均增长率达到 20.14%。

(3) 管道运输国际合作潜力巨大

俄罗斯东西伯利亚与远东地区已建立起统一的石油、石油产品、天然气、乙烯等管道运输网络。一半以上的石油、石油产品是通过管道运输，石油、天然气出口大多也通过管道运输。

(4) 各国航空运输加强了国际交流

俄罗斯民用航空业，在苏联时期有着光辉的历史，完成的周转量仅次于美国，居世界第二，每年运送旅客达 1.2 亿人次。苏联解体后，其民用航空事业迅速从巅峰跌落下来。2000 年，俄罗斯联邦航空运输总周转量仅有过去的 1/6。近年来，俄罗斯东西伯利亚与远东地区随着国际交流的增加，航空运输逐渐回暖。

蒙古是内陆国家，航空运输是国际交流的重要渠道。2010 年，蒙古航空运输旅客 30 万人次，同比下降 15.4%。

中国航空运输业呈现出非常好的状态，航空公司盈利能力很强。2010 年旅客载运量排名前十位的国际航空公司中，中国航空公司就占了两个，中国南方航空排名第四，中国东方航空排名第九，中国国际航空公司排名第十一。以纯利润排名，中国国际航空公司 2010 年排名世界第一，海航集团有限公司和中国东方航空也跻身前十位。

(5) 水上运输对各国合作都具有重要意义

海上运输中俄合作前景广阔。俄罗斯远东海岸线极其漫长，滨日本海、鄂霍次克海、白令海等，拥有远东船队，从事海上运输，主要海港在南部的符拉迪沃斯托克（海参崴）、纳霍德卡、东方港等。远东海域是最有发展潜力的海域，随着全球气候变暖，开发北冰洋航线正被日益关注。

内河航运未来对于俄罗斯与中国东北地区、俄罗斯贝加尔湖与蒙古北部地区都具有重要意义。俄罗斯东部地区河流众多，中俄蒙水道相连，内河航运依托鄂毕河、勒拿河、叶尼塞河、阿穆尔河（黑龙江）等著名河流。但冬季漫长，这些河流航运期都很短。在航运季主要运输的货物有石油及石油产品、木材、粮食、煤、铁矿石等。

6.1.5.3　金融业国际合作有利于带动区域发展

俄罗斯金融业发展仍显缓慢，2010年在全球60个经济体中，名列第38位，其中在非银行业服务方面位居第9位，在汇率稳定方面名列第11位，但是在金融市场、金融稳定方面名列第41位和第43位，在银行服务业、社会环境、法律和制度体系方面仅为倒数第4、倒数第3和倒数第2位。

蒙古金融业仍处于初始阶段。对国外资金仍有着严格的限制，虽然中国已连续十年成为蒙古第一大贸易伙伴国，但中蒙双方的金融服务功能层次较低。未来蒙古将重点建设面向中俄的在蒙古的扎门乌德自由经济区、阿拉坦布拉格自由贸易区，建立跨国物流运输业、旅游业、投资业和金融业。

中俄蒙金融合作正逐渐创造双边互利共赢的良好态势。华北地区金融业产值占全国金融业总产值的18.29%，西北地区已建立以中央银行为领导、国有商业银行为主体、多种金融机构并存的较为完备的金融体系。东北地区作为东北亚国际合作的先行区，已建立了中俄蒙良好的金融合作关系，推动中俄边贸本币结算，同时在投融资、信贷、代理行及银行卡等业务方面正在不断完善，金融合作也在向证券业和保险业的合作范围延伸。

6.1.5.4　信息服务业各国均呈现快速发展态势

俄罗斯以电信业为代表的信息产业增速显著。俄罗斯信息产业年均增幅27%，软件产业2007年的增幅更是高达63%。但是由于通信设备制造产业基础的薄弱，目前俄罗斯国内市场90%以上的电子产品均由国外厂商提供。俄远东和东西伯利亚的地广人稀在很大程度上束缚了电信业的发展，现代通信服务覆盖的地区差异巨大。滨海边疆区等人口稠密地区拥有发达的通信基础设施，可以接入通信干线。但是在远东和贝加尔的其他地区，只有通过卫星才能接入通信干线。

蒙古信息产业在内的服务行业发展相对滞后。除乌兰巴托和各省省会以外的广大牧区通信水平较低，信息传播严重滞后。国内电子产品的需求基本靠进口满足。截至2010年年底，蒙古通信行业总收入达到了2.51亿美元，固定电话点达到14.10万个，移动电话用户数量达到220.87万户，有线电视用户数量达到11.29万户，在通信领域共有381家企业单位在提供30多种服务。

中国软件和信息技术服务业持续快速发展，年均增速达28.3%，产业规模不断扩大，创新能力显著增强，产业集聚日益明显，国际化水平持续提高。2010年，我国软件和信息技术服务业务收入达到1.36万亿元，是2005年的3.5倍。中国北方地区的北京、山东、辽宁信息产业相对发达。

6.2 社会地域分异与空间格局

6.2.1 人口世界地位突出，分布差异显著

6.2.1.1 考察区人口在世界占有重要地位

考察区总人口无论在亚洲还是在世界都占有重要的地位，是世界经济与社会发展不可忽略的重要组成部分。考察区2010年总人口达5.7亿，占世界总人口的8.42%，占亚洲总人口14%。中国北方地区人口55 891万人，占考察区总人口的97.2%，俄罗斯考察区的人口占2.3%，而蒙古总人口仅占考察区总人口的0.5%。中国北方地区人口数量在考察区中占据绝大多数，中国北方地区对本地中俄蒙考察区的经济社会发展具有决定性的影响。

样带总人口空间分布呈现南部—北部—中部递减不平衡特征。中国北方、俄罗斯伊尔库茨克州、外贝加尔边疆区是样带区总人口梯度最高的地区，俄罗斯泰梅尔（多尔干-涅涅茨）自治区、萨哈（雅库特）共和国、布里亚特共和国为第二梯度区域，蒙古为样带区总人口梯度最低区域。2005～2010年样带区总人口整体呈现较快增长趋势。但样带中部蒙古总人口增长缓慢，俄罗斯萨哈（雅库特）共和国、伊尔库茨克州总人口下降明显（图6-10）。

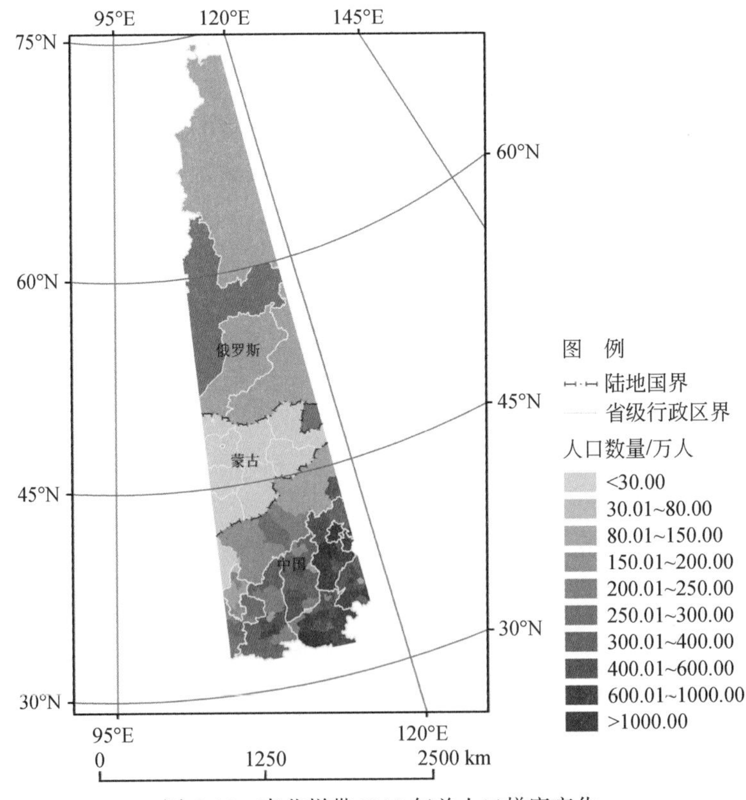

图6-10　南北样带2010年总人口梯度变化

6.2.1.2　人口增长速度较低，区域差异大

考察区2010年总人口比2005年净增加1912万人。2005~2010年，人口年均净增长率为8.5‰，远低于亚洲的11.3‰和世界的14.5‰，考察区总人口占世界的比重由2005年的8.62%下降为2010年的8.42%。

蒙古人口表现较快的增长，2005~2010年，人口年均净增长率高于中国北方地区将近3‰。蒙古人口年龄结构属于年轻型。2008年，青少年人口占总人口的67.47%，国内人口迁移的主要方向是中部和北部经济区。其中，人口出生率西部地区最高，乌兰巴托等北部地区与东部的苏赫巴托尔省人口出生率处于较低水平。

俄罗斯东西伯利亚与远东人口持续减少，人口流失问题十分突出。该地区每年人口迁出量保持在6万~7万人。人口统计表明，目前生活在俄罗斯远东联邦区的人口只有629万，2000~2008年减少了6%。总量呈现下降趋势。2005~2010年，得益于多项医疗保健措施，人口死亡率逐年下降，出生率有所上升（表6-4）。

表6-4　考察区2005年、2010年人口与变化情况

项目	万人			2005~2010年年均净增长率/‰
	2005年	2010年	2005~2010年人口净增长	
俄罗斯贝加尔与远东考察区	1 351	1 340	-11	-2.0
蒙古	256	265.4	12	11.6
中国东北三省	10 627	10 809	194	4.5
华北七省（自治区、直辖市）	34 066	35 741	1 335	9.7
西北五省（自治区）	9 287	9 964	383	10.1
中国北方地区考察区	53 980	55 891	1 911	8.7
考察区总人口	55 587	57 499	1 912	8.5
亚洲人口	394 000	412 100	18 100	11.3
世界人口	644 613	682 800	38 187	14.5

样带区人口自然增长率空间分布极不平衡。总体上中南部区域高，北部区域低。样带中部蒙古，俄罗斯北部泰梅尔（多尔干-涅涅茨）自治区，中国北方河北省北部、河南省南部、甘肃省东部、宁夏回族自治区人口自然增长率较高，处于第一梯度，人口自然增长率基本在6‰以上；样带西北部俄罗斯萨哈（雅库特）共和国，中国陕西省中南部、河北省南部、山东省西部地区人口自然增长率为第二梯度，基本为4‰~6‰；样带中部俄罗斯埃文基自治区、伊尔库茨克州、布里亚特共和国、外贝加尔边疆区等区域为第三梯度，该区域的人口呈现负增长趋势（图6-11）。

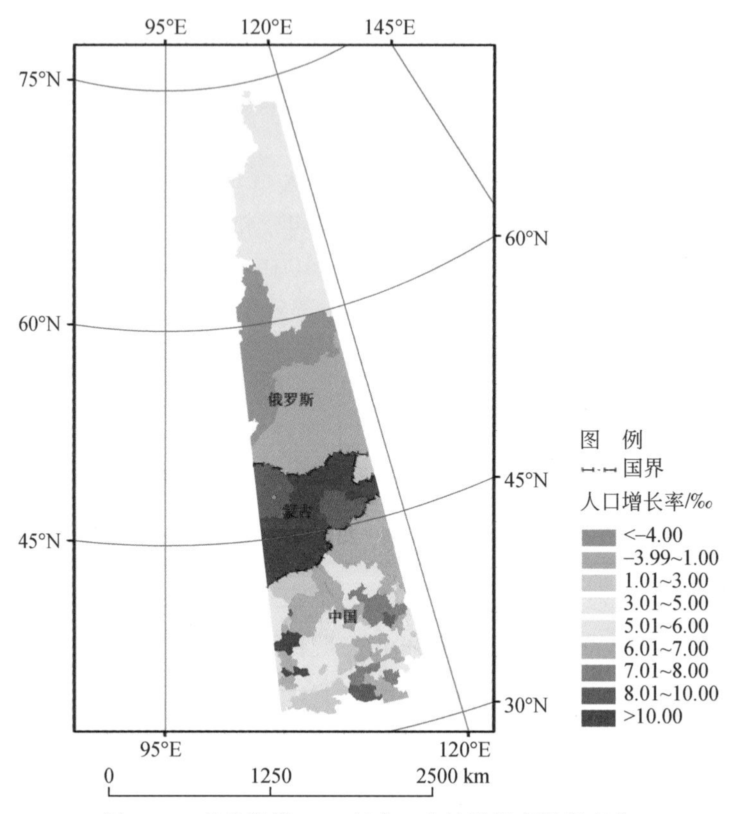

图 6-11　南北样带 2005 年人口自然增长率梯度变化

6.2.1.3　考察区内人口分布极不均衡

(1) 俄罗斯东部与蒙古地广人稀与中国北方人口稠密形成鲜明对比

俄罗斯广大东部地区人口密度每平方千米不足一人。东西伯利亚与远东人口密度南部高于北部，主要在西伯利亚大铁路沿线和太平洋沿岸南部地区为人口最为密集地区。

蒙古是世界人口密度最小的国家之一，人口密度为 1.7 人/km^2。人口分布地区间差异较大，60% 人口居住在鄂尔浑——色楞格河流域（图 6-12）。

南北样带人口密度空间分布极不平衡。2010 年，第一梯度为中国北方地区，人口密度基本在 50 人/km^2以上；第二梯度为中国内蒙古地区，人口密度在 10 ~ 50 人/km^2；第三梯度为俄罗斯伊尔库茨克州、布里亚特共和国、外贝加尔边疆区，人口密度在 5 ~ 10 人/km^2；第四梯度为样带北部的俄罗斯泰梅尔（多尔干-涅涅茨）自治区、埃文基自治区、萨哈（雅库特）共和国和样带中部蒙古，人口密度在 5 人/km^2以下（图 6-13）。

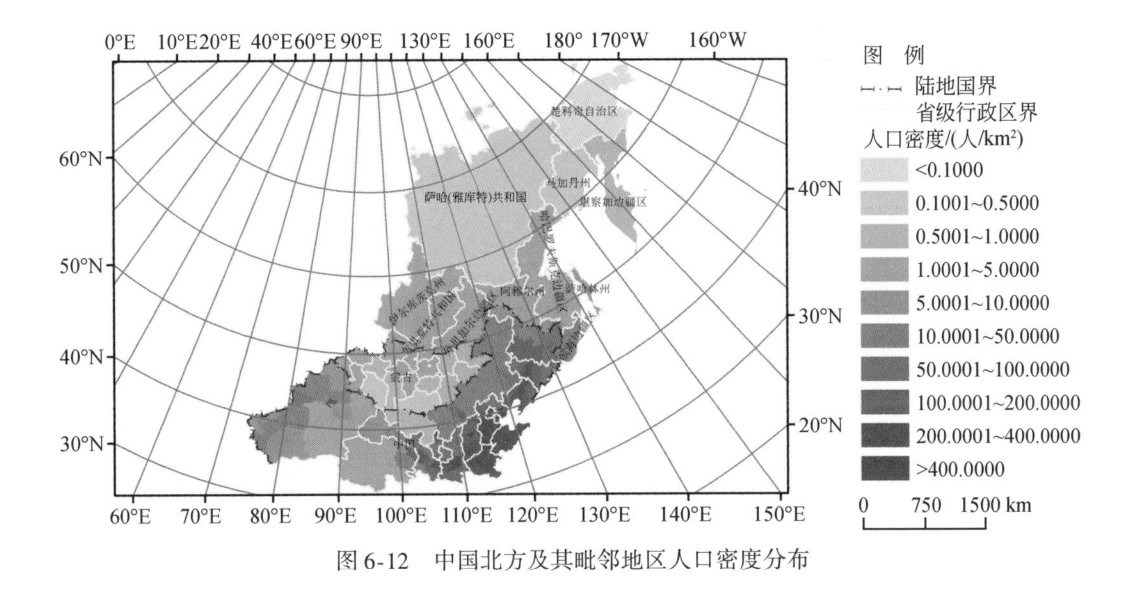

图6-12 中国北方及其毗邻地区人口密度分布

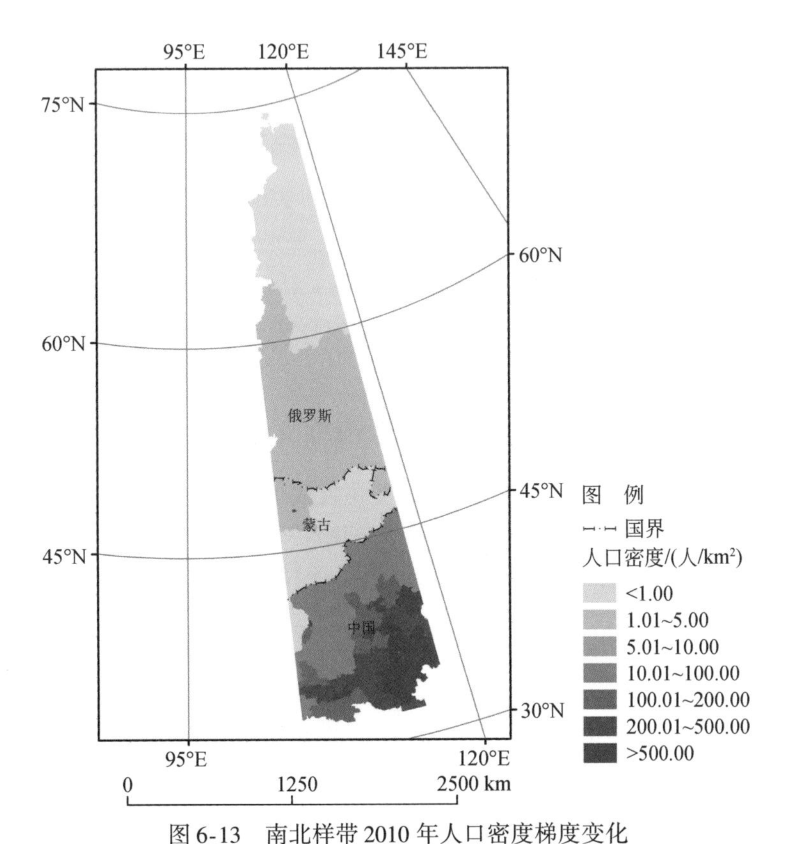

图6-13 南北样带2010年人口密度梯度变化

(2)人口分布高度集中

考察区人口分布主要集中在中国北方的环渤海地区，俄罗斯东西伯利亚与远东的南部地区以及蒙古北部地区（图6-14）。

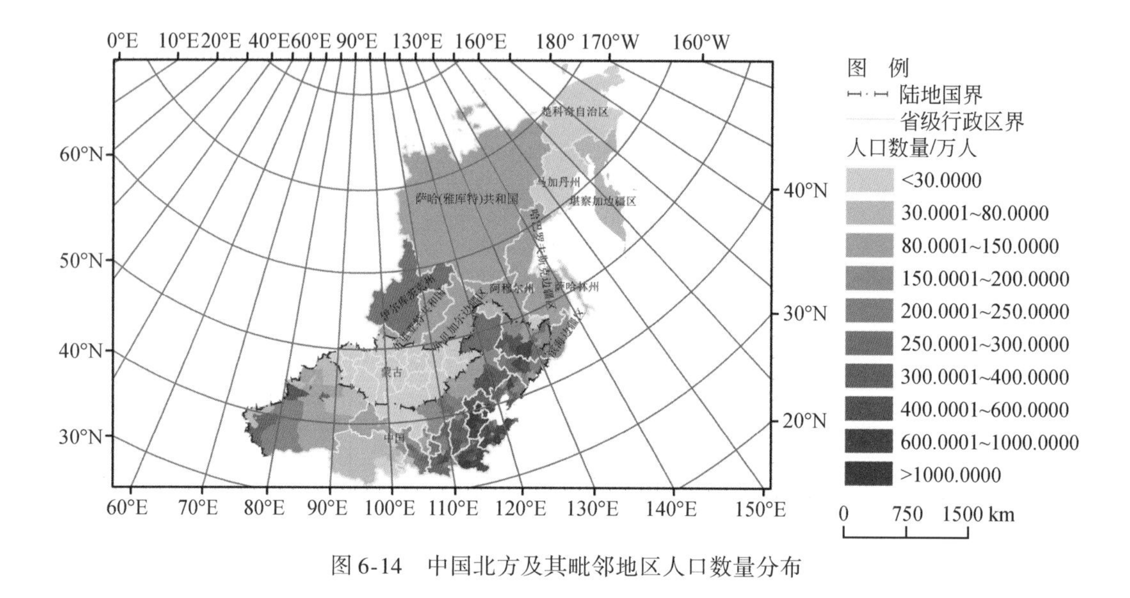

图 6-14 中国北方及其毗邻地区人口数量分布

6.2.2 民族地域分异，文化五彩纷呈

6.2.2.1 以俄罗斯民族为主导的俄东部民族群体

俄罗斯东西伯利亚与远东地区的民族构成以俄罗斯人为主，少数民族有布里亚特人、图瓦人、鞑靼人、雅库特人、埃文克人、尤卡吉尔人、楚科奇人、科米人、乌克兰人、白俄罗斯人、犹太人等。俄罗斯人于公元 16 ~ 17 世纪占据了乌拉尔、西伯利亚的广大地区，18 ~ 19 世纪扩展到远东地区。经历数百年的民族融合，形成了以俄罗斯语言、宗教与文化为主导的多民族文化特色。

6.2.2.2 以历史为渊源的东北亚蒙古族文化脉络

蒙古族是黄色人种的代表民族，是东北亚主要民族之一，也是蒙古的主体民族。蒙古人发祥于额尔古纳河流域，卫拉特蒙古分为和硕特、准噶尔、杜尔博特、土尔扈特四大部落。蒙古语有内蒙古、卫拉特、巴尔虎布里亚特三种方言。现在通用的文字是 13 世纪初用回鹘字母创制的。

全世界蒙古人为 1000 多万人，集中居住蒙古、俄罗斯联邦布里亚特共和国以及中国内蒙古、东北、新疆、河北、青海等地。其中，中国内蒙古人口为 598 万人（2010 年人口普查），占全世界蒙古人数的一半以上。俄罗斯有大约 100 万蒙古人，其中居住在布里亚特共和国的蒙古人约 40 万人，鄂温克族约 3 万人，还有卫拉特人以及原为清帝国唐努乌梁海的图瓦人等。另外分布在阿富汗、伊朗等地的哈扎拉族人属于蒙古人和中亚其他民族的混血后代。蒙古的总人口大约有 280 万人，主体民族为喀尔喀蒙古族，占全国总人口的 85%。

6.2.2.3 以汉民族为绝大多数的中华多民族家园

我国北方地区人口以汉族为主，少数民族包括蒙古族、俄罗斯族、鄂温克族、鄂伦春族、赫哲族、回族、藏族、朝鲜族、满族、东乡族、土族、达斡尔族、撒拉族、锡伯族、保安族、裕固族、维吾尔族、哈萨克族、柯尔克孜族、塔塔尔族、塔吉克族、乌孜别克族等22个。其中，蒙古族、维吾尔族、哈萨克族、塔塔尔族、塔吉克族、乌孜别克族、俄罗斯族、鄂温克族、柯尔克孜族为中、俄、蒙所共有的民族。

在我国，实现了宗教平等，各民族信奉不同的佛教、道教、伊斯兰教、天主教、基督教等，和睦相处，也实现了语言平等，少数民族语言文字的使用和发展得到了应有的尊重和法律的保障，完好保存了各民族文化传统。实现民族区域自治，中国北方地区包括内蒙古自治区、宁夏回族自治区、新疆维吾尔自治区、延边朝鲜族自治州、甘南藏族自治州、临夏回族自治州以及多个民族自治县等民族自治区域。

6.2.3　社会就业地域分异与空间格局

6.2.3.1　中国北方就业保持增长，产业就业结构进一步优化

2005～2010年，中国北方地区新增就业人口2900万人，华北七省（自治区、直辖市）新增1650万人，西北五省（自治区）新增920万人，东北三省新增340万人。中国北方就业人口年均增长2.6%，其中以西北五省（自治区）就业人口增长速度最快，达5.3%，华北七省（自治区、直辖市）与东北三省分别为2.2%与1.7%。

第一产业就业减少，第三产业就业得到了较快的发展。在中国北方新增就业人口中，一产大约减少了90万人，二产新增了1250万人，三产新增了1700万人。一产就业人口比重下降了4.6个百分点，其中华北下降幅度最大，达14个百分点；二产就业人口比重增加了1.8个百分点，其中华北增加了5.4个百分点，东北二产就业比重未改变，依然是23.7%；三产就业人口比重增加了2.8个百分点，东北、西北分别增加了3.6个百分点和3.3个百分点，而华北地区经增长0.5个百分点，三产就业人口增加相对滞后。

6.2.3.2　俄罗斯考察区人口锐减，劳动力严重不足

总体上，由于人口从俄罗斯的东部向西部迁移，人口锐减使当地劳动力短缺，大量土地荒芜。农业用地和耕地都减少了一半左右，农产品产量大幅度下降。从1990年起，远东地区的人口减少每年达10万～15万人。到2008年，人口比1990年缩减总数达159.4万，即减少了19.6%。其中，人口减少最多的是远东地区，楚科奇自治区减少68.4%，马加丹州减少57.7%，堪察加州和萨哈林州都减少28%以上。

远东和西伯利亚地区的就业情况具有二元化倾向。一方面如上所述，人口自然增长率低且大量外流，造成劳动力不足，特别是熟练工人及采掘业和林业工人紧缺；另一方面在向市场经济转轨过程中，由于企业私有化、重组、破产等原因，大批人员失去工作。此外，农村青壮年大量流入城市，既造成农村劳动力短缺，又增加了城市就业的压力。远东和西伯利亚两个联邦区的失业率和登记失业率近年来都高于全俄平均水平。

6.2.3.3　蒙古就业矛盾突出，岗位空缺与人员无业并存

蒙古就业人口主要集中在北部乌兰巴托等中心城市。由于能源与矿业的开发，中部

与东部能源与矿产资源富集地区就业人口也在快速增长。随着蒙古经济发展，矿产领域就业需求快速增长，建筑、运输、服务业、商贸等成为就业增长较快的领域。

同时，蒙古面临着大量工作岗位空缺，无业人员就业积极性不高等社会就业问题。2010 年 12 月底，全国登记失业人员 3.83 万人，同比增长 173 人，增长 0.5%。大约一半的无业人员受过高等教育，却就业积极性不高，虽然空缺许多工作岗位，但受聘人员达不到岗位要求，人才流失严重，就业矛盾突出。矛盾的主要根源在于蒙古教育体制不合理，教育与技能培训难以满足市场需求。

6.2.3.4 样带区域劳动力就业率整体较高

样带区域劳动力就业率呈现南部、北部高，中部低的分布特征。第一梯度为中国北方地区河南省大部分地区、山东省西部、天津市、北京市和内蒙古中东部地区、俄罗斯泰梅尔（多尔干-涅涅茨）自治区，劳动力就业率高于 50%；第二梯度为样带中部俄罗斯埃文基、萨哈（雅库特）共和国、伊尔库茨克州、外贝加尔边疆区、蒙古中部区域，劳动力就业率为 40% ~50%；第三梯度样带中部的俄罗斯布里亚特共和国、蒙古中东部区域、中国内蒙古西部地区，劳动力就业率小于 40%（图 6-15）。

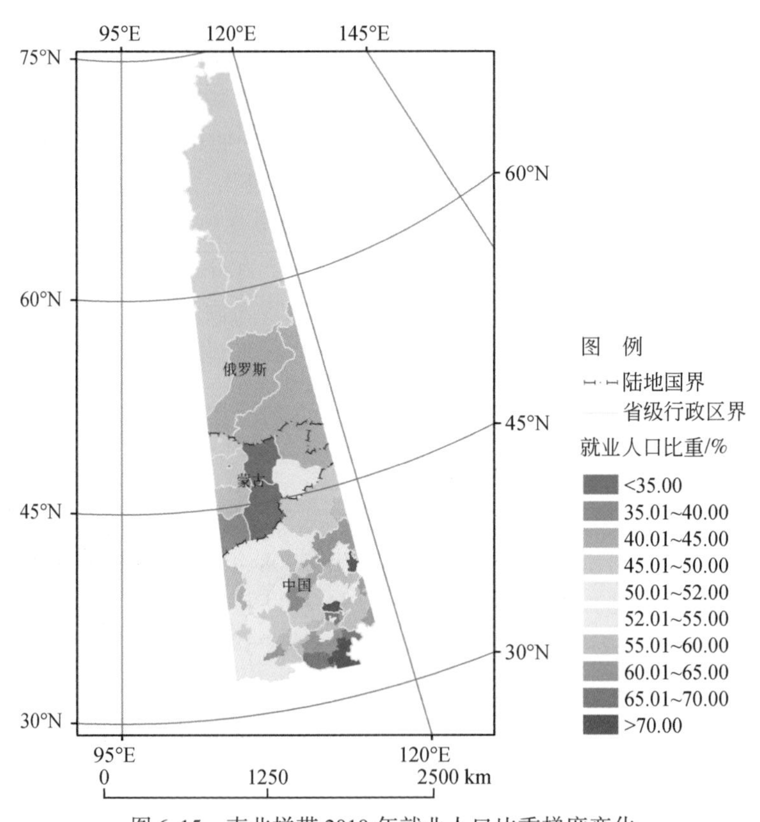

图 6-15 南北样带 2010 年就业人口比重梯度变化

6.2.4　社会收入与消费地域分异与空间格局

6.2.4.1　俄罗斯东部地区居民收入与消费都得到了较快发展

（1）居民收入增加，贫困人口减少

俄罗斯东部地区居民人均货币收入的增长高于中国北方地区。由于俄罗斯资源开发与经济的恢复，2000～2010年，西伯利亚联邦区居民人均货币收入年均增长率为21.44%，远东联邦区为22.01%，十分接近俄罗斯联邦22.14%的平均水平，大大高于中国北方地区居民人均货币收入年均增长水平。

远东地区居民货币收入水平高于西伯利亚地区。2010年，远东联邦区人均月收入18 261.6元人民币，稍低于俄罗斯资源开发中心的乌拉尔联邦区以及中国以北京为经济中心的华北七省（自治区、直辖市）地区，但高于俄罗斯联邦、中国东北与西北地区平均水平。西伯利亚联邦区居民的人均货币月收入13 490.5元人民币，相对于西部的乌拉尔联邦大区、东部的远东联邦区、南部的中国北方地区，处于一个居民收入较低的地区。

（2）居民消费结构层次低，通货膨胀压力大

俄罗斯人的收入主要用于饮食，与发达国家相比还有很大差距。在居民消费结构的食品、非食品和有偿服务3个基本类别中，食品占俄罗斯人均消费的42.7%。在食品类消费中又以肉食品的消费所占比重最大，人均每月消费占食品消费的23.3%，占整个消费的10%。酒类产品消费占食品消费的16.7%，占整个消费的7%。俄罗斯人非食品消费占整个消费的33.7%，其中服装、鞋和其他日用品的开支占整个消费的10%。

近些年，全俄包括远东和西伯利地区居民收入、零售贸易额增幅大大超过总产值和劳动生产率的增幅，由于总需求增长超过总供给，推动物价上涨，西伯利亚的通胀率略低于全俄平均水平，而远东则高于这一水平。

6.2.4.2　蒙古消费稳定增长，价格指数进一步下降

2010年蒙古批发零售业、贸易业消费总额为49 187亿图格里克，比2009年增长50%。批发业占销售总量的57.8%，零售业占42.2%。

截至2005年12月，居民消费价格和服务价格与2000年12月相比，上涨39.6%，239种消费品和服务价格上涨的有12.1%，回落的有6.3%，价格保持稳定的有81.6%。截至2010年12月底，蒙古消费品和服务价格指数比11月上涨2.4%，比2009年同期上涨13%，年均消费品价格指数上涨5.2%。

6.2.4.3　中国北方地区城乡居民收入与消费稳步增长，东北地区异军突起

2005～2010年中国北方地区城市居民人均可支配收入年均增长率13%，城市居民人均消费支出年增长率为11.5%；农村人均纯收入年增长率为12%，农村人均消费支出年增长率为13.8%。考虑到中国资源环境压力大、人口众多的现实条件，北方地区

城乡收入与消费的增长获得了喜人的成就（表6-5）。

其中，东北的城乡居民收入与消费增长速度最快。城市居民人均可支配收入、城市居民人均消费支出、农村人均纯收入、农村人均消费支出的增长速度分别为13.5%、13.1%、14.1%、24.4%。

表6-5　2005年、2010年中国北方地区城乡居民收入与消费　（单位：元）

地区	城市居民人均可支配收入		城市居民人均消费支出		农村人均纯收入		农村人均消费支出	
	2005年	2010年	2005年	2010年	2005年	2010年	2005年	2010年
中国北方	9 741	15 881	7 262	11 226	3 450	5 440	2 157	3 616
华北七省（自治区、直辖市）	10 468	17 057	7 588	11 622	3 673	5 739	2 352	3 672
西北五省（自治区）	8 201	12 944	6 354	9 489	2 196	3 705	1 775	3 013
东北三省	8 817	14 629	6 935	11 352	3 655	6 191	1 692	4 048

第7章 中国北方及其毗邻地区城市化及人居环境时空分异规律

7.1 中国北方地区城市化及人居环境时空分异规律

7.1.1 中国北方城镇分布时空格局分析

7.1.1.1 2005年考察区城镇分布空间格局

从考察区城镇空间总体分布图（图7-1、图7-2）看，中国北方城镇分布主要集中在华北地区，城镇分布密度上河南、山东、河北最为密集，而且从城镇空间分布格局可以看出比较明显的两个“条带集聚效应”，及南北向沿京广线和东西向沿陇海线的分布格局，而且随着城镇规模的增大，这种地理空间分布的积聚效应更加明显。

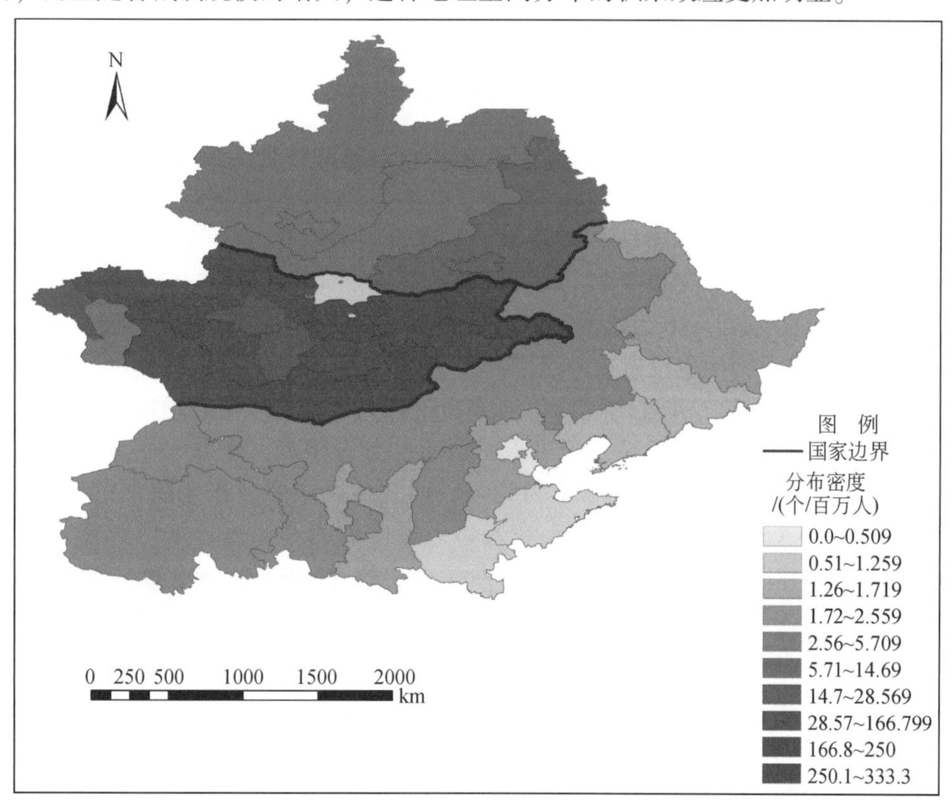

图7-1 2005年考察区城镇分布密度（每百万人拥有的城市个数）

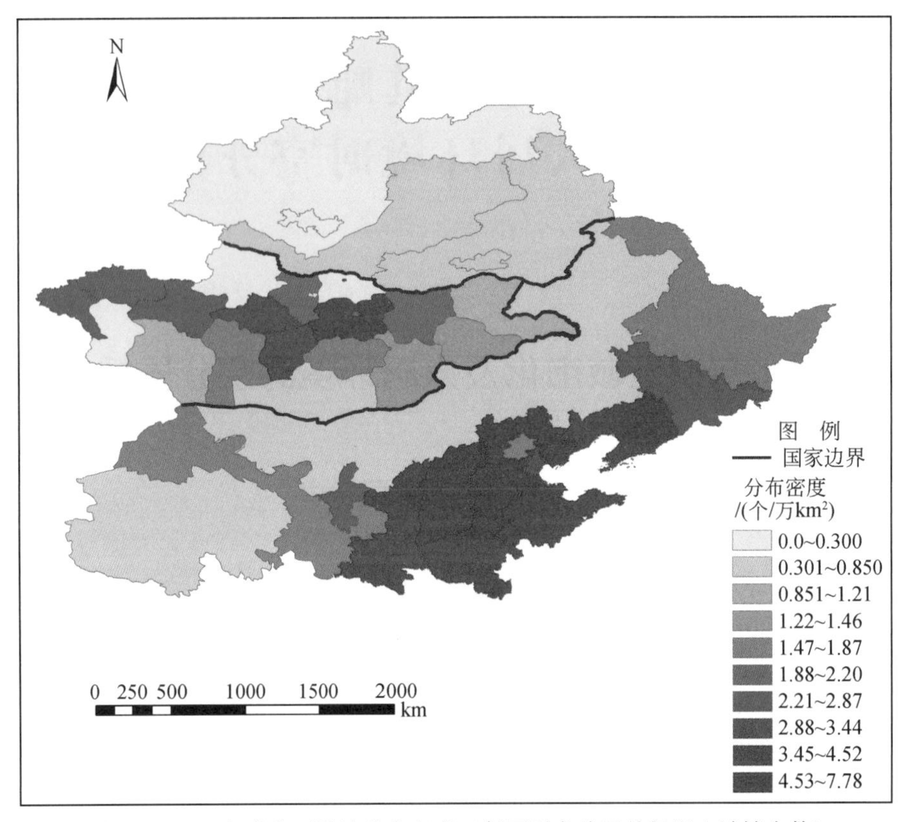

图 7-2　2005 年考察区城镇分布密度（每万平方公里县级以上城镇个数）

7.1.1.2　2005 年不同人口规模城镇空间分布格局

按照国家关于城镇人口的分级指标，将考察区城镇规模按人口数量划分 7 个等级。从城镇空间分布图（图 7-3）可以进一步解析有关不同规模城镇在地理空间分布上的特点：考察区 5 万人以下的小城镇分布较少，主要集中在西北地区的青海、甘肃和内蒙古。在华北地区和东北地区非常少，如人口大省山东和河南以及辽宁和吉林都没有 5 万人以下的县（市）。5 万 ~ 10 万人级别的城镇个数较少，这和 5 万人以下级别城镇空间分布相似，且山东、河南也没有这一级别的小城镇。10 万 ~ 50 万人级别的城镇在整个中国北方省市分布最多，并且比较均匀地分布于各大区，尤以华北地区密度最高。50 万 ~ 100 万人级别的城镇则明显表现出东密西疏的分布格局，华北大平原的山东、河南、河北三省最多，东北三省分布较为均匀，西北地区主要分布于陕西的关中平原。100 万 ~ 300 万人级别的城镇主要分布在人口大省的河南和山东，陕西和宁夏没有这一规模的城镇，甘肃和青海的省会兰州和西宁可达到这一规模。300 万 ~ 1000 万人的特大城市在考察区范围内有 5 座，都是区域中心城市，如东北三省的省会沈阳、长春、哈尔滨和陕西的西安都属于副省级市。1000 万人以上的超级城市只有北京。

7.1.1.3　2005 ~ 2010 年中国北方城市时空分布格局变化

由于研究时间间隔较短，所以总体上城镇分布格局没有大的改变，城镇分布密度基本没有大的变化（图 7-4、图 7-5），但不同地区城镇人口和规模的增加，城镇空间聚集

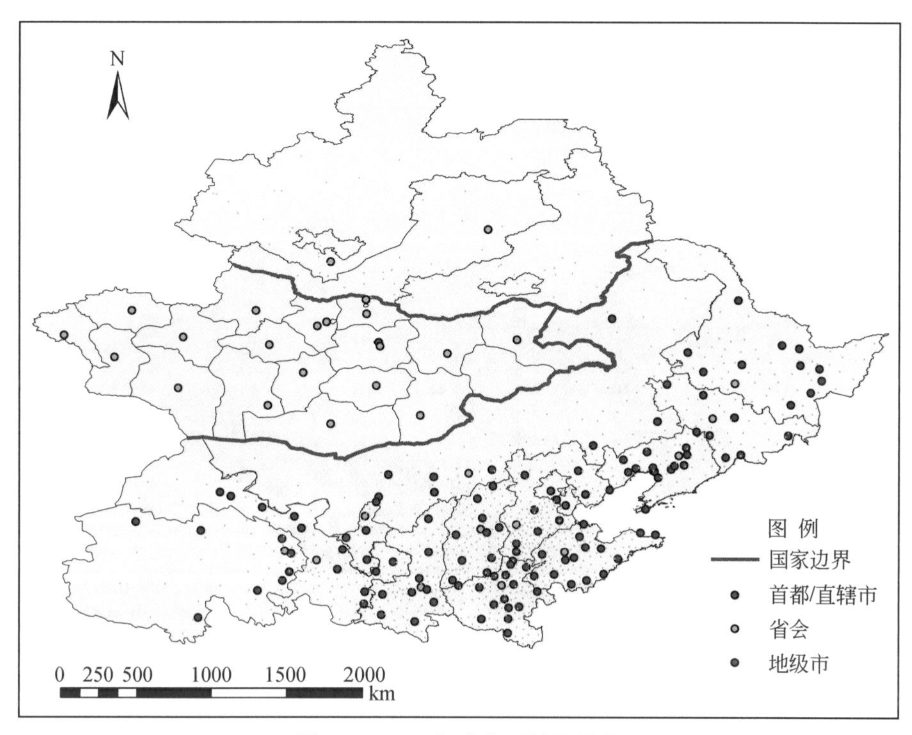

图 7-3　2005 年考察区城镇分布

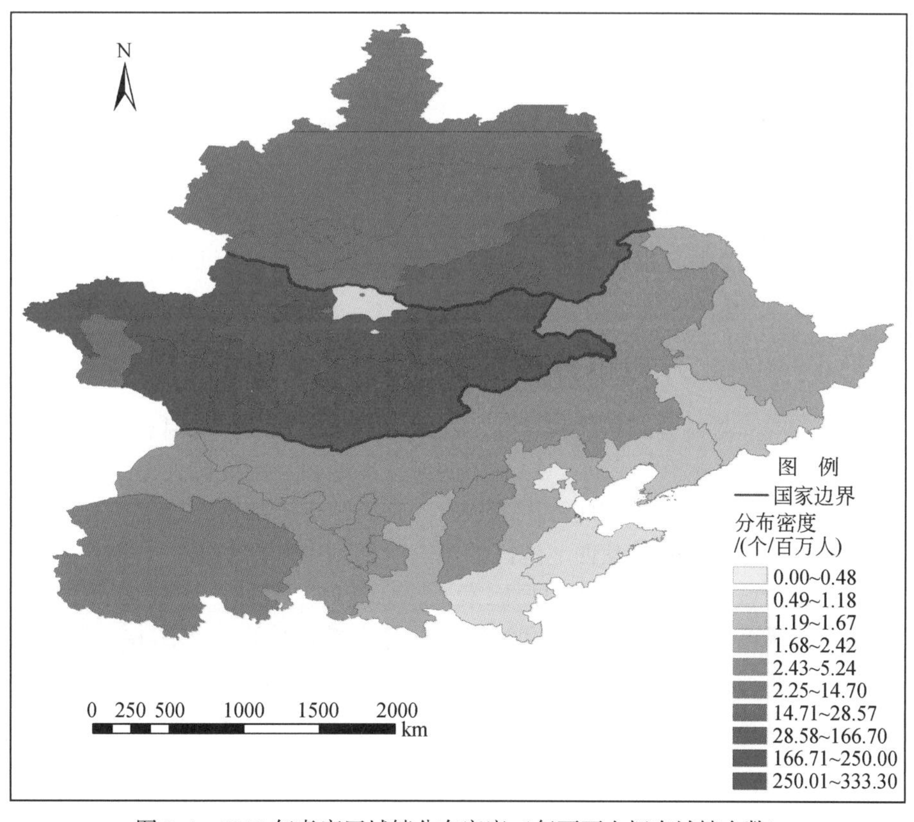

图 7-4　2010 年考察区城镇分布密度（每百万人拥有城镇个数）

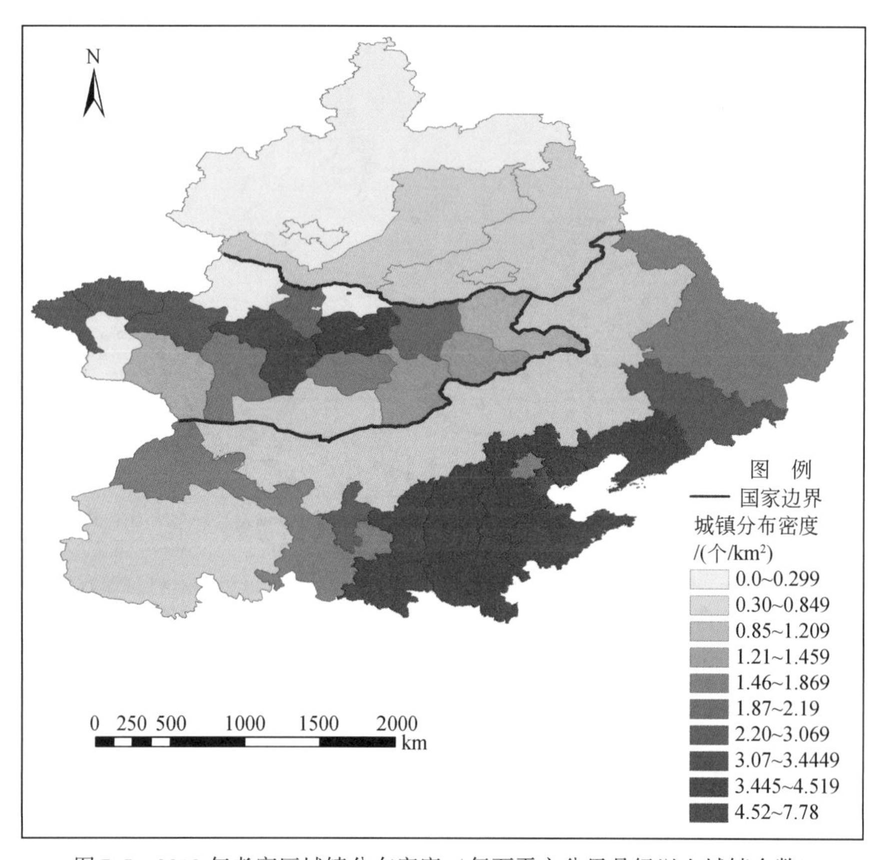

图 7-5 2010 年考察区城镇分布密度（每万平方公里县级以上城镇个数）

度，城镇间平均最近邻距离则有一些变化，到 2010 年不同地区的城镇规模进一步加大，如 10 万人口以下规模的城镇在华北地区和东北地区基本没有，相反 50 万人以上级别的城镇增加较多，这也体现了研究时间段内的不同地区城镇社会经济发展的情况。

7.1.2 中国北方城镇分布的自然环境适宜性选择

城镇在地理空间上的分布很大程度受所在地区的自然地理环境因子的制约，很多研究表明，诸如气候中的温度、降水，地貌中的海拔、地表切割度等关键因子和城镇空间分布具有很大的相关性，如中国北方城镇从西向东城镇逐渐加密，这也符合中国地势上的三大阶梯地貌格局的影响。从西北地区的第三阶梯到中东部的第二、第一阶梯，海拔逐渐降低，人口和城镇分布的基本地形因素也逐渐变好。另外，从 2010 年的气候环境指标中的降水、温度因子经空间内插和城镇空间分布叠加分析（图 7-6、图 7-7）可以看出，城镇的分布与温度、降水有很好的正相关，这也从自然环境因素上反映了我国的城镇空间分布具有从南向北、从东向西逐渐变稀变疏的地理空间格局。

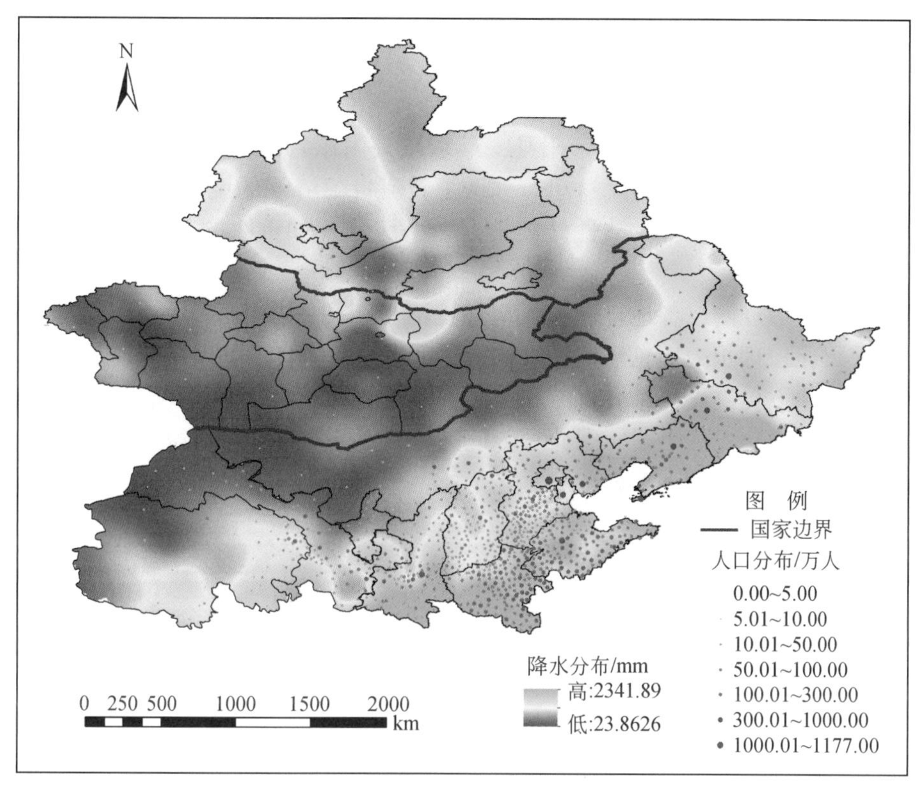

图 7-6 2010 年考察区基于年平均降水城镇分布

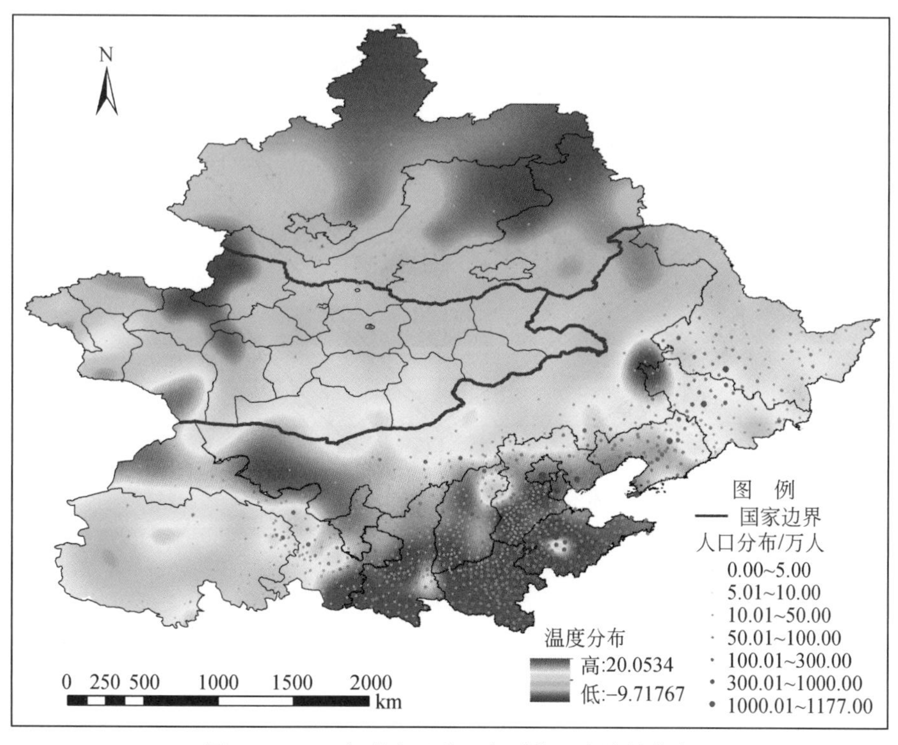

图 7-7 2010 年考察区基于年平均温度城镇分布

7.1.3 中国北方地区人居环境的居住形式

本研究的主要区域为黄河中下游和东北地区，位于34°N～50°N。最北端是黑龙江省的呼玛县，最南端是河南省的荥阳县，最东端是山东省的垦利县（黄河的入海口），最西端是青海省东部的贵德县（这里有“天下黄河贵德清”的说法）。这个区域内主要涵盖了温带季风气候和温带大陆性气候带，一小部分（如青海的某些地区）处于高原山地气候控制下。

中国北方疆域辽阔，各地自然和人文环境不尽相同，在几千年的历史文化进程中，人们为了获得比较理想的栖息环境，以朴素的生态观顺应自然和以最简便的手法创造居住环境。中国北方传统民居结合自然和气候、因地制宜地发展出适宜农业社会，也适应气候与环境的多样化民居形式。因此，传统民居形式的演进，可以说是北方地区人居环境时空格局最为恰当的表现形式。

7.1.3.1 青藏高原庄窠民居

庄窠（图7-8、图7-9）是青海东部农业区沿湟水和黄河一带的湟中、湟原、大通、互助、西宁、乐都、民和、化隆、循化以及大通河中游的门源等县（市）汉、藏、回、土、撒拉等民族的主要居住形式。

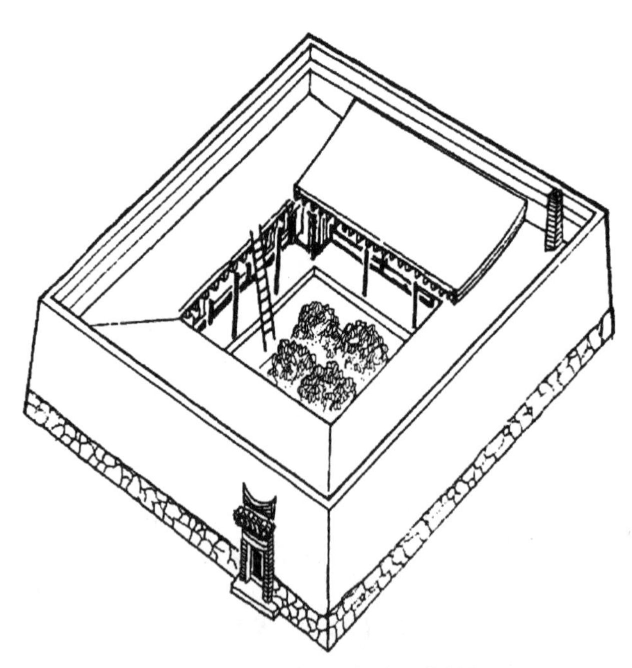

图7-8 青海循化撒拉族庄窠俯视

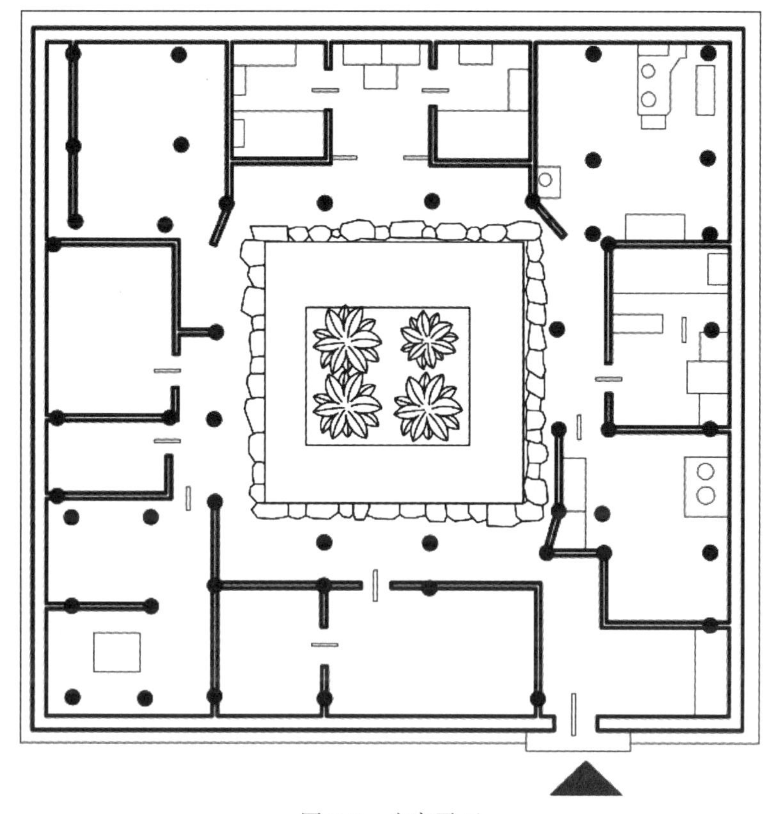

图 7-9　庄窠平面

7.1.3.2　黄土高原窑洞民居

窑洞（图 7-10、图 7-11）是西北黄土高原的古老居住形式，这一“穴居式”民居的历史可以追溯到四千多年前。在陕西、甘肃、河南、山西等黄土地区，当地居民在天然土壁内开凿横洞，并常将数洞相连，在洞内加砌砖石，建造窑洞。窑洞防火，防噪声，冬暖夏凉，节省土地，经济省工。与庄窠一样，是因地制宜的生态建筑形式。

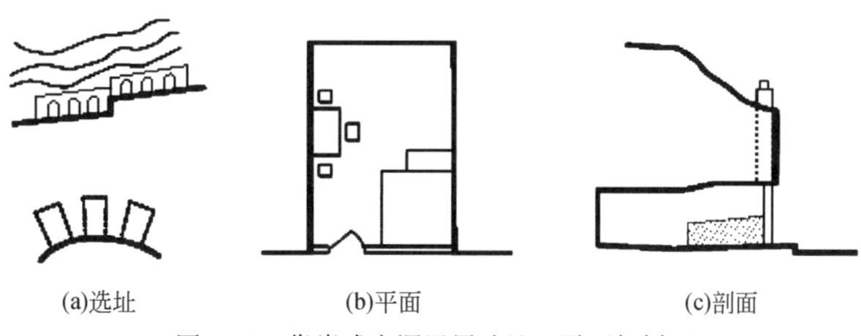

(a)选址　(b)平面　(c)剖面

图 7-10　靠崖式窑洞民居选址、平面与剖面

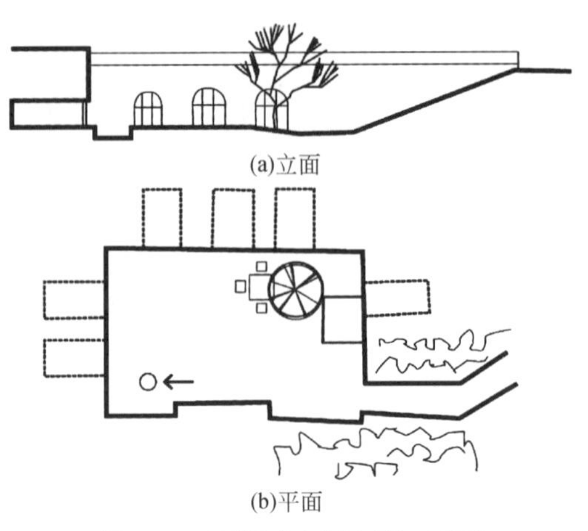

图 7-11　下沉式窑洞立面、平面

7.1.3.3　华北平原合院民居

合院民居（图 7-12、图 7-13）是华北平原地区的传统住宅形式，华北地区属暖温带、半湿润大陆性季风气候，冬寒少雪，春旱多风沙。因此，住宅设计注重保温防寒避风沙，外围砌砖墙，整个院落被房屋与墙垣包围，硬山式屋顶，墙壁和屋顶都比较厚实。其基本特点是按南北轴线对称布置房屋和院落，坐北朝南，大门一般开在东南角，门内建有影壁，外人看不到院内的活动。正房位于中轴线上，侧面为耳房及左右厢房。正房是长辈的起居室，厢房则供晚辈起居用。合院民居可以分为山西青砖窄院民居、北京四合院以及山东四合院民居。

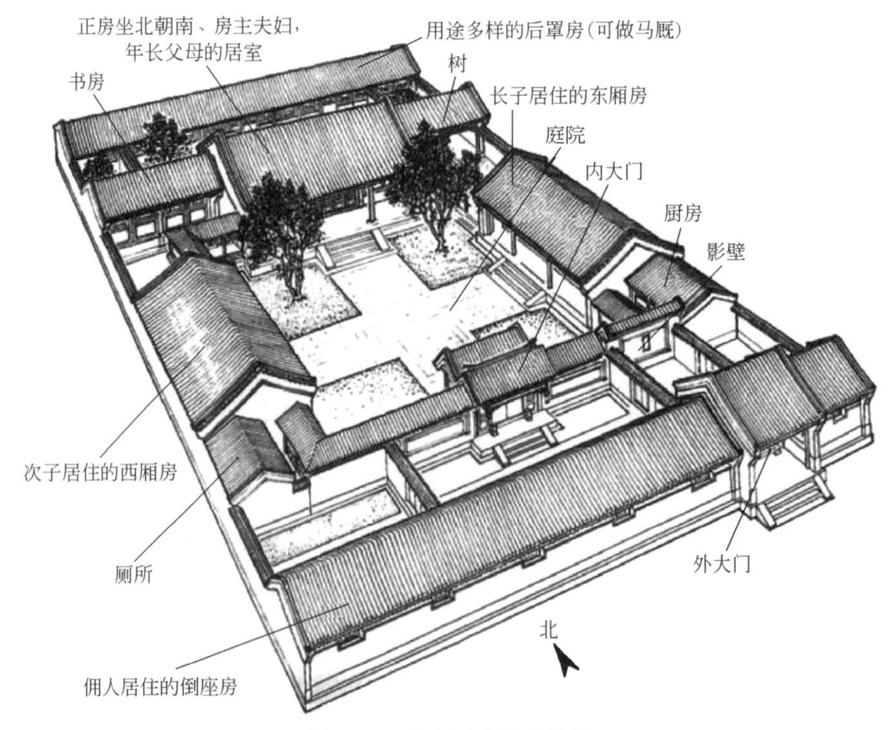

图 7-12　北京四合院鸟瞰图

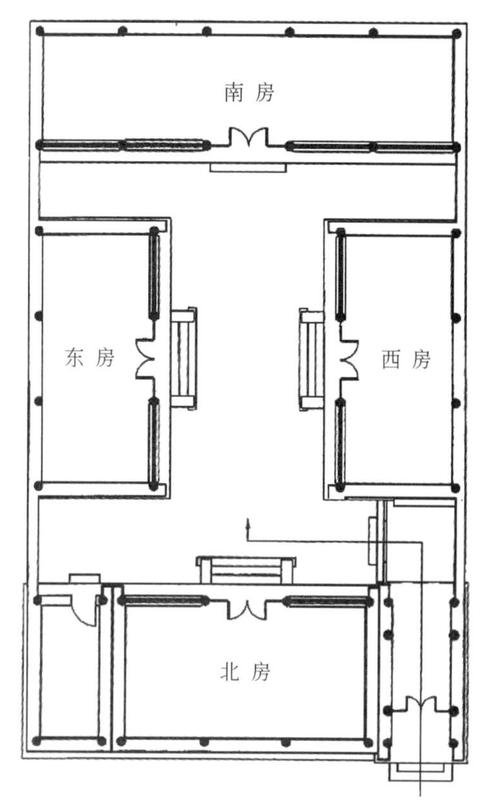

图7-13　四合院平面

7.1.3.4　东北大院民居

东北近代的大院民居建筑体系（图7-14）完全受满人的起居习惯影响，结合东北冬长夏短，气候寒冷的地区特点，将关内民居加以改造，使东北民居在实用性、耐久性、美观性上都可以与中原地区民居媲美又独具地域特色。在广袤的关东大地上，过去几乎每处城镇都能见到具有鲜明地方色彩的合院式住宅群。

7.1.3.5　东北林区井干式民居

井干式建筑（图7-15、图7-16）是一种古老的民居，早在原始社会时期就有应用。因为需要大量的木材，所以井干式建筑一般存在于林区茂密的地方。曾在中国云南、四川、内蒙古和东北地区分布。其中，现在中国东北的井干式建筑多为吉林长白一带的满族和朝鲜族民居以及黑龙江大兴安岭一带的鄂伦春族民居。在这些地方，井干式有一个特别的名字——“木克楞”。“木克楞”，意为用圆木凿刻垒垛造屋，以圆木（或砍成扁圆形、半圆形等）直角交搭，层层交叠，如同上下门牙咬合一样。

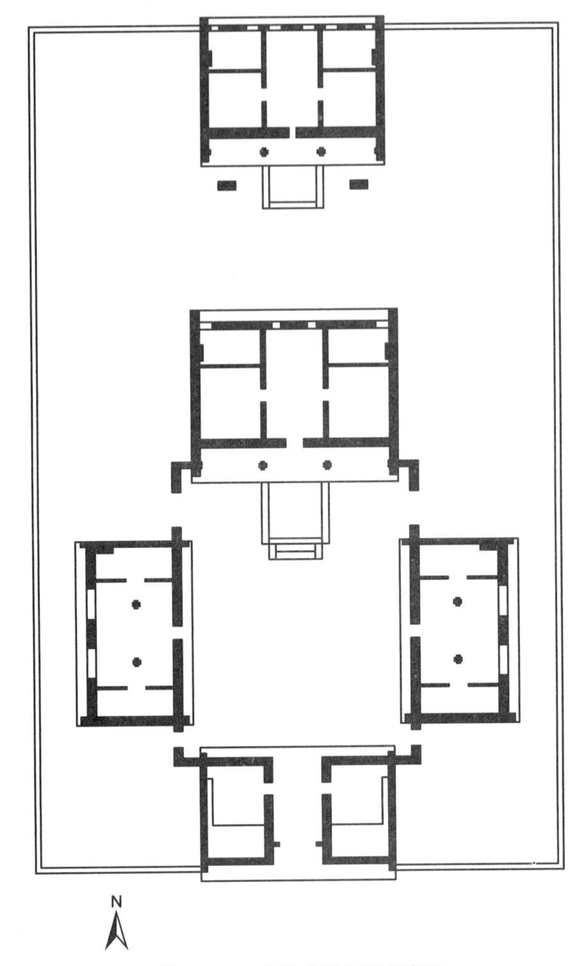

图 7-14　东北大院民居平面

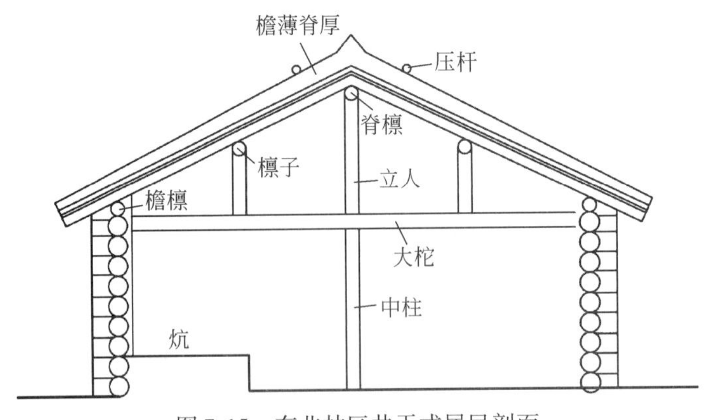

图 7-15　东北林区井干式居民剖面

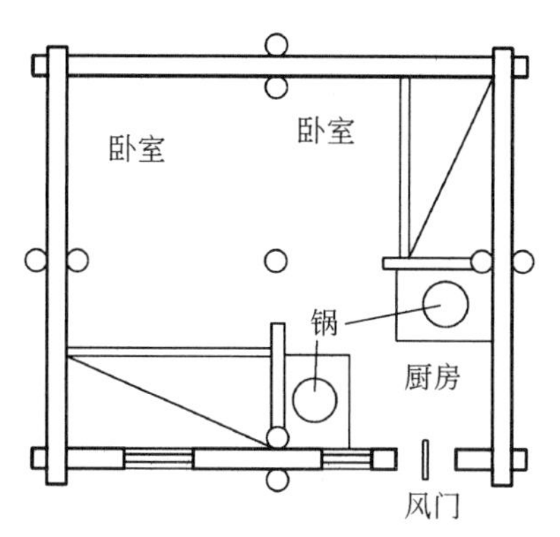

图 7-16　井干式民居平面

7.1.3.6　蒙古包民居

蒙古包（图 7-17、图 7-18）是蒙古族牧民的传统民居形式。蒙古包自匈奴时代起就已出现，一直沿用至今。蒙古包外观呈圆形，顶为圆锥形，围墙为圆柱形，四周侧壁分成数块，每块高 160cm 左右，用条木编围砌盖。游牧区多为游动式，游动式又分为可拆卸和不可拆卸两种，前者以牲畜驮运，后者以牛车运输。哈萨克、塔吉克等族牧民游牧时也居住蒙古包，但是在内蒙古自治区的大多数城镇，已经很少有蒙古包作为建筑形式。

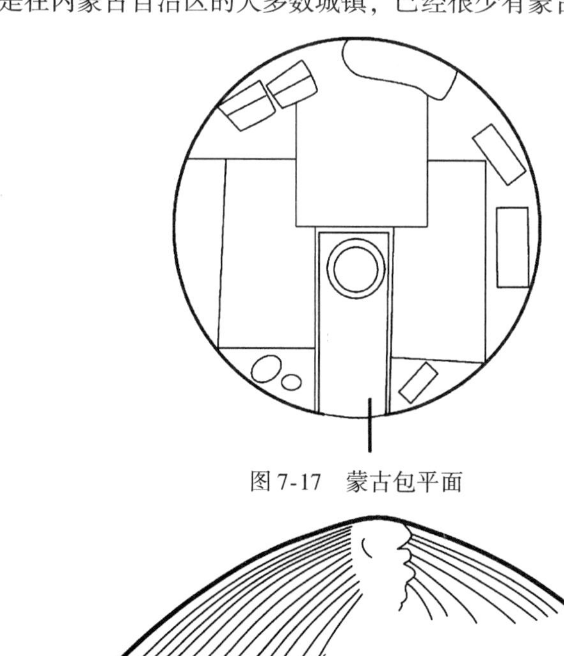

图 7-17　蒙古包平面

图 7-18　蒙古包剖面

7.2 蒙古考察地区人居环境地域特点及时空格局

7.2.1 乌兰巴托人居环境的历史演变

乌兰巴托地区的人类定居历史要追溯至旧石器时代。乌兰巴托在1639～1706年叫作乌尔格（Urga），1706～1911年被称为库伦（Kuren、Da-Kuren或Kulun）或大库伦，在民歌《Bogdiin Khuree赞歌》里，它被称为Bogdiin Khuree。当这个城市在1924年成为蒙古首都后，它的名字被改为乌兰巴托，意为红色城市。

建立于1639年的乌兰巴托（乌尔格），起初主要是作为一世哲布尊丹巴活佛札那巴札尔的住地，开始时驻营于哈拉和林附近，中期北上恰克图附近。随着人居规模增长，它的移动越来越少。到1778年，城址终于恒定在现址。1924年以后尤其在二战以后的蒙古社会主义建设时期，乌兰巴托人居环境发生了巨大变化。连接乌兰巴托与莫斯科、北京的蒙古铁路于1956年建成，电影院、剧院、博物馆等公共建筑也相继建成。

1990年，蒙古向民主和市场国家转型后，乌兰巴托在发展的同时也面临一些问题。这种制度变革起初并不稳定，20世纪90年代前期出现通货膨胀和食物短缺。近年来，城市中心地区新建筑增长及城市向外围扩张势头较强，住房价格上涨很快。

7.2.2 人口的增长、迁移与城市化的地域特点和时空格局

蒙古1935年人口73.82万人，经将近30年增长，至1963年人口为101.71万人；在此后的近50年间，全国人口增长加速，大体以每10年增加40万人的速度增长，2010年达275.468万人。蒙古有21个省、1个首都市（乌兰巴托，属直辖市）。蒙古人口空间分布很不平衡（图7-19），仅乌兰巴托一市就集中了全国40%以上的人口。据蒙古第十次人口住房普查统计数据，蒙古人口密度2000年为1.5人/km^2，2010年为1.7人/km^2，乌兰巴托人口密度最高，由2000年的162人/km^2上升到2010年的246人/km^2。在东部地区人口密度只有0.7人/km^2，中部地区1人/km^2，西部地区0.9人/km^2。

2005年、2010年以分省（含首都）为单元的城市化演变格局特征如图7-20所示。

7.2.3 城镇发展的地域特点与时空格局

乌兰巴托市中心由20世纪40～50年代风格建筑组成，而中心外围则多是住宅楼房及帐篷住区。近些年来，许多楼房的一层被改造成为小商店，新的高层楼房不断拔地而起。

2012年1月18日，蒙古政府会议讨论了依托奥尤陶勒盖矿建设综合性小城市的选址问题，并决定在奥尤陶勒盖周边建设拥有3000套住宅的综合性小城市。开发奥尤陶勒盖矿的艾芬豪矿业、力拓集团、珍宝-奥尤陶勒盖三家公司联合实施该小城市建设项目，预计前期投资近1000亿图格里。同时，政府还计划建设与矿山配套的道路、学校、公园、医院、酒店、文艺和休闲综合性场所、购物中心等设施。奥尤陶勒盖铜金矿是蒙古最大的战略矿之一，2012年年底投产，该小城市建设项目的实施将改善奥尤陶勒盖工人和当地居民居住环境，蒙政府拟把该城市打造成蒙古的第二个现代化的“额尔敦特”。

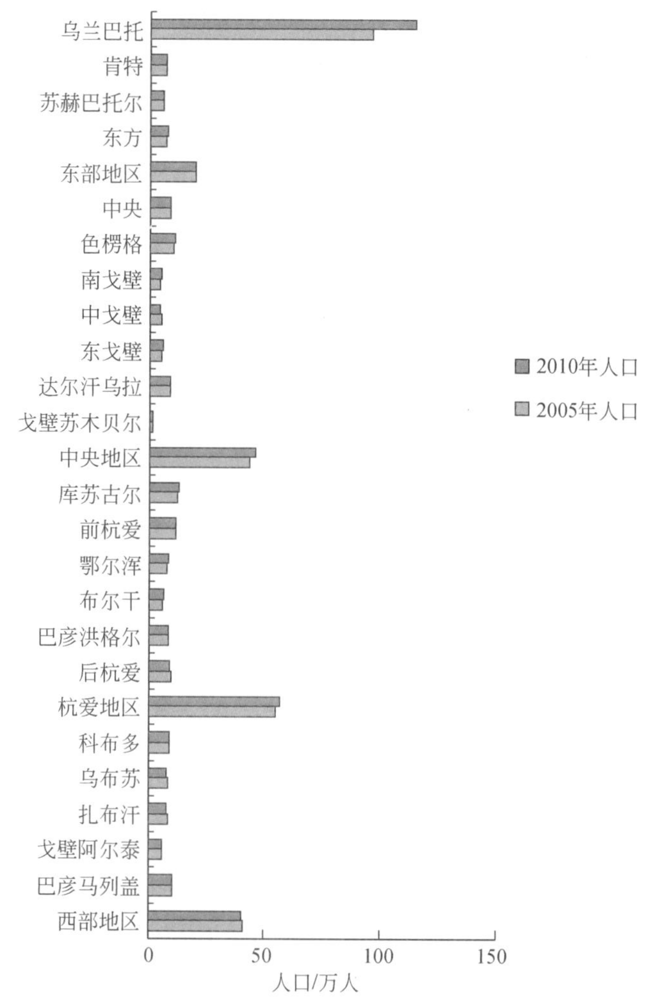

图7-19　蒙古人口增长时空格局（2005～2010年）

2005年全国人口256.24万人，2010年全国人口278.08万人

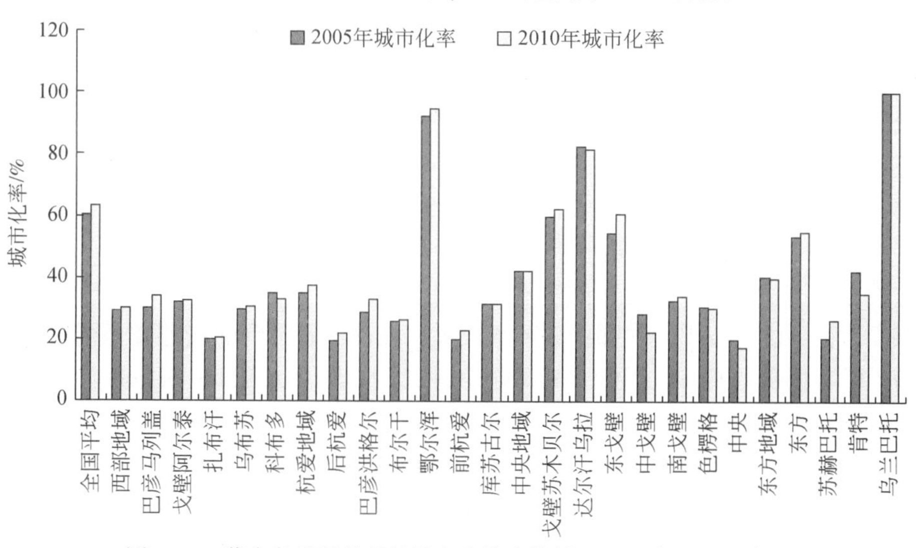

图7-20　蒙古各省及首都的城市化演变格局（2005年、2010年）

位于戈壁的奥尤陶勒盖、塔温陶勒盖、查干苏布日格等大型矿山开采加工企业和位于达尔罕市和色楞格省的铁矿企业发展、城镇建设和基础设施建设，将是蒙古未来看重的。

蒙古国家城镇体系呈极端首位型分布。首位城市乌兰巴托是近120万人的大城市，与此形成巨大空间反差的是，其他各省中心（省会）皆为不足10万人的小城市，有的省会人口仅数千人，首都人口规模独大，国家城镇体系具有明显的极端首位型分布特征（图7-21）。

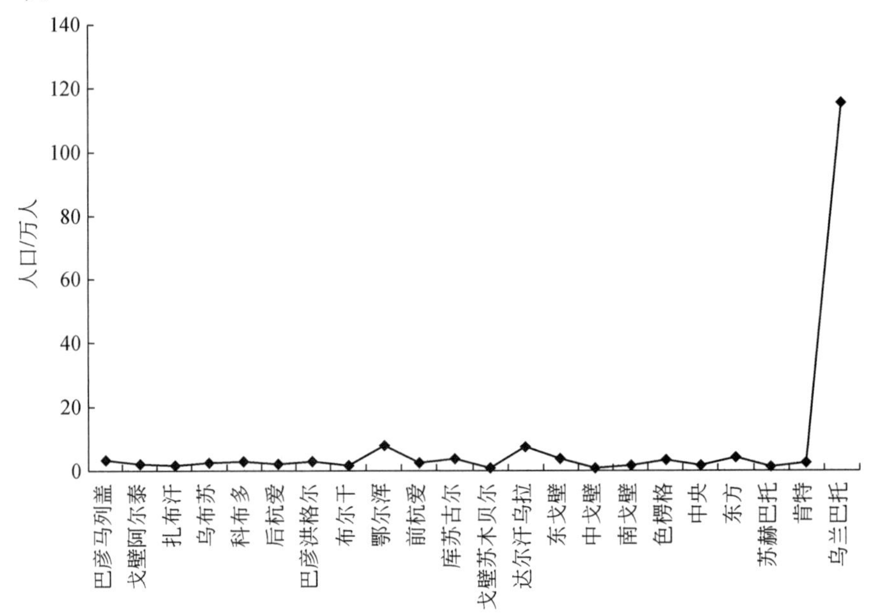

图7-21　极端首位型的蒙古城镇体系规模分布

7.2.4　蒙古人居环境时空格局的居住形式表现

7.2.4.1　乌兰巴托市民居

走出乌兰巴托市中心3km之外，就可以看见蒙古包村落夹杂在木板房和一层的砖房中间。但是在城市中心区，特别是沿主要干道的两侧，主要还是3层的砖结构住宅楼。较为陈旧的居民楼修建年代应该在20世纪50年代末至70年代末。应该也是受到苏联城市规划理念的影响，沿街的楼房立面一般都进行了一定程度的装饰，装饰的重点在檐部和阳台。这些住宅的开窗较小，多为三幅窗户，其中一幅较小，便于开启，用于通风。图7-22为蒙古乌兰巴托沿街民居。

这种建筑风格在俄罗斯远东的一些城市如赤塔、乌兰乌德和伊尔库茨克也很常见，符合寒冷地区的设计要求。在那些离大街较远，在街上看不到的住宅楼，则更重视的是外表而不重视内部的装修。因此，沿马路的建筑质量与街坊内部建筑差别较大。

在进入自由资本主义之后，很多沿街的民居建筑的底层也被开辟成为小商店、特色咖啡馆和纪念品商店、服装店等。而那些位于街坊之中的住宅楼，多为4～5层的砖混式楼房，也乐于在楼头临街的一面进行加建，开辟为杂货店和小饭店等。研究人员选择就近在酒店后的住宅小区进行了实地测绘，对住宅区规模，楼间距、层高等进行了初步测绘，得出了较为可靠的一手数据。

图 7-22　蒙古乌兰巴托沿街民居（李天摄）

现在乌兰巴托市中心核心区的高层住宅建筑（图 7-23）也很多，据说每平方米价格相当于人民币 4000 元左右，房屋的价格并不取决于建造年代，而是所在的区域，但是这种说法有待证实。

城市住宅小区的规模大小不等，但是高层住宅小区的楼间距比国内要大一些，也不强调朝向，由于该市为东西向发展，城市主要干道东西延伸，住宅多沿道路分布，越往郊区，这一现象越突出。高层建筑多为 8 ~ 11 层小高层，也有超过 15 层的高层，现在还不太普遍。

图 7-23　乌兰巴托东郊高层民居

7.2.4.2 乌兰巴托郊区蒙古包民居

蒙古包是蒙古族和其他游牧民居的主要建筑形式，适应流动性较大的族群使用，蒙古包的搭建与拆迁都比较容易，因此一直从古代流传至今。一般来说，蒙古包多出现在草原和游牧部落的定居点，在今天的乌兰巴托存在由蒙古包构成的村落，与中国国内的城中村有些类似，城市背景不完全相同，但建筑格局有相同之处。

中国国内的城中村是城市化扩展的结果，而乌兰巴托的蒙古包村落（图 7-24）是游牧的牧民向城里迁徙的结果。

图 7-24　乌兰巴托东北郊帐篷村

7.3 俄罗斯贝加尔湖地区人居环境地域特点及时空格局

7.3.1 区域建筑、居住的地域特点与时空格局

7.3.1.1 伊尔库茨克的建筑遗产与建筑艺术特色

17 世纪初，俄罗斯人来到西伯利亚地区的伊尔库茨克，哥萨克部队建造了城池，建镇正式时间是 1661 年。这里很快成为俄罗斯重要商品流通集散地，形成大型市场——夫达洛夫商场。此后城市发展很快，人口增长迅速，成为西伯利亚第一大城市。

伊尔库茨克市城市最早是用木制的墙围起来的，在城中修建军官宅邸和教堂。宗教活动及教堂建造成为社会生活主线，不祈祷不敢吃饭、不敢做事。起初是木制教堂，接着出现石头建筑。

伊尔库茨克州有 560 处不可移动文化古迹，9 个城镇共同构成历史城市和地区：伊尔库茨克市、尼日尼乌蒂尼克市、基连斯克市、乌索利-西伯利亚斯基市、亚历山德洛夫斯基（博汉斯基区）、乌里克镇与乌斯里-库达镇（伊尔库茨克区）。市区木房子有特殊价值，保存下来的有价值的木屋多建于19～20世纪，主要位于城市4个保护地段：12月党人区、热那亚博夫综合区、格里亚斯诺夫街、波赫梅尼茨基街。另外，卡尔马克思街与乌里茨基街也在保护之列。伊尔库茨克州有114个正教建筑被列入文物遗产名单，其中24个受俄罗斯联邦保护。全州有两个建筑学–民族志博物馆。建筑学–民族学博物馆Taltsy位于贝加尔公路第47km处，有30多年历史，是地方文化中心。这里举办传统民族与民间风俗节日，休息日有成千上万人来这里观看以前只有在电影和教科书上才能看到的西伯利亚文化景观。这里展现了十七八世纪布里亚特人、埃温基人文化建筑习俗。很多建筑房屋是从安加拉河沿岸移来的，如第一代俄罗斯移民的房子、学校、木制堡垒塔、正教教会、老磨坊。因为修建布拉茨克、乌斯季伊利姆斯克水电站而被淹没地方的楼房移到此处。

安加拉河沿岸的伊尔库茨克和乌斯季奥尔登斯基布里亚特自治区，历史悠久，文化多彩，文化基础好。1999年联合国教科文组织将伊尔库茨克市的历史中心列入世界遗产名单。这是因为这里有独特的文化建筑、木结构建筑遗产和建筑风格的缘故。每个时期有自己的建筑，所以研究改善建筑风格演变，对于了解西伯利亚开发历史非常有用。俄罗斯人喜欢在房屋外边进行装饰，特别是窗户木头装饰，精致细腻，其涡纹和螺线兼备俄罗斯西方和北方特点，其艺术高度之完美是俄罗斯其他地区难以企及的。19世纪木建筑以12月党人的房子最有代表和历史价值，彰显伊尔库茨克市本身建筑特色，如玫瑰型图案装饰、涡卷饰，具有传统西伯利亚风格。其中，谢尔盖·特鲁比茨克房屋非常讲究，具备西伯利亚坚固建筑物的样子。房屋正面阁楼、八角窗和各种雕刻叶饰或扇形花饰、列厅、轴线连续门廊等。

7.3.1.2 布里亚特共和国居住发展的时空特点

（1）人均居住面积增长快，但城乡发展不平衡

布里亚特共和国2009年住房面积人均19m^2，较2005年增长了1.2 m^2。但城乡居住发展不平衡，农村地区的住房水平还比较低，人均仅有17.8 m^2。呈现出与中国城乡居住面积相反的对比特征。

（2）房屋建设和总成交量持续上升

2009年布里亚特共和国新增244.47km^{2}住宅面积，相当于2008年新增水平的79.6%。其中，2009年个人新建房屋实现面积169.5km^2（占当年全部新建住宅面积的69.3%），个人住房建设份额同比扩大。

房屋建设和总成交量因受金融危机的影响，2009年总体上出现明显下滑（图7-25），但地区表现不平衡，有的地区甚至有所上升。下滑最大的地区在巴尔古律地区和穆霍尔希比里地区，没有完成2009当年住房建设和销售计划。上升的地区出现在通卡、贝加尔湖沿岸、伊沃尔金斯克、扎伊格拉耶沃地区，相当于2008年的112%～124%。

（3）民营开发已上升成为住宅增长的主角

近年来，住宅建设中的主要角色已成为私营、个体开发人员。私营、个体的承建商，在2009年的房屋建设总面积中所占比例是88.9%。相比之下，俄罗斯联邦仅占47.8%的份额。这反映出布里亚特共和国非国有住宅开发发展迅猛，已占绝对优势。

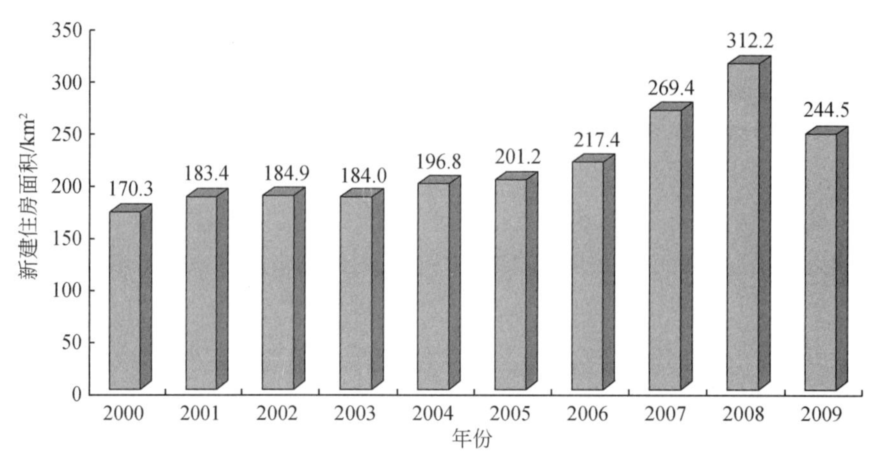

图 7-25 布里亚特共和国 2000～2009 年新建住房面积变化情况

（4）住房水平呈现一定的空间分布特征

布里亚特共和国住房水平的地域空间变化。2009 年全共和国人均住房使用面积为 19m^2，但受经济水平、地理区位等因素影响，不同地域住房水平不一，呈现出一定的空间差异。其中，巴尔古津、比丘拉、吉达、吉任加、奥卡等地区，人均住房使用面积不足 16m^2；巴温特、北贝加尔斯克市、扎伊格拉耶沃、卡班斯克、北贝加尔地区、通卡等地区，人均超过 20m^2；叶拉夫宁斯基、扎卡缅斯克、伊沃尔金斯克、穆霍尔希比里、色楞格、塔尔巴哈、霍林斯克、乌兰乌德市等地区，人均 17～20m^2。

总体来看，南部色楞格河沿岸、西伯利亚大铁路沿线及俄蒙铁路沿线一带靠近首府乌兰乌德市的各区，平均居住使用面积较为适中（17～20m^2）；南部边境各区、国土中偏北巴尔古津河沿线居住水平较低，国土北部、东北部的居住水平较高。形成居住水平差异的原因很复杂，从空间变化来看，地理区位、森林（木材）分布、人口密度、经济水平等，是影响布里亚特共和国居住水平空间分异的主要因素。

7.3.2 贝加尔湖地区人居环境的居住形式

7.3.2.1 贝加尔湖地区传统木制民居

无论是在贝加尔湖地区最具现代化的伊尔库茨克市，还是在具有蒙古民族风格的乌兰乌德市，城市老城区的典型传统建筑都是俄罗斯的传统木制民居。较之中国的木刻楞，俄罗斯的木刻楞修建更加精致，装饰也更为精美。图 7-26 为贝加尔湖地区传统木制民居。

（1）木楞房建筑特征

“木刻楞”多为单一木材构筑的房屋，林区的木刻楞也有土木结构的，大都建在高高的台基上，墙壁很厚，多在 50cm 以上。房屋呈四方形，房顶倾斜，有的上面还覆有漆着绿色油漆的铁皮，正门前有门庭和围廊，门内有过道，过道两旁是卧室和客厅。室内的墙角有土坯垒砌的火墙。有的人家是大型壁炉，外包一层铁皮，铁皮上抹一层黑油，俗称“毛炉”，是很好的取暖设备。

图 7-26　贝加尔湖地区传统木制民居（周晶摄）

木刻楞的建筑方法，主要是用木头和手斧刻出来的，有棱有角，非常规范和整齐，所以人们就叫它木刻楞。

（2）木刻楞的类型

在贝加尔湖沿岸的乡村，我们依然可以随处看到由原木建造的房屋。这样的木刻楞可以分成三类：平地木质民居、干阑式木质民居以及改良型木骨泥墙民居。

第一类民居是最常见的乡村民居类型，其中被称为老教堂的乌克兰移民的木质民居村落建筑是这类民居的精华。他们的房屋外表装饰异常华丽，色彩非常鲜艳，其雕花的窗板以及院落大门是装饰重点，被认为是 17 世纪的俄罗斯风格民居建筑风格的遗存。布里亚特共和国的一个村落被联合国教科文组织认定为世界遗产。

干阑式木制民居是木刻楞的变体，通常修建在山坡以及地面不平坦的丘陵与森林间。为了防潮，这类小木屋的底层通常是架空的，或者是一边架空，另一边建在平坦的大石头之上，与中国云贵高原的苗族干阑类似。受到地形限制，这类建筑通常占地面积较小，不适于大家庭的居家生活。因此，类似的木屋多出现在度假村中（图 7-27）。

图 7-27　贝加尔湖地区度假木屋

第三类木刻楞是近几十年才出现的，即在原木外面和里面都用土和涂料砌成墙体，这样可以起到更好的保温和防风效果，更适合人的居住。

（3）木刻楞的环境适应性

在世界范围内，木刻楞多出现在高寒与森林茂密的地区，如北欧、俄罗斯、中国东北、西北等。这些地方建木刻楞一是方便就地取材，二是便于施工，三是便于生活。

传统的木刻楞施工方法是在原木之间垫苔藓。苔藓垫在中间，好处在不透风。冬天 -30 ~ -40℃，有了苔藓压在底下，等于是水泥夹在隔缝里一样，不透风，冬天非常暖和，而夏天又非常凉快。有些木刻楞用黄泥、砂石加上茅草拌和后将其糊在木刻楞里面，起到保温的作用。现在建造木刻楞时，首先是一层塑料薄膜，然后是一层混凝土，再加上一层涂料。

7.3.2.2 贝加尔湖地区城市民居

与欧洲很多城市一样，伊尔库茨克市也是沿着安加拉河发展起来的，具有与许多欧洲城市相似的建筑景观。位于伊尔库茨克老城区的木质房屋街区被完整的保存了下来，是该市最重要的建筑历史文化遗产。在距伊尔库茨克市 47km 处的安加尔河高岸上有一个独特的露天博物馆——塔尔茨木质民族建筑博物馆。这里集中了 40 多座建筑古迹，讲述着 17 ~ 20 世纪贝加尔湖沿岸人民的日常和文化生活特点。图 7-28 为伊尔库茨克沿街民居。

图 7-28　伊尔库茨克沿街民居（周晶摄）

伊尔库茨克现存的城市民居多是苏联时期工业化的产物，建筑为火柴盒或者是兵营式的三层砖房，其立面简洁，少有装饰和变化，少有线脚，开窗很小。适应当地寒冷的气候环境。

与传统的木制民居有所不同，城市民居是工业化生产的产物，在苏联时期，为了区别于帝国主义建筑风格，苏联建筑多以简洁为主，在缺乏资金的条件下，建筑只能在沿街道的立面进行少量修饰。其设计突出表现为以下几点。

第一，房屋室内面积较小，也比较低矮，从而取得更好的保暖效果。

第二，居住建筑的开窗普遍较小，而且窗户全部为双层。房屋的窗户一般是三扇，其中两扇是固定的，往往只有一扇可以开启，有些只有一扇中的半扇窗户是能够开启的。

第三，建筑物的入口都为双层门，有门厅。在贝加尔湖附近的城市，每年 10 月就已经进入冬季，取暖季节开始。因双层门保暖，室外虽然寒冷，但是屋内却很暖和。在公共建筑中，通常在门厅中会有存放外衣的衣帽间。

第四，设置地下室。很多住宅建筑都设有地下室，地下室除了储藏功能之外，主要是为了隔潮。因为该地区纬度较高，某些地方还有多年冻土层，冬季雪大，非常潮湿。

第五，阳台很小，仅作为装饰。在整个区域里的低层住宅建筑多是在朝街道的立面设很小的“一步阳台”，不具备太多的使用功能。

7.4　中国北方人居环境适应性分析

7.4.1　中国北方城镇民居建筑的环境适应性特征

在调研的国内 143 个县（市）中，黄河沿线 33 个，黄河三角洲高效生态经济区城市群 15 个，大连经济圈–沈阳经济区城市群 27 个，关中天水经济区 48 个，内蒙古、黑龙江 20 个。

按照我国《民用建筑热工设计规范》(GB 50176）规定，常年最冷月平均温度 –10 ~ 0℃的地区称为寒冷地区（II 区）。我国有 1/2 的区域属于严寒和寒冷地区，所调研的区域除山东和河南个别地区以外，大都处于这个区域。

我国寒冷地区城镇住宅设计在满足一般居住建筑设计原理的同时，还要满足采暖设计和建筑节能设计的要求。目前的城镇住宅设计主要在以下方面体现其环境适应性特征。

7.4.1.1　建筑选址

因为北方冬季冷气流和河谷的冷风河流在地形低洼处形成冷气流集聚现象，造成对建筑物的局部降温，使位于洼地的建筑保持室温所消耗的能量增加，因此，北方城镇建筑多不选址在山谷、洼地和沟底。新规划中的居住区多选址在向阳避风的地段，争取日照和利用太阳能。

我国传统中北方民居“坐北朝南”是最佳的朝向，城市住宅也是一样，可以使建筑的外围护结构和居室内得到更多的太阳辐射。

7.4.1.2 楼群布局

为了多争取日照，北方民居建筑群在布局时，多采用错位布置，将点式住宅布置在较好的朝向上，板式建筑布置在其后，利用空隙争取日照。

在较为寒冷的东北和华北地区，常见南北向与东西向建筑围合成封闭或者半封闭的周边式。这种布局可以扩大南北向住宅的间距，减少日照遮挡，对节能、节地均有利。

在北方城市中，冬季主要受来自西北的寒流影响，因此设计多采用交错布局，使建筑物的间距控制在合理范围之内。

7.4.1.3 住宅套型

寒冷地区城市住宅一般每户都有一间朝向最好、面积较大的空间作为起居室，同时卧室也有较大的面积和朝向，以满足冬季户外活动较少的特点。

由于冬季室内外温差较大，人们在进出需要更换衣服，一般每户都有一个 1.5m^{2}的门厅。

在很多城镇的新建住宅中，都采用了大开间结构，将楼梯间、厨房、卫生间等开间相对固定，形成住宅的不变部位，其余功能用房均包含在大小不等的大开间内，由住户自行分隔。

7.4.1.4 住宅面积

大部分城镇住宅结构是以二室二厅、三室一厅和三室二厅为主，其中以三室二厅最多，部分经济欠发达地区存在二室一厅。住房面积在 70～140m^2，小户型 70～90m^2，中等户型 100～120m^2，大户型 120～140m^2，其中以中等户型 100～120m^2 居多。

旧住宅和新建的经济适用房多为 70～90m^2，二室一厅或二室二厅；三室一厅或三室二厅的户型面积多为 100～120m^2，是最主要的户型；大户型主要有四室二厅、四室一厅等，面积多在 120m^2 以上。

在中等发达的城镇，住宅建筑以 5～6 层为最多，部分县（市）存在低层住宅。

7.4.1.5 节能措施

中国北方城镇住宅多采用集中采暖方式，为了减少传统采暖方式带来的环境污染和充分利用供热设备，多数城镇大都采用城市热力网供热。本次考察的大部分县（市）小区都有太阳能热水器，而且很多小区普及程度很高。

在北方城市住宅建筑中，在保证日照、采光、通风、景观等要求之下，窗户的面积尽可能的缩小，并提高窗户的气密性，提高窗户本身的保湿性能，以便减少窗户本身传热量。

在很多城镇新建住宅中，都采用了新型墙体材料、新型楼地面屋顶保温材料以及节能门窗以便形成高效、节能、经济的围护体系，实现节能要求。

7.4.1.6 居住区环境

随着人们生活水平的提高，对居住小区的环境提出了更高的要求。规划中居住区的环境规划越来越受到重视。在课题调研的县级城镇住宅小区中，大部分居住区绿地率基本在20%～30%，也都有较为完善的环境建设，如平整的草坪、几个不同境界的次要景象围绕着主要景象，主次分明，景色多变的园林景观等，更多的普通居民小区不可缺少的是健身器材，供居民锻炼身体。

7.4.2 中国北方城镇规划体系的环境适应性

建筑设计和群体布置多样化，是近年来居住区规划设计的重要内容。在所调研的城镇居住小区以及取得的城镇规划中，都比较强调在体现地方特色和建筑物本身的个性的同时，提高居住建筑的环境适应性，如对建筑单体的选用，南北通透的同时兼顾封闭性；对群体的布置，南敞北闭，以利用太阳照射升温和防止北面风沙的侵袭。

本次考察调研了中国北方的143个县（市），获取了这143个县（市）的城市建设总体规划或者是生态建设规划。这些县（市）总体规划基本是2008年后新做的，属于中长期规划，有些规划编制时间为2004年。所有的规划中都将突出城市特色、生态建设以及文化遗产保护放在突出的位置。我们以城镇规划体系中的环境适应性为切入点，对照课题制定的指标体系，重点对这些城镇规划中所涉及的环境适应性部分进行了分析与总结。

7.4.2.1 资源环境的承载力规划

随着城市化水平的提升，节约集约利用潜力，差别化确定不同地区城市建设空间人均合理需求标准，确定各级各类城市建设空间总体需求规模和节约集约利用程度，为科学推进区域城市化建设提供基础依据，是城镇规划中必不可少的内容。

我们分析获得的城镇规划文本可以发现，规划文本中都将城市的规模进行了重点规划。根据空间合理需求规模=城市总人口×人均用地空间标准；区域城市建设空间承载力=城市建设空间实际规模/城市建设空间合理需求规模这样的组合模式，以城镇产业布局将所调研的城镇进行了分类（表7-1）。表7-1共有57个县（市），黑龙江2个，内蒙古3个，陕西25个，甘肃5个，山东13个，青海1个，吉林1个，辽宁7个。

7.4.2.2 生态建设规划

在所有城镇规划中，都强调了生态规划。以表7-1中的53个城镇规划为例，虽然所有城镇目前的主导产业都是以传统农业为主，将来的主要产业都倾向于发展现代农业与服务业、旅游产业以及商业。这样的趋势导致生态建设规划的比重加大，对人居环境的适应程度提高。

表 7-1 城镇产业布局

省级行政区	县市	（当前）主导型产业	（当前）农业细分	（当前）工业细分	（当前）服务业细分	（将来）主导型产业	（将来）农业细分	（将来）工业细分	（将来）服务业细分
黑龙江	1. 集贤县	农业+工业+服务业	传统作物	加工+矿产	商业+旅游业	农业+工业+服务业	传统作物	加工	商业+旅游业
	2. 五常市	农业+工业+服务业	传统作物	加工	旅游业	农业+服务业	经济作物		商业+旅游业
内蒙古	1. 林西县	农业	其他	加工	商业+旅游业	农业	经济作物	加工	商业+旅游业
	2. 宁城县	工业	传统作物	加工+矿产	旅游业	工业	传统作物	加工+矿产	旅游业
	3. 四子王旗	农业+工业+服务业	经济作物	加工	商业	农业	经济作物		
陕西	1. 蓝田	农业+工业+服务业	传统作物	加工	商业+旅游业	工业+服务业	传统作物	其他	旅游业
	2. 周至	农业+工业+服务业	经济作物	矿产	商业+旅游业	服务业			商业
	3. 户县	工业		加工		工业		加工	
	4. 高陵	工业		加工		农业+工业	传统+经济作物	加工	
	5. 宜君县	农业+工业+服务业	经济作物	加工+矿产	商业+旅游业	工业		加工+矿产	
	6. 三原县	农业+工业+服务业	传统作物	加工	商业	农业+工业+服务业	传统作物	加工	商业+旅游业
	7. 泾阳县	农业+工业+服务业	其他	加工		农业+工业+服务业	其他	加工	旅游业
	8. 乾县	农业+工业+服务业	传统+经济作物	加工	旅游业	工业+服务业		加工	旅游业
	9. 礼泉县	农业+工业+服务业	传统+经济作物	其他	旅游业	工业+服务业	传统+经济作物	加工	旅游业
	10. 永寿县	农业+工业+服务业	经济作物	加工	旅游业	工业+服务业		加工	商业+旅游业
	11. 长武县	农业+工业+服务业	经济作物	矿产	旅游业	农业+工业	经济作物	加工	
	12. 旬邑县	工业		加工+矿产		农业+工业	传统作物	加工+矿产	
	13. 淳化县	农业	传统+经济作物			农业+服务业	经济作物		商业
	14. 合阳县	服务业			商业+旅游业	农业+工业+服务业	经济作物	矿产	旅游业
	15. 蒲城县	工业+服务业		加工		工业+服务业		加工	旅游业
	16. 富平	农业+工业+服务业		矿产	商业+旅游业	工业+服务业	其他		其他
	17. 岐山	工业+服务业	经济作物	加工	商业+旅游业	工业		加工	
	18. 眉县	工业		加工		工业+服务业		加工	旅游业
	19. 陇县	农业+工业+服务业	传统+经济作物	加工+矿产	商业+旅游业	农业+工业+服务业	传统+经济作物	加工+矿产	商业+旅游业
	20. 千阳县	农业+工业+服务业	传统+经济作物	矿产	旅游业	工业		加工	
	21. 麟游县	农业+工业	传统作物	加工	旅游业	农业	传统+经济作物	加工	旅游业
	22. 凤县	工业		矿产		工业+服务业		加工+矿产	旅游业
	23. 太白县	农业+工业+服务业	经济作物	其他	商业+旅游业	农业+服务业	经济作物		商业+旅游业
	24. 洛南	农业+工业	传统作物	加工	商业	农业	传统作物	加工	商业+旅游业
	25. 柞水	工业+服务业		矿产	旅游业	农业+工业+服务业	经济作物	矿产	旅游业

续表

省级行政区	县市	（当前）主导型产业	（当前）农业细分	（当前）工业细分	（当前）服务业细分	（将来）主导型产业	（将来）农业细分	（将来）工业细分	（将来）服务业细分
甘肃	1. 清水县	农业+工业+服务业	经济作物	矿产	旅游业	农业+服务业	经济作物		旅游业
	2. 秦安县	农业+工业+服务业	其他	加工	旅游业	农业+工业+服务业	其他	加工	旅游业
	3. 甘谷县	农业+工业+服务业	传统+经济作物	加工+矿产	旅游业	农业+服务业	经济作物		商业+旅游业
	4. 张家川县	服务业			商业	工业		加工+矿产	
	5. 积石山县	服务业			其他	服务业			其他
山东	1. 莱州市	工业	传统作物	加工+矿产	商业	工业+服务业	传统+经济作物	加工	商业+旅游业
	2. 寿光市	工业+服务业		加工	商业	农业+服务业	经济作物		商业
	3. 昌邑市	工业		加工		工业+服务业		加工	其他
	4. 乐陵市	工业+服务业	经济作物	加工	商业	工业	经济作物	加工	商业+旅游业
	5. 高青县	工业		加工		工业		加工	
	6. 广饶县	工业		加工		工业		其他	
	7. 庆云县	工业+服务业		矿产	旅游业	工业		加工	
	8. 惠民县	农业+工业+服务业	传统+经济作物	其他	商业+旅游业	工业		其他	
	9. 阳信县	工业+服务业		加工	商业	工业		加工+矿产	
	10. 无棣县	工业		加工+矿产		工业+服务业		加工+矿产	商业+旅游业
	11. 沾化县	农业+工业+服务业	经济作物	矿产	商业	工业		矿产	
	12. 博兴县	工业		加工+矿产		工业		其他	
	13. 邹平县	工业		其他		农业+工业	经济作物	其他	
青海	循化县	农业+工业+服务业	传统作物	加工	旅游业	服务业			旅游业
吉林	榆树市	农业+工业+服务业	经济作物	加工	商业	服务业			商业
辽宁	1. 本溪市	工业		加工+矿产		工业+服务业		加工+矿产	旅游业
	2. 瓦房店市	工业		加工		工业+服务业		加工	商业+旅游业
	3. 庄河市	工业		加工		工业+服务业		加工	旅游业
	4. 海城市	工业+服务业		加工	商业+旅游业	工业+服务业		加工	商业+旅游业
	5. 大石桥市	工业		加工+矿产		工业		加工+矿产	
	6. 长海县	农业	其他			农业+服务业	其他		旅游业
	7. 辽阳县	工业	传统作物	其他	商业	工业	传统+经济作物	其他	商业+旅游业

分析城镇规划我们还可以发现，在强调生态建设的同时，对文化遗产的保护以及旅游景点的开发成为规划的重点。城镇规划越来越重视文化遗产对旅游开发的带动作用，因此，生态建设，特别是文化遗产景区和自然风景区的生态建设成为了城镇规划中最突出的部分。但是我们也必须指出，规划中的生态建设较少涉及对乡村风貌的保护，而是更强调加快城镇化建设的步伐。某种程度上，城镇化建设已经成为保持乡村风貌的最大障碍。

7.4.2.3 综合防灾规划

随着城市化进程的加快，城市人口密度的不断提高以及建筑的聚集，城市成为了各种灾害发生后造成人员与财产损失最严重的地方。《我国城市规划法》第十五条规定："编制城市规划应符合防火、防爆、防震、抗震、防洪、防泥石流、交通管理、防控建设等要求，在可能发生强烈地震和严重洪水灾害的地区，必须在规划中采取相应的抗震、防洪措施"。

虽然多部规划法中对城市的防洪规划、防火规划、城市减灾规划和人防规划都做出了比较具体的规定，但是在城镇规划的综合防灾规划中，强调最多的是地震、火灾、水灾等自然灾害，对城镇化进程中容易发生的灾害以及涉及人居环境质量的问题，还没有引起足够的重视，并在规划措施中得以体现，具体表现为：

第一，城市化的人口聚集地在突发地质灾害中的应急避险与疏散详细规划；

第二，城市建筑环境中的风环境、光环境；

第三，高层建筑的消防措施。

7.5 中国北方地区人居环境评价指标体系的建立与评价

7.5.1 人居环境评价指标体系的构建原则

目前急需建立一个适合我国北方相关县（市）人居环境，以及适合黄河三角洲高效生态经济区的人居环境评价指标体系。该指标体系是与人类生存密切相关的，并且是一个多层次空间，其中的影响因子也很多，所以作为衡量城市人居环境的指标体系不仅应该遵循客观性、科学性、完整性、有效性等原则，还应该满足以下原则：①以人为本的原则；②全面性原则；③可操作性原则；④针对性原则；⑤相对独立性原则；⑥层次性原则；⑦科学性原则；⑧实用性原则。

7.5.1.1 人居环境评价关键指标

人居环境包括自然环境（生态环境、气候环境、物理环境等）和人文环境（艺术环境、社会环境和文化环境等）两个方面。我们考虑到可持续发展原则，加入了资源承载力这个要素。在收集大量人居环境数据信息的基础上，基于广义协方差极小法，解决了人居环境指标的并类问题，建立了适应中国北方人居环境的评价体系，建立了三级指标，见表7-2。

表 7-2　人居环境评价三级指标

	一级指标	二级指标	三级指标
人居环境评价指标体系	资源承载力	人口	人口密度/（人/hm^2）
			人口自然增长率/‰
		土地资源	人均湿地面积/hm^2
			人均耕地面积/hm^2
		水资源	人均水资源量/m^3
		能源	产值能耗/（t 标煤/万元）
			单位 GDP 能耗/（t 标煤/万元）
	自然环境	气候	年日照时间/h
			年降水量/mm
			相对湿度/%
			年平均气温/℃
			林木覆盖率/%
		生态	城市建成区绿化覆盖率/%
	社会环境	公共服务	文化艺术场馆个数/个
			人均邮政业务量/元
			医生数/万人
			公路密度/（km/km^2）
			人均公共图书馆藏书/（册/万人）
			城镇医疗保险覆盖率/%
			旅客周转量/（万人/km）
			房价收入比
		经济	就业率/%
			GDP 增长率/%
			人均 GDP/（万元/人）
			居民消费水平/（元/人）
			人均可支配收入/元
			人均消费品零售额/（万元/人）
			人均住房面积/（m^2/人）
		生活居住	互联网入户率/%
			市区人口密度/（人/hm^2）
			家庭文化娱乐教育服务支出/元
			集中供热率/%
		环境	饮水水质达标率/%
			污水无害化
			城镇生活垃圾无害化处理率/%

7.5.1.2 人居环境评价指标体系建立的技术路线

图 7-29 为人居环境评价指标体系建立技术路线图。

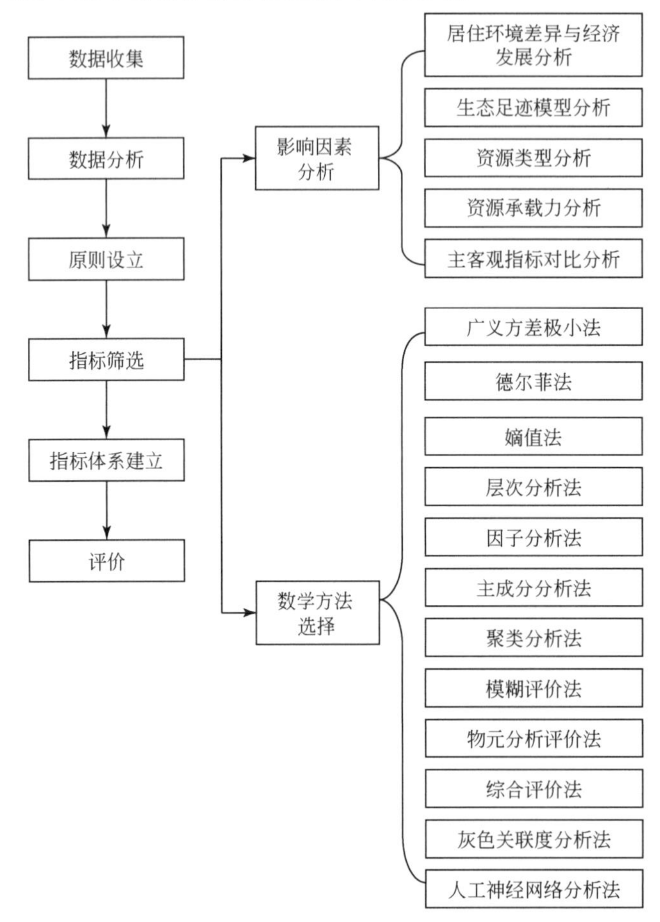

图 7-29 人居环境评价指标体系建立技术路线

7.5.2 中国北方城市群人居环境适宜性分析

7.5.2.1 黄河三角洲城市群评价

(1) 资源承载力分析

如图 7-30 所示，乐陵市、寿光市、博兴县这几个综合实力发展好的县（市）资源承载力得分较低。这说明经济、生态发展好的县（市）人口增长较快，人口密度增大，人均耕地、人均水资源逐渐减少，城市规模不断扩大，资源承载力大。而沾化县、无棣县等资源承载力得分较高，其经济、社会环境得分相对又很靠后，由于其地理位置、交通、社会政策等的影响，城市开发程度低，人类活动范围较小，综合发展滞后，人口增长缓慢，人均耕地、人均水资源等方面有较大空间。

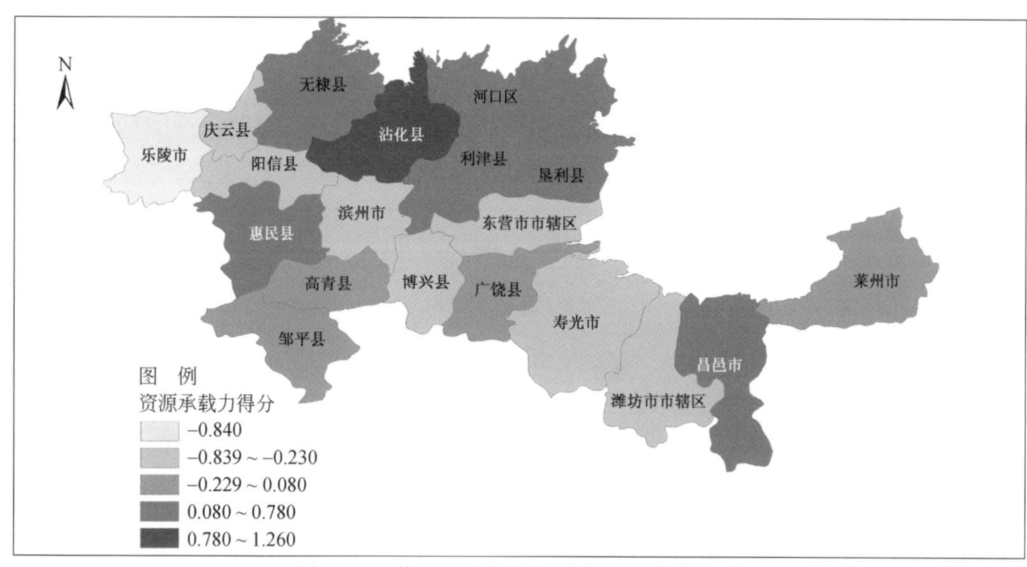

图 7-30　黄河三角洲城市群资源承载力得分

(2) 自然环境分析

由图 7-31 可以看出，沿海的区域莱州市、东营市等县（市）自然环境得分较低，一个原因是由于黄河三角洲是黄河的入海口，并且以 2km/a 的速度填海造陆，植树造林时间短，所以该区域的林木覆盖率较低，并且由于沿海温差较大，气候变换较频繁。靠近内陆的几个县（市）乐陵市、沾化县、无棣县等自然环境得分较高，由于远离海岸所以气候较稳定，林木覆盖率较高。

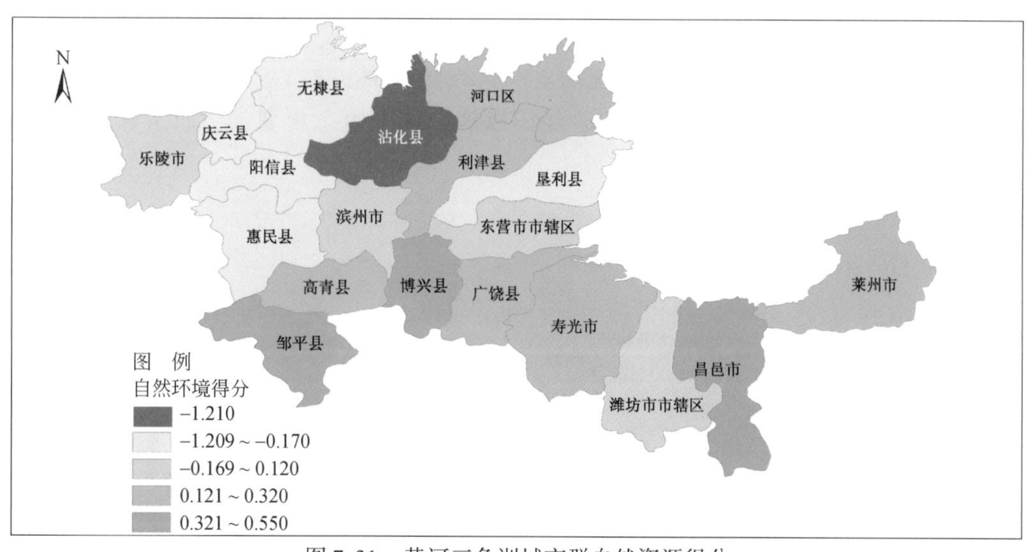

图 7-31　黄河三角洲城市群自然资源得分

(3) 社会环境分析

由图 7-32 可以看出，莱州市、昌邑市、寿光市等沿海县（市）社会环境得分较高，而且综合得分同样较高。社会环境的评价本来就是一个比较复杂的过程，要综合涉及经济、交通、市政、信息网络、环境保护等多方面的评价指标。比如莱州市、昌邑市本身区位优越，交通便利，政府政策制度有力，环境保护事业颇有成效，以至于经济增长迅速。研究发现，社会环境评价值较高的县（市）同时也是环境保护得分较高的县（市），意味着该城市群要围绕生态文明建设目标，突出高效生态经济主题，走发展循环经济的道路。经济、交通、环境保护、市政设施等相辅相成，共同来提高社会环境对人居环境适宜性的贡献。

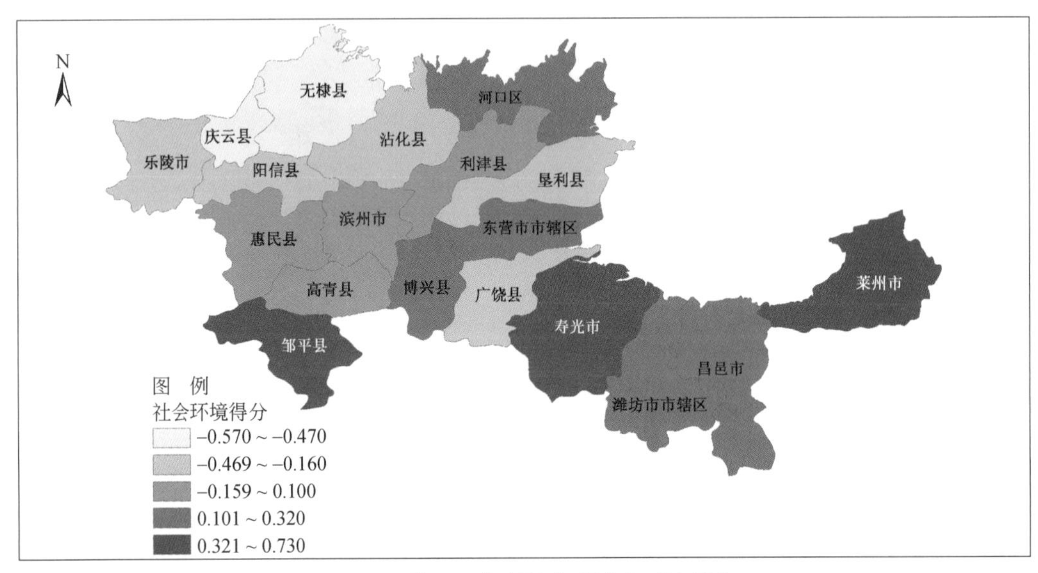

图 7-32　黄河三角洲城市群社会环境得分

（4）综合分析

黄河三角洲城市群人居环境质量参差不齐，城市群中人居环境质量最好的是莱州市，位于第二的是寿光市，最差的为无棣县、沾化县（图 7-33）。这种差异性主要是由各个县（市）的地理位置、政府政策、经济发展、城市生态规划、交通条件、社会环境的差异所致。

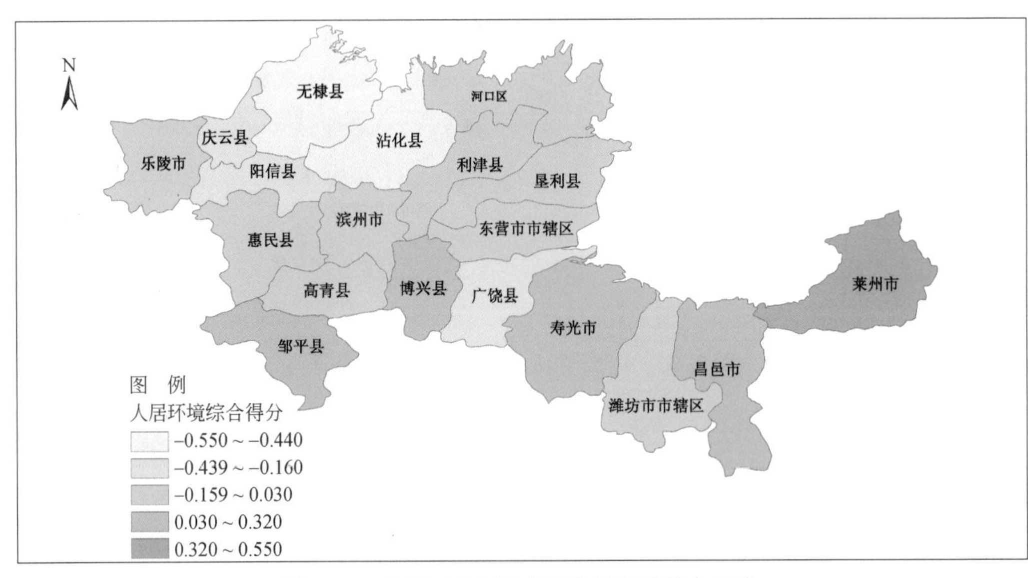

图 7-33　黄河三角洲城市群人居环境综合得分

7.5.2.2　关中天水城市群评价

(1) 资源承载力分析

如图 7-34 所示，分别以西安、天水为中心的周边县（市）人口增长和密度都较高，同时经济增长也快，说明人类活动对资源的利用达到了一定限度，使资源承载力降低。从能源消耗分布来看，能耗大的县（市）有如下特点：①较侧重于工业发展，所以能源诸如煤电之类的需求量大；②能耗较高的县市交通方便，有利于煤电的运输；③经济增长主要是粗放式增长，缺少技术创新，还没有完全从粗放式发展转向集约式发展。

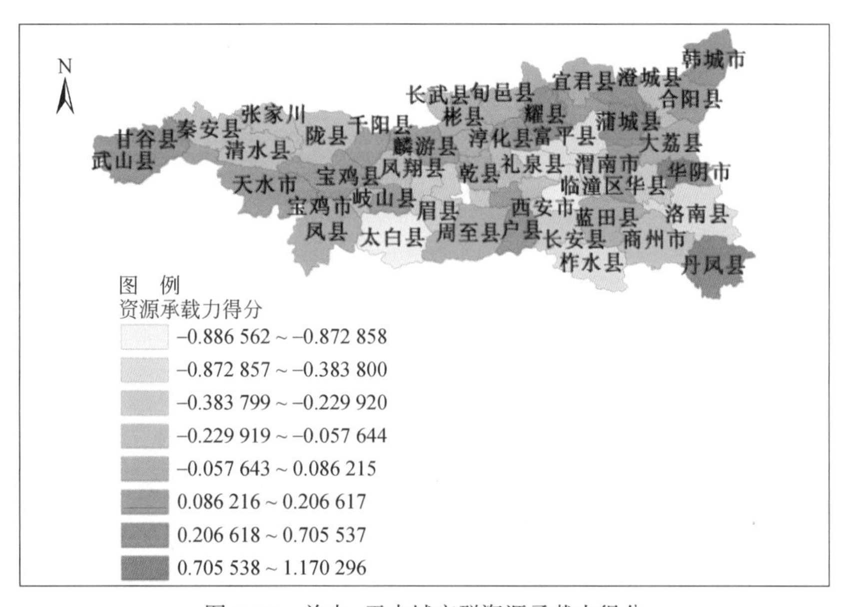

图 7-34　关中–天水城市群资源承载力得分

(2) 自然环境分析

图 7-35 显示，自然环境评价值较高的县（市）主要集中在分别以宝鸡、西安、咸阳、商州为中心的周边城市，这和地理位置有着极大的关系，大部分分布在关中平原地带，该地区地势平坦，土壤肥沃，水源丰富，气候温暖，是陕西自然条件最好的地区。

(3) 社会环境得分分析

图 7-36 可以看出，社会环境评价值较高的县（市）不太集中，分布在宝鸡市、咸阳市、西安市的几个县（市），西安、咸阳、宝鸡原本属于关中–天水经济区的主要带头核心城市，经济发展迅速，政府政策制度有力，城市环境优美，交通便利，居民生活居住环境便利。甘肃天水部分县（市），如甘谷县、秦安县、张家川等社会环境得分较低，主要源于该区域经济发展滞后，以至于市政设施不完善，生活居住条件有待提高。

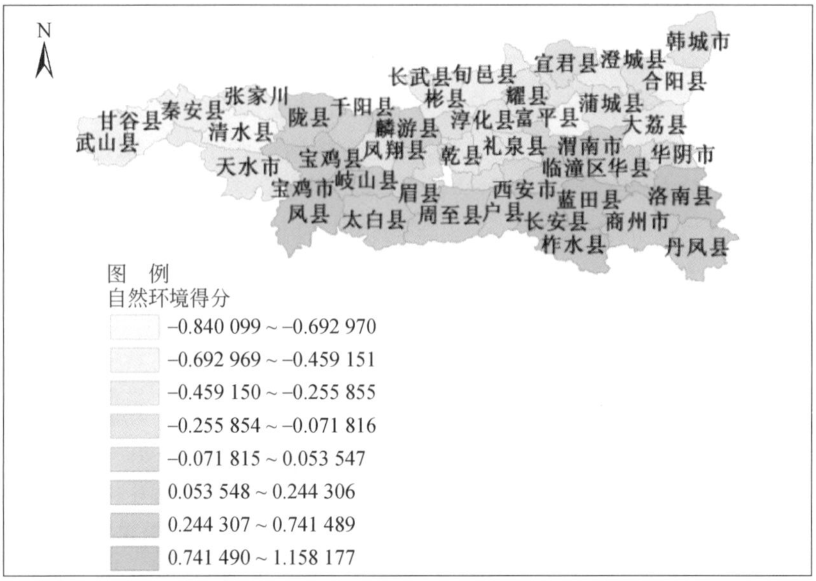

图 例
自然环境得分
−0.840 099 ~ −0.692 970
−0.692 969 ~ −0.459 151
−0.459 150 ~ −0.255 855
−0.255 854 ~ −0.071 816
−0.071 815 ~ 0.053 547
0.053 548 ~ 0.244 306
0.244 307 ~ 0.741 489
0.741 490 ~ 1.158 177

图 7-35 关中–天水城市群自然环境得分

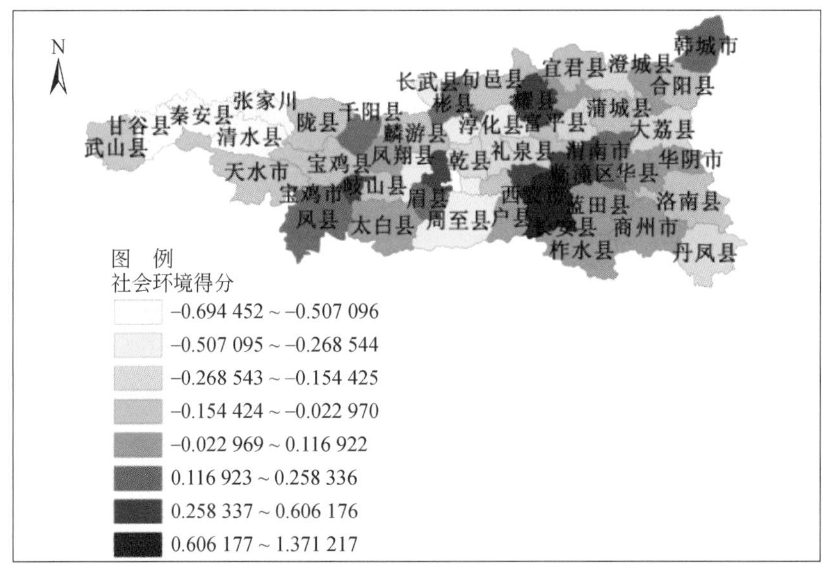

图 7-36 关中–天水城市群社会环境得分

（4）综合分析

比较明显的是，关中县（市）评价值排名均靠前（图 7-37），而天水区域评价值排名较靠后。西安所辖长安区、临潼区、市辖区以及咸阳市排名位居前列，这与城市的历史文化、城市建设政策有一定的关系。

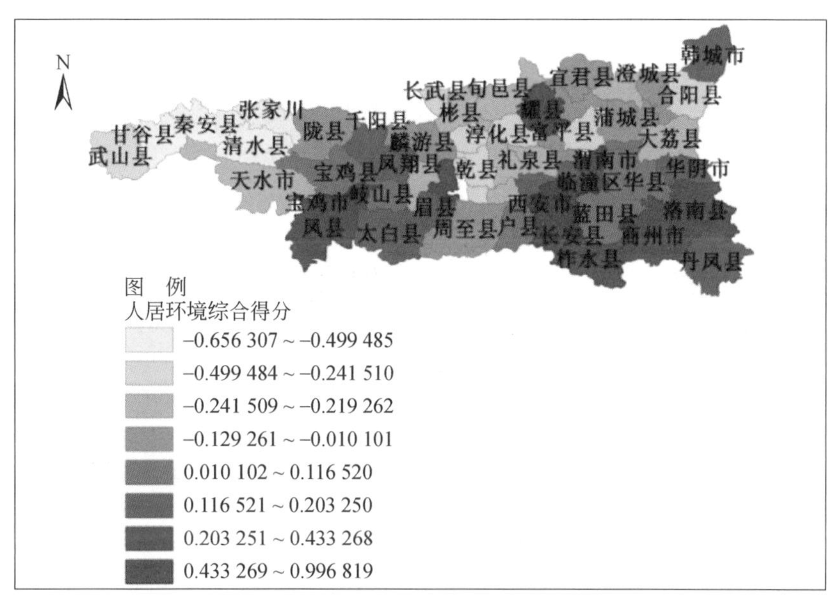

图 7-37　关中–天水城市群人居环境综合得分

综合评价得分靠前的县（市）经济、环保、交通方面比较强，资源承载力较大，靠后的县（市）各方面得分都比较低。得分靠前的县（市）经济、生态发展好，人口增长较快，城市规模不断扩大，资源承载力大；靠后的县（市）如天水地区以及关中周边县（市）地理位置和交通条件较前面地区差，经济发展缓慢。这种差异性主要是由各个县（市）的地理位置、政府政策、经济发展、城市生态规划、交通条件、社会环境的差异所致。

7.5.2.3　沈大城市群评价

（1）资源承载力分析

如图 7-38 所示，资源承载力评价值较大的县（市）主要分布在沈大城市群的东南地区，其分布与人口和能耗的分布极为相似，说明该地区经济增长方式还是传统的能源消耗型，沈大城市群在经济发展中面临着产业和产品结构落后，技术创新能力不强等诸多问题，还是粗放式增长方式，由于多年的大量开采和粗放生产，使资源面临枯竭，可见沈大城市群发展中存在着能源利用问题。相反，在西丰县、开原市、阜新等县由于规划城市群时开发较晚，属于城市群中的新成员，人口增长，人口密度都较小，所以资源承载力还有一定空间。

（2）自然环境分析

如图 7-39 所示，自然环境评价值分布比较集中，评价值较高的县（市）主要分布在沿海以及城市群的南部。其中，新宾、桓仁、宽甸等县（市）一年四季分明，气候宜人，雨量充沛，自然资源十分丰富，森林是其一大优势，覆盖率均 50% 以上，其中新宾是国家级先进林业县。这和其地理特点有关系，该区域地貌类型属于构造侵蚀的中低山区，以长白山系龙岗山脉为主体，境内峰峦叠嶂，山丘起伏，气候宜人，林木覆盖率高。相反，自然环境得分较低的西北方向区域，如阜新县、昌图县、法库县等气候均

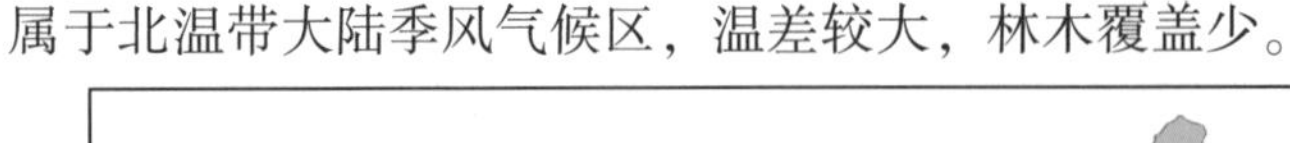

属于北温带大陆季风气候区，温差较大，林木覆盖少。

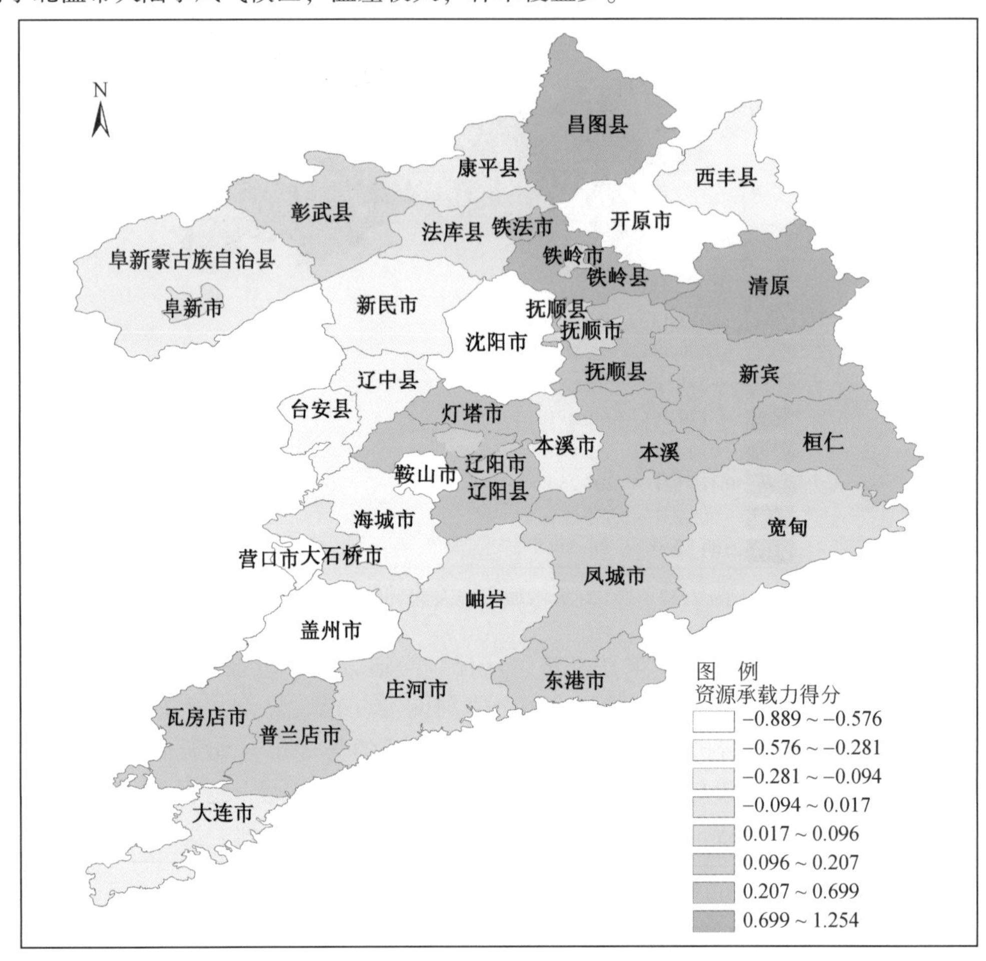

图 7-38　沈阳–大连城市群资源承载力得分

（3）社会环境分析

由图 7-40 可看出，社会环境评价值靠前的县（市）主要分布在大连市、沈阳以及东港等市区，这个分布与经济评价值的分布有着相似之处，同以上两个城市群类似，社会环境的评价值高低与经济评价值高低成正比。沈阳、大连、东港区域是辽宁省经济、交通、市政等综合实力均居于前列的大城市，是较早列入沈大城市群发展规划的，再加上城市本身在城市群中的核心作用和辐射力，带动本地区各县（市）经济发展。开原市、鞍山市、阜新等地区的县（市）由于本身经济增长和城市规模各项发展不及前几个区域，再加上划入沈大城市群时间晚，所以发展较滞后。

（4）综合分析

图 7-41 表明，该城市群中的两个经济区的中心城市大连和沈阳排名靠前，由主成分分析值可以看出，大连在经济、环境保护、交通、公共服务各方面评价值都很高，而且综合得分远远高于其他县（市）。整体评价值差异性较大，沈大城市群虽然在地理区位上集聚，但并没有实现城市群上的真正集聚，处在形聚而实散，综合发展各自为政，经济联系松散的环境中。

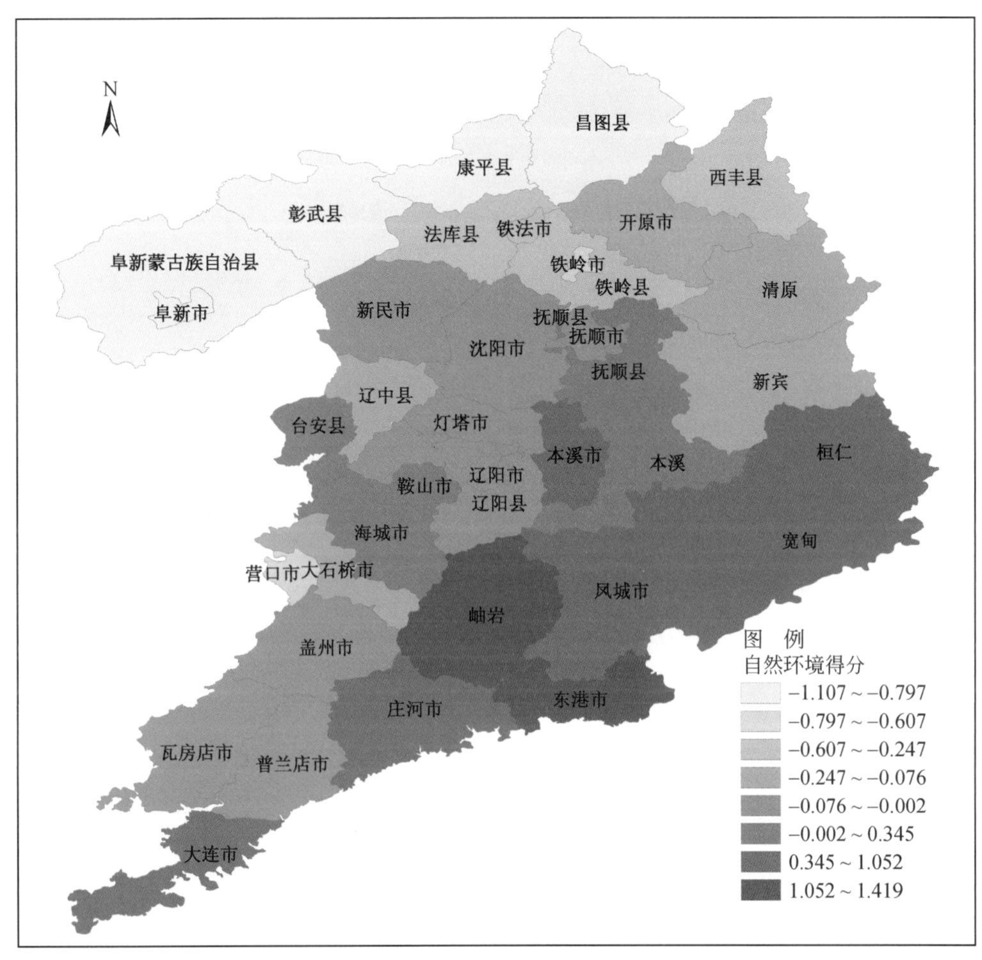

图7-39　沈阳-大连城市群自然资源得分

沈阳、大连两市在经济、交通方面不相上下，均稳居首位。在住房方面，沈阳得分较高，但是沈阳在生活居住，自然环境方面不及大连市。鞍山虽然综合评价值处于前列，但是它与沈阳、大连两城市相比较，差距较大。城市群中抚顺、营口、铁岭、辽阳、本溪5市经济发展较为迟缓，其中抚顺、营口、铁岭人口均超过200万，城市规模与综合发展水平不相符与核心城市之间的GDP差距也很大，以至于城市的综合得分差异性很大。抚顺、铁岭仍是资源型城市，随着资源的耗尽，就会面临城市衰退的困境。城市群整体布局不合理，形成大城市多，小城镇少的格局。

7.5.2.4　三大城市群评价结果比较

三个城市群中，黄河三角洲整体资源承载力承载空间比其他两个城市群大。究其原因：一是黄河三角洲的形成原因，黄河从1855年在兰考铜瓦厢决口北徙，由原来注入黄海改注入渤海，经过百年来的沧海变化，才塑造出这个近代三角洲，且平均每年造陆31.3km^2，海岸线每年向海域内推进390m，所以人均土地资源，人均湿地面积等都较高。二是人口因素，黄河三角洲城市群的人口增长相比较关中-天水城市群增速慢，这

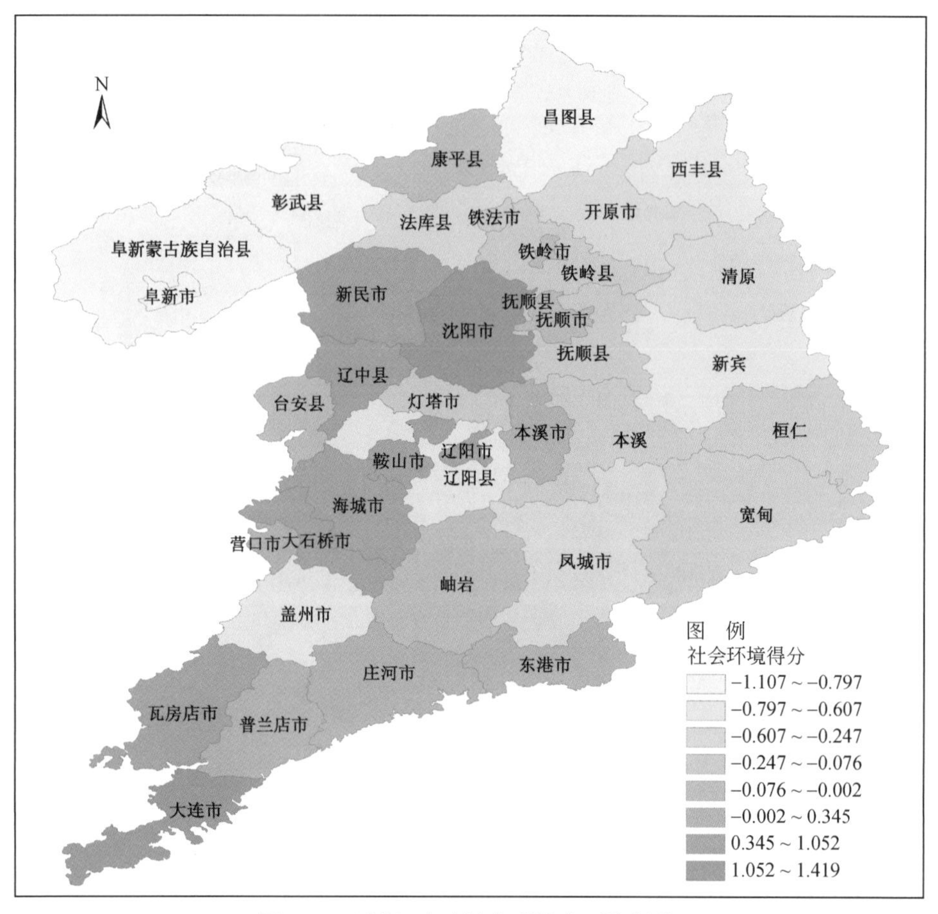

图 7-40 沈阳-大连城市群社会环境得分

样会间接地减少资源过度浪费，减少水资源短缺问题。而关中-天水城市群大部分县市属于关中地区，关中地区是陕西人口最密集地区，人口增长过快，自然资源有限，导致资源承载力较大。三是历史原因，部分沈大城市群以前是东北老工业基地，有产业和产品结构落后、新兴产业发展不快、企业设备和技术老化，技术创新能力不强等诸多问题。由于多年的大量开采和粗放生产，使资源面临枯竭，失去原有的优势。在城市群发展的背后，是脆弱的资源承载力，所以应该效仿《黄河三角洲高效生态经济区发展规划》，城市群建设应该坚持开发与保护并重，保护优先，以环境承载力为依据，严格限制高耗水、高耗能、高排放项目，推进节约发展、集约发展、生态发展、高效发展、可持续发展。

在自然环境方面，三个城市群差异不大。区别是黄河三角洲地处沿海地带，基本气候特征为：常发生春旱；夏季，炎热多雨，温高湿大，有时受台风侵袭，林木覆盖率较关中天水城市群高，较沈大城市群低；关中平原地区处于我国内陆中心，平均气温浮动很小，春秋季节气温升降急骤。由于近年来关中天水经济带经济快速发展，未能很好地将发展与自然生态保护相结合，自然环境受到人类活动的干扰和破坏，因此应该保护生态资源，使自然、经济、社会协调发展。

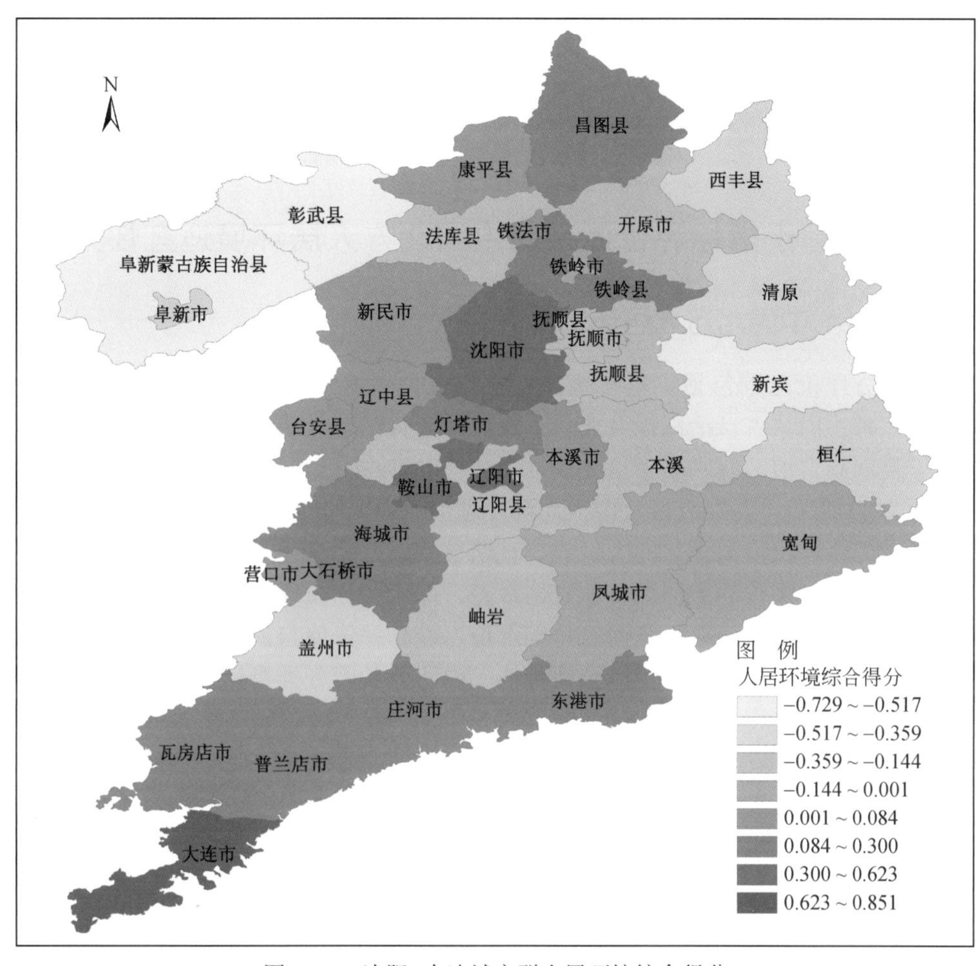

图 7-41　沈阳-大连城市群人居环境综合得分

在社会环境方面，一个共同特点是追求经济发展过程中，还没有从粗放式的经济发展转变到集约型的发展方式；另一个共同特点是城市群内，各城市在户籍制度、就业制度、住房制度、医疗制度、教育制度、社会保障制度等方面，没有实现区域制度架构的融合，所以应该加强行政协调，认真梳理各城市现有的地方性政策和法规，着手营造一种区域发展无差异的政策环境。差异性有：其一，沈大城市群的经济增长最快，究其原因是该城市群中的两个经济圈——沈阳经济圈和大连经济圈发展较早，有巨大的海港吞吐量，丰富的资源和发达的交通网络，直接带动周边县市经济发展。而关中-天水城市群经济增长较缓慢，虽然经济基础好，但人口密度大，地处西部，资源和交通方面都不及其他两个城市群。其二，关中-天水城市群城镇带初步形成，西安特大城市对周边地区辐射带动作用明显，区域内城镇化进程不断加快。其三，在环境保护方面，黄河三角洲做得比较好，2009 年 12 月中华人民共和国国务院通过了《黄河三角洲高效生态经济区发展规划》，所谓高效生态经济是指具有典型生态系统特征的节约集约经济发展模式，经济、社会、生态协调发展，为人类创造一个和谐的人居环境，目标是发展科技含量高、资源消耗低、人力资源优势得到充分发挥的高技术产业和对环境污染少的产业。在吸取珠江三角洲、长江三角洲经验教训的基础上，将环境保护放在突出位置的黄河三角洲将成为我国今后高效生态经济的样板。其四，在生态环境方面，关中-天水城市群有待进一步加强，应该继续加大力度植树造林，林木覆盖是一个地区中的“天然氧吧”，直接关系到人居环境的空气质量，气候变化，对维护自然界生态平衡和美化环境都十分重要。

7.5.3 基于指标评价体系的中国北方人居环境适宜性分析

7.5.3.1 中国北方人居环境评价

中国北方评价范围包括：东北地区辽宁、吉林、黑龙江三省，华北地区山东、山西、河北三省，内蒙古自治区以及北京、天津两个直辖市，西北地区陕西、甘肃、青海三省和宁夏回族自治区。

如图 7-42 所示，各省级行政区人居环境适宜性在评价区域上差异性较大，中国北方人居环境综合评价值大于 0 的省份或者直辖市依次有北京、天津、山西、山东、河北和陕西，青海和内蒙古的人居环境适宜性最差，即人居环境较好的省级行政区主要分布于中国北方区域的中心，靠近黄河三角洲部位。综合评价值与公共服务评价值相关性较好，且公共服务评价值大都高于综合评价值。说明公共服务类指标在中国北方人居环境评价中具有较重要的作用。

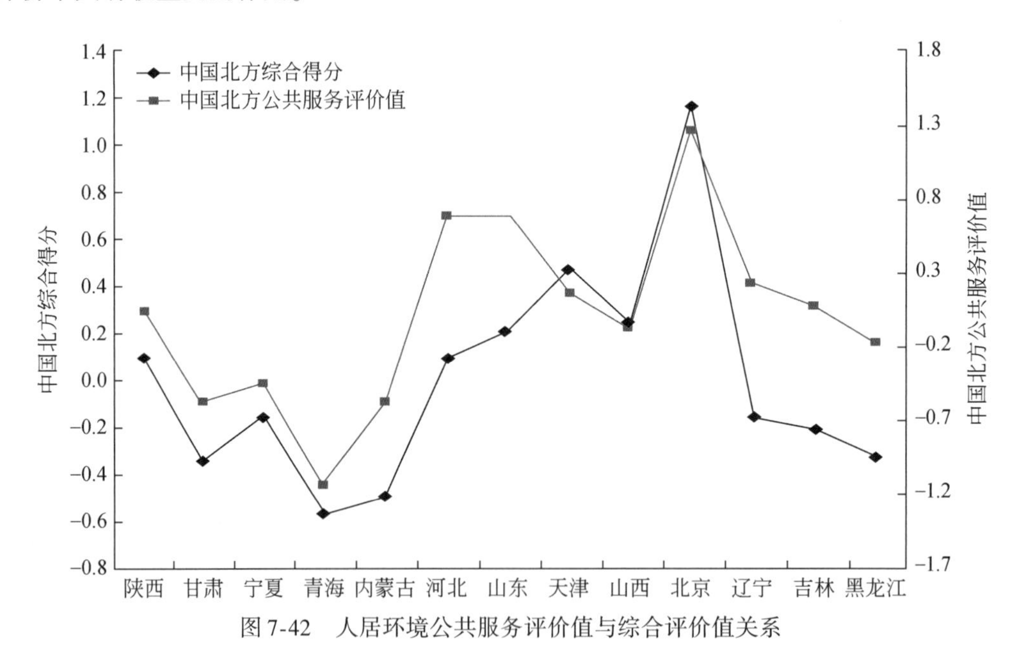

图 7-42 人居环境公共服务评价值与综合评价值关系

如图 7-43 所示，中国北方人居环境综合评价值与环境评价值差异性很大，相关性很差。这里的环境方面的指标主要有：饮用水水质达标率、城镇垃圾无害化处理率和工业废水排放达标率。环境评价值小于 0 的省级行政区有青海和内蒙古，内蒙古自治区评价值最低。山东、陕西和北京的环境评价值处于前列。可见各省级行政区在环境方面的指标存在较大的差异性。

图 7-44 是中国北方综合评价值与经济评价值的比较折线图，经济方面主要包括房价收入比、GDP 增长率、人均 GDP、居民消费水平、人均可支配收入、人均消费品零售额。如图 7-44 所示，经济评价值波动与综合评价值波动有较好的相关性，显然经济水平好的省市对应的人居环境适宜性较好，如北京、天津、山东。经济较落后的甘肃、宁夏、青海综合评价值同样也靠后。

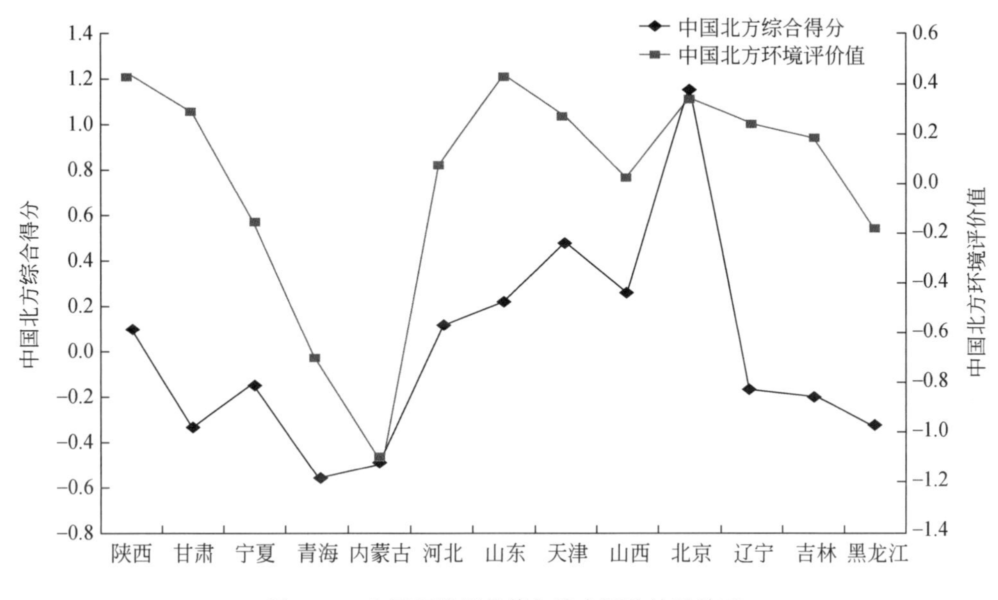

图 7-43　人居环境评价值与综合评价结果关系

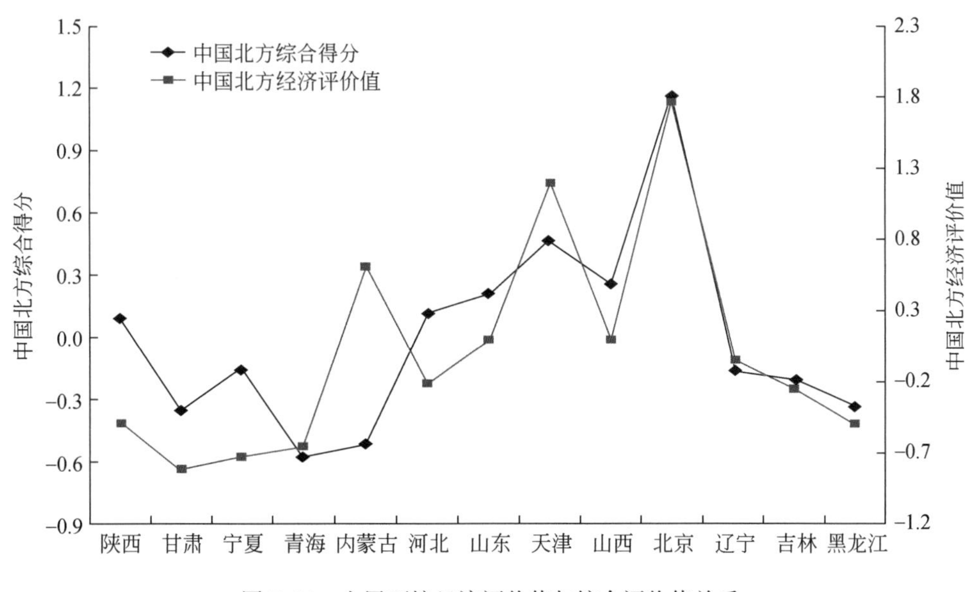

图 7-44　人居环境经济评价值与综合评价值关系

图 7-45 是综合评价值与关中–天水城市群资源承载力评价值之间的变化折线图，资源承载力主要包括人口密度、人口自然增长率、人均耕地面积、人均水资源量、单位 GDP 能耗等。由图可见，资源承载力评价值与综合评价值的变化趋势几乎完全相反，比如北京的综合评价值位居最高峰，但是资源承载力评价值甚至位于最低谷，而青海的综合评价值位于最低谷，但是资源承载力评价值相反位于最高峰，而且在评价样本间的波动差异性也很大，说明了中国北方各省级行政区在人居环境发展过程中同样遇到资源承载力矛盾以及发展的不均衡，这和中国城市群在发展过程中遇到的问题相似。

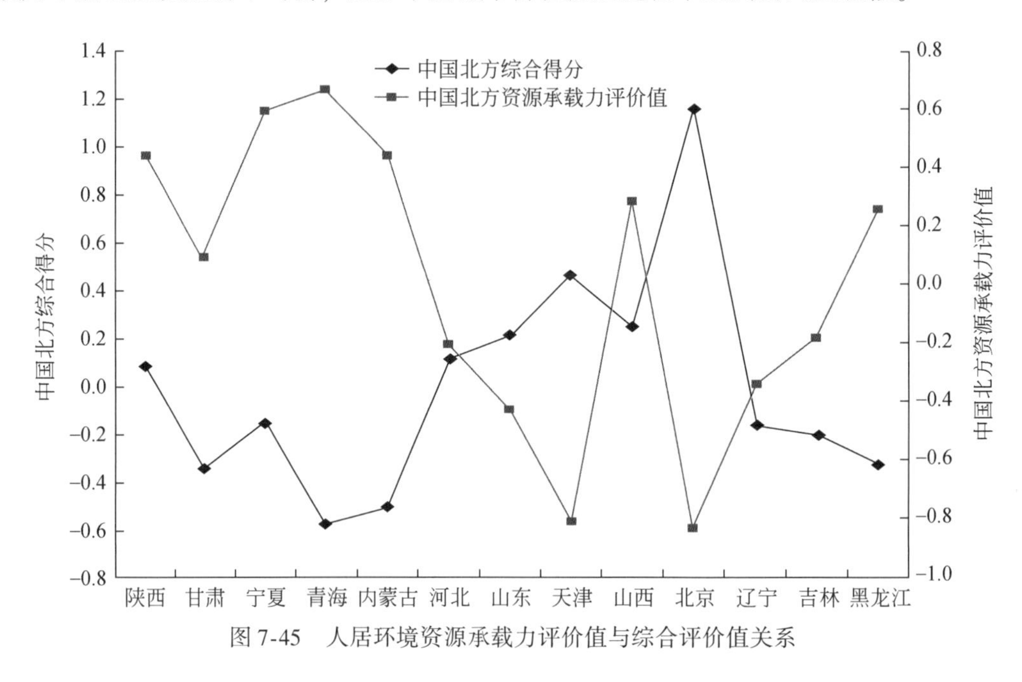

图 7-45 人居环境资源承载力评价值与综合评价值关系

7.5.3.2 中国北方评价结果分析

由图 7-46 可以看出，人居环境适宜性分布阶梯分布比较明显，基本可以分成三个梯度：最好的是山东、山西、北京、天津和陕西；其次是东北三省；内蒙古、青海、甘肃和宁夏部分区域人居环境适宜性较差，其人居环境的建设水平与其他地区差距明显。中国北方区域的中心和沿海地带无论是经济水平还是城市建设均领先于其他地区，这与其所处的地理位置、历史沿革以及我国改革开放的建设成果和发展思路是分不开的。综合评价得分靠前的省级行政区在发展经济的同时比较重视生态环境的建设，而且有一定的地理区位优势，其综合评价值的分布规律与自然环境和社会环境的评价值分布规律比较相似。靠后的省级行政区土地承载力评价值比较高，其分布规律恰与社会环境相反，说明了经济、生态发展好的省级行政区人口增长较快，城市规模不断扩大，高度利用资源。靠后的县（市）地理位置和交通条件较靠前的差，经济发展缓慢，所以资源承载力还有很大空间。

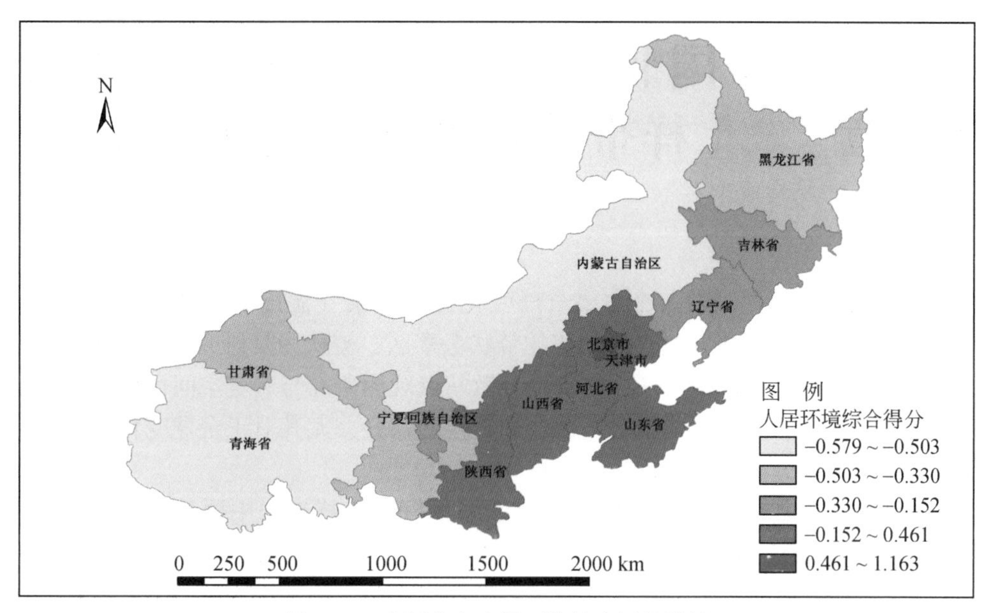

图 7-46　中国北方人居环境综合评价结果

第8章 中国北方及其毗邻地区南北综合样带构建及梯度变化规律

样带（transect）是沿着某个主要全球变化驱动因素（温度、降水、土地利用强度等）的梯度上的一系列研究站点所构成的带状考察区，被认为是研究全球变化与陆地生态系统关系的最有效的途径之一。样带是分散站点观测研究与一定空间区域综合分析之间的桥梁以及不同尺度时空模型之间耦合和转换的媒介，尤其对于全球变化驱动因素的梯度分析，样带研究更是最为有效的途径。

在中国北方及其毗邻地区，IGBP 设有 3 条国际标准样带：中国东北样带、俄罗斯的远东样带、西西伯利亚样带。过去 10 年中，中俄科学家分别在这 3 条样带上开展了大量工作。其中在我国的东北样带，研究人员进行了多方面深入细致的研究，包括了样带梯度分析，生态系统响应与反馈，生态可持续性的时空分异，土地利用变化分析，土地利用变化对生态服务价值的影响，基于遥感植被指数的植物物候变化，土壤碳、氮、磷的梯度分布及其与气候因子的关系，植被净初级生产力模型模拟，碳循环，土壤有机质，样带植被种类及功能类型，人口密度变化驱动力及农业生态系统格局等。

然而，由于各种条件限制，上述同属于中国北方及其毗邻地区的样带之间在地域上并没有很好地连接起来，也没有组织对这一地区的生态环境、社会经济、自然地理背景及水资源进行系统、科学、统一的综合考察。随着近年来中俄双边科技合作的加强，全球变化研究的日益升温，以及前期两条样带数据积累与研究的逐渐完善，建立一条纵贯中国北方及其毗邻地区的国际样带具有较强的可行性。

8.1 东北亚南北样带设计

8.1.1 东北亚南北样带范围

东北亚南北样带（North-South Transect of Northeast Asia，NSTNEA）所包含的空间范围是 32°N ~ 78°N，105°E ~ 118°E（图 8-1），其主带以贝加尔湖为中心，南至中国黄河北岸，北至北冰洋南岸，适当考虑温度和纬度水分差异、生态系统和社会经济考察的要求等，代表着温度和纬度水分复合梯度。包含的生态地理分区有中国中部黄土高原混交林、黄河平原混交林、中国东北落叶林、东西伯利亚针叶林、贝加尔地区针叶林、达乌尔森林草原、蒙满草原、色楞格-鄂尔浑森林草原、南西伯利亚森林草原、鄂尔多斯高原草原和跨贝加尔秃山苔原生态区。

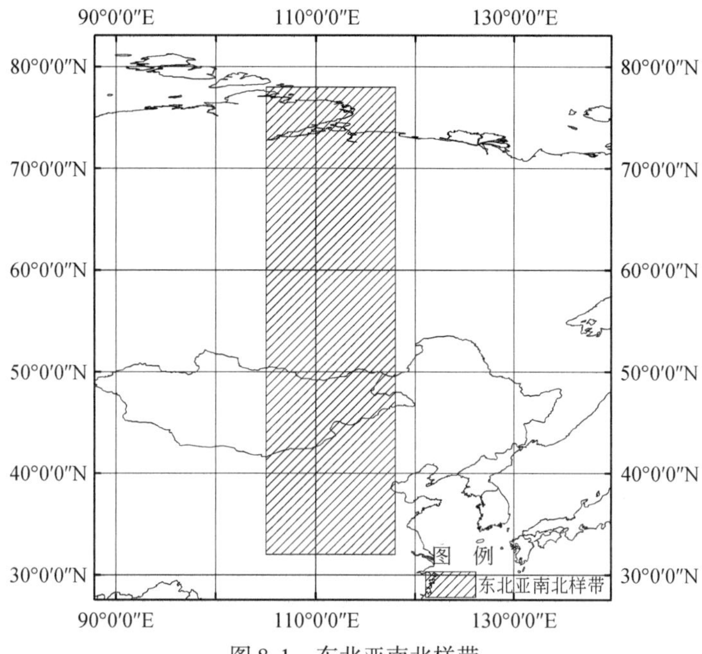

图 8-1　东北亚南北样带

8.1.2　东北亚南北样带指标体系

一个良好协调和有效的调查指标体系和数据信息框架对样带研究的成功是至关重要的。东北亚南北样带指标体系如下。

8.1.2.1　气候要素指标

各类观测指标见表 8-1。

表 8-1　气候要素指标

指标类别	观测指标	单位	观测时间
空气温度	平均气温	℃	多年平均（1980～2010 年）
	最暖月均温	℃	7 月多年平均（1980～2010 年）
	最冷月均温	℃	1 月多年平均（1980～2010 年）
大气降水	年降水量	mm	多年平均（1980～2010 年）
	降水强度	mm/h	多年平均（1980～2010 年）
空气湿度	相对湿度	%	多年平均（1980～2010 年）
水面蒸发	蒸发量	mm	多年平均（1980～2010 年）
地表温度	地表均温	℃	多年平均
	最暖月地表均温	℃	7 月多年平均
	最冷月地表均温	℃	1 月多年平均

续表

指标类别	观测指标	单位	观测时间
土壤温度	10cm 深度地温	℃	多年平均
	20cm 深度地温	℃	多年平均
	30cm 深度地温	℃	多年平均
	40cm 深度地温	℃	多年平均
辐射	总辐射量	J/m^2	多年平均
	净辐射量	J/m^2	多年平均
	年 UVA/UVB 总量	J/m^2	多年平均
	年日照时数	h	多年平均

8.1.2.2 土利利用/土地覆被指标

各类观测指标见表 8-2。

表 8-2 土利利用/土地覆被指标

指标类别	观测指标	单位	观测时间
土利利用/土地覆被变化	土地覆被类型		2005 年
地表参数	半球反射率（albedo）		
遥感植被指数	年均植被指数（NDVI）	量纲一	2005～2010 年
	年均叶面积指数（LAI）	量纲一	2005～2010 年
植被产量	年植被净初级生产力（NPP）	gC/（m^2·a）	2000～2006 年
冻土	深度	cm	

8.1.2.3 水资源与水环境指标

各类观测指标见表 8-3。

表 8-3 水资源与水环境指标

指标类别	观测指标	单位
水质	pH、矿化度、溶解氧、透明度、硝态氮、亚硝态氮、氨氮、总磷、叶绿素 a 等	量纲一、g/L、mg/L、m、mg/L、mg/L、mg/L、mg/L、mg/L
水量	境内外大型湖泊、水库蓄水量	m^3
	河川径流流量	
沉积物	碳、氮、磷、重金属物质组成及物理特性	mg/m^3 或 mg/dm^3
沙质	河川径流含沙量	kg/m^3
	河川径流泥沙粒径	mm
河流封冻期	时长	d

8.1.2.4 生态地理区域、植被、土壤指标

各类观测指标见表 8-4。

表 8-4　生态地理区域、植被、土壤指标

指标类别	观测指标	单位
生态地理分区	分布、面积	km^2
生态系统分区	分布、面积	km^2
森林资源	类型	量纲一
	分布范围、面积	km^2
	立地质量	属性等级
	生产力	g C/（m^2·a）
草地资源	类型	量纲一
	草地分布范围、面积	km^2
	理论载畜量	SU/km^2
	立地质量	属性等级
	生产力	g C/（m^2·a）
植被物候	生长期起始日期	d
	生长期终止日期	d
	生长期时长	d
土壤性质	土壤类型	属性
	表层土壤有机质、全氮、全磷含量	g/kg
	土壤容量	g/cm^3
	土壤颗粒组成	%
	土壤 pH	量纲一
	土壤孔隙度	%

8.1.2.5　生物多样性及自然保护指标

各类观测指标见表 8-5。

表 8-5　生物多样性及自然保护指标

指标类别	观测指标	单位
物种多样性	物种丰富度	量纲一
	多样性指数	量纲一
陆地生态系统	物种种类、分布	属性
水生生物类群多样性	种类、分布	属性
水生生物资源量	种类、分布	属性
自然保护区	分布、面积、保护历史和状况	属性

8.1.2.6　社会经济指标

各类观测指标见表 8-6。

表 8-6　社会经济指标

指标类别	观测指标	单位
经济发展指标	GDP	万美元
	人均 GDP	美元
	固定资产投资	万美元
	财政收入、财政支出	万美元
	农业产值	万美元
	播种面积	hm^2
	粮食作物产量（或主要农产品产量）	t
	畜禽存栏量	头/只
	化肥施用量（总量或单位面积）	t
	工业产值	万美元
	商品零售业周转额	万美元
人居环境指标	土地面积	km^2
	城市化水平	%
	主要污染物排放量	t
	环境保护投资额	万美元
社会发展指标	总人口	千人
	人口密度	人/km^2
	出生率	‰
	死亡率	‰
	自然增长率	‰
	就业人口	千人
	人均收入（人均月工资收入）	美元
	人均支出	美元

8.1.2.7　大气环境指标

各类观测指标见表 8-7。

表 8-7　大气环境指标

指标类别	观测指标	单位
大气痕量气体	甲烷（CH_4）大气柱浓度	ppb
	二氧化碳（CO_2）大气柱浓度	ppm
	一氧化碳（CO）大气柱浓度	mol/cm^2
	二氧化硫（SO_2）大气柱浓度	DU
	二氧化氮（NO_2）大气柱浓度	ppb
大气气溶胶	光学厚度	量纲一

注：$1ppb=10^{-9}$，$1ppm=10^{-6}$。

8.1.2.8　自然干扰指标

各类观测指标见表 8-8。

表 8-8　自然干扰指标

指标类别	观测指标	单位
火点/过火区	分布与面积	km^2
矿产开采区	分布与面积	km^2
林业及木材加工工业区	分布与面积	km^2
牧区	分布与面积	km^2
城市扩张与城镇化	分布与面积	km^2

8.2　东北亚南北样带的数据信息框架构建

面向东北亚资源环境综合科学考察对数据资源集成管理的需求，设计了数据集成体系框架。整个框架包括 3 部分，即考察数据的采集与规范化整理、数据目录体系构建、不同类型数据的数据库建设及多维数据可视化浏览与访问。

8.2.1　东北亚综合科学考察数据获取标准规范体系

东北亚资源环境综合科学考察数据的获取包括 3 个环节：第一是采集野外数据和收集历史数据；第二是分析和整理数据资源；第三是系统管理数据并为数据共享做准备。基于该认识，其在数据标准规范方面的需求可以归为 3 个方面，即数据采集和处理类标准规范、数据分析与整编类标准规范、数据管理与共享类标准规范。据此，建立的东北亚资源环境综合科学考察数据标准规范体系结构如图 8-2 所示。其中，数据采集与处理类包括 10 项规范，数据分析与整编类包括 7 项规范，数据管理与共享类包括 6 项规范，总计 23 项标准规范。

8.2.2　东北亚综合科学考察数据分类与编码

东北亚资源环境综合科学考察的内容主要包括自然地理环境、林草生态系统、水资源、水环境、水生生物、湖泊、社会经济与人居环境、全球变化样带监测等。据此，设计其数据体系及相关要素如下：数据资源体系总体包括 4 个大类 25 个小类 128 个要素。统一为各类别和要素制定了编码体系，其中小类按 6 位数字编码，便于进行分类系统的扩展、更新和维护。表 8-9 显示了数据资源体系的大类和小类。

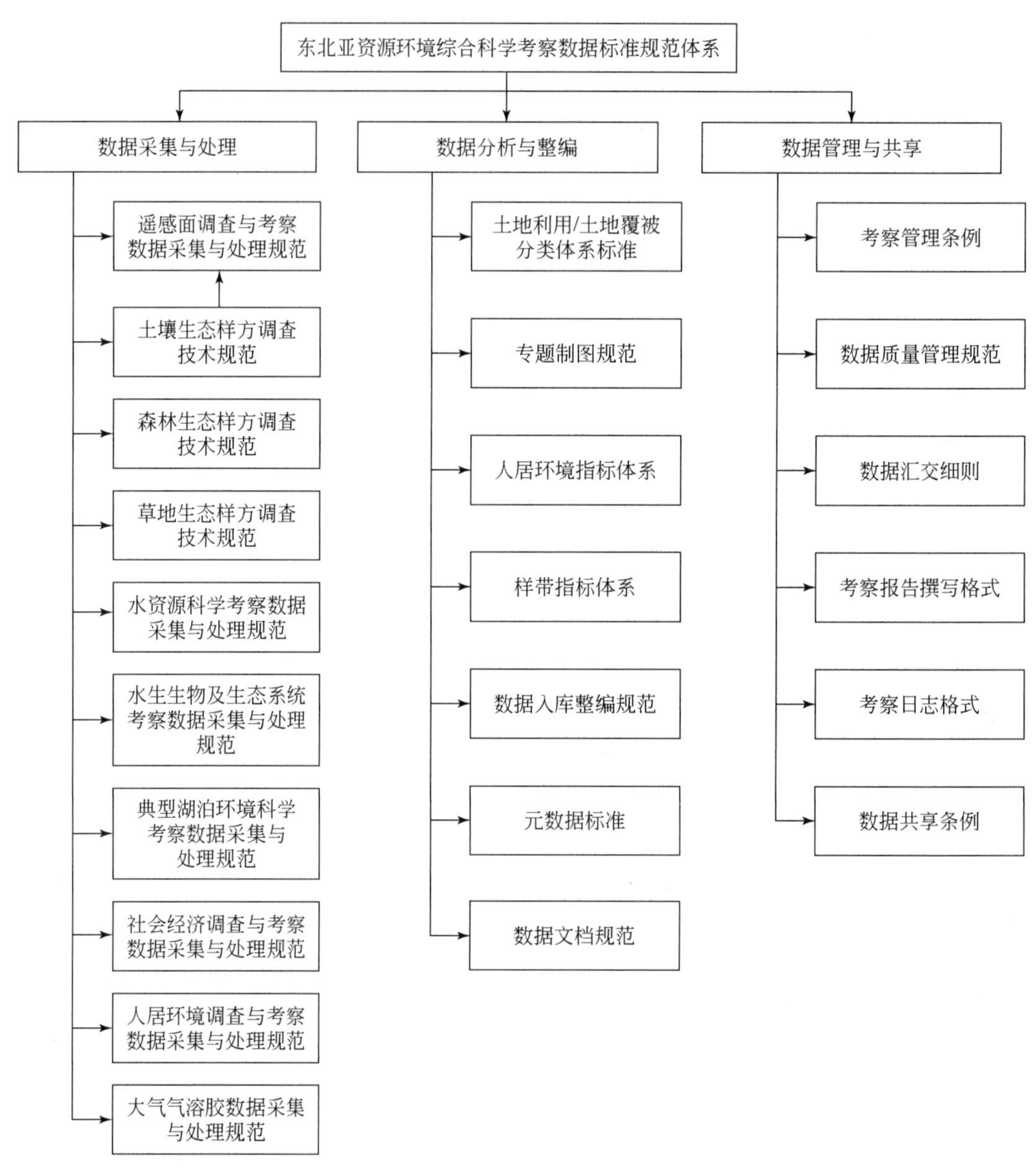

图 8-2　东北亚资源环境综合科学考察数据标准规范体系

表 8-9　东北亚资源环境综合科学考察数据分类体系

大类	小类/编码	要素维编码	时间维基准	空间维基准
基础地理与影像数据	基础地理数据/101000	行政界线、交通、水系、居民点、地形地貌、数字高程模型（DEM）、其他地理要素	2000 年	全区
	遥感影像数据/102000	TM/ETM+、MODIS、CBERS-02、北京 1 号、其他遥感影像数据	2000 年、2005 年、2010 年	全区

续表

大类	小类/编码	要素维编码	时间维基准	空间维基准
自然环境与生态背景数据	水文/201000	水体类型及其分布、大型湖泊和水库蓄水量季节及年际变化、河川径流及年内年际变化、河流封冻期时间、河流断面监测数据、其他水文要素	2000 年、2010 年，河流断面监测时间为考察当年	全区
	水环境/202000	湖泊水质概况、水质定点监测数据、湖泊与湿地沉积物质量测定、其他水质要素	2008 年起每月分旬	蒙古库苏古尔湖、俄罗斯贝加尔湖、泰梅尔湖
	表层覆盖/203000	土地利用、土地覆被、湿地分布、沙漠分布、其他表层覆盖要素	2000 年、2005 年、2010 年	全区
	土壤/204000	土壤类型与分布、土壤调查与采样、土壤样品分析、其他土壤数据	考察年	重点地区
	气候/205000	气候类型、气温、降水、太阳辐射、气象灾害、其他气候要素	2000 年、2005 年、2010 年	全区
	水生生物/206000	浮游生物及着生藻类、大型无脊椎动物、鱼类、水鸟、水生生物标本、其他水生生物要素	考察当年	以黑龙江、贝加尔湖流域为重点
	森林生态系统/207000	森林类型与格局分布、森林生态系统区划、森林净初级生产力、其他森林生态系统要素	2000 年、2010 年	全区
	草地生态系统/208000	草地类型与格局分布、草地生态系统区划、草地净初级生产力、其他草地生态系统要素	2000 年、2010 年	全区
	自然保护区及其陆地生物多样性/209000	自然保护区和国家森林公园的分布与面积、主要植物种类及分布、大型哺乳动物及分布、关键种和功能群分布、其他自然保护区及其陆地生物多样性要素	2000 年、2010 年	全区
	样带梯度/210000	样带范围、碳循环关键变量监测、气溶胶监测、甲烷排放监测、泥炭资源调查、样带自然梯度及分布、样带人文梯度及分布、其他样带要素	考察年	重点地区
	其他自然环境与生态背景类/299000	其他自然环境与生态背景要素	考察年	重点地区

续表

大类	小类/编码	要素维编码	时间维基准	空间维基准
自然资源数据	水资源/301000	河流水资源开发利用情况、工农业用水、航运及航运最优与最低流量、水利工程数量及基本情况、可供水量及供水水质、用水量及消耗量、机井数量与分布、水电站的数量及位置、发电能力与运行情况、水电输送情况与电价调查、水资源保护措施、其他水资源要素	2000 年、2010 年	全区
	森林资源/302000	主要造林树种及面积、森林立地质量、林木蓄积量、森林采伐量、森林资源开发利用、森林资源保护措施、其他森林资源要素	2000 年、2010 年	全区
	草地资源/303000	草种及面积、草地立地质量、草地资源量、草地载畜量、草地资源开发利用、草地退化情况、草地资源保护措施、其他草地资源要素	2000 年、2010 年	全区
	生物资源/304000	水生生物物种及分布、鱼类资源量及分布、水鸟的数量及分布、水生生物保护、自然保护区生物、其他生物资源要素	考察年	全区
	矿产资源/305000	基础地质条件、矿产资料基础资料、其他矿产资源要素	考察年	全区
	能源资源/306000	能源资源基础资料、其他能源资源要素	考察年	全区
	旅游资源/307000	俄罗斯旅游资源、蒙古旅游资源、中国北方地区旅游资源、其他旅游资源要素	考察年	全区
	其他资源类别/399000	其他资源要素	考察年	全区
人口与社会经济数据	人口数据/401000	人口、性别、城镇人口、行业人口、其他人口数据要素	2005 年、2010 年	全区
	社会经济/402000	经济发展总体指标、农业经济发展、林业经济发展水平、工业经济发展、信息产业发展状况、服务业发展数据、社会发展数据、其他社会经济要素	2005 年、2010 年	全区
	人居环境评价体系指标数据/403000	社会系统、居住系统、自然系统、支撑系统、其他要素	2005 年、2010 年	中国北方地区
	其他社会经济类/499000	其他社会经济要素	2005 年、2010 年	全区

8.2.3 东北亚综合科学考察数据平台

为了便于东北亚资源环境综合科学考察各考察队汇总和内部共享数据，并为后续对外共享做好准备，借助地理信息技术与网络数据库技术，设计并研发了东北亚资源环境综合科学考察数据集成的平台软件原型系统。该原型系统的直接服务对象是综合科学考察的各专题科考队员，间接的服务对象是对这一区域和相关研究领域感兴趣的科学家。根据用户的特点，其主要功能需求可以概括为：①所有入库数据遵从前文制定的标准规范；②数据按分类体系和编码统一管理；③空间数据能够可视化展示；④具有网络平台界面。

平台逻辑结构分为四层，即原始数据层、关系型数据库层、时空数据管理功能层、可视化展示与用户交互层。平台逻辑结构如图 8-3 所示。

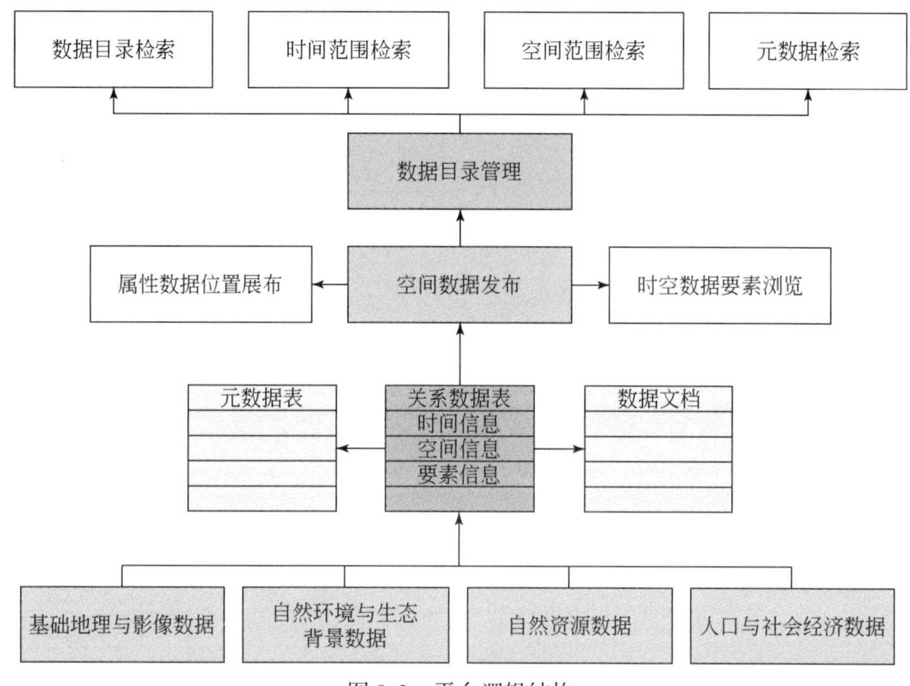

图 8-3　平台逻辑结构

初步建立的平台应用原型系统界面如图 8-4 所示。

图 8-4　平台功能结构界面

8.3 东北亚南北样带气候要素的梯度及其变化

8.3.1 气温梯度

东北亚南北样带以气温为主要梯度（图 8-5），样带内年均气温从南向北逐步递减，温度为–15 ~ 15℃，下降过程中略有波动，其中 56°N ~ 63°N 气温较周边地区有明显升高，68°N 气温趋于稳定。

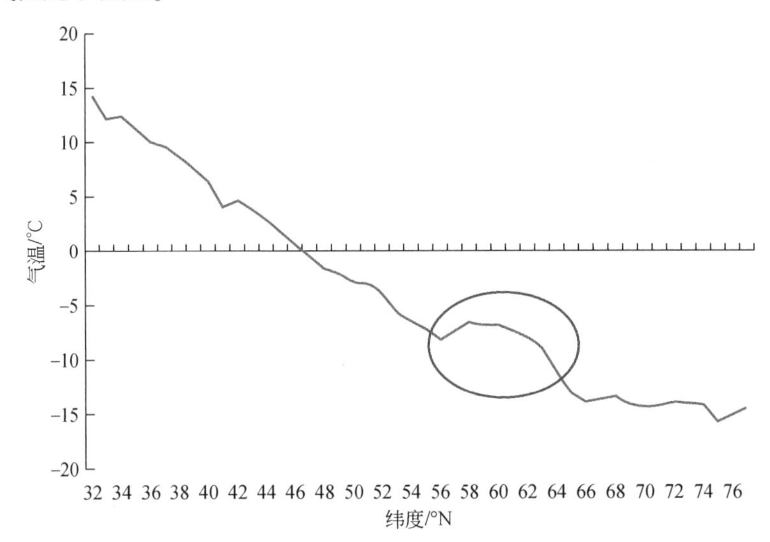

图 8-5　东北亚南北样带年均气温变化梯度

我们对东北亚南北样带内多年月平均气温进行统计分析，得到样带季相气温梯度见图 8-6。总体而言，各月份气温均遵循随纬度增加气温逐步减低的趋势，但对于冬季（11 月、12 月、1 月）和春初（2 月），月均温在 66°N 左右出现拐点，气温随纬度有所增加。研究区范围内 7 月气温最高，1 月气温最低，年温差随纬度增加而增加，在 66°N

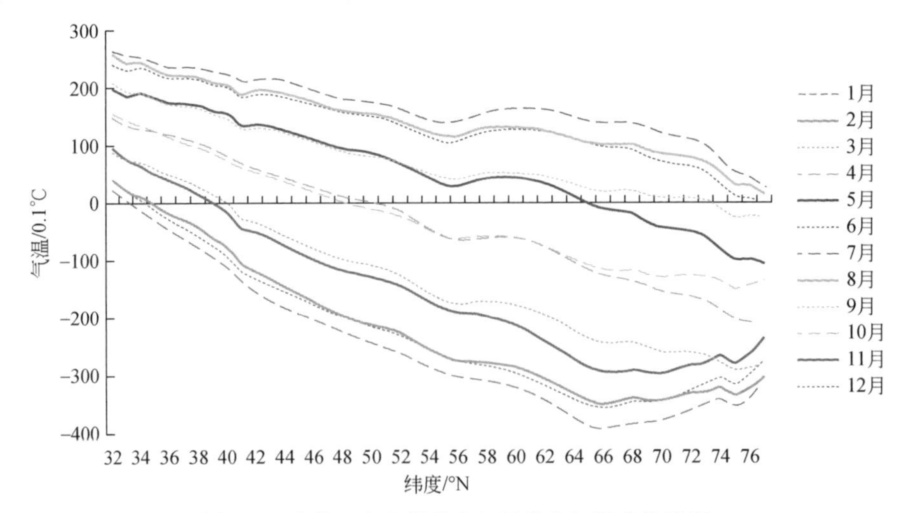

图 8-6　东北亚南北样带多年平均月气温变化梯度

左右达到最大，之后有所减小。样带内多年月均温表明在各季相内研究区均呈现显著的温度提取差异，温度始终是东北亚南北样带的显著梯度。

8.3.2　降水梯度

东北亚南北样带以降水因素为辅助梯度（图8-7），整体而言样带南部地区年降水量高于北部地区，其中在44°N左右出现一个年降水谷值，此处土地覆被类型以荒漠为主，此后向北年降水量逐渐升高，在58°N达到二次峰值，后逐渐下降，在76°N左右恢复到谷值水平。

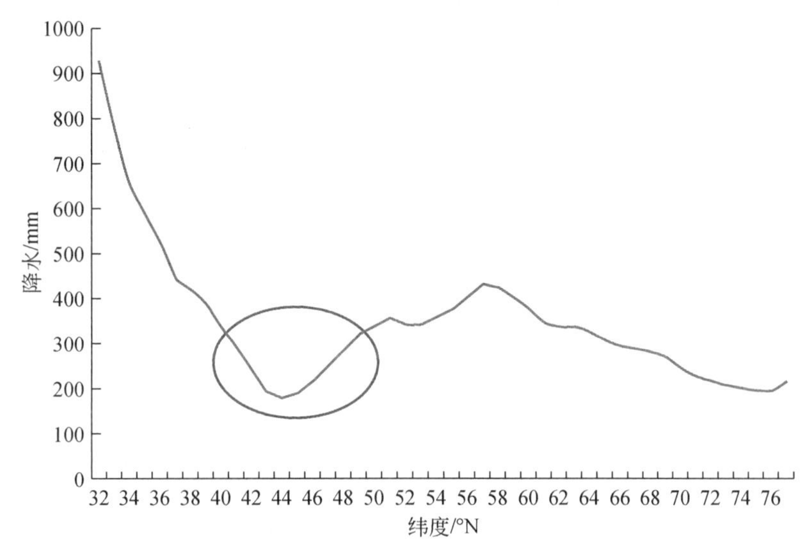

图8-7　东北亚南北样带年均降水变化梯度

通过计算东北亚南北样带内多年月平均降水数据，得到样带季相降水梯度剖线，参见图8-8。可以看出，多年月均降水梯度变化趋势整体而言与年均降水一致，样带南部

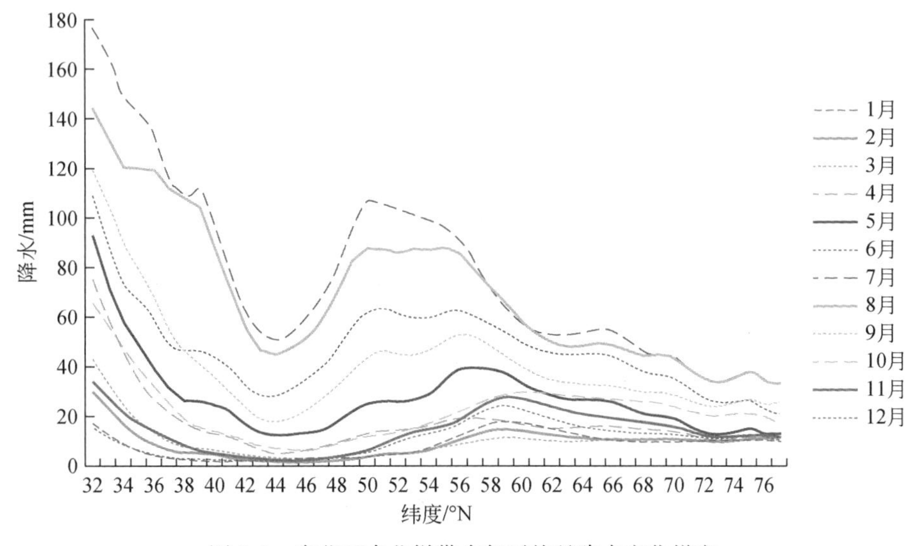

图8-8　东北亚南北样带多年平均月降水变化梯度

地区各月降水量高于北部地区，其中在44°N左右出现一个年降水谷值，此后向北降水量逐渐升高，在58°N达到二次峰值，后逐渐下降。样带内多年月均降水量变化范围为0～180mm，7月为降水高峰月份，同时样带内部降水量差异最为显著，1月为降水谷值月份，样带内大部分地区降水量均小于20mm。春季（2月、3月）和冬季（11月、12月和1月）两季样带北部降水量接近，甚至高于样带南部降水量，其他月份南北降水表现出一定差异，这表明东北亚南北样带内降水梯度具有一定的季节性，对于物种分布差异影响具有时效性。

8.4 东北亚南北样带土利利用/土地覆被的梯度分布及其变化

8.4.1 东北亚南北样带土利利用/土地覆被的梯度

图8-9展示的是东北亚南部样带内土利利用/土地覆被数据集中自然植被的范围梯度，可以看出，林木稀树草原和灌丛在样带中分布最为广泛，在51°N～57°N范围内植被类型最为丰富。

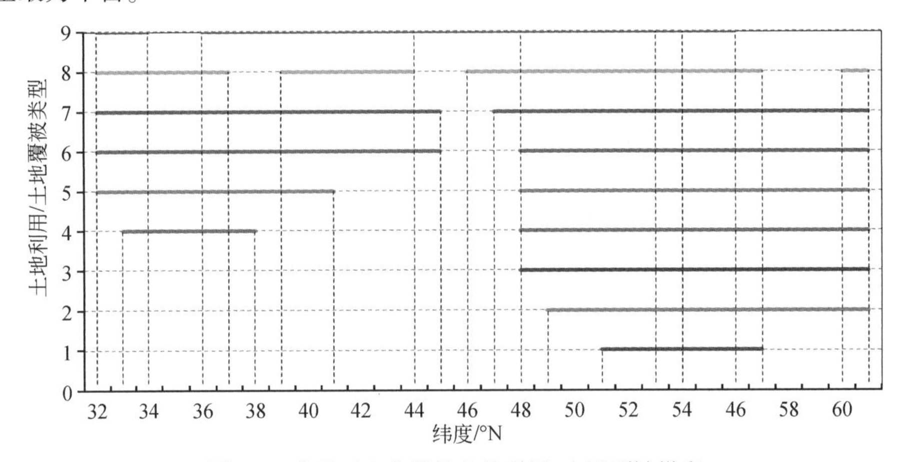

图8-9　东北亚南北样带土地利用/土地覆被梯度

1. 常绿针叶林；2. 常绿阔叶林；3. 落叶针叶林；4. 落叶阔叶林；5. 混交林；6. 灌丛；7. 林木稀树草原；8. 稀树草原；9. 草地

8.4.2 东北亚南北样带土利利用/土地覆被的变化分析

欧空局（ESA）2005年和2009年发布两套土地覆被数据，对2005～2009年土地覆被的变化能有较好精度的对比。

从2005年和2009年的数据对比（图8-10）中发现，该样带此时主要的土地覆被类型是苔原和针叶林，其变化绝对值也是最多的，分别为增加$1.96\times10^5km^2$和减少$1.65\times10^5km^2$。苔原、混交林、农作物/植被、裸地、灌溉农田等是面积增加的土地覆被类型，其余除了未分类出的和水淹阔叶林变化很小，都是面积减少的土地覆被类型。

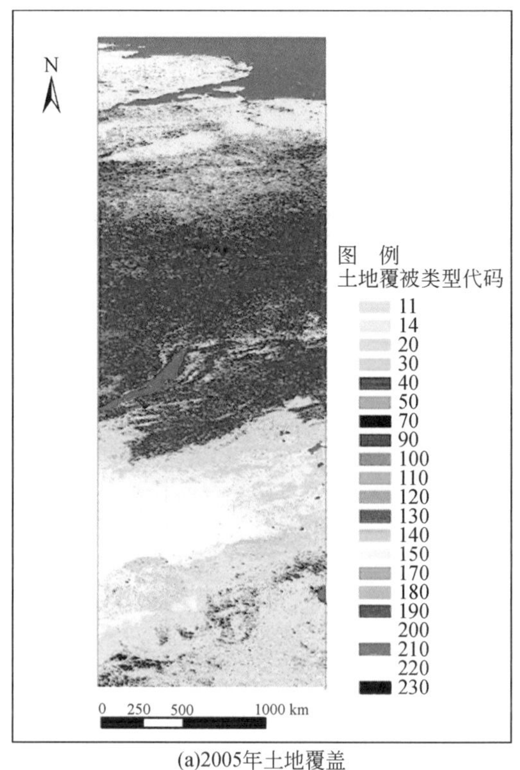

(a)2005年土地覆盖

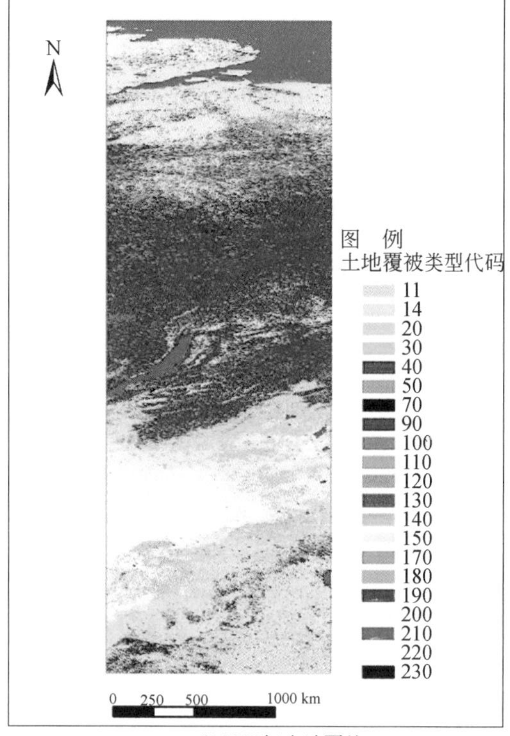

(b)2009年土地覆盖

图 8-10　东北亚南北样带 2005 年和 2009 年土地覆被比较

8.5　东北亚南北样带水资源与水环境的梯度分布及其变化

我们对三期土利利用/土地覆被数据中东北亚南北样带范围内水体图层进行合成，得到 2001～2010 年样带水体分布梯度变化，见图 8-11。可以看出，样带内水体分布主要集中于 47°N～56°N（贝加尔湖地区），水量峰值出现在 53°N。此外 62°N 和

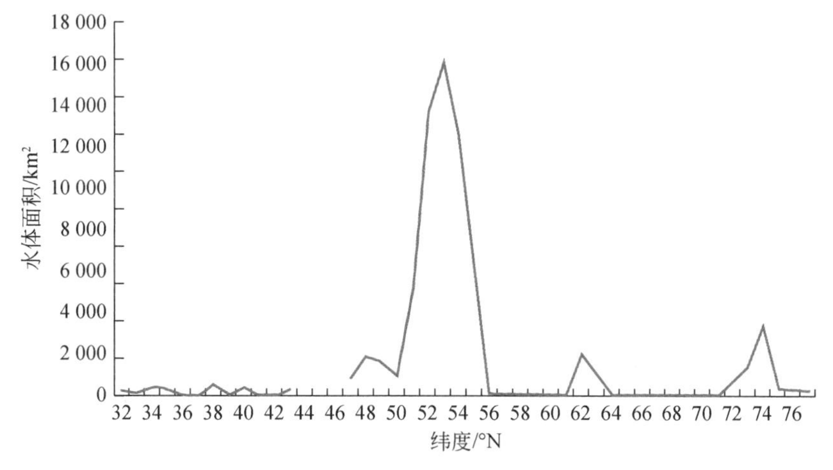

图 8-11　东北亚南北样带水域面积梯度年际变化

74°N地区同样具有较广的水资源，其他纬度地区水资源较少，而在 43°N ~ 47°N 几乎无大面积固定水资源。水体分布梯度变化并不显著，并受气温、降水和地形等多方面因素影响，但作为陆地物种生存所必需的自然条件，其在一定程度上影响物种分布的梯度变化。

8.6 东北亚南北样带生态地理区域、植被和土壤的梯度及其变化

8.6.1 生态地理分区梯度

东北亚南北样带内共包含了 17 个生态地理分区（图 8-12 和表 8-10），按其纬度高

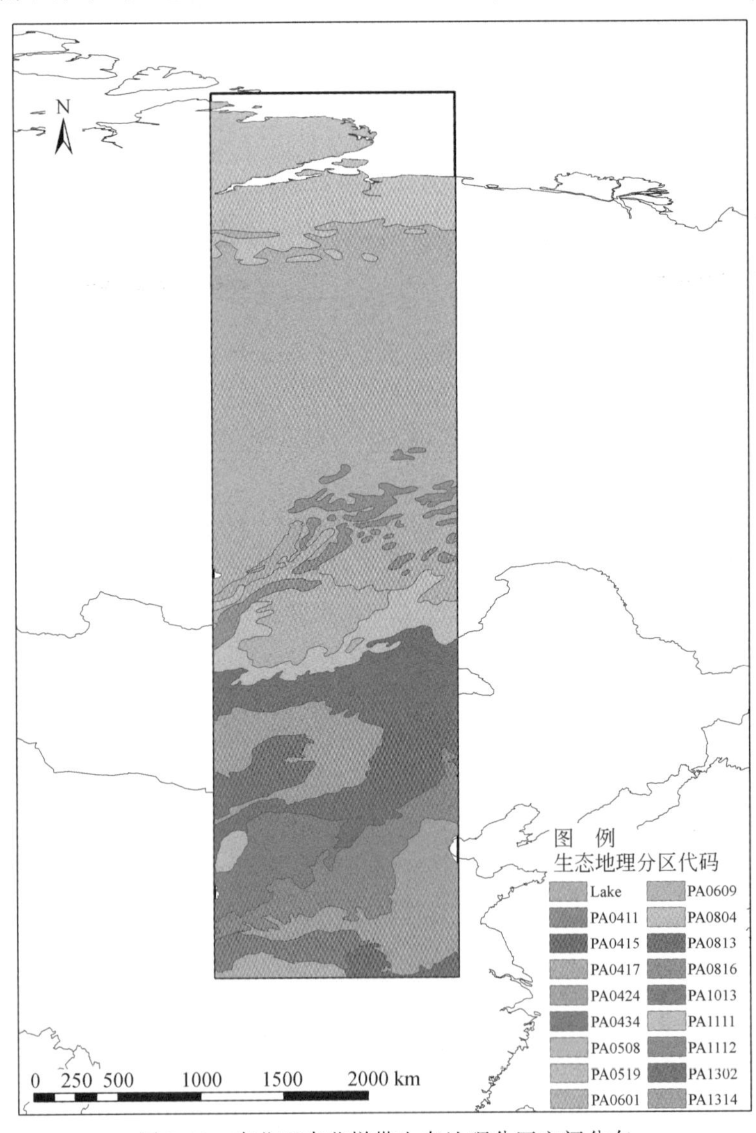

图 8-12 东北亚南北样带生态地理分区空间分布

低及覆盖范围排列顺序（图8-13）为大巴山常绿林、长江平原常绿林、黄河平原混交林、秦岭落叶林、中国中部黄土高原混交林、阿拉山平原荒漠、鄂尔多斯高原草原、贺兰山山地针叶林、蒙满草原、东戈壁荒漠草原、达乌尔森林草原、贝加尔地区针叶林、色楞格-鄂尔浑森林草原、萨扬山地针叶林、东西伯利亚泰加林、跨贝加尔秃山苔原和泰米尔中西伯利亚苔原。在32°N～42°N和47°N～56°N集中了大部分生态。各生态区中东西伯利亚泰加林面积最大，达到3 920 150km²，泰米尔中西伯利亚苔原次之，为926 495km²。

表8-10　东北亚南北样带生态地理分区信息

编号	生态区代码	生态区名称
1	PA0417	大巴山常绿林
2	PA0415	长江平原常绿林
3	PA0424	黄河平原混交林
4	PA0434	秦岭落叶林
5	PA0411	中国中部黄土高原混交林
6	PA1013	鄂尔多斯高原草原
7	PA1302	阿拉山平原荒漠
8	PA0508	贺兰山山地针叶林
9	PA0813	蒙古-中国东北草原
10	PA1314	东戈壁荒漠草原
11	PA0804	达乌尔森林草原
12	PA0609	贝加尔地区针叶林
13	PA0816	色楞格-鄂尔浑森林草原
14	PA0519	萨彦山地针叶林
15	PA0601	东西伯利亚泰加林
16	PA1112	跨贝加尔秃山苔原
17	PA1111	泰米尔中西伯利亚苔原
18	Lake	水体

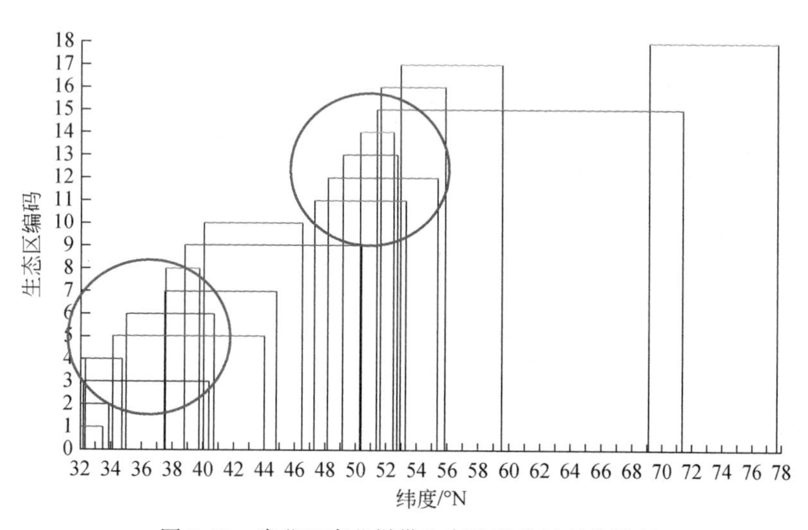

图8-13　东北亚南北样带生态地理分区变化梯度

1. PA0417；2. PA0415；3. PA0424；4. PA0434；5. PA0411；6. PA1013；7. PA1302；8. PA0508；9. PA0813；10. PA1314；11. PA0804；12. PA0609；13. PA0816；14. PA0519；15. PA0601；16. PA1112；17. PA1111；18. Lake

8.6.2 植被梯度（植被类型、NDVI、LAI、NPP）

由于气温、降水及土壤等自然因素的共同作用，样带内植被类型分布呈现明显的梯度变化（图 8-14），表现为从低纬度向高纬度依次为阔叶林、农作物、荒漠草原、寒带森林、针叶落叶阔叶混交林、针叶林、草原和苔原。

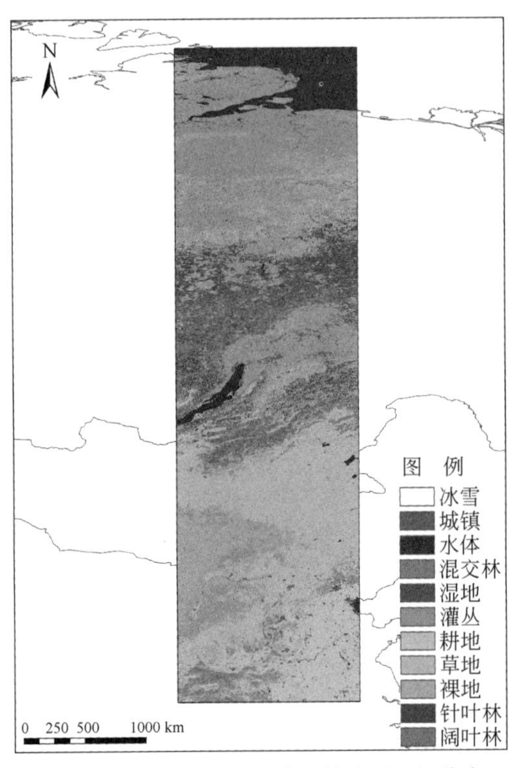

图 8-14 东北亚南北样带植被类型空间分布

东北亚南北样带内年均 NDVI（图 8-15）随气候变化梯度响应显著，样带南端变现为高值，后随温度与水分减少而下降，在 44°N 左右的荒漠地区达到最小值，后随水分增加 NDVI 有所升高，在针叶林（51°N 左右）及泰加林（58°N 左右）分别达到高值（图 8-18）。叶面积指数（LAI）（图 8-16）及植被净初级生产力（NPP）（图 8-17）也表现为相近趋势（图 8-19、图 8-20），表明降温及降水梯度对于植被类型分布与生长起决定性驱动作用。

8.6.3 土壤梯度

图 8-21 展示了东北亚南北样带土壤黏土含量梯度变化，整体而言，样带内土壤黏土含量在 20% ~30%，仅在 77°N 左右土壤黏土含量小于 10%。样带在 32°N ~41°N，上层土壤黏土含量高于下层土壤，而在 41°N ~78°N，下层土壤黏土含量高于上层土壤。

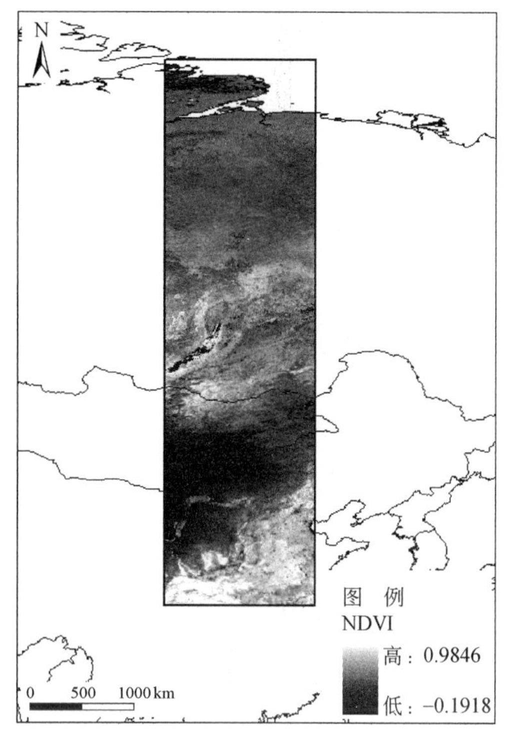

图 8-15　2005 年 7 月东北亚南北样带 NDVI 空间分布

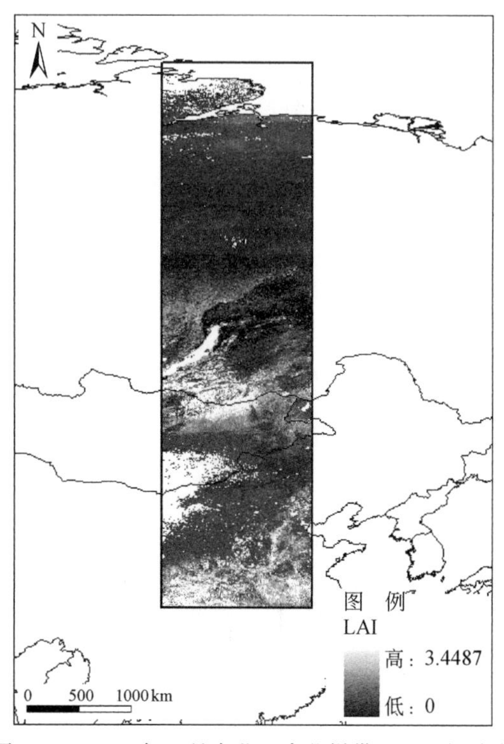

图 8-16　2005 年 7 月东北亚南北样带 LAI 空间分布

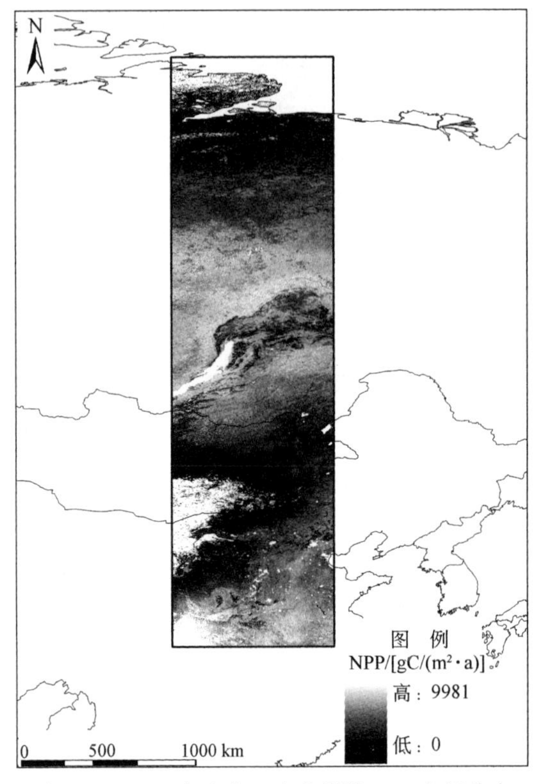

图 8-17　2005 年东北亚南北样带 NPP 空间分布

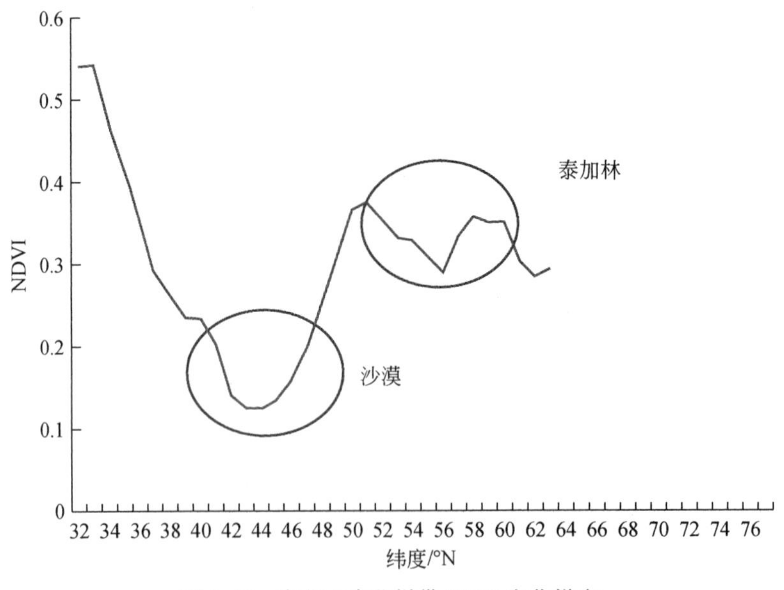

图 8-18　东北亚南北样带 NDVI 变化梯度

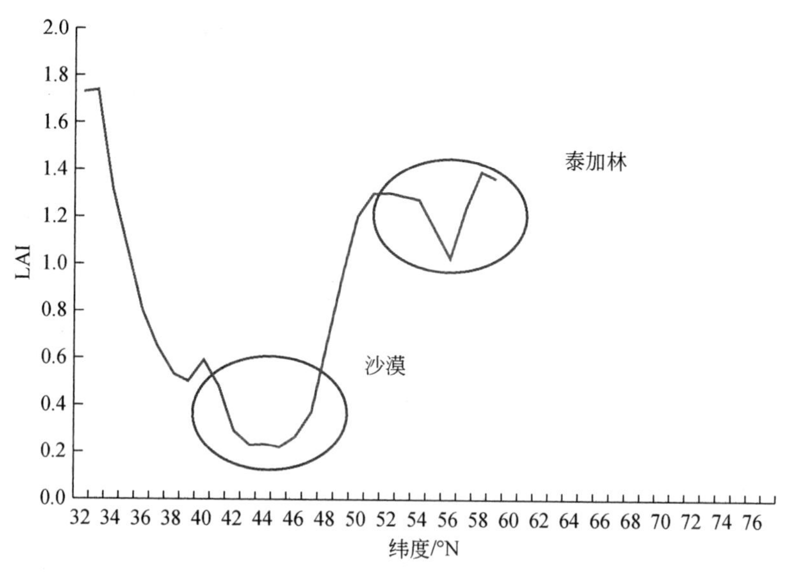

图 8-19　东北亚南北样带 LAI 变化梯度

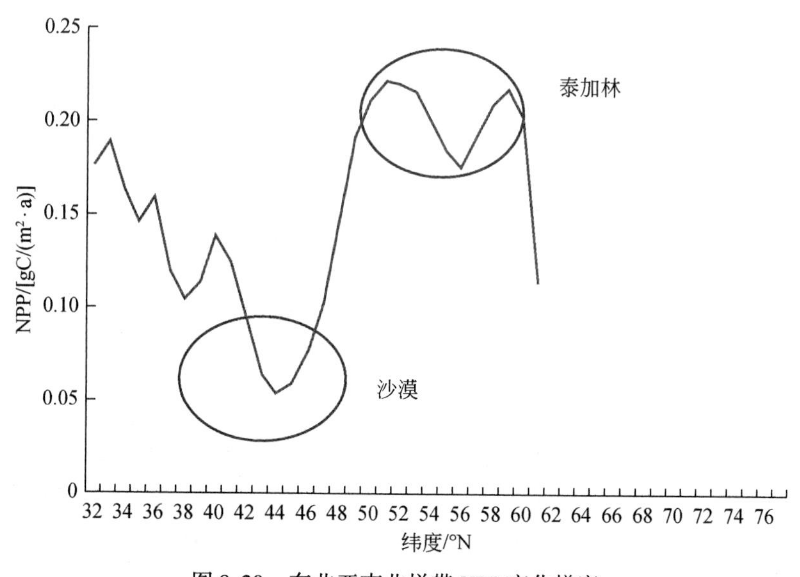

图 8-20　东北亚南北样带 NPP 变化梯度

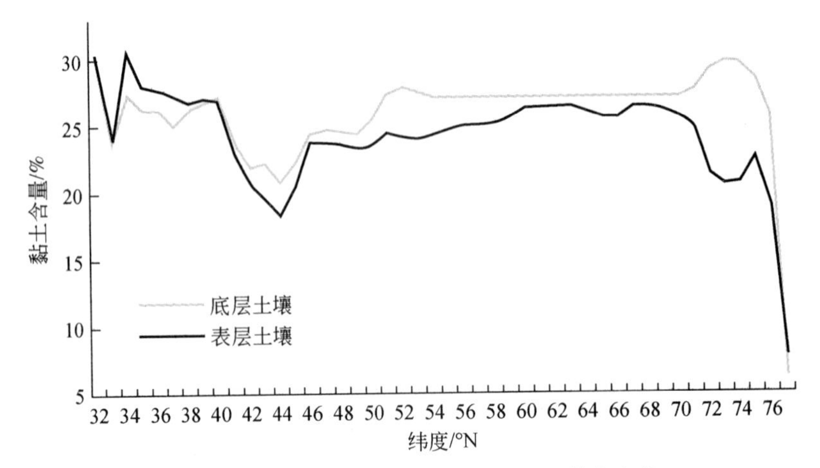

图 8-21　东北亚南北样带土壤黏土含量梯度变化

图 8-22 展示了东北亚南北样带土壤沙土含量梯度变化状况，样带内土壤沙土含量在40% ~60%，随纬度变化表现出一定的波动性。样带内土壤在32°N ~41°N 和45°N ~49°N 内上层土壤沙土含量低于下层土壤，其他纬度范围内上层土壤沙土含量均高于下层土壤。

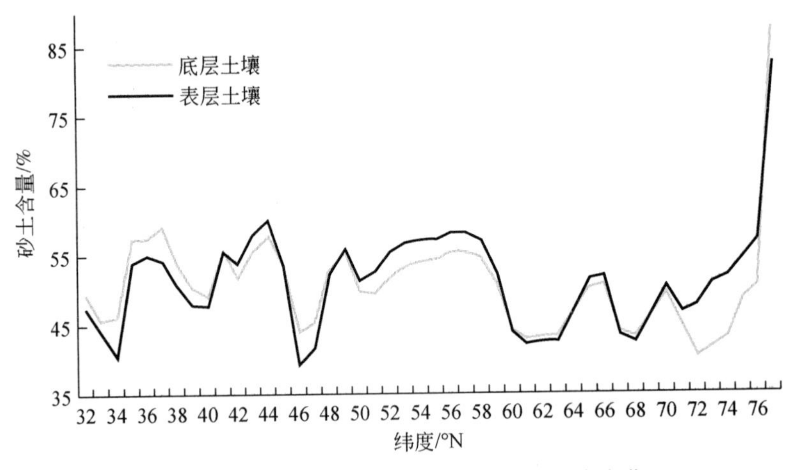

图 8-22　东北亚南北样带土壤砂土含量梯度变化

图 8-23 展示了东北亚南北样带土壤淤泥含量梯度变化，其含量在 15% ~35% 波动变化，与黏土含量相类似，在 77°N 左右地区淤泥含量呈现锐减趋势，仅占 5% ~10%。总体而言，除 42°N 及 53°N ~58°N 左右地区外，其他纬度地区均表现为上层土壤淤泥含量高于下层土壤。

图 8-24 展示了东北亚南北样带土壤 pH 梯度变化，沿纬度增加样带土壤表现为酸性—碱性—酸性的变化趋势，pH 变化在 5.3 ~7.7，并呈现一定的波动性。除 72°N、78°N 外，其他纬度地区均变现为上层土壤 pH 低于下层土壤 pH。对于样带上层土壤而言，在 41°N ~52°N 的区域呈碱性，其他纬度区域呈酸性，而对于下层土壤而言，34°N ~59°N 区域呈碱性，其他纬度区域呈酸性。

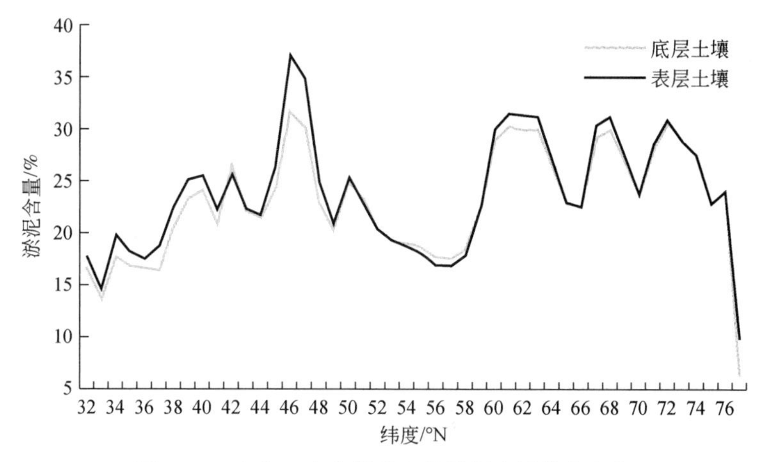

图 8-23　东北亚南北样带土壤淤泥含量梯度变化

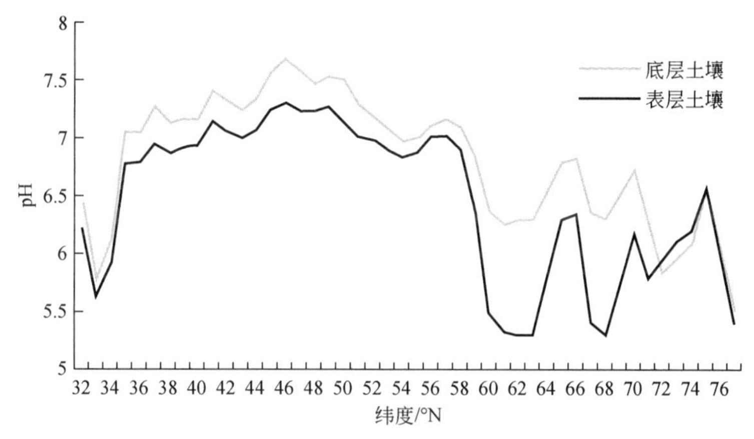

图 8-24　东北亚南北样带土壤 pH 梯度变化

图 8-25 展示的是东北亚南北样带土壤氮含量梯度变化，其中上层土壤含氮量为 0.05% ~0.65%，下层土壤含氮量在 60% ~87%，样带内下层土壤含氮量远远高于上层土壤含氮量。土壤含氮量峰值出现在 46°N 左右，谷值与植被类型分布有较强相关。

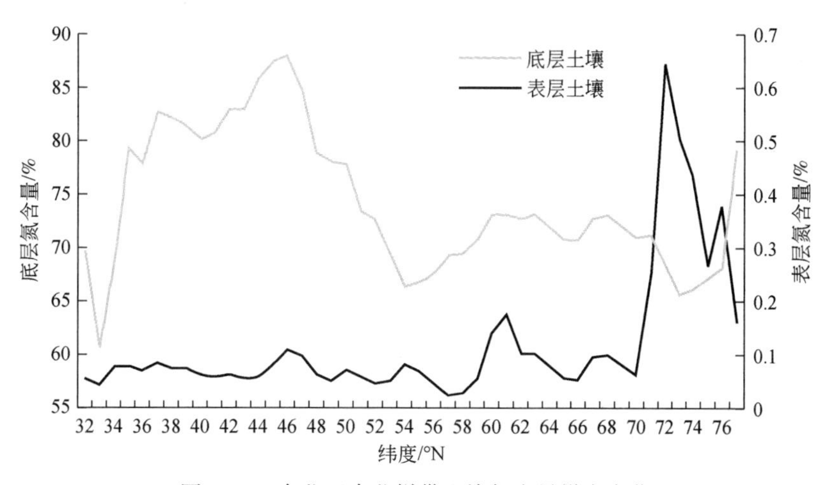

图 8-25　东北亚南北样带土壤氮含量梯度变化

图8-26展示的是东北亚南北样带土壤有机碳含量梯度变化，上层土壤有机碳含量为0.5%～5%，而下层土壤有机碳含量大部分低于5%，整个样带区域内上层土壤有机碳含量均高于下层土壤，这样上层土壤接触更多的植物凋落物有关。总体而言，样带南部地区土壤有机物含量低于样带北部，这与温度有一定关系，温度越高，有机物分解效率相对更高，导致土壤有机物积累减低。

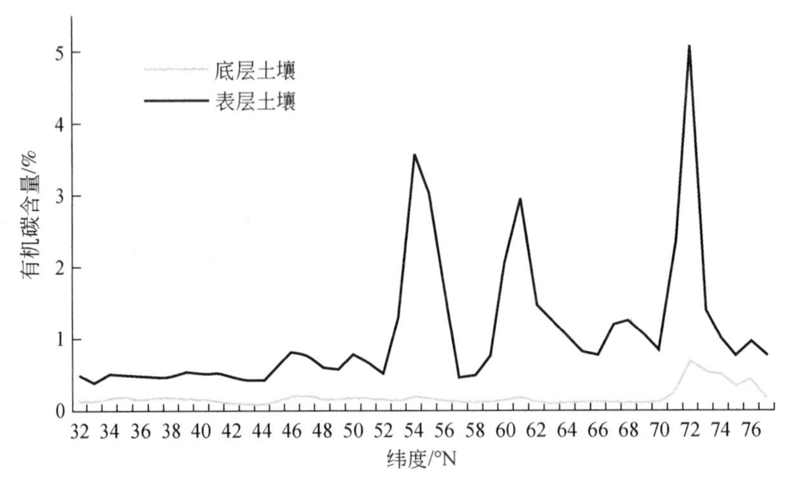

图8-26　东北亚南北样带土壤有机碳含量梯度变化

8.6.4　东北亚南北样带物候变化特征

本研究以各生态地理分区边界提取其范围内NDVI时间序列数据，以MATLAB为操作平台，使用TIMESAT2_3对NDVI时序数据进行非对称性高斯拟合，以各生长周期NDVI波动范围的20%为阈值判断生长期始末，分别研究2002年4月～2010年8月内7个完整生长周期的生长期开始、结束日期、生长期时长的线性变化趋势，揭示该地区及东北亚气候等自然因素变化给生态系统带来的影响。

2002～2010年东北亚南北样带区域内各生态地理分区植被生长起始日期线性变化率如图8-27所示，图中横轴为生态地理分区编码，纵轴为一元线性回归参数，其正值表示植被生长期的起始日期后延，物候推迟，而负值表示起始日期提前，物候特征提前。结果表明，不同生态区物候变化有所差异，东戈壁荒漠草原、达乌尔森林草原、蒙满草原等草原生态区及黄河平原混交林生态区植物的生长期起始日期有所延迟，而其他生态区植被的生长起始日期都在不同程度上有所提前，以萨扬山地针叶林物候提前最明显。

2002～2010年东北亚南北样带区域内各生态地理分区植被生长终止日期线性变化率如图8-28所示，正值表示生长终止日期延后，负值表示生长终止日期提前。结果表明，不同生态区植被终止生长日期对于气候变化的响应有所差异，跨贝加尔秃山苔原、藏东南灌木林和草地、东戈壁荒漠草原、南西伯利亚森林草原、东西伯利亚针叶林和大巴山常绿林生态区的生长终止日期均表现为延后，而其他生态区则表现为终止日期提前，其中，萨扬山地针叶林日期提前最为显著。

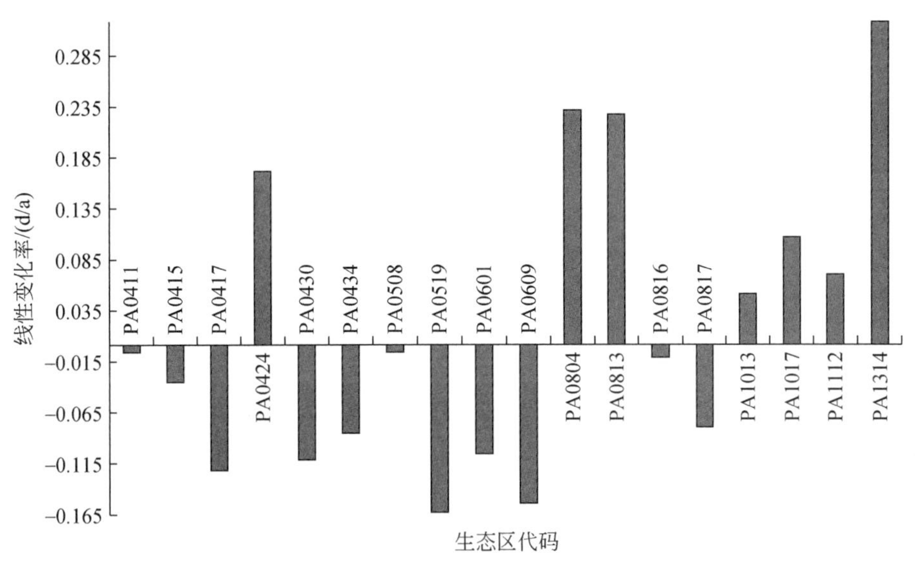

图 8-27　2002～2010 年东北亚南北样带区域内各生态地理分区植被生长起始日期线性变化率

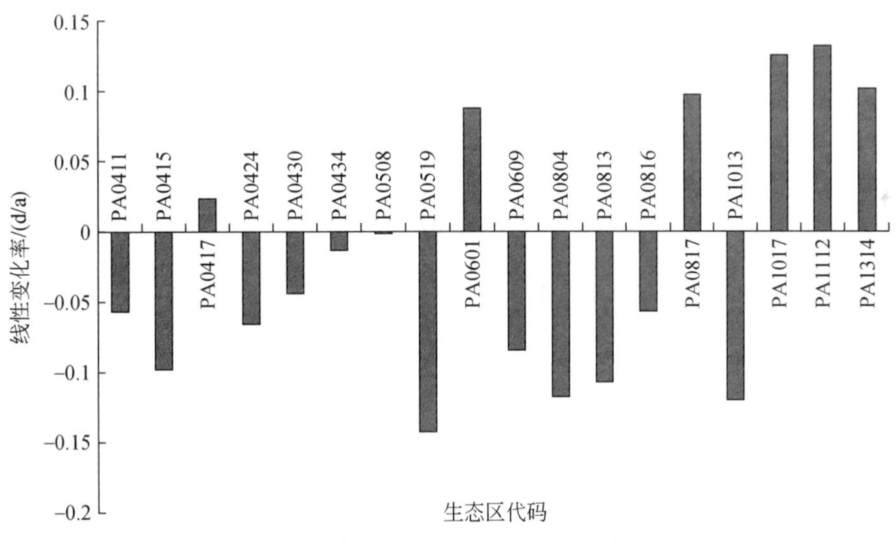

图 8-28　2002～2010 年东北亚南北样带区域内各生态地理分区植被生长终止日期线性变化率

2002～2010 年东北亚南北样带区域内各生态地理分区植被生长时长线性变化率如图 8-29 所示，其正值表示生长时长增加，负值则表示减少。结果表明，在生长起始与终止日期共同变化下，样带内生态区以生长时长延长为主，但有所差异。其中，东西伯利亚针叶林和跨贝加尔秃山苔原生长时长增加最为明显。对于达乌尔森林草原和蒙满草原生态区而言，生长时长则表现为明显的压缩。

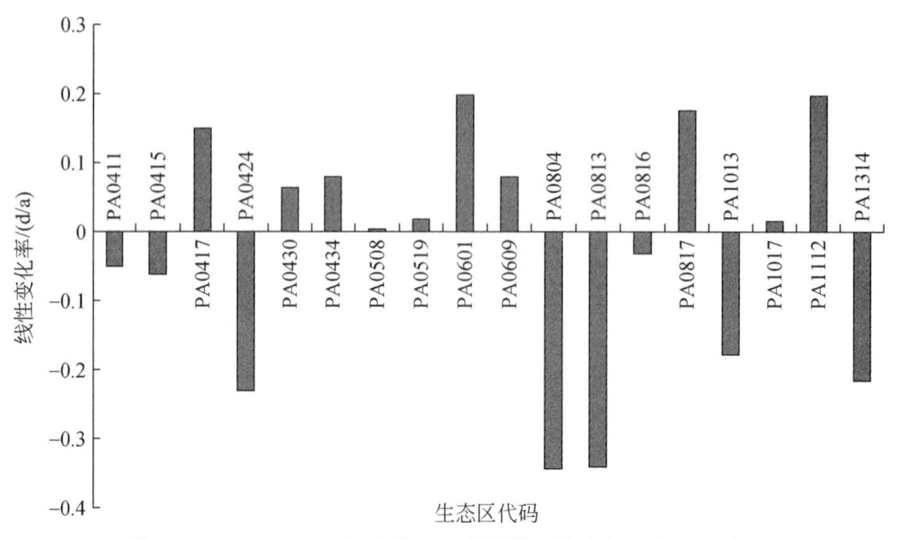

图 8-29　2002～2010 年东北亚南北样带区域内各生态地理分区植被生长时长线性变化率

8.7　东北亚南北样带生物多样性及其自然保护的梯度及变化

8.7.1　东北亚南北样带生物多样性及其自然保护数据的获取

本研究通过计算东北亚南北样带纬度梯度的植被种类变差系数，表征植被物种多样性随气温、降水复合梯度分布与变化特征。

本研究选取 4 大类共 11 小类植被类型（表 8-11），在植被覆盖层面上分析东北亚南北样带物种多样性格局及变化特征。土地覆被数据通过栅格化得到 1km 分辨率的栅格数据集，在样带 1°梯度范围内统计计算物种种类变差系数。变差系数可表征目标对象内部变化的激烈程度，变差系数越大，表明对象内部变化程度越强烈，反之则表示其相对稳定，内部较为均一。我们以该系数指示在 1°N 梯度带内物种类别的变化程度，以表征在植被类别水平上东北亚地区物种多样性及丰富程度。

表 8-11　项目统一的分类系统

一级类	代码	二级类	描述
森林	1	落叶针叶林	主要由年内季节落叶的针叶树覆盖的土地
	2	常绿针叶林	主要由常年保持常绿的针叶树覆盖的土地
	3	落叶阔叶林	主要由年内季节落叶的阔叶树覆盖的土地
	4	针阔混交林	由阔叶树和针叶树覆盖的土地，且每种树的覆盖度为 25%～75%
	5	常绿阔叶林	主要由常年保持常绿的阔叶树覆盖的土地
	6	灌丛	木本植被，高度为 0.3～5m

续表

一级类	代码	二级类	描述
草地	7	高覆盖草地	草本植被，覆盖度>65%
	8	中覆盖草地	草本植被，覆盖度为40%~65%
	9	低覆盖草地	草本植被，覆盖度为15%~40%
农田	10	农田	主要由无需灌溉或季节性灌溉的农作物覆盖的土地或需要周期性灌溉的农作物（主要指水稻）覆盖的土地
湿地	11	湿地	由周期性被水淹没的草本或木本覆盖的潮湿平缓地带

8.7.2　东北亚南北样带生物多样性及其自然保护的梯度

图8-30展示了东北亚南北样带物种变差系数变化梯度，该梯度剖线在一定程度上反映了样带内植被类型层面的物种多样性梯度。自样带南端至46°N，物种多样性呈现下降趋势，随纬度增加逐渐升高波动增加，分别于53°N、59°N和62°N区域到达局部极大值，表现出较高的物种多样性，而后显著下降，在71°N处再次达到谷值，向北略有回升。物种多样性受到气温、降水、土壤条件等多种自然因素影响，因此物种多样性随纬度的梯度变化并不显著。

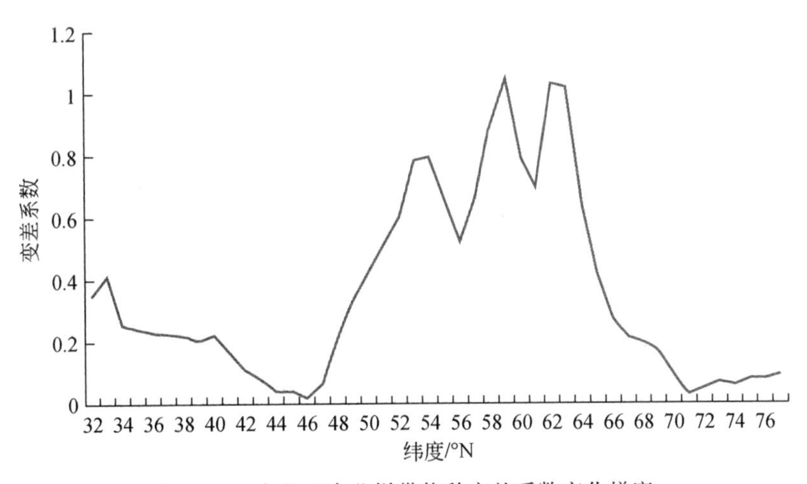

图8-30　东北亚南北样带物种变差系数变化梯度

8.7.3　东北亚南北样带生物多样性及其自然保护的变化分析

根据三期（2001年、2005年和2010年）土利利用/土地覆被数据，分别计算东北亚南北样带内物种变差系数梯度，得到东北亚南北样带物种变差系数梯度年际变化，见图8-31。从图中可以看出，样带物种多样性的显著变化主要发生于52°N~55°N。其中，52°N~59°N和51°N~66°N物种多样性表现为增加趋势，而59°N~51°N表现为物种丰富度下降。样带其他大部分地区也表现为轻微的物种多样性下降，仅在样带南端表现出增加。以上表明全球变化对于物种丰富度影响具有区域性，变化梯度并不显著。

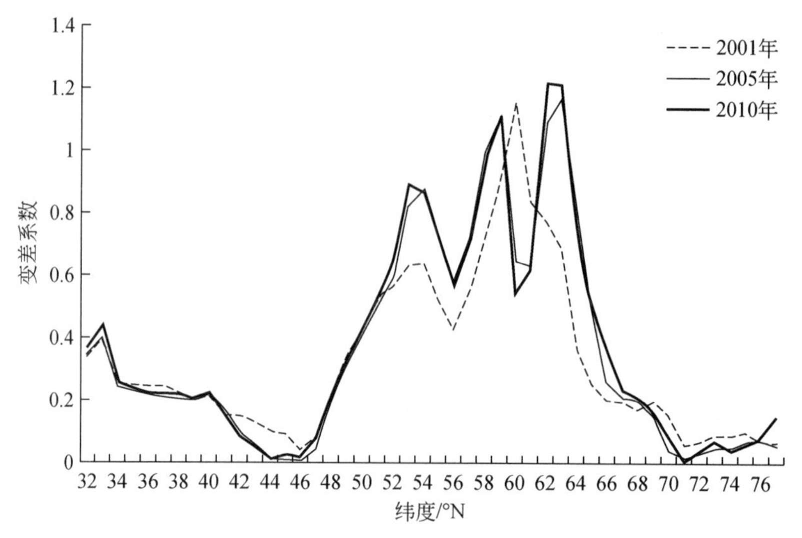

图 8-31　东北亚南北样带物种变差系数梯度年际变化

8.8 东北亚南北样带人口密度、城市化和社会经济的梯度及变化

8.8.1 东北亚南北样带人口变化梯度分析

8.8.1.1 东北亚南北样带人口密度梯度变化

东北亚南北样带平均人口密度为 55.8 人/km^2，大致呈现出自南向北递减的趋势，在 32°N ~ 41°N 人口分布最密集，最大值出现在 34°N（39 170.7 人/km^2，天津市和平区），而 44°N ~ 48°N 及 57°N 以北地区平均人口密度不足 1 人/km^2，至 68°N 以北几为无人区，蒙古北部（48°N ~ 52°N）、贝加尔湖东南沿岸地区（55°N ~ 57°N）受环境条件及城市分布影响，人口密度出现拐点（图 8-32）。

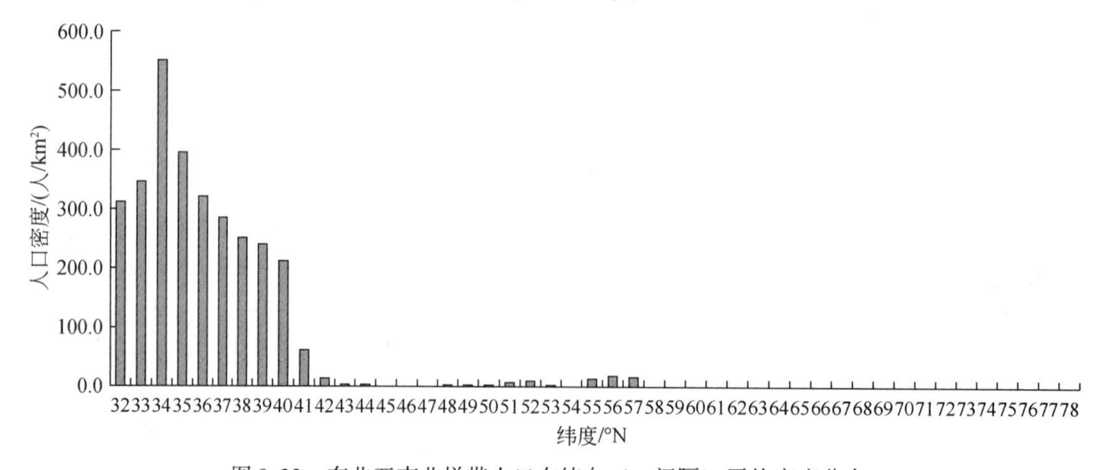

图 8-32　东北亚南北样带人口在纬向（1°间隔）平均密度分布

8.8.1.2　东北亚南北样带人口自然增长率变化

东北亚南北样带平均人口自然增长率为 5.12‰，受生育政策差异以及自然、经济条件等因素影响，样带内人口自然增长率波动较大（图 8-33）。整个样带的人口自然增长率分别在 47°N～48°N 和 68°N～70°N 出现两个比较明显的波峰，最大值出现在 47°N（22.7‰，蒙古 Govisumber 省），在 58°N～61°N 出现波谷，最小值在 59°N（-5.9‰，俄罗斯外贝加尔边疆区 Shelopuginskiy 区）。

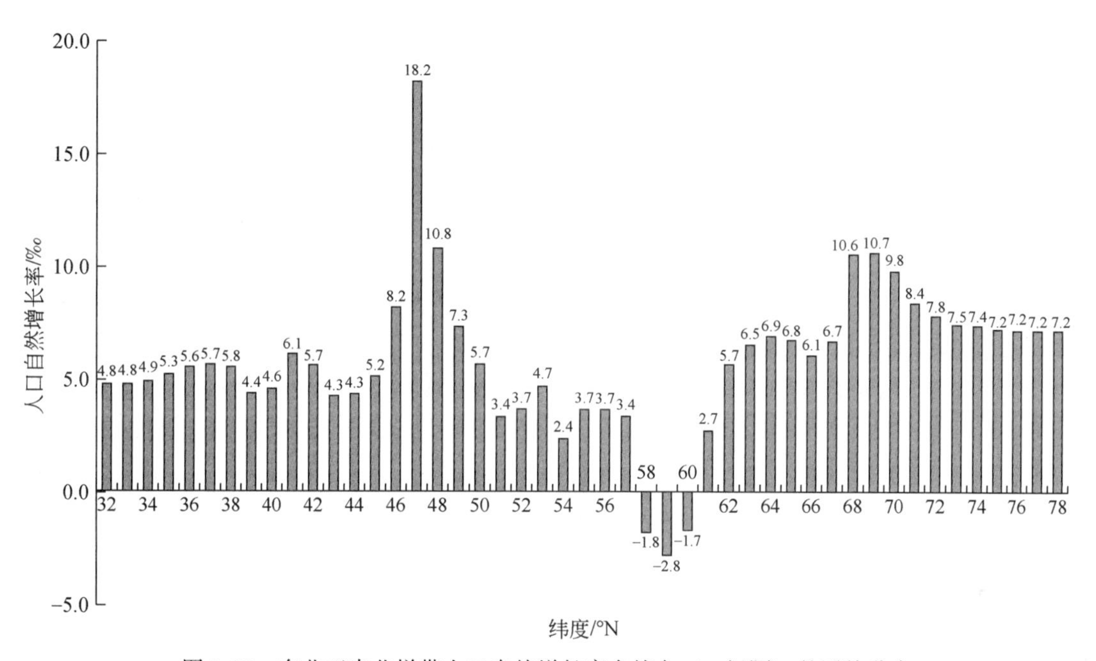

图 8-33　东北亚南北样带人口自然增长率在纬向（1°间隔）的平均分布

8.8.1.3　东北亚南北样带就业人数变化

东北亚南北样带地区单位面积就业人数为 50.4 人/km²，大体上呈现出有波动的自南向北递减趋势。在 42°N 以南区域，单位面积就业人员数处于整个样带的高位，波动也较为显著，最大值出现在 34°N（23 613 人/km²，内蒙古自治区包头市东河区）；在 42°N 以北地区，单位面积就业人数整体处于低位，尤其在 58°N 以北，单位面积就业人数不足 1 人/km²。通过与样带人口梯度分布对比可以发现，在样带中高纬度地区单位面积就业人数与人口的梯度分布大体一致（图 8-34）。

8.8.2　东北亚南北样带社会经济梯度分析

8.8.2.1　东北亚南北样带 GDP 梯度分析

东北亚南北样带地区单位面积地区 GDP 为 0.1493 美元/km²，大致呈现出自南向北波浪式递减的趋势（图 8-35）。在 32°N～41°N 区域单位面积地区 GDP 处于高位，最大

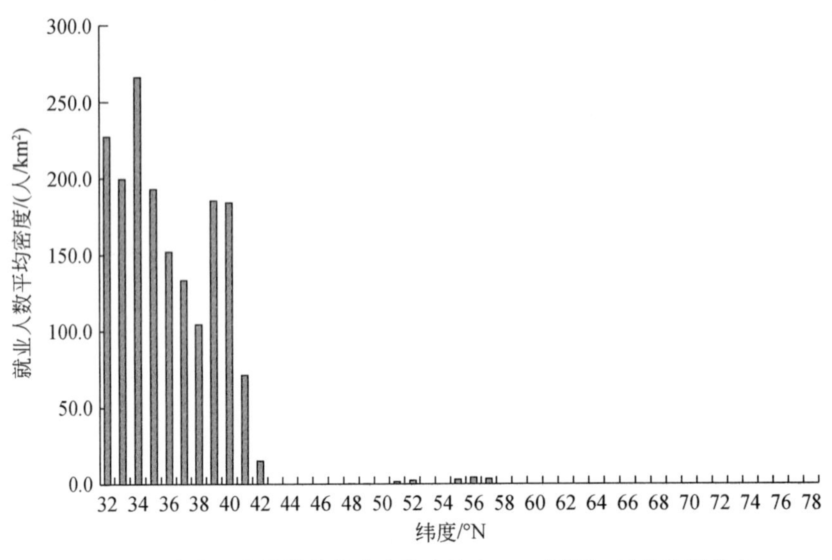

图 8-34　东北亚南北样带就业人数在纬向（1°间隔）平均密度分布

值出现在 40°N（9 129 981 美元/km²，北京），在 47°N 探底（166 美元/km²，蒙古中央省），受自然条件转机和城市化影响，48°N～49°N 出现一个小波峰，单位面积地区 GDP 超过 1 万美元/km²，一直延续至 61°N，62°N～74°N 再次出现波谷，谷底在 67°N［3367 美元/km²，萨哈（雅库特）共和国］，75°N～78°N 单位面积地区 GDP 超过 1 万美元/km²，这与克拉斯诺亚尔斯克边疆区拥有丰富的能源、矿产资源、水电资源以及发达的汽车、有色金属加工、核工业有直接关系。

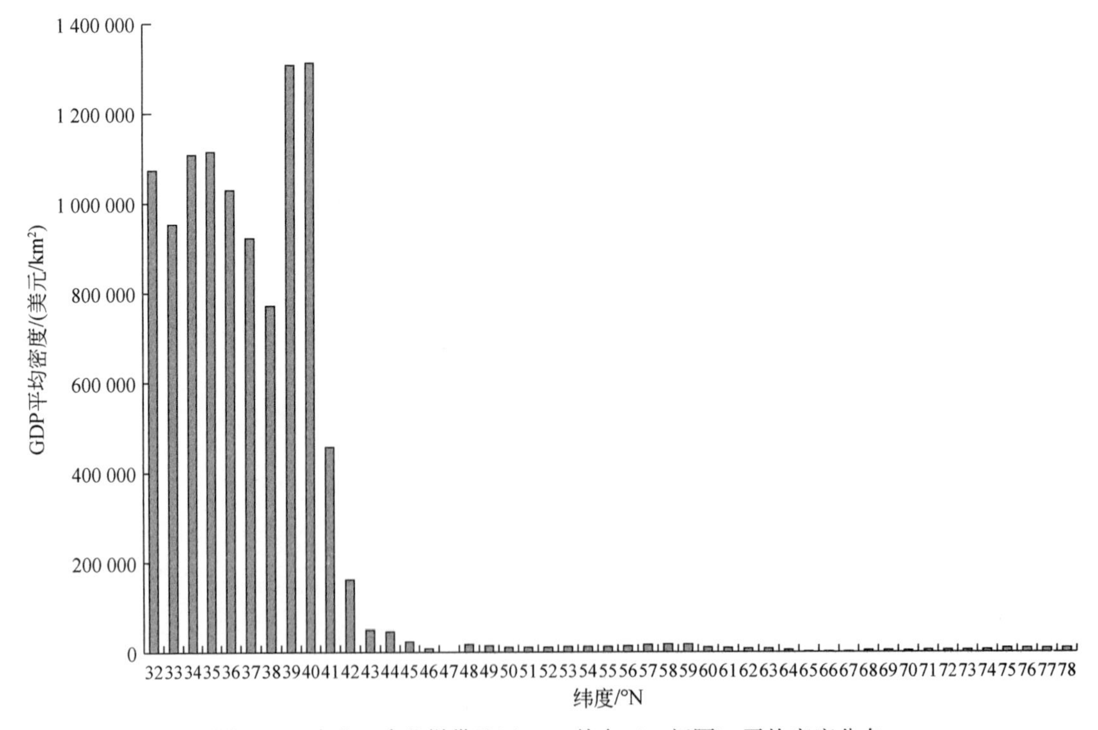

图 8-35　东北亚南北样带地区 GDP 纬向（1°间隔）平均密度分布

8.8.2.2　东北亚南北样带工业产值梯度分析

东北亚南北样带单位面积工业产值为 146 663.271 9 美元/km^2，受地域资源禀赋及总体经济发展水平影响，样带内单位面积工业产值在局部波动中大体呈现出自南向北递减的趋势（图 8-36）。最高值出现在 39°N（4 573 679 美元/km^2，天津），最低值出现在 54°N（0.5 美元/km^2，俄罗斯联邦伊尔库茨克州 Kachugskiy 区）。

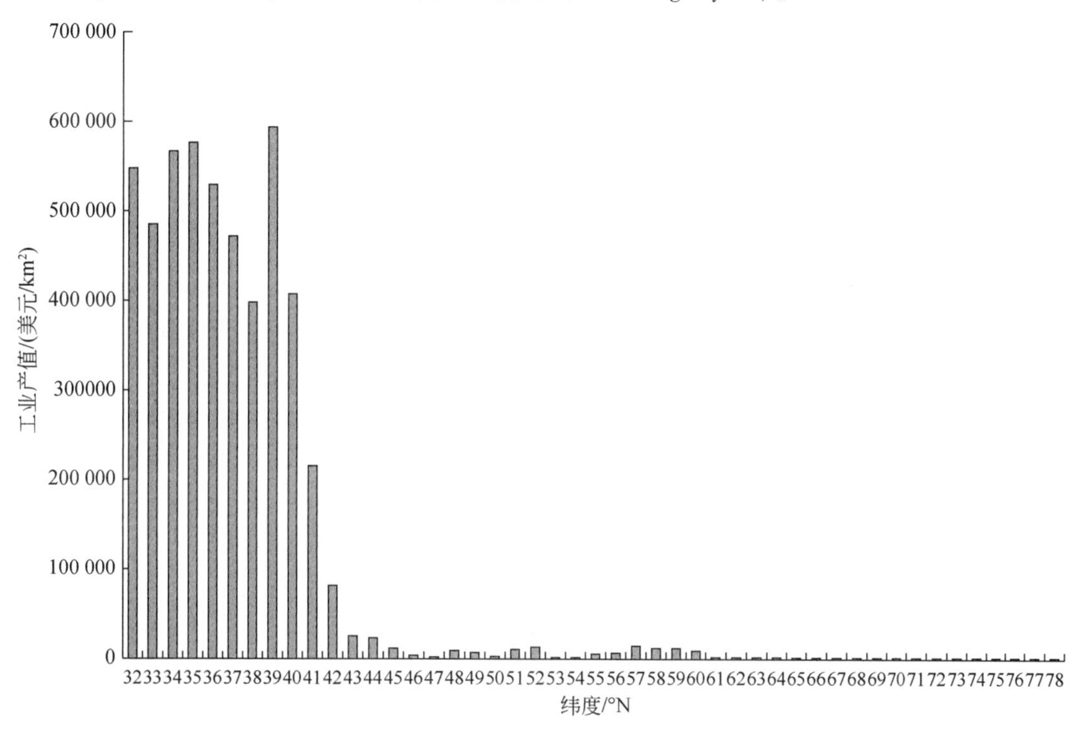

图 8-36　东北亚南北样带工业产值纬向（1°间隔）平均密度分布

8.8.2.3　东北亚南北样带农业产值梯度分析

东北亚南北样带单位面积农业产值为 50 355.37 美元，受水热条件分布以及农业生产历史因素影响，样带区内农业产值呈现出自南向北逐级递减趋势，从 40°N 以南地区单位面积农业产值超过 10 万美元/km^2，到 60°N 以北不足 10 美元，地域差异巨大（图 8-37）。单位面积农业产值最高值出现在 32°N（523 094 美元/km^2，山东省），最低值出现在 51°N［0.67 美元/km^2，俄罗斯联邦萨哈（雅库特）共和国 Olyenyokskiy 区］。

8.8.2.4　东北亚南北样带粮食产量梯度分析

东北亚南北样带单位面积粮食产量 54 229kg/km^2，大体上呈现出有波动的自南向北递减趋势（图 8-38）。在 42°N 以南区域，单位面积粮食产量数处于整个样带的高位，波动也较为显著，最大值出现在 34°N（36 324 545kg/km^2，内蒙古自治区包头市东河区）；在 46°N 以北地区，单位面积粮食产量整体处于低位，48°N ~ 54°N，出现小幅波动，在 49°N 甚至达到 800kg/km^2 以上，54°N 以北，单位面积粮食产量维持在 100kg/km^2 以下

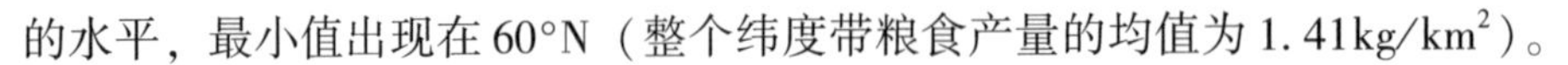

的水平，最小值出现在60°N（整个纬度带粮食产量的均值为1.41kg/km^2）。

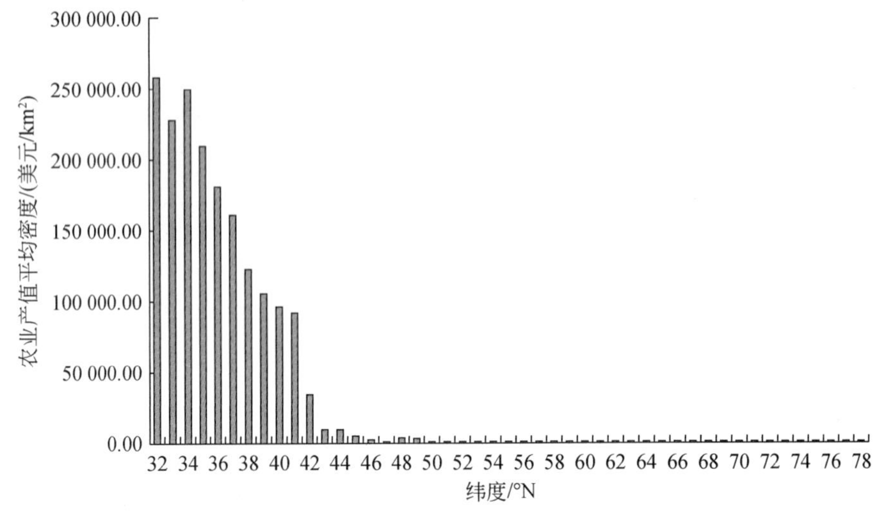

图8-37 东北亚南北样带农业产值纬向（1°间隔）平均密度分布

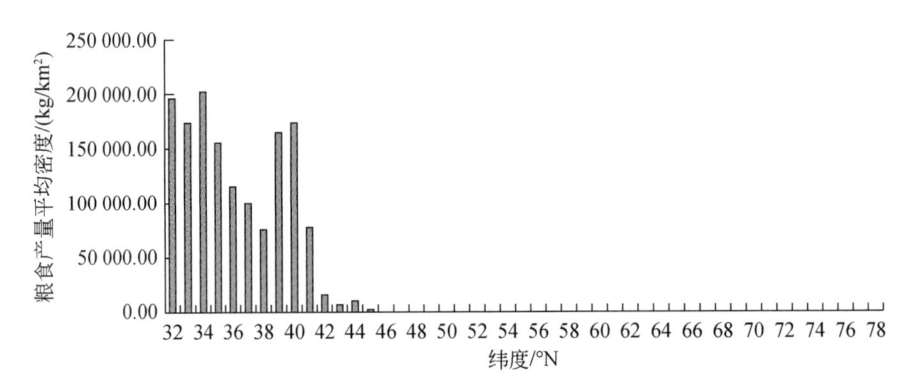

图8-38 东北亚南北样带粮食产量纬向（1°间隔）平均密度分布

8.9 东北亚南北样带大气环境的梯度及其变化

8.9.1 东北亚南北样带大气环境的梯度

作为重要的温室气体，甲烷（CH_4）日益受到人们的关注。在东北亚南北样带（图8-39）中，甲烷浓度梯度呈现明显的波动性（图8-40），并且与下垫面关系显著。样带内甲烷浓度高值区主要分布在32°N、59°N和70°N左右，分别对应中国北方、泰加林和极地苔原，而低值区主要集中在44°N左右的荒漠地区和76°N左右的极地地区。目前，关于甲烷与植被间关系的研究并没有得到明确的结果，而样带中甲烷梯度的变化在一定程度上为该研究提供了新的研究方法与证据。

CO_2是目前研究最为广泛的温室气体，其浓度在东北亚南北样带中表现出显著的梯度变化（图8-41、图8-42）。总体而言，CO_2浓度随纬度的增加呈波动形势的下降，其中，在样带南端呈现最高值，在 44°N 左右同样保持一定程度的高值区，后 CO_2浓度逐渐下降，在 64°N 左右到达谷值。进入极地苔原区后，CO_2浓度呈现显著的增加趋势，在 70°N 左右出现了一个小的峰值，随后又急剧下降。

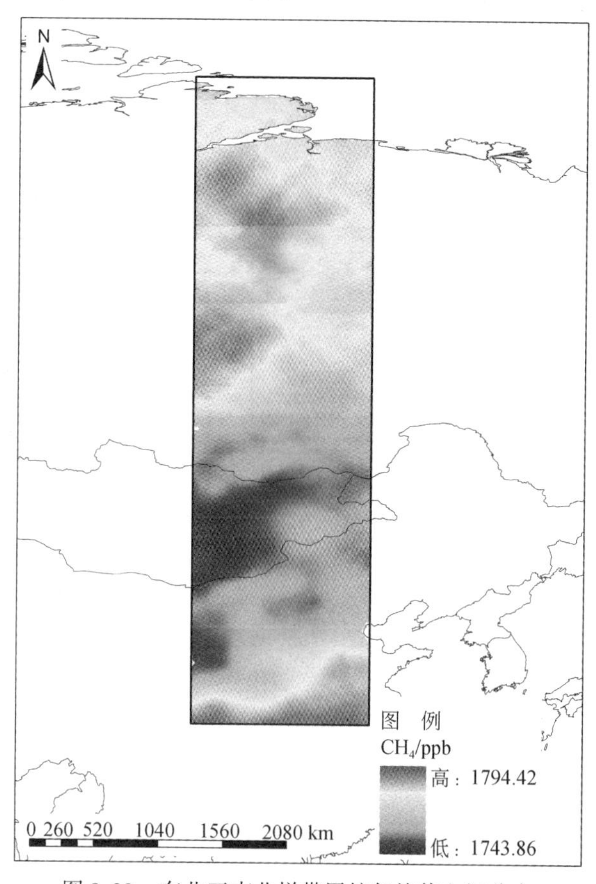

图 8-39　东北亚南北样带甲烷年均值空间分布

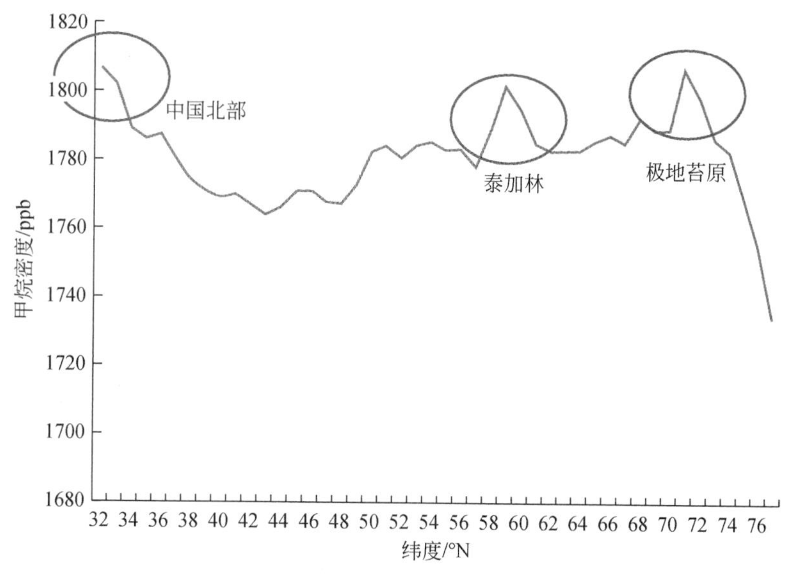

图 8-40　东北亚南北样带甲烷浓度变化梯度

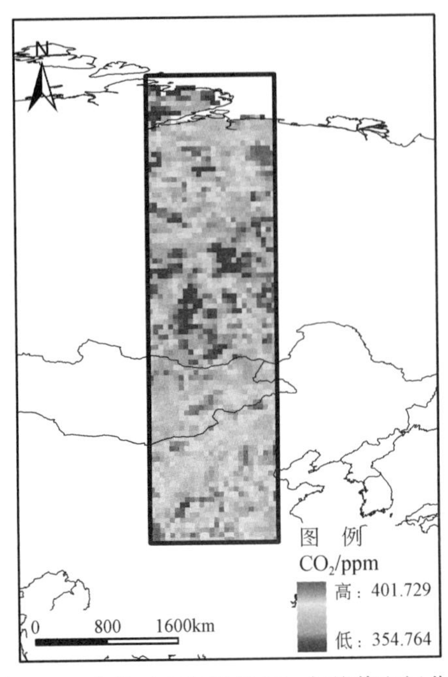

图 8-41　东北亚南北样带 CO_2 年均值空间分布

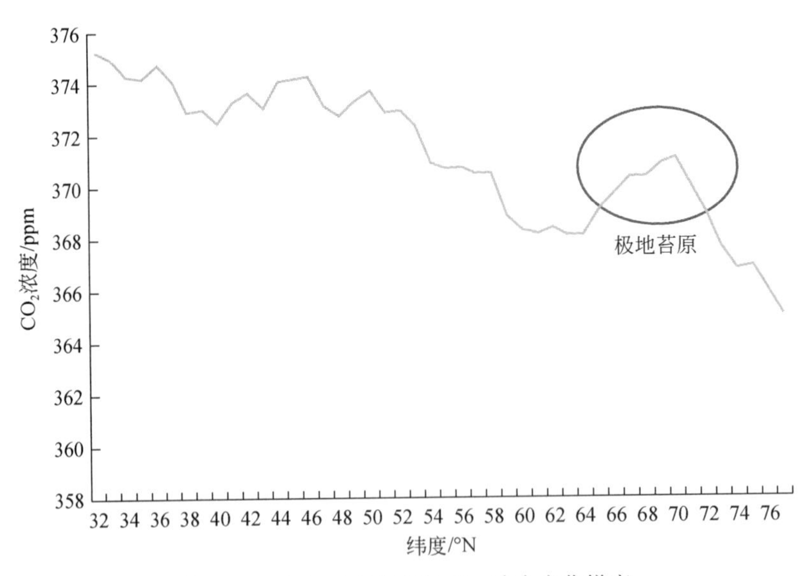

图 8-42　东北亚南北样带 CO_2 浓度变化梯度

对于 CO 而言，其浓度在东北亚南北样带中也呈现出一定程度的梯度变化（图 8-43、图 8-44）。总体而言，CO 浓度在我国北部地区较高，在 36°N 左右达到最高值，后呈现下降趋势，在 42°N 左右达到平稳值，随后直到进入 60°N 左右的泰加林区，CO 浓度又表现出较小的上浮，之后又恢复原稳定值。

NO_2属于污染气体，其分布与浓度受人为影响较为显著。在东北亚南北样带中，在人类活动显著的区域 NO_2浓度较高（图 8-45）。在样带中，中国北方地区，特别是

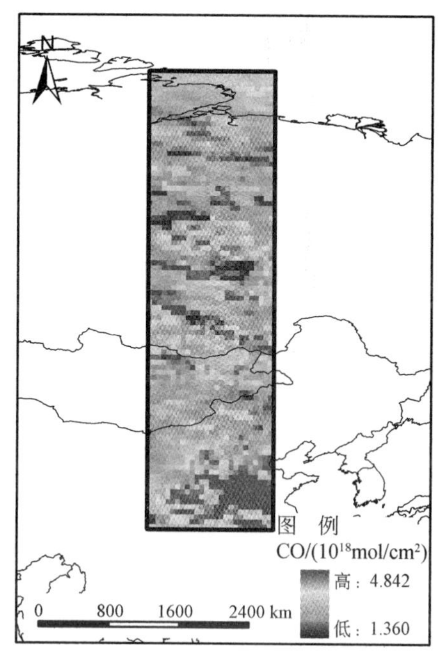

图 8-43　东北亚南北样带 CO 年均值空间分布

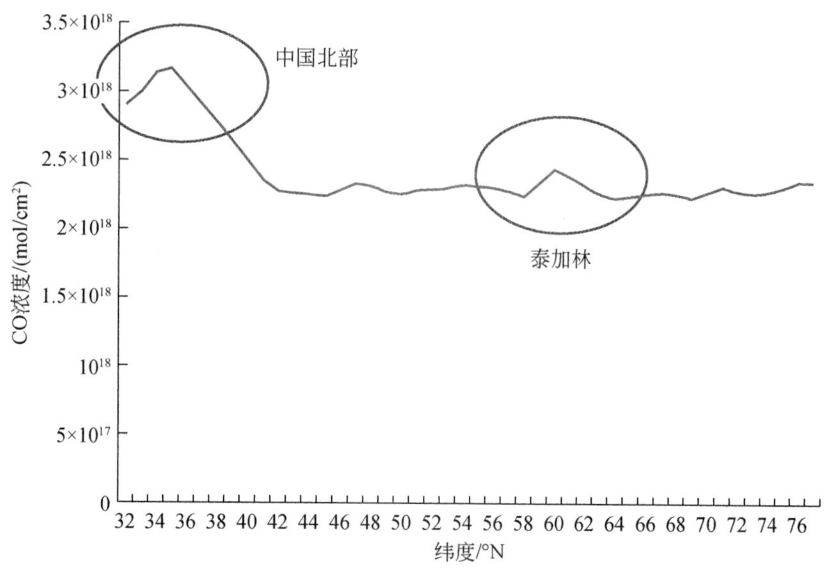

图 8-44　东北亚南北样带 CO 浓度变化梯度

34°N ~ 40°N，NO_2浓度极高，表明该地区人为排放 NO_2强度极高。在 42°N 以后，NO_2基本保持稳定低值（图 8-46）。

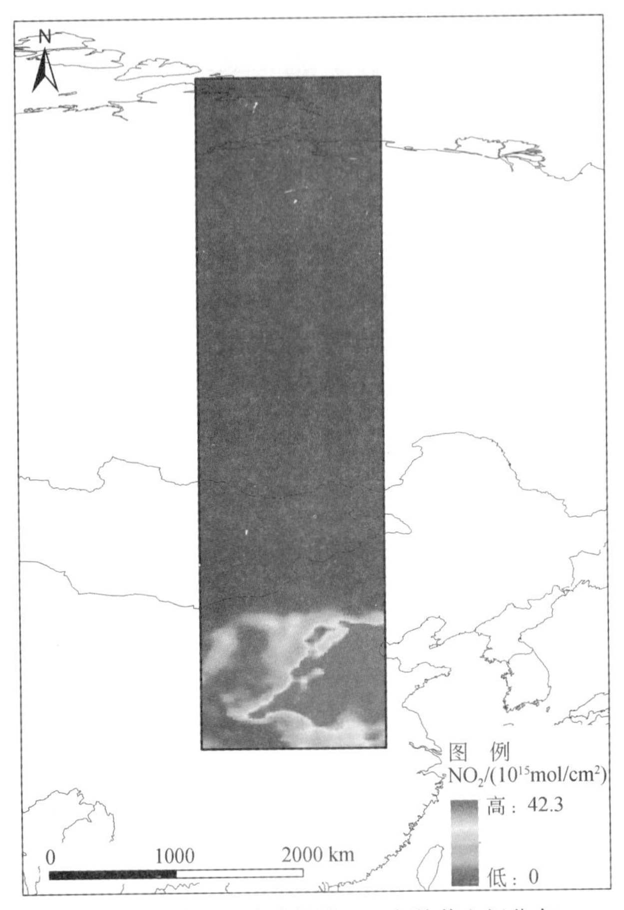

图 8-45　东北亚南北样带 NO_2 年均值空间分布

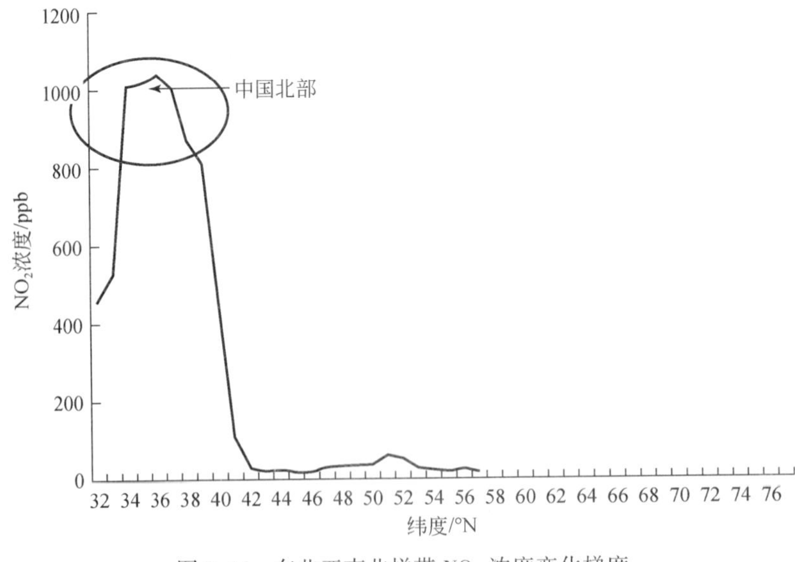

图 8-46　东北亚南北样带 NO_2 浓度变化梯度

SO_2与NO_2同属于污染气体，同样受人为活动影响显著，SO_2在东北亚南北样带中浓度梯度与NO_2基本一致（图 8-47、图 8-48），同样表现为在中国北方地区呈现显著高值区，在 35°N 左右 SO_2浓度达到最高，后逐渐降低，在 42°N 之后达到稳定低值。

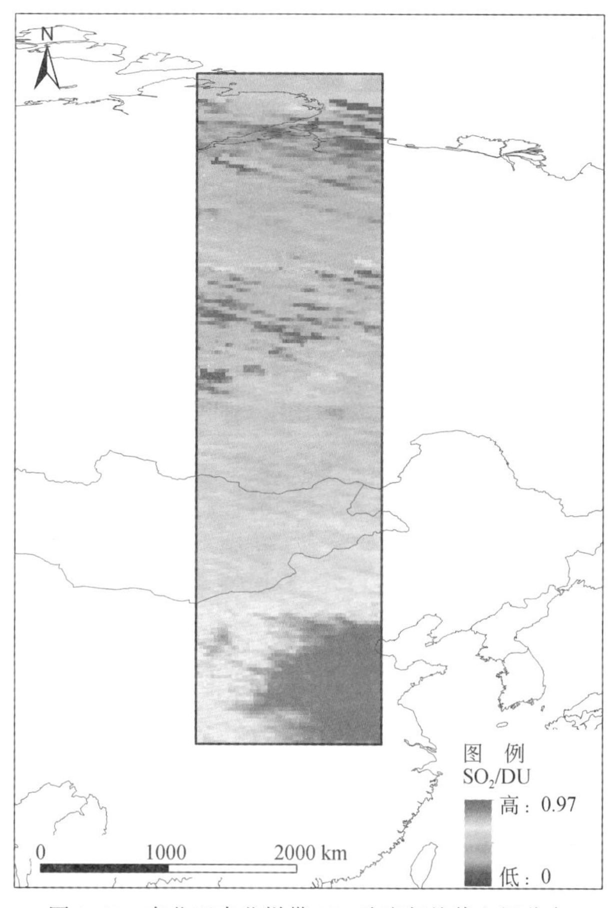

图 8-47　东北亚南北样带 SO_2 浓度年均值空间分布

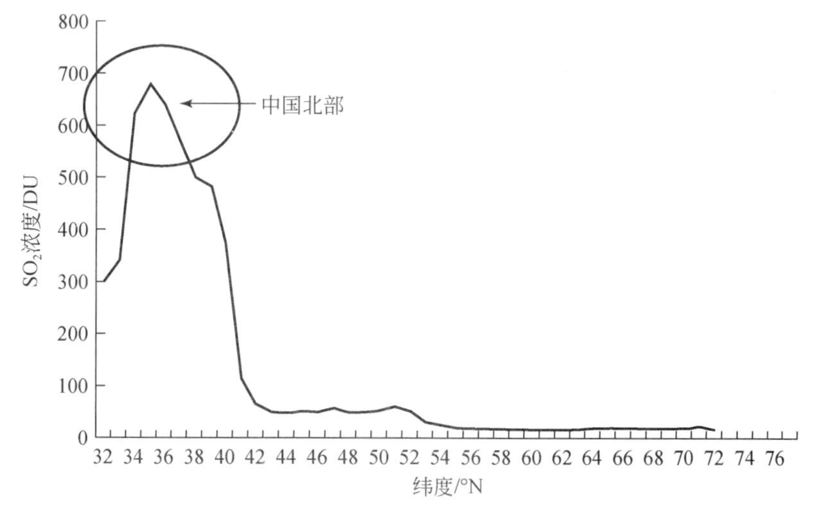

图 8-48　东北亚南北样带 SO_2 浓度变化梯度

气溶胶光学厚度（AOD）可反映出大气气溶胶的浓度，在东北亚南北样带中，AOD随纬度升高表现出显著梯度变化（图 8-49、图 8-50）。其中，在中国北方地区，AOD 为

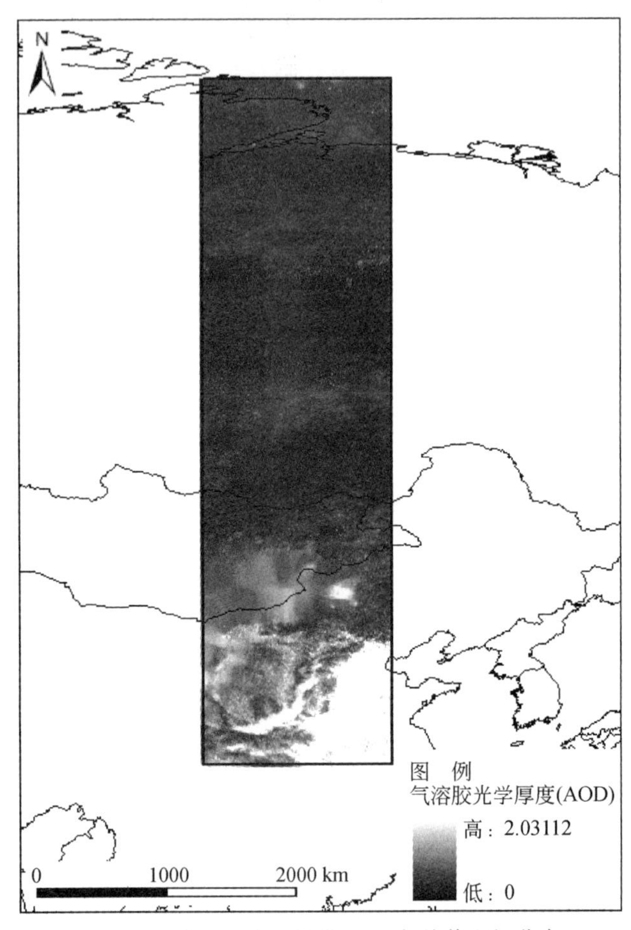

图 8-49　东北亚南北样带 AOD 年均值空间分布

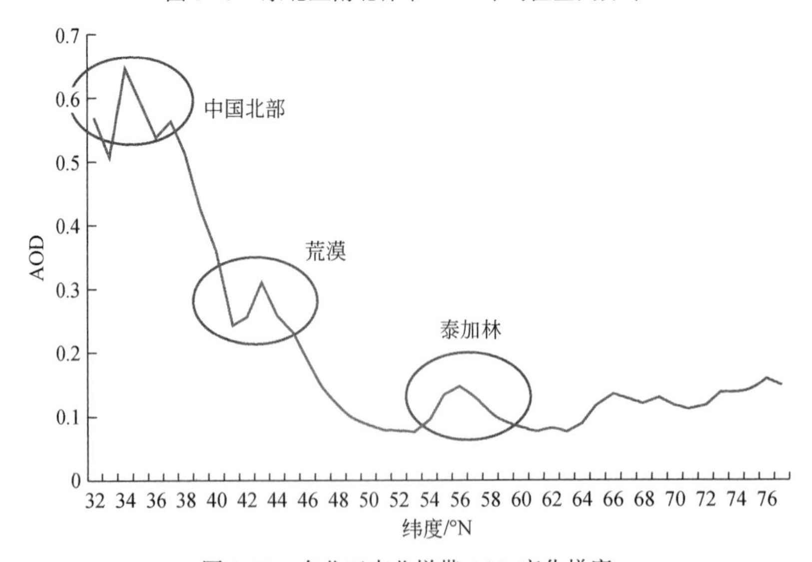

图 8-50　东北亚南北样带 AOD 变化梯度

样带高值区，特别是在 34°N 左右，AOD 达到最高值，这与中国北方人类活动强度高直接相关；后随纬度升高，AOD 呈现下降趋势，但在 43°N 左右出现相对较低的二次峰值，这可能与该地区荒漠化沙尘较为严重有关，形成较强的沙尘型气溶胶；之后 AOD 继续下降，在 53°N 左右达到最小值，进入泰加林地区后，AOD 有所上升，并在 56°N 处再次达到小峰值，随后又出现多次波动。总体而言，气溶胶含量受人类活动更为显著，在纬度地区与土地覆被类型存在一定关系。

8.9.2　东北亚南北样带大气环境的变化分析

8.9.2.1　东北亚大气气溶胶光学厚度分布特征

我们利用 2003 年 1 月至 2005 年 12 月 NASA 的 MODIS 气溶胶产品，统计了东北亚样带气溶胶光学厚度分布特征和季节变化（图 8-51 ~ 图 8-67）。本节讨论的“季节”，按照 3 ~ 5 月为春季、6 ~ 8 月为夏季、9 ~ 11 月为秋季、12 月至次年 2 月为冬季来划分。在这个大范围来说，对于不同的地区用统一的时间段划分季节不尽合理。为了获得同一时间不同地区的比较，暂时这样处理。

2003 共有 6 个月的值：分别是 1 月、2 月、3 月、4 月、7 月、8 月。由于高纬度在冬季没有反演值，所以 2 月和 3 月在高纬度没有数据。可以看出，气溶胶高值区分布在低纬度区域，集中分布在东部区域。

2004 年大气气溶胶有 5 个月的反演值，分别是 1 月、2 月、3 月、4 月、5 月。2 月 ~ 4 月高纬度地区没有数据。

2005 年大气气溶胶共有 5 个月反演值，分别是 1 月、2 月、3 月、4 月、5 月。1 月、2 月缺少高纬度反演值。

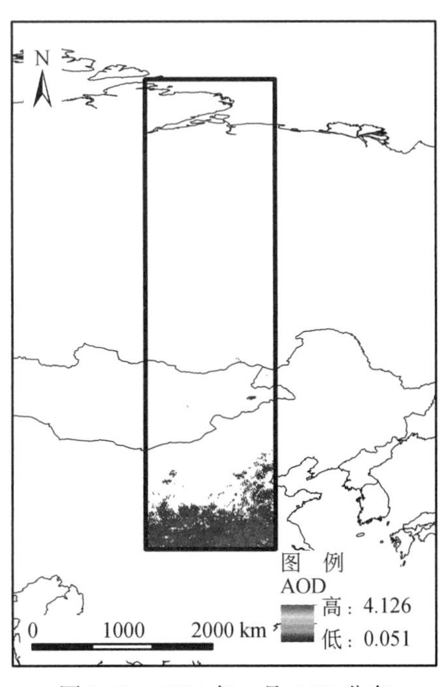

图 8-51　2003 年 1 月 AOD 分布

图 8-51 ~ 图 8-67 显示，2003 ~ 2005 年 1 月、2 月大气气溶胶值较小，3 月、4 月较大。

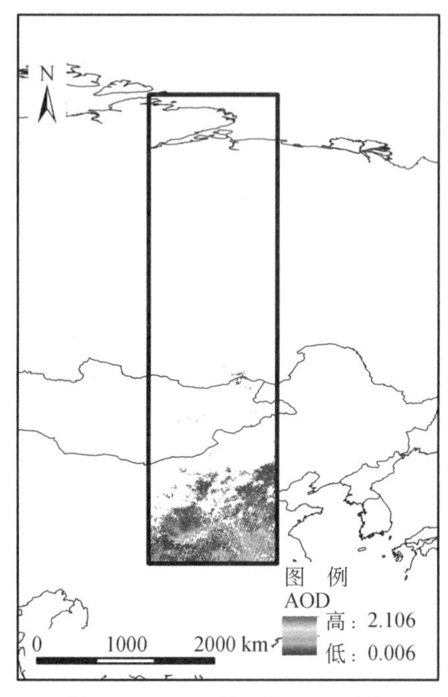

图 8-52　2003 年 2 月 AOD 分布

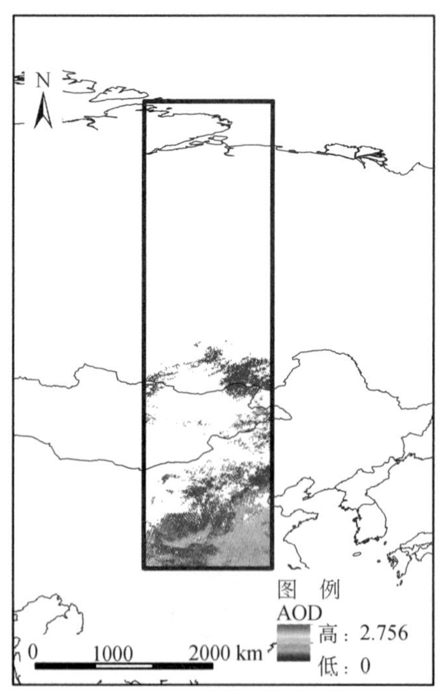

图 8-53　2003 年 3 月 AOD 分布

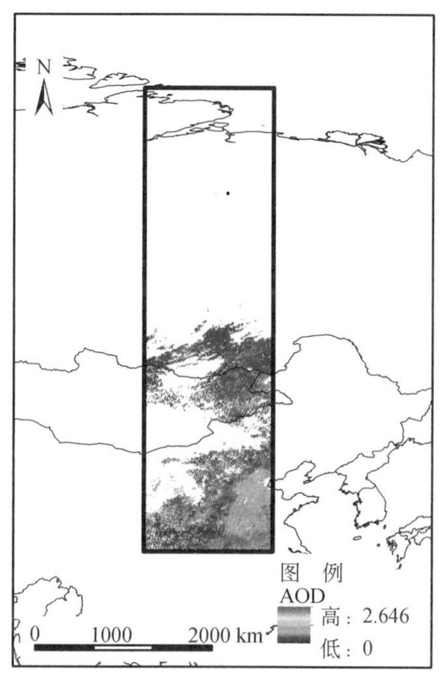

图 8-54　2003 年 4 月 AOD 分布

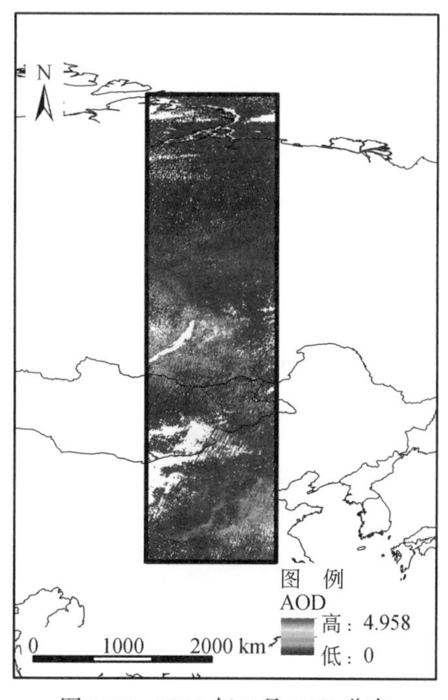

图 8-55　2003 年 7 月 AOD 分布

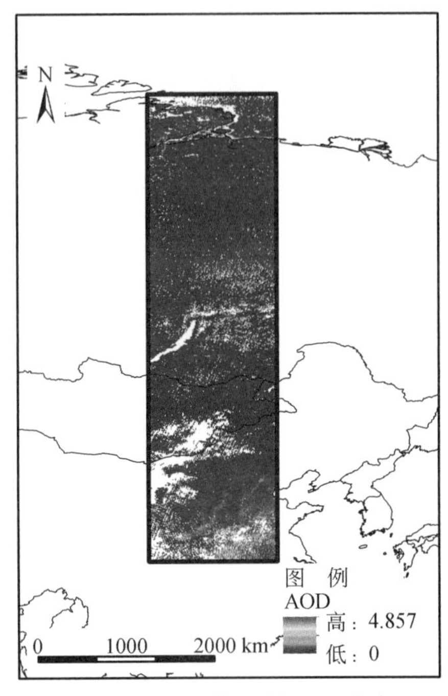

图 8-56　2003 年 8 月 AOD 分布

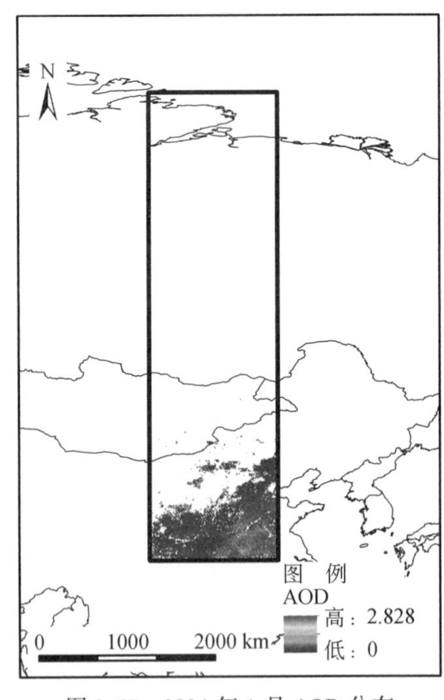

图 8-57　2004 年 1 月 AOD 分布

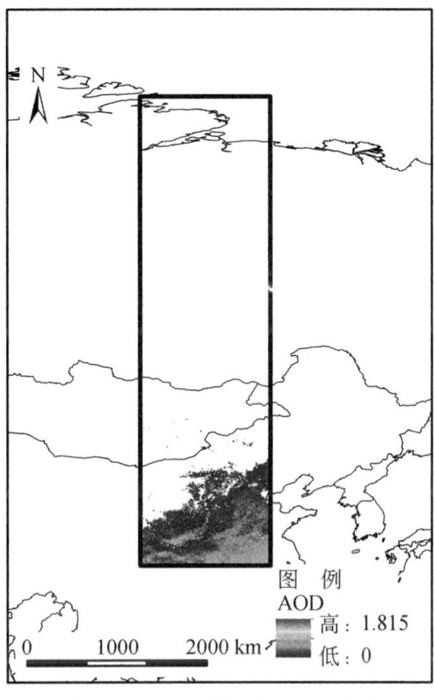

图 8-58　2004 年 2 月 AOD 分布

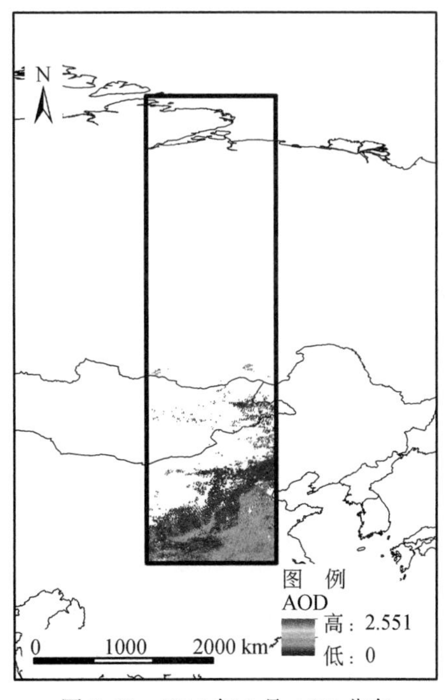

图 8-59　2004 年 3 月 AOD 分布

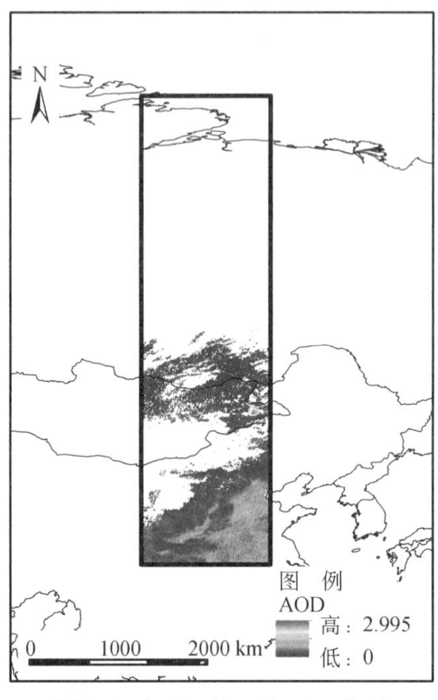

图 8-60 2004 年 4 月 AOD 分布

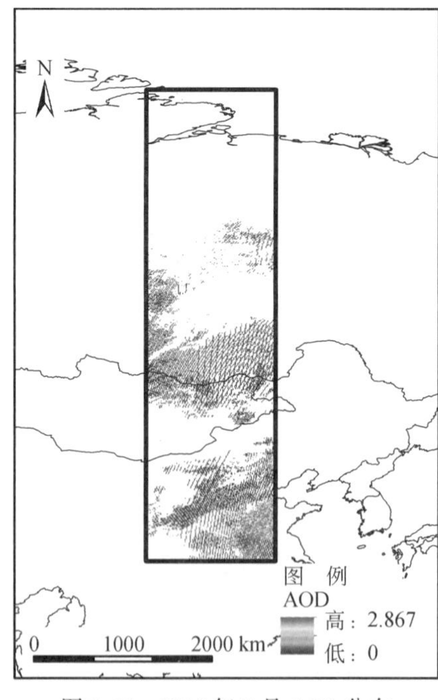

图 8-61 2004 年 5 月 AOD 分布

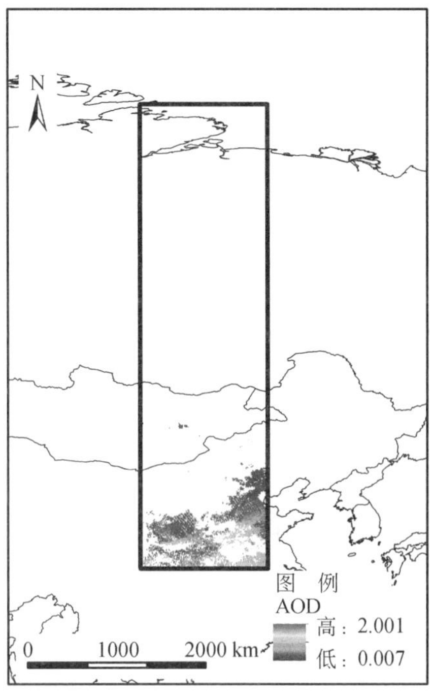

图8-62　2005年1月AOD分布

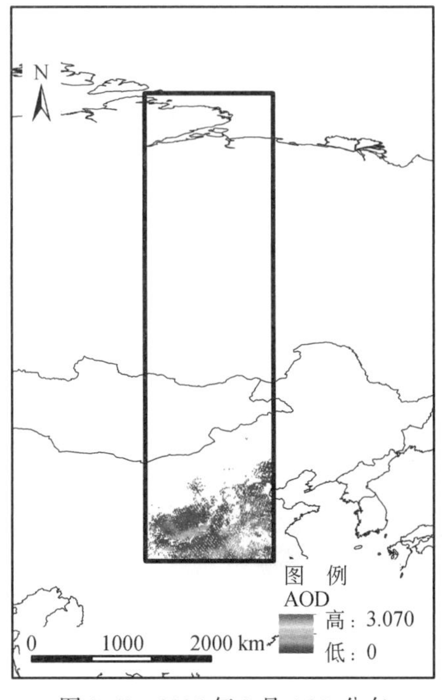

图8-63　2005年2月AOD分布

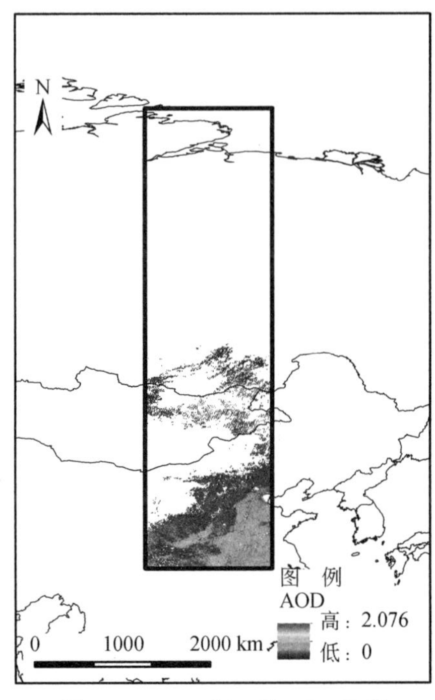

图 8-64 2005 年 3 月 AOD 分布

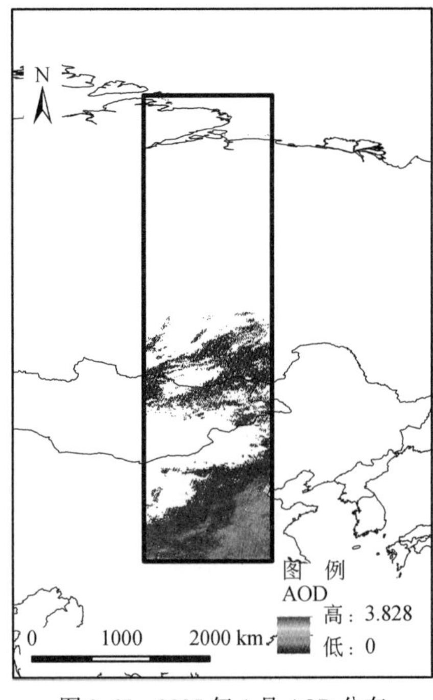

图 8-65 2005 年 4 月 AOD 分布

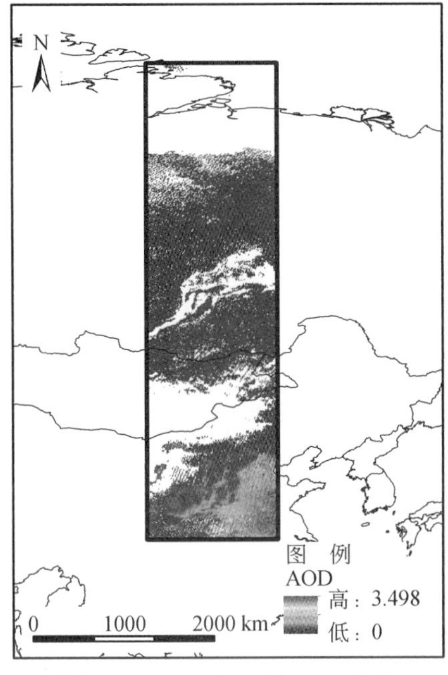

图 8-66　2005 年 5 月 AOD 分布

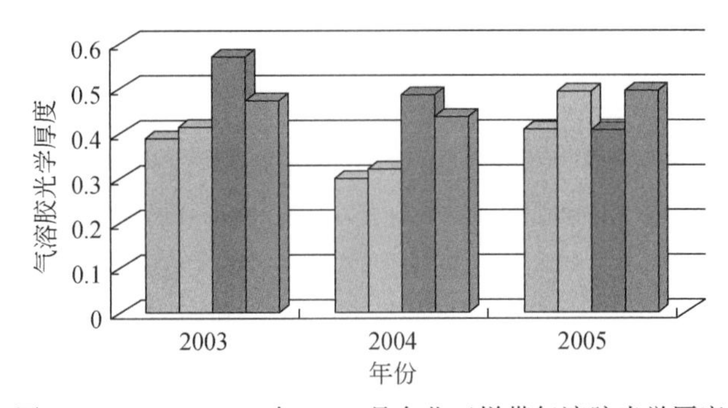

图 8-67　2003～2005 年 1～4 月东北亚样带气溶胶光学厚度

8.9.2.2　NO_2时空动态分析

本研究数据时间尺度选择 1996 年 4 月～2010 年 12 月，共 13 年数据进行分析。NO_2年均值的高浓度区域主要分布在样带东南区域（图 8-68），该区域靠近中国境内，北部地区其值较低。样带北部地区（46°N～77°N，105.3°E～118°E）和南部地区（31.5°N～46°N，105.3°E～118°E）形成鲜明对比。其南部地区对流层 NO_2平均值约为 2.6×10^{15} mol/cm^2，而北部地区的值约为 0.5×10^{15}mol/cm^2。

图 8-68（b）表示该区域对流层 NO_2柱浓度增长率空间变化情况。从图 8-68（b）中可见，在南北样带的北部地区，其对流层 NO_2呈现减少趋势，而在南部地区则呈现显著增加趋势。增加最显著的地方出现在样带南部包括北京天津等大都市以及阿拉善平原

地区。而最大减少地区则出现在样带中部地区。显然在样带北端靠近极地地区，对流层NO_2柱浓度也呈现增长趋势，其增长速率约为$1.0×10^{15}$mol/(cm^2·a)。

这些地区人口密集，城市分布集中，汽车使用量高，人类活动频繁，尤其是样带南部地区靠近环渤海大都市区，其汽车尾气排放、工业排放、飞机和轮船排放以及农业烧荒都增加对流层NO_2的含量。

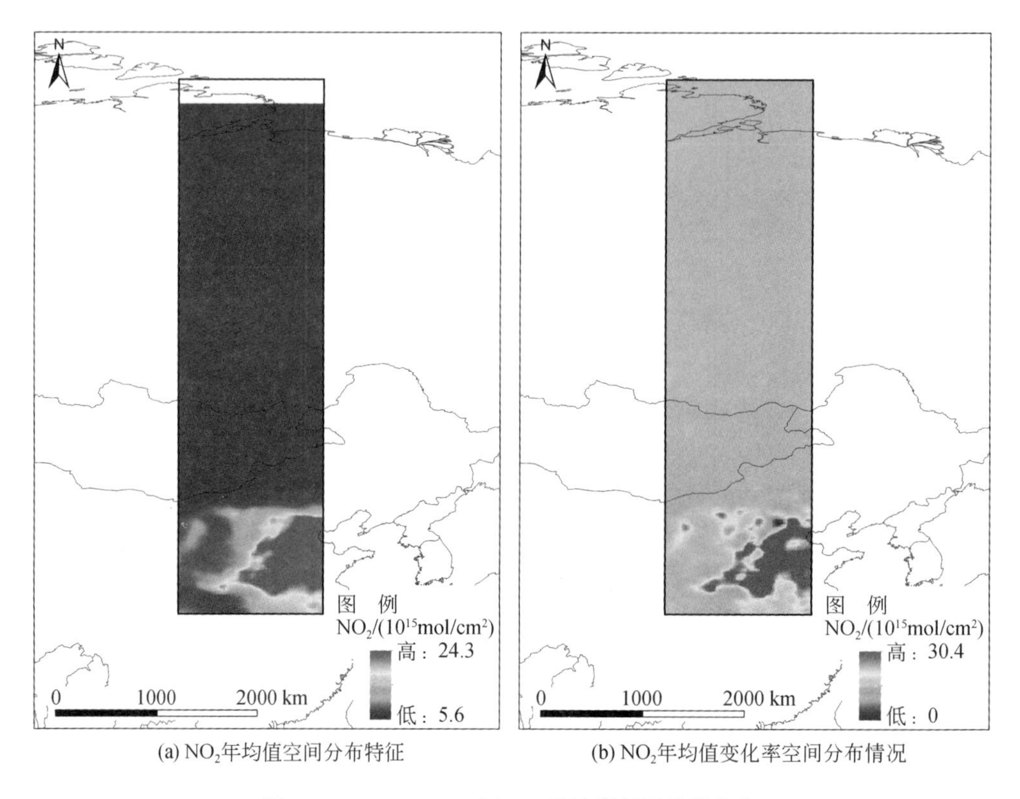

(a) NO_2年均值空间分布特征　　(b) NO_2年均值变化率空间分布情况

图 8-68　1996～2010 年 NO_2柱浓度年平均值分布

图 8-69 表征 1996～2009 年东北亚南北样带对流层NO_2柱浓度年均值分布特征，与该地区的年平均分布和月分布特征一致，其高值区位于样带的东南区域，低值区位于样带的北部地区。

图 8-70 为 2005 年东北亚地区NO_2柱浓度月均值空间分布特征。从图 8-70 中可见，其总体分布特征基本一致，且与年均值分布特征相似，高值区均分布在样带东南地区，北部地区具有最低值。

8.9.2.3　CH_4时空动态分析

首先，通过利用 SCIMACHY 卫星数据的统计处理，获得东北亚南北样带以及周边地区CH_4垂直柱浓度月均值时空分布特征（图 8-71、图 8-72）。东北亚南北样带处于一个相对变化特殊的区域，其对流层CH_4柱浓度长年不仅受自身环境影响，也可能受周边

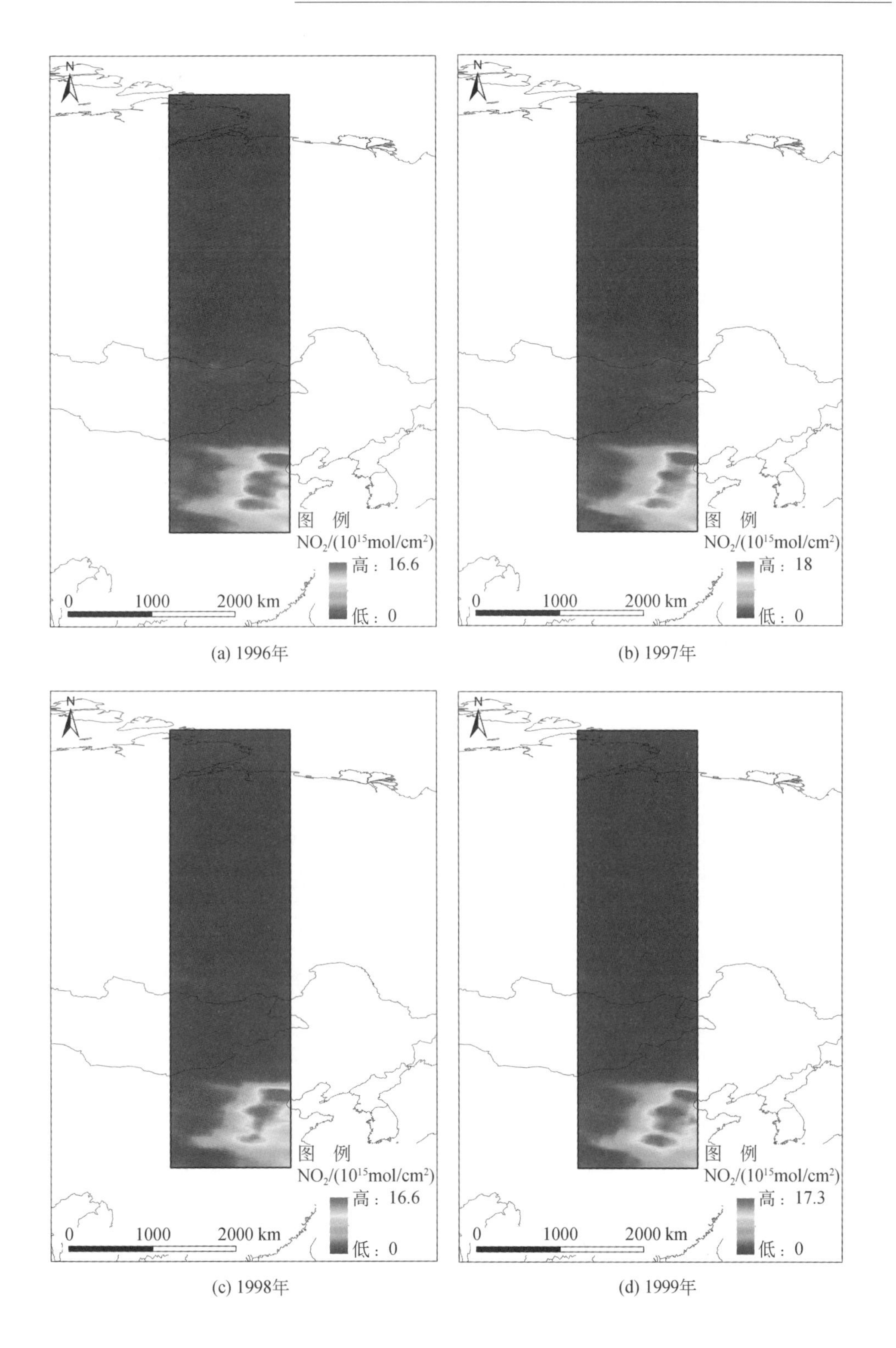

(a) 1996年　(b) 1997年

(c) 1998年　(d) 1999年

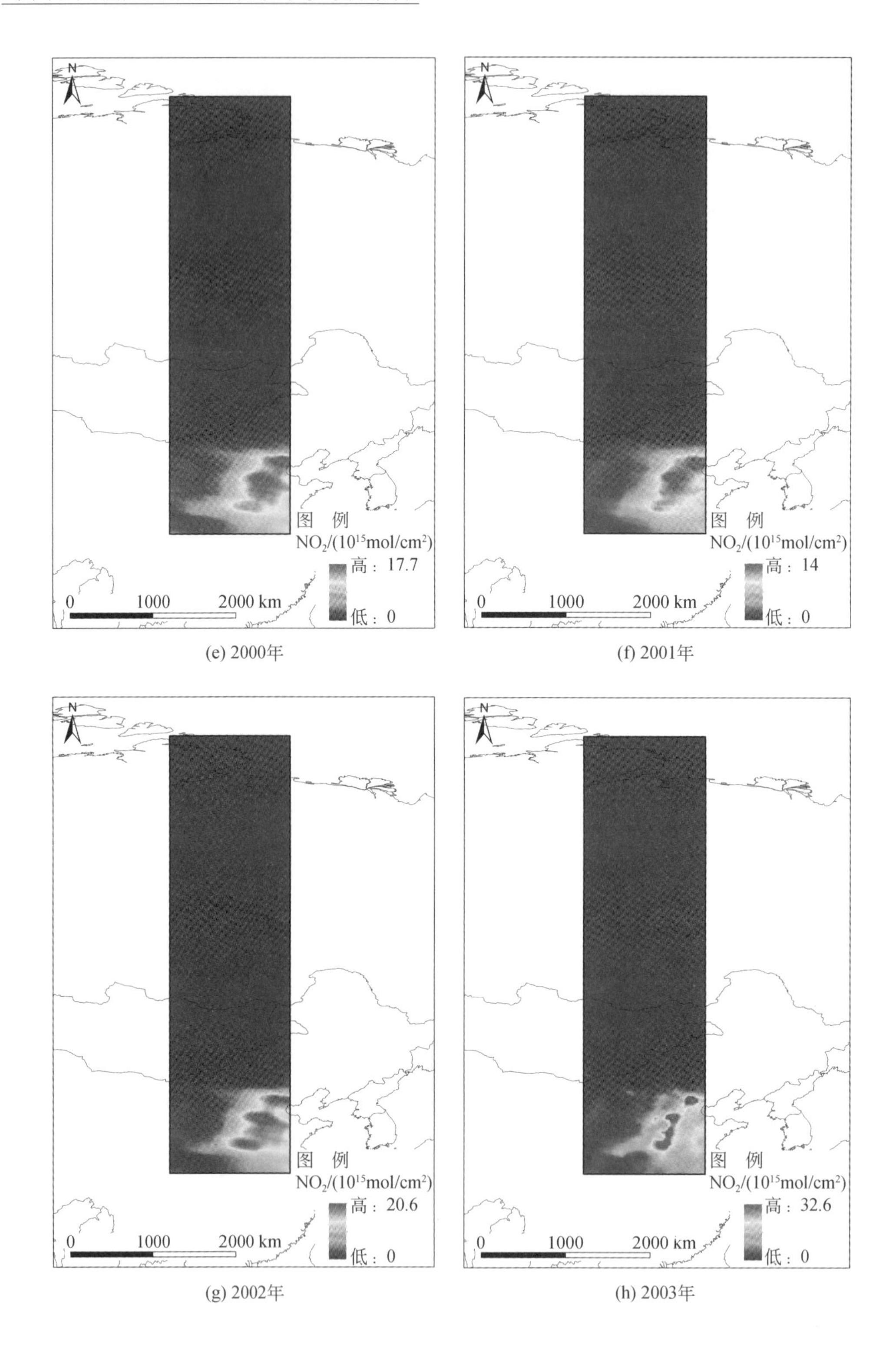

(e) 2000年

(f) 2001年

(g) 2002年

(h) 2003年

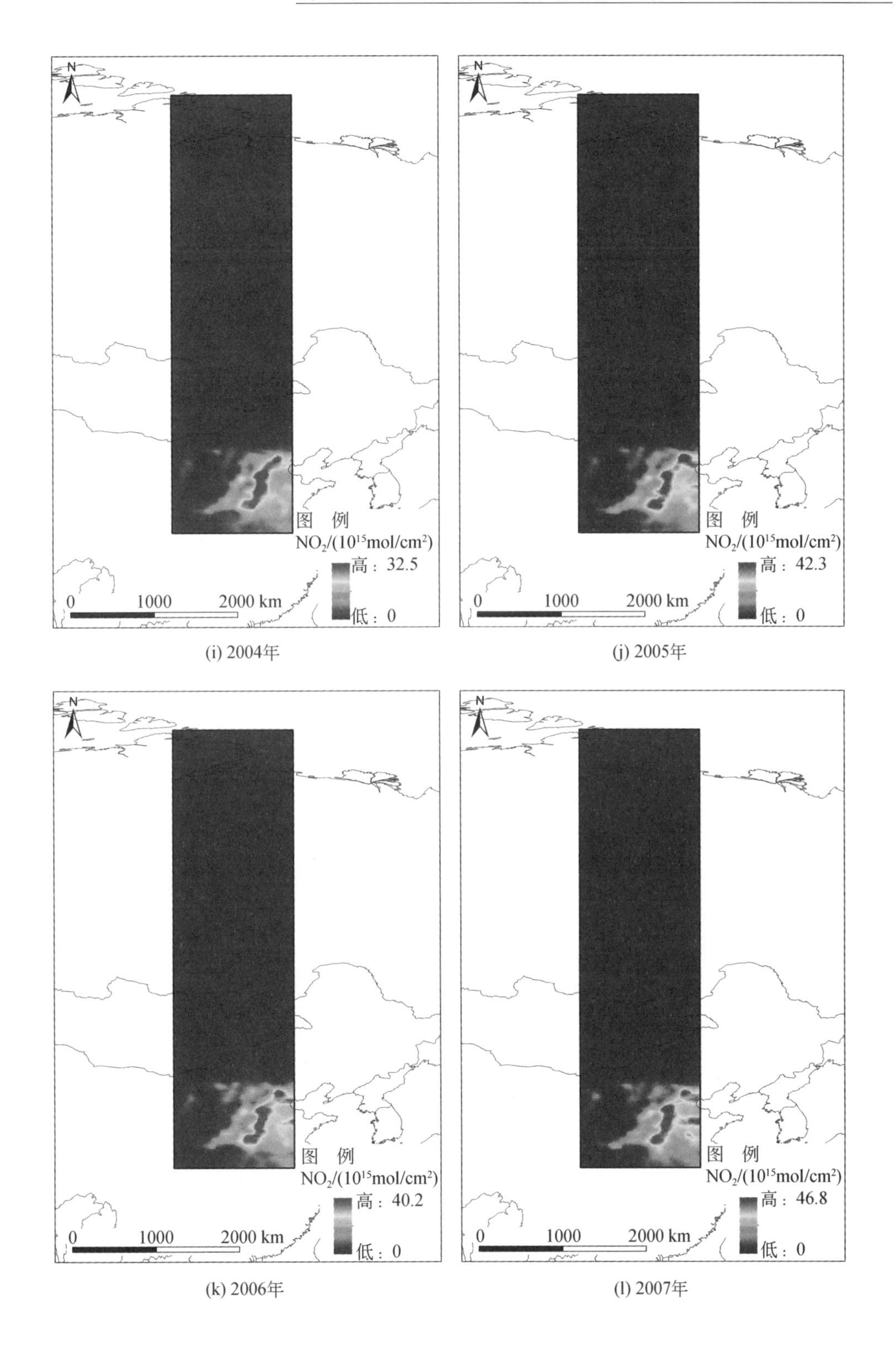

(i) 2004年

(j) 2005年

(k) 2006年

(l) 2007年

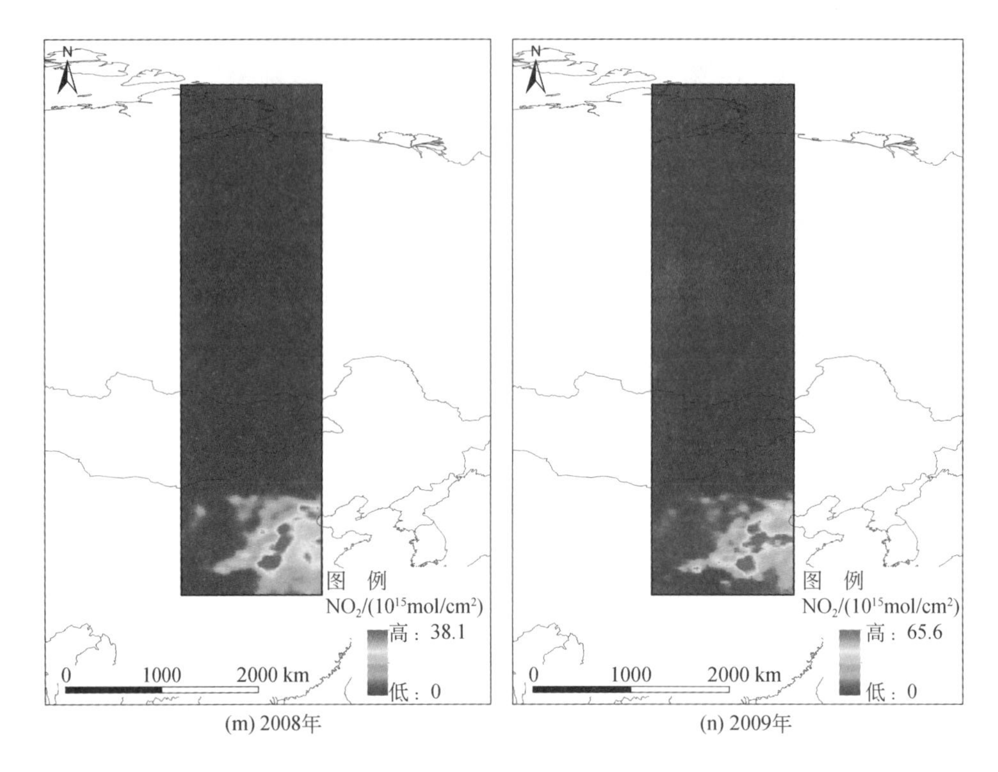

(m) 2008年 (n) 2009年

图 8-69 1996～2009 年东北亚南北样带 NO_2 柱浓度年均值空间分布特征

区域影响。其中，1 月、2 月高纬度地区没有数值，3 月后高纬度区域开始出现甲烷，而到 10 月后甲烷同样集中在中低纬度区域。这主要是因为 10 月至次年 2 月高纬度区域积聚大量冰雪，导致传感器不能够接收到其甲烷信息。可以看出，3 月开始，俄罗斯高纬度区域甲烷柱浓度一直高于中低纬度区域，直至 7 月出现大量甲烷柱浓度的高值区，9 月高纬度区高甲烷浓度有所集中，然后甲烷柱浓度下降。中低纬度区的东北样带，尤其是中国南方甲烷柱浓度在 6 月、7 月、9 月一直处于高值区，一定程度影响着这里的甲烷柱浓度，主要因为这里有大量的水稻。

其次，通过对 2003 年～2005 年数据集成，对整个样带区域不同月份进行统计（表 8-12）。东北亚南北样带对流层 CH_4 柱浓度月均值结果如图 8-73 所示。可以看出，东北亚南北样带全年最小值出现在冬季 1 月，为 1728.70ppb；最大值出现在 7 月，约为 1787.19ppb。总体上，对流层甲烷柱浓度变化形式基本上呈单峰趋势。从 1 月开始，甲烷柱浓度开始缓慢上升至 7 月达到最大值，然后开始下降。但是在整个年际变化过程中，3 月、9 月、10 月则表现出不同。3 月是甲烷柱浓度的一个极值点，是甲烷柱浓度上升过程中的一个相对下降期；9 月、10 月是另外一个极值点，是甲烷柱浓度下降过程中的一个相对上升期。

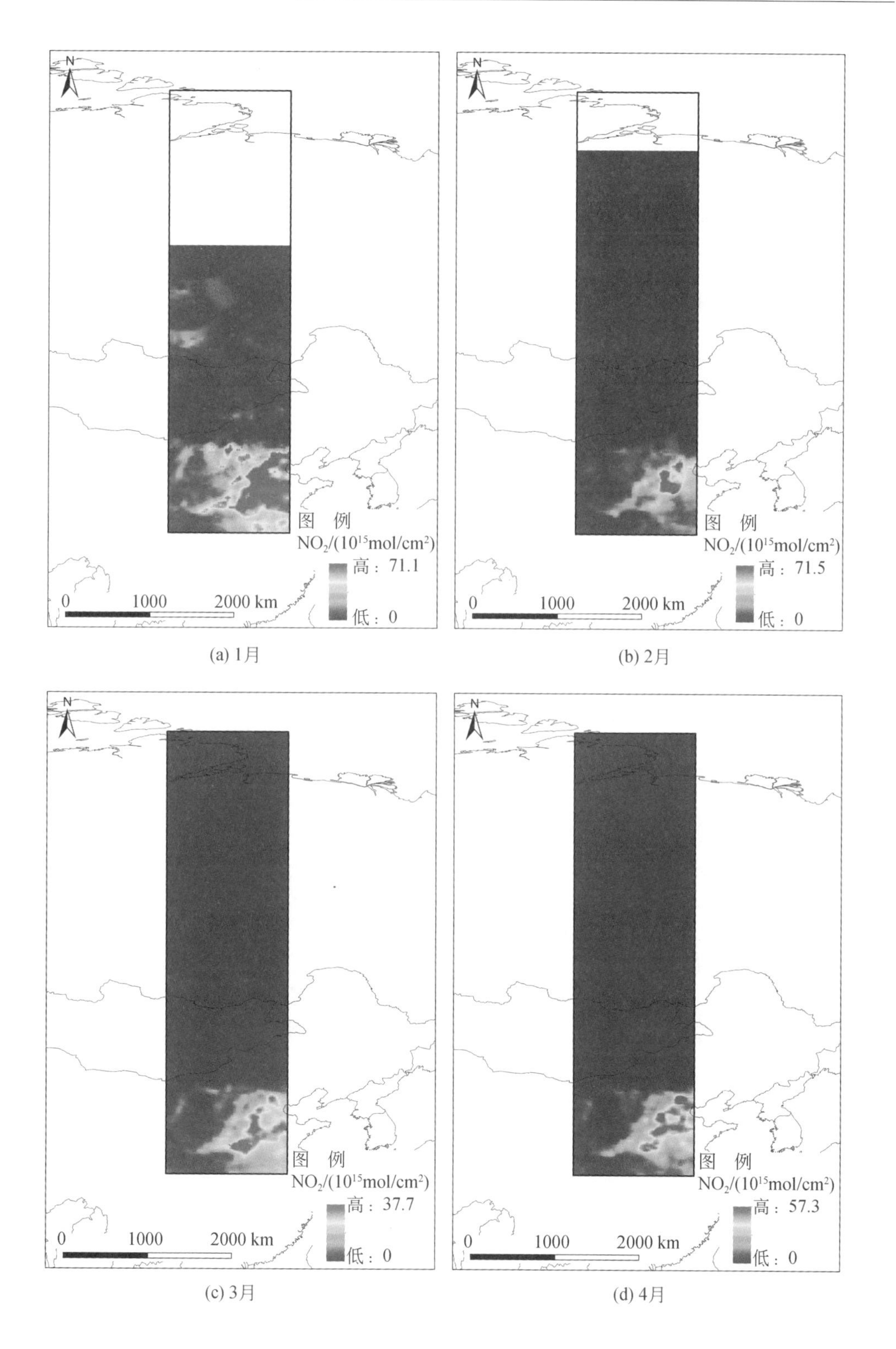

(a) 1月

(b) 2月

(c) 3月

(d) 4月

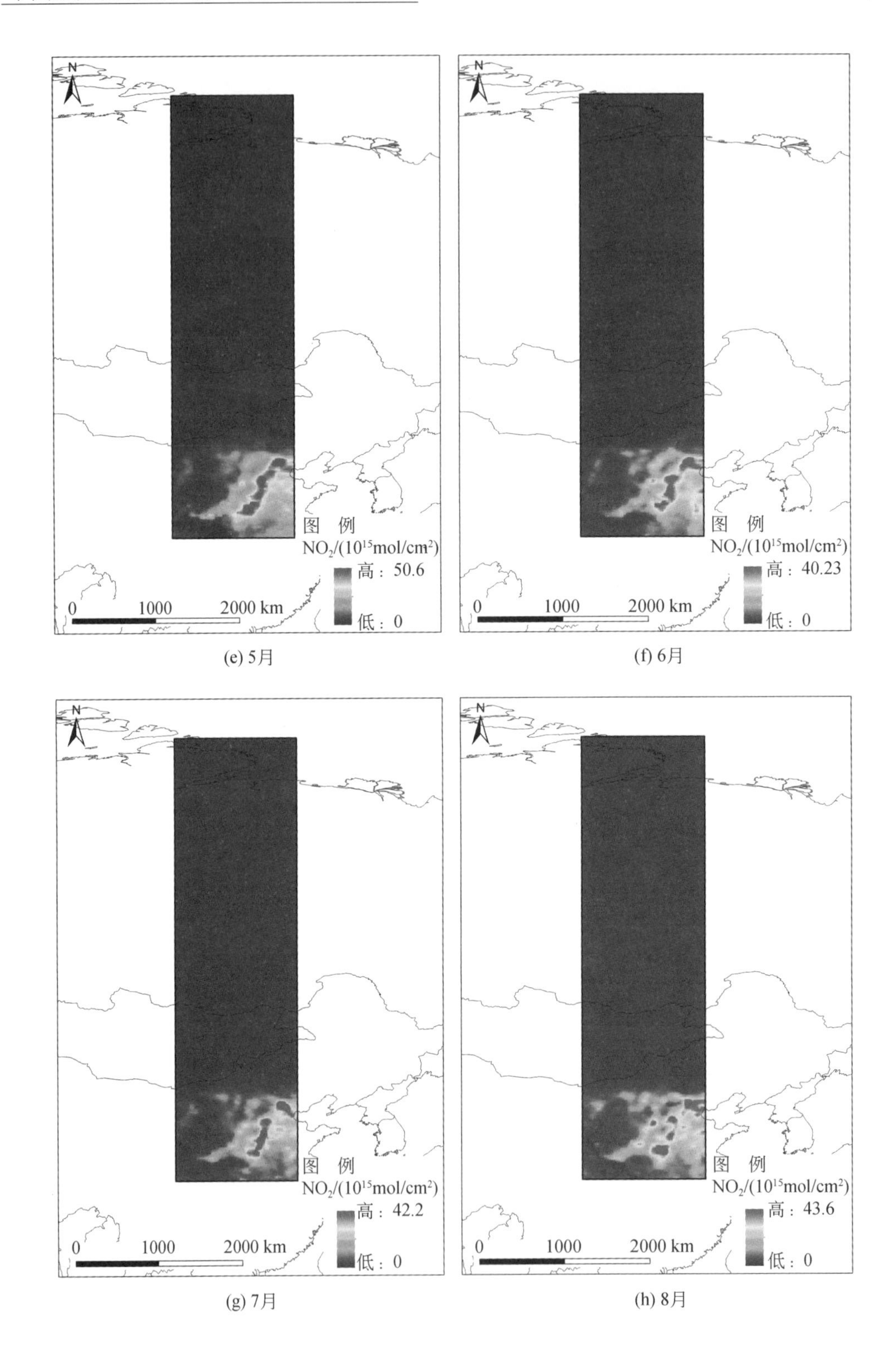

(e) 5月

(f) 6月

(g) 7月

(h) 8月

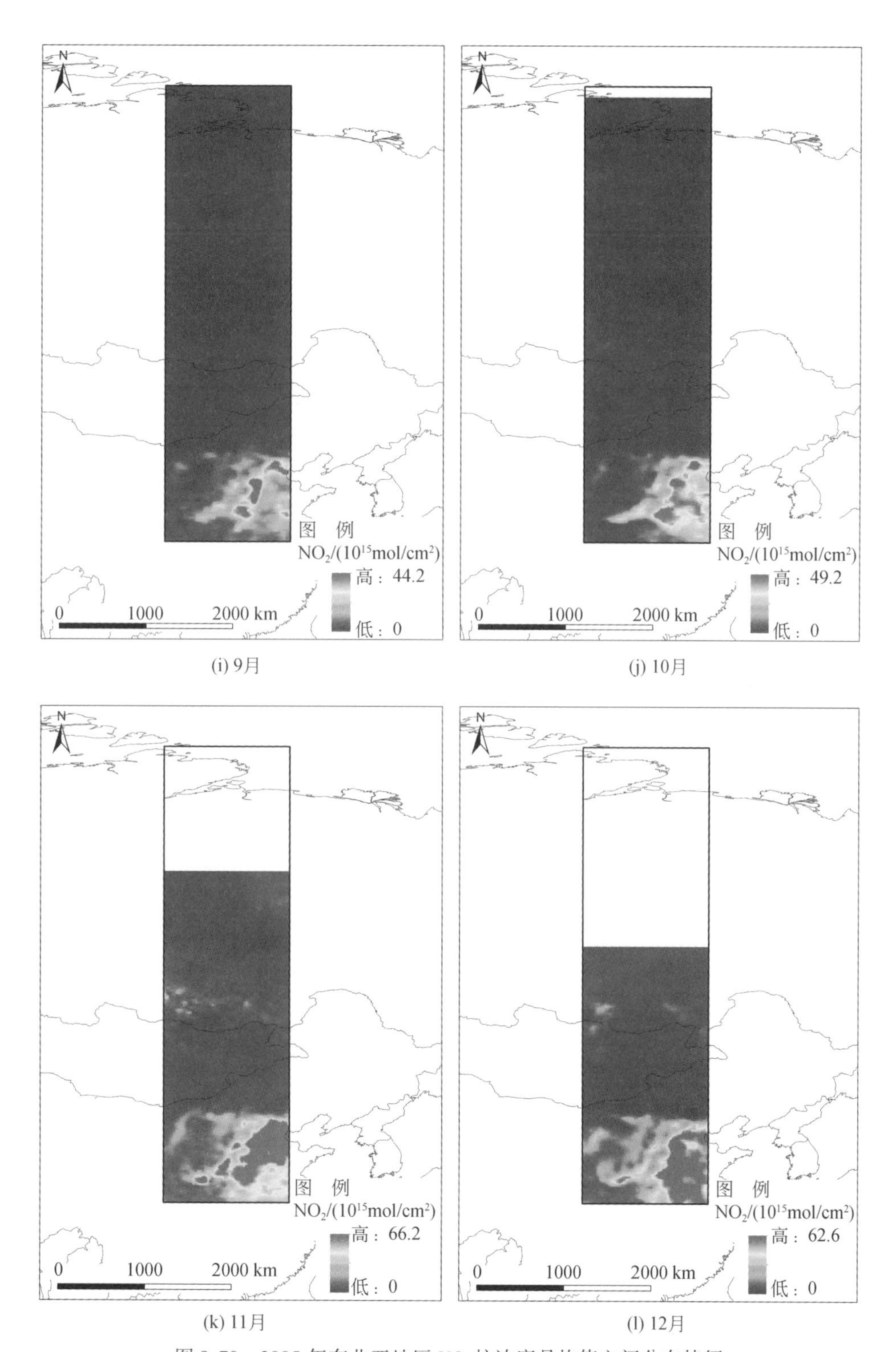

(i) 9月　(j) 10月

(k) 11月　(l) 12月

图 8-70　2005 年东北亚地区 NO_2 柱浓度月均值空间分布特征

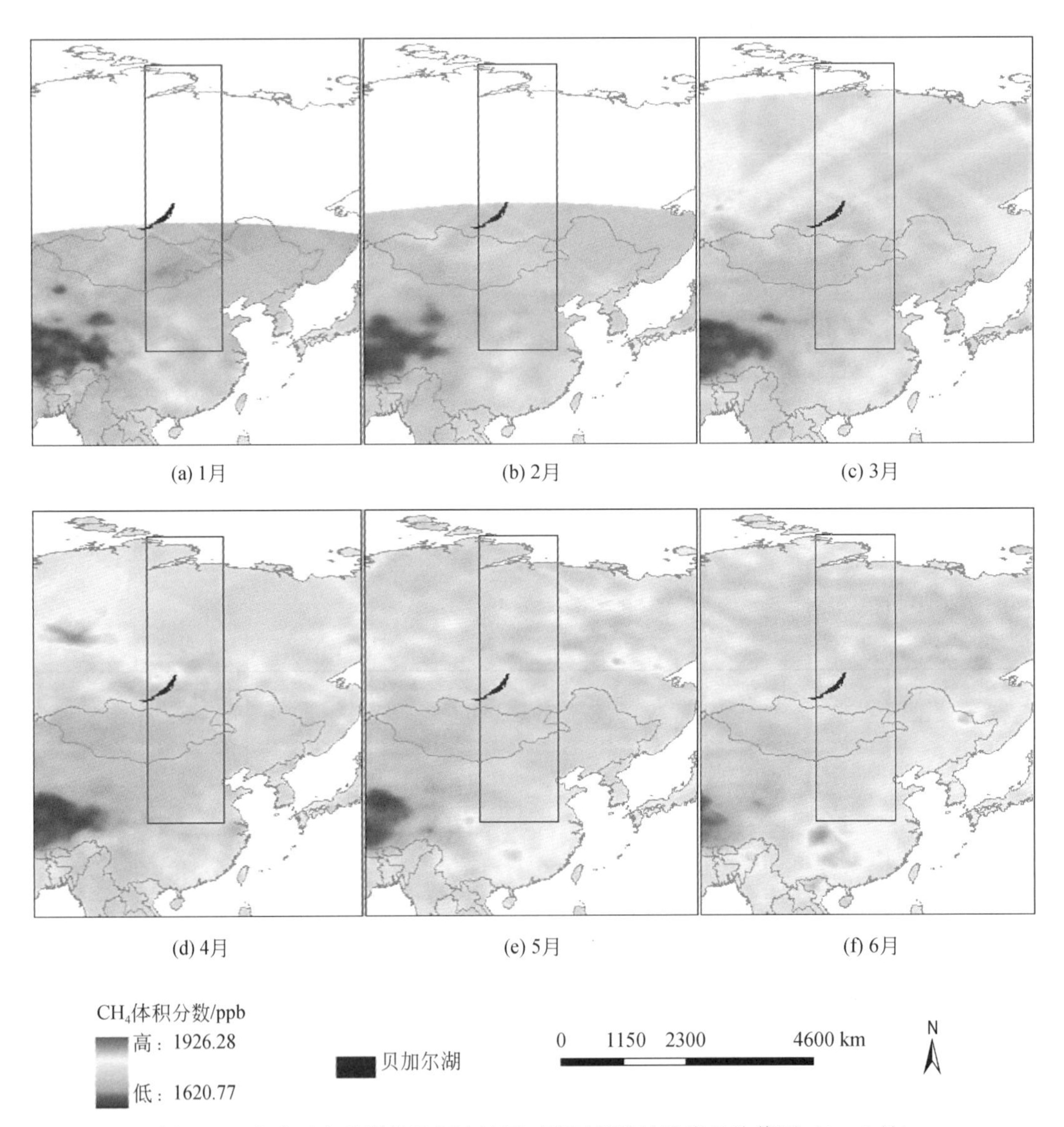

图 8-71　东北亚南北样带及周边地区对流层甲烷柱浓度月均值图（1～6 月）

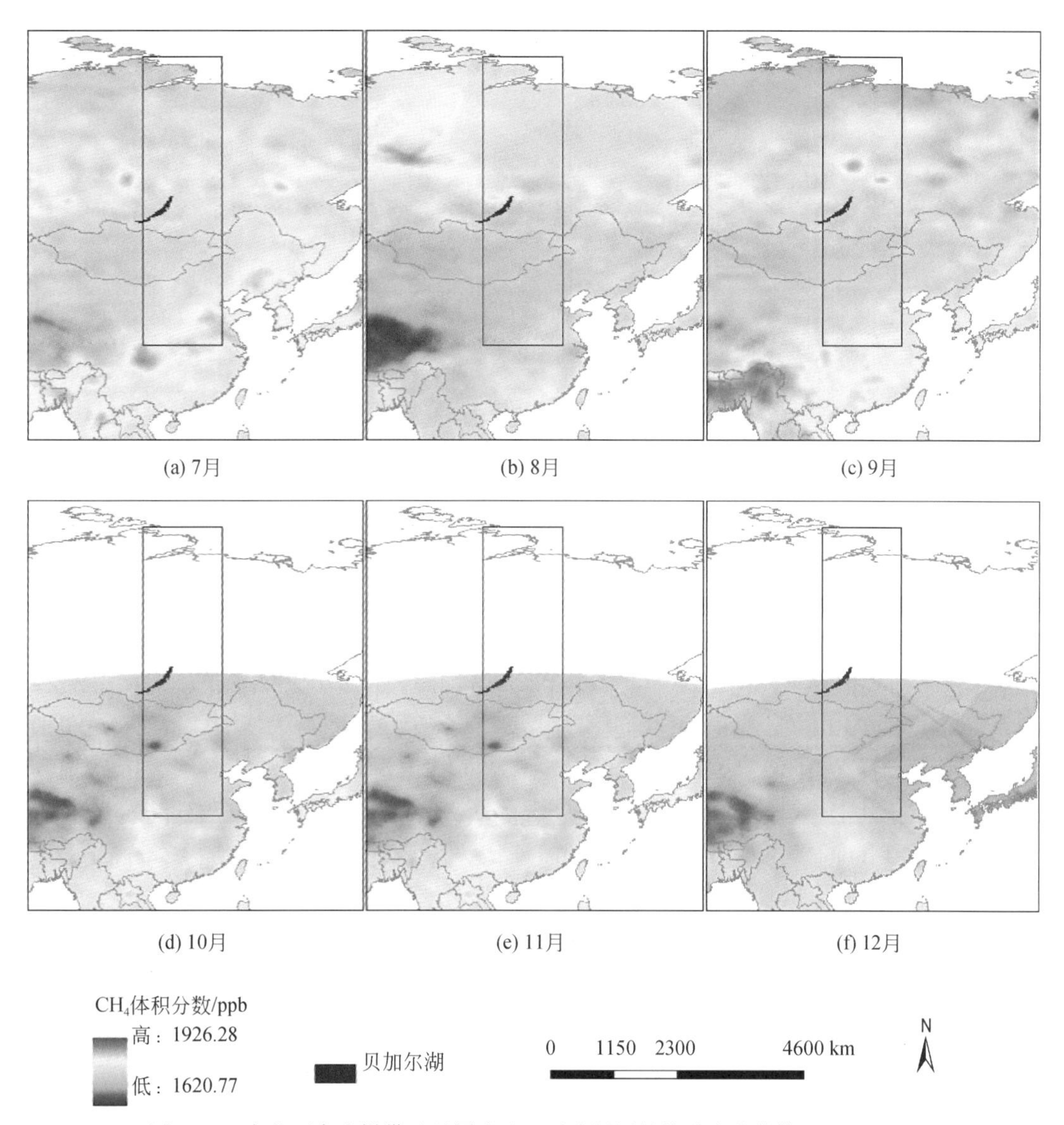

图 8-72　东北西南北样带地及周边地区对流层甲烷柱浓度月均值（7～12 月）

表 8-12　样带区域甲烷柱浓度月份统计

时间	1 月	2 月	3 月	4 月	5 月	6 月	7 月	8 月	9 月	10 月	11 月	12 月
最小值	1684.89	1709.35	1715.97	1716.82	1722.82	1735.44	1717.19	1716.82	1701.00	1728.99	1659.29	1694.03
平均值	1728.70	1743.51	1767.57	1766.59	1768.07	1775.14	1787.19	1766.59	1774.29	1774.45	1746.28	1730.24
最大值	1803.25	1790.88	1831.43	1850.92	1832.44	1836.54	1867.96	1850.92	1885.48	1864.65	1857.04	1795.43

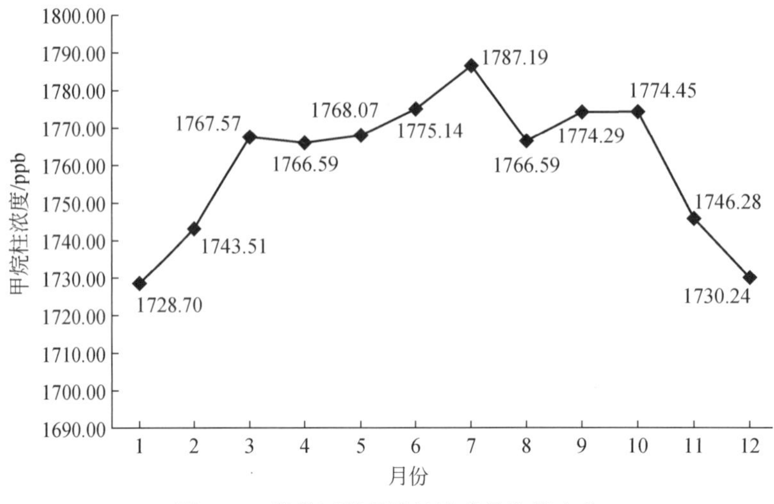

图 8-73　样带区域甲烷柱浓度月均值变化

8.9.2.4　CO_2/CO 时空动态分析

2003～2005 年 CO 的 3 年均值为 2.34×10^{18} mol/cm^2，其中 2003 年均值为 2.46×10^{18}mol/cm^2，2004 年均值为 2.15×10^{18} mol/cm^2，2005 年均值为 2.41×10^{18} mol/cm^2。其中，这 3 年均值的最小值都高于 1.84×10^{18} mol/cm^2，尤其在 2003 年的年均值栅格的最大值高达 4.05×10^{18} mol/cm^2。我们可以发现 CO 的年均值的高浓度区域主要分布在样带的东南区域（图 8-74），此区域靠近中国境内。CO_2 在这 3 年内的均值为 370.291ppm。其中，2003 年均值为 368.956ppm，2004 年均值为 370.703ppm，2005 年均值为 371.214ppm，呈递增趋势。从图 8-75 可以发现，CO_2按层次分布，最高值出现在样带的南部，低值出现在北部。从空间分布来看，CO 和 CO_2异质性显著。

在这里分别列出了 2003～2005 年样带地区 CO 和 CO_2月均值时间序列图（图 8-76、图 8-77），我们可以发现他们的月均值季节波动显著，CO 在 2003 年和 2004 年的峰值出现于 3 月、4 月，低值出现于 11 月，但是在 2005 年低值出现在 1 月，高值出现在 11 月；CO 的最高值为 2003 年 3 月的 3.13×10^{18}mol/cm^2，CO 的最低值为 2004 年 11 月的 1.91×10^{18} mol/cm^2；CO 的年振幅在 2003 年最大，高达 1.15×10^{18} mol/cm^2，而在 2004 年和 2005 年 CO 的年振幅分别为 7.07×10^{17}mol/cm^2和 5.92×10^{17}mol/cm^2，远远小于 2003 年。就月均值区域栅格的最大值而言，最大值超过 5.42×10^{18}mol/cm^2，如 2003 年 5～7 月、12 月，2005 年 11 月。就栅格月均值的最小值而言，全部小于 1.85×10^{18}mol/cm^2。可以发现，CO_2月均值季节波动显著，CO_2峰值出现在 3 月、4 月，谷底值出现在 8～10 月；CO_2的最高值为 2003 年 4 月的 381.86ppm，CO_2的最低值为 2003 年 10 月的 361.80ppm；CO_2的年振幅在 2003 年最大，高达 20.07ppm，2004 年年振幅为 19.42ppm，而在 2005 年 CO_2年振幅为 14.64ppm，小于 2003 年。就月均值区域栅格的最大值而言，最大值超过 405ppm，如 2003 年 4～6 月、2004 年 4 月、5 月、2005 年 5 月。就栅格月均值的最小值而言，全部小于 367ppm。CO 和 CO_2月均值在空间分布上具有很大的异质性。其中，栅格最大值和最小值的差值：CO1.78×10^{18}～4.56×10^{18}mol/cm^2，$CO_2$16.88～58.60ppm。而年振幅和

月均值空间分布不均匀可能和所在地区的生物质燃烧和人类活动等有着十分密切的关系。

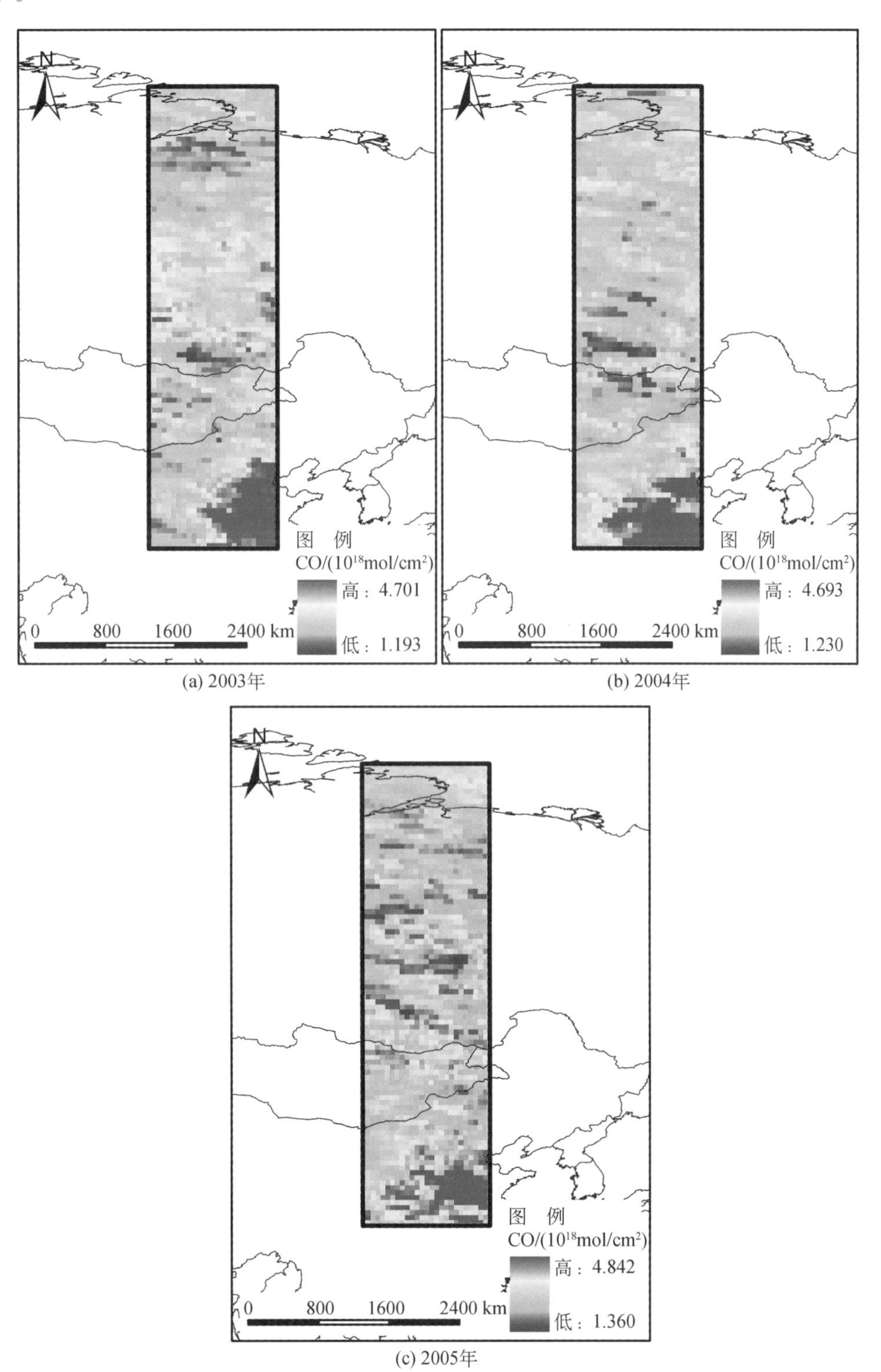

(a) 2003年

(b) 2004年

(c) 2005年

图 8-74　2003 ~ 2005 年 CO 年平均浓度分布

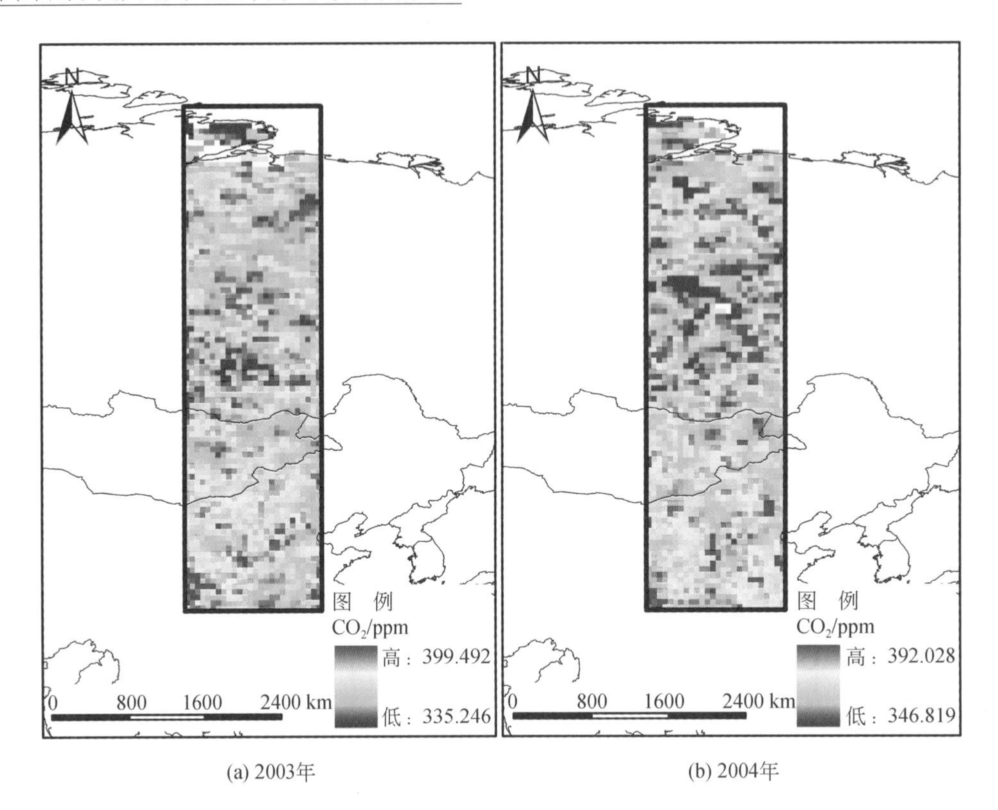

(a) 2003年　　(b) 2004年

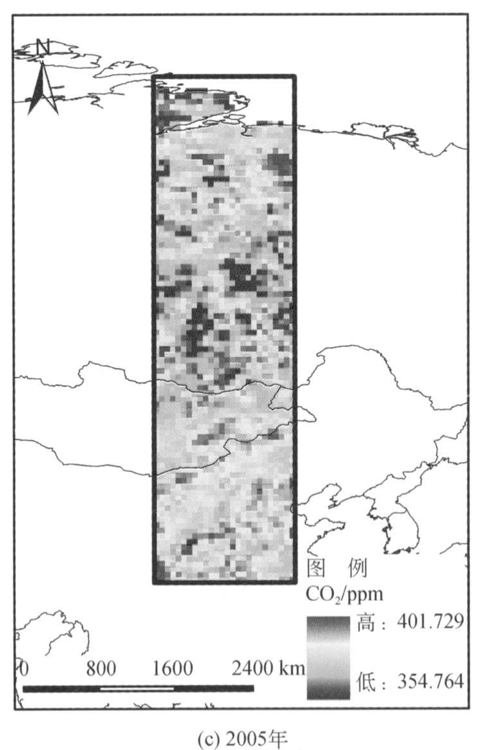

(c) 2005年

图 8-75　2003～2005 年 CO_2 年平均浓度分布

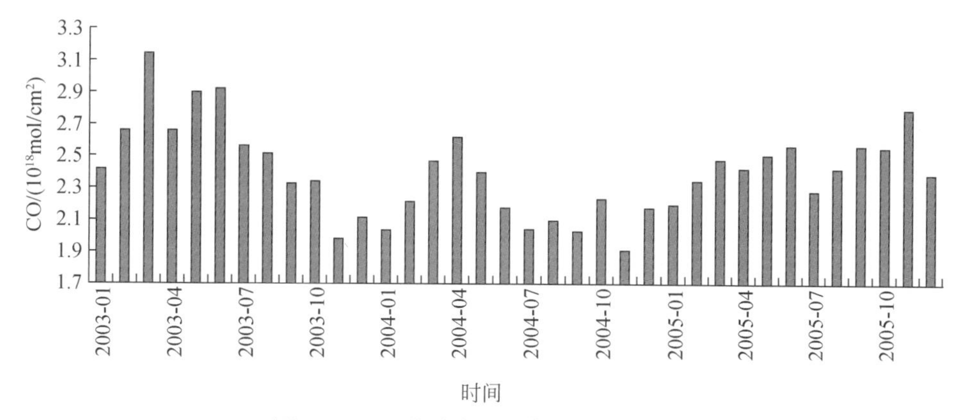

图 8-76　CO 柱浓度月均值的时间序列图

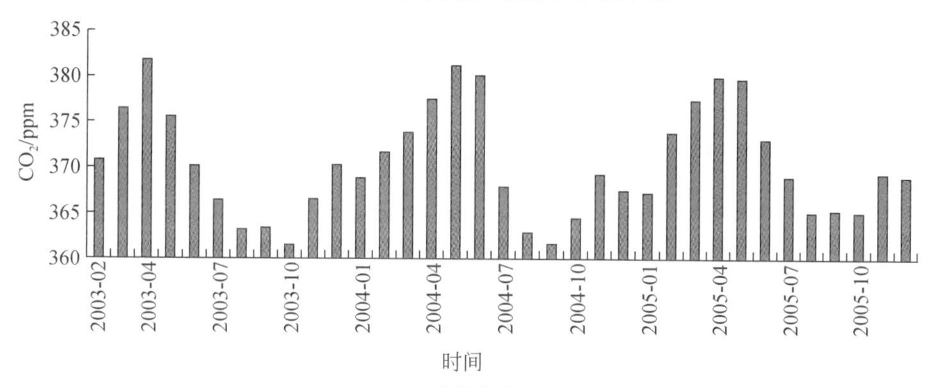

图 8-77　CO_2月均值的时间序列图

图 8-78 ~ 图 8-83 为 CO 和 CO_2空间分布图。可以看出，CO 在年变化上差异不大，但是在月、季项上空间差异比较明显，而 CO_2浓度的分布空间差异都很大，无论是年均值，还是月均值。在空间分布上，不同地区之间的差异比较大，表明大气 CO 和 CO_2浓度受不同源汇的影响比较大，跟人类活动和土地利用情况关系比较密切。

8.9.2.5　SO_2时空动态分析

（1）对流层 SO_2柱浓度多年平均柱浓度空间分布特征

本研究数据时间尺度选择 2004 年 1 月至 2010 年 12 月，共 7 年数据进行分析。如图 8-84所示，对流层 SO_2柱浓度的年均值的高浓度区域主要分布在样带的东南区域，此区域靠近中国境内，以环渤海经济区为中心；样带北部地区 SO_2柱浓度值较低。

（2）对流层 SO_2柱浓度年均值空间分布特征

图 8-85 为 2004 年 ~2010 年东北亚南北样带对流层 SO_2柱浓度年均值空间分布。从图 8-85 中可见，其总体分布特征基本一致，高值区均分布在样带东南地区的中国环渤海经济区，北部地区具有最低值。

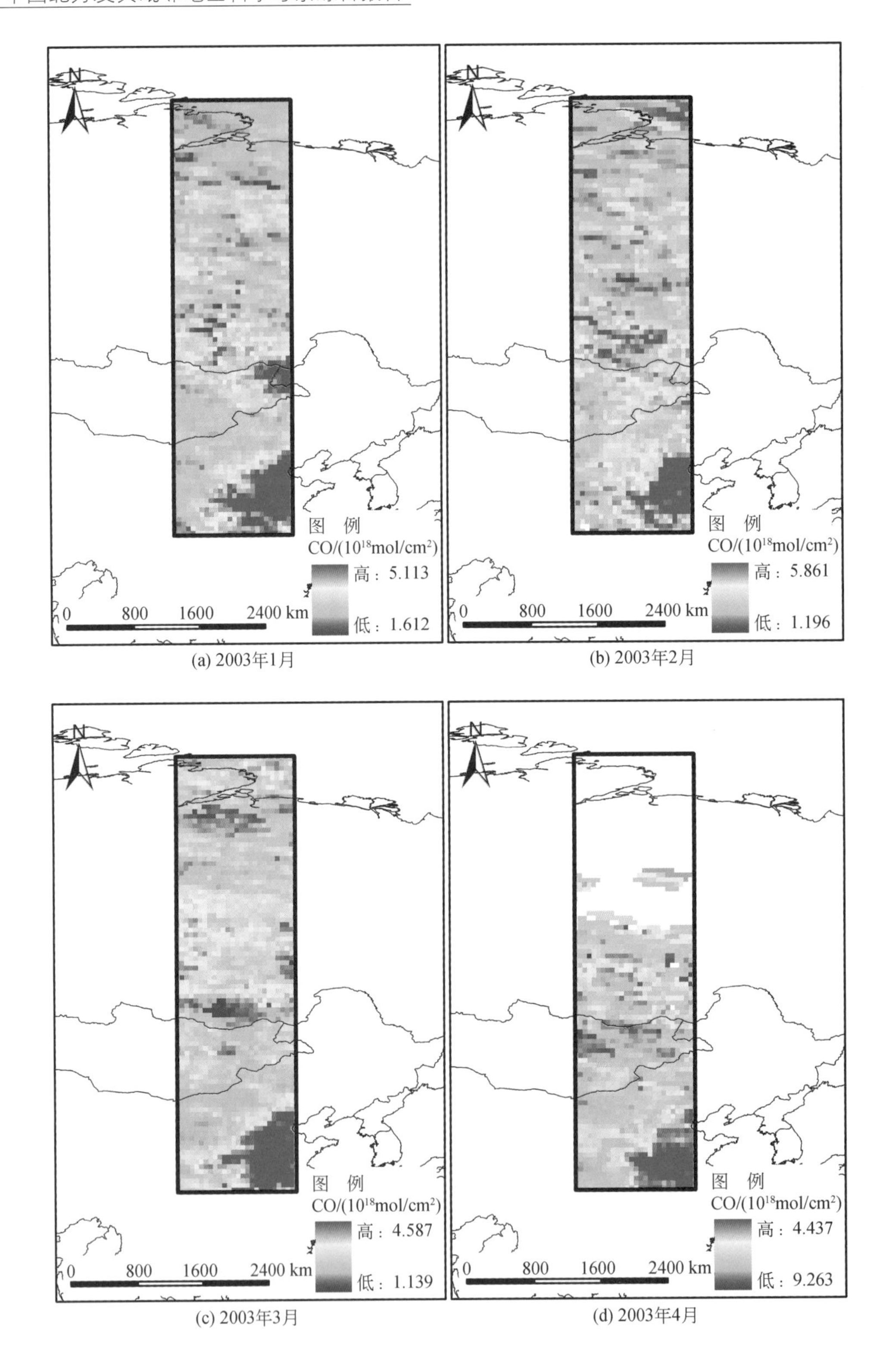

(a) 2003年1月 (b) 2003年2月

(c) 2003年3月 (d) 2003年4月

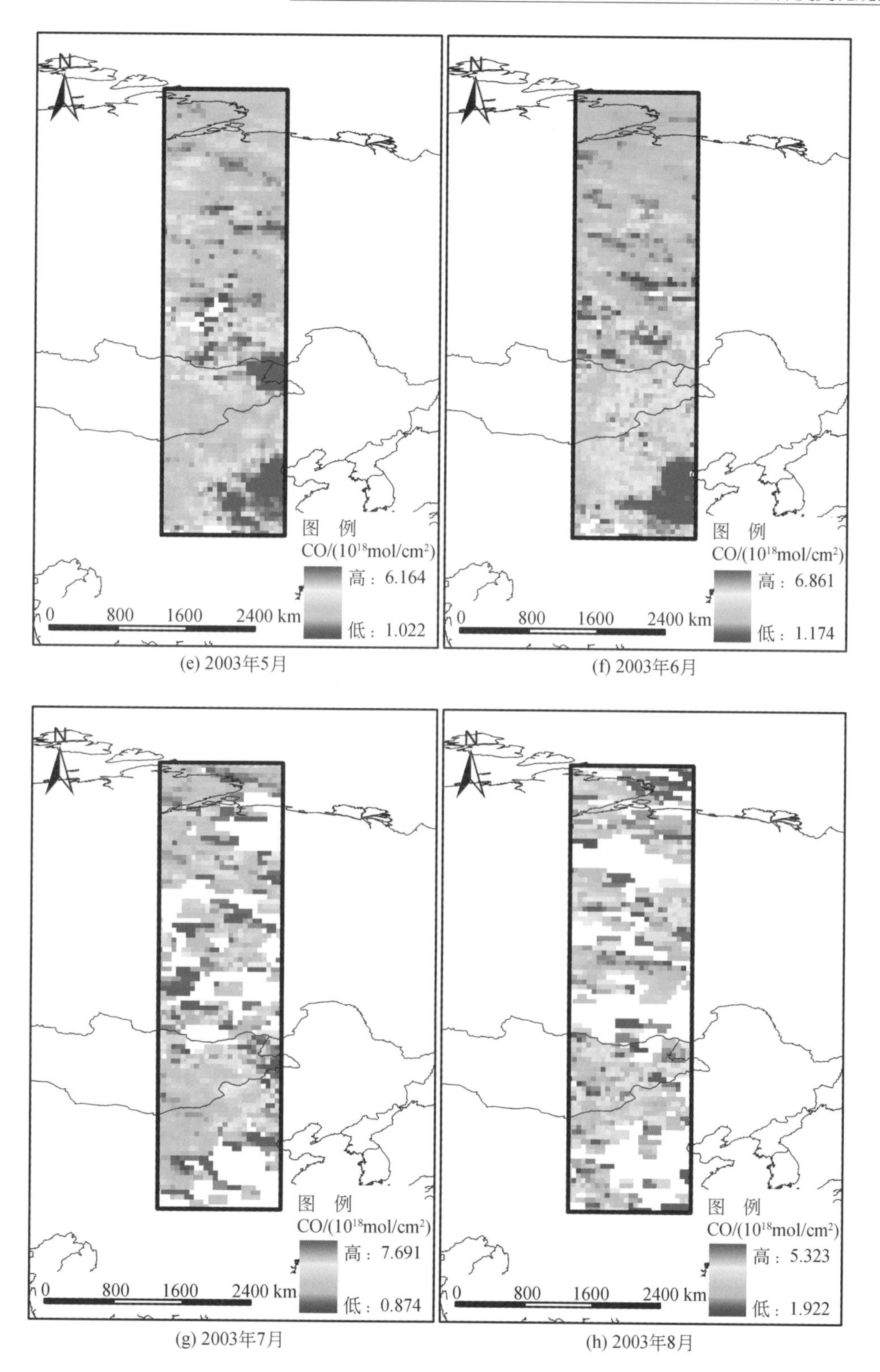

(e) 2003年5月

(f) 2003年6月

(g) 2003年7月

(h) 2003年8月

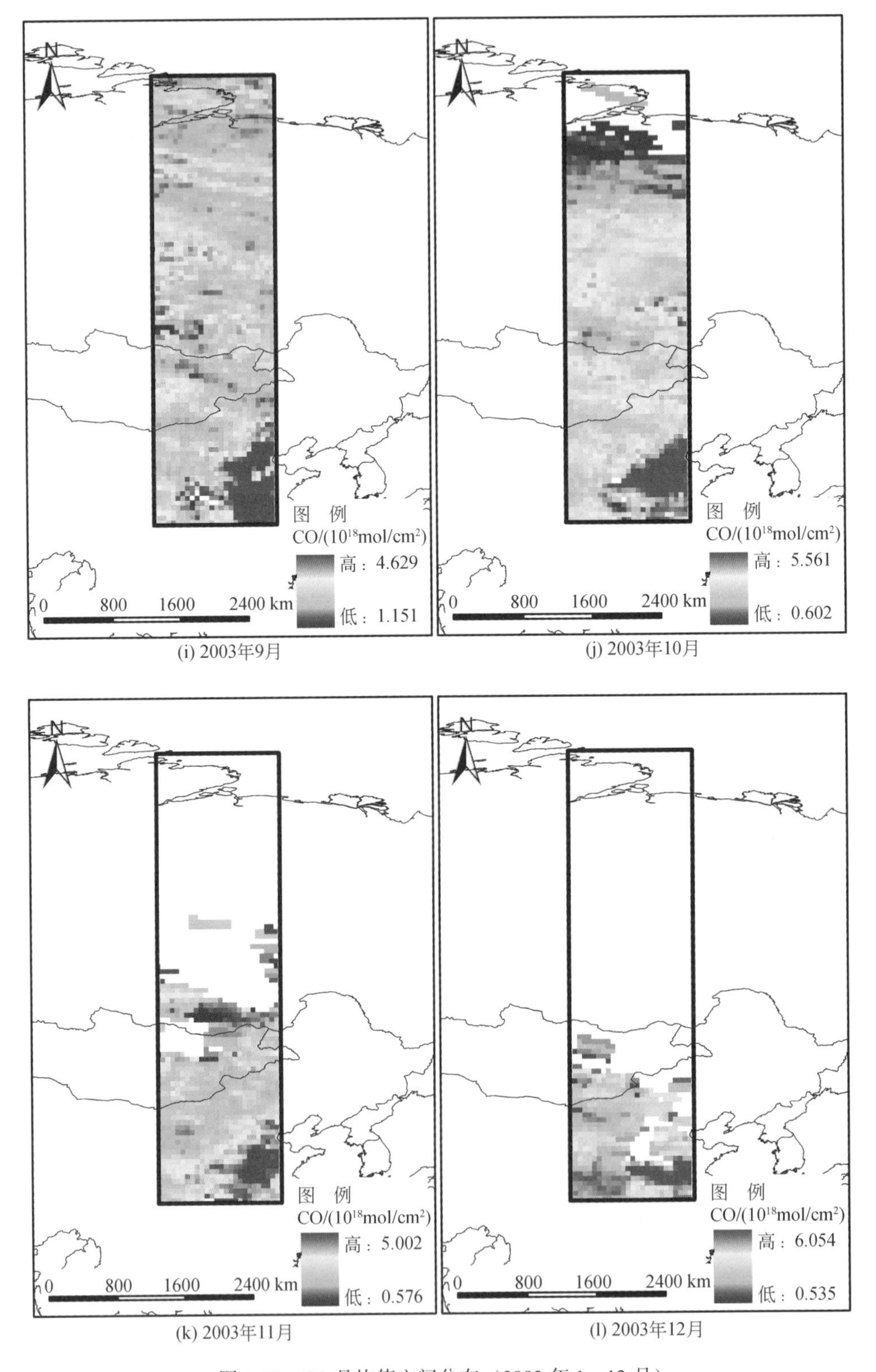

(i) 2003年9月

(j) 2003年10月

(k) 2003年11月

(l) 2003年12月

图 8-78 CO 月均值空间分布（2003 年 1 ~ 12 月）

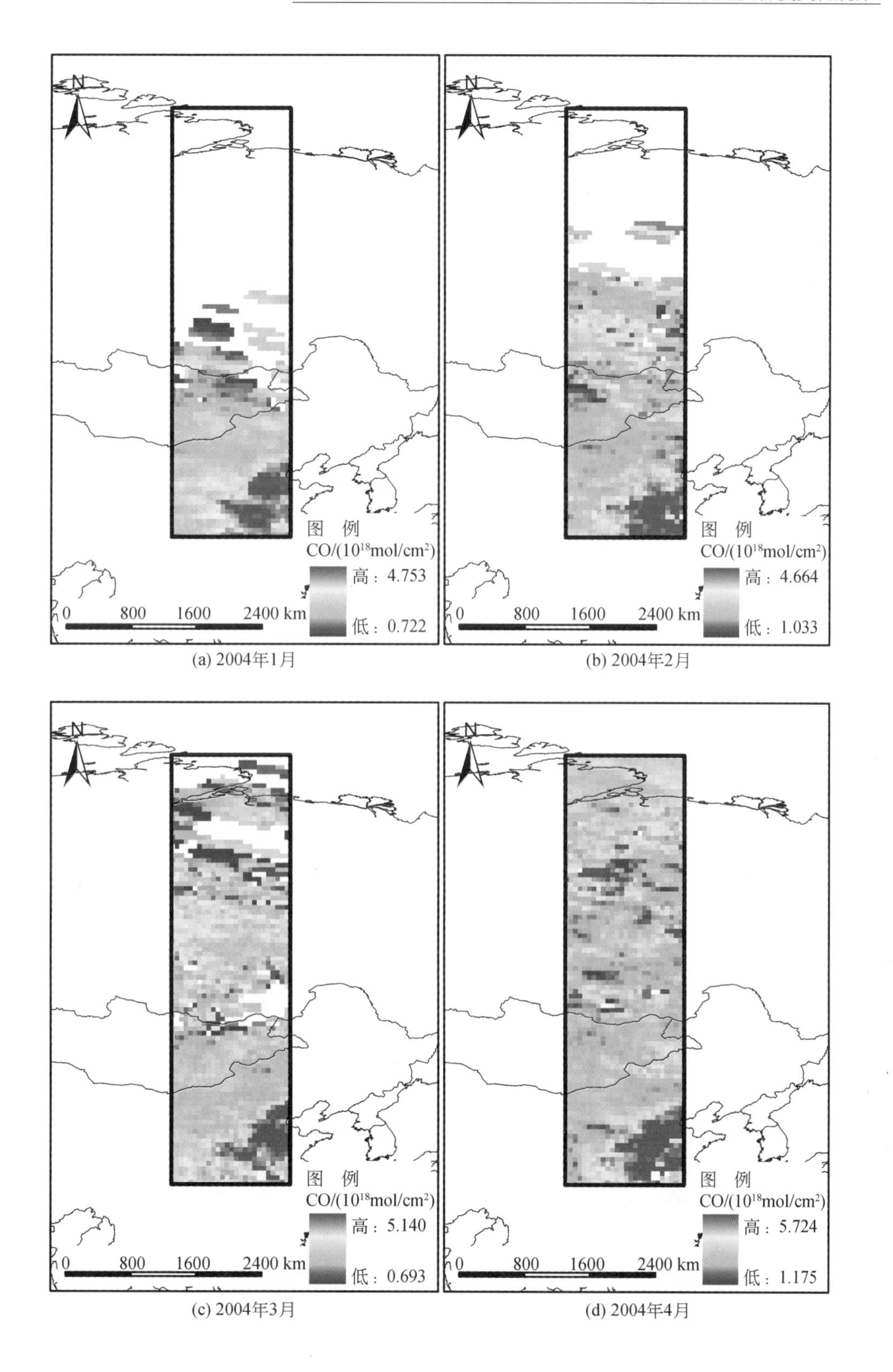

(a) 2004年1月　　(b) 2004年2月

(c) 2004年3月　　(d) 2004年4月

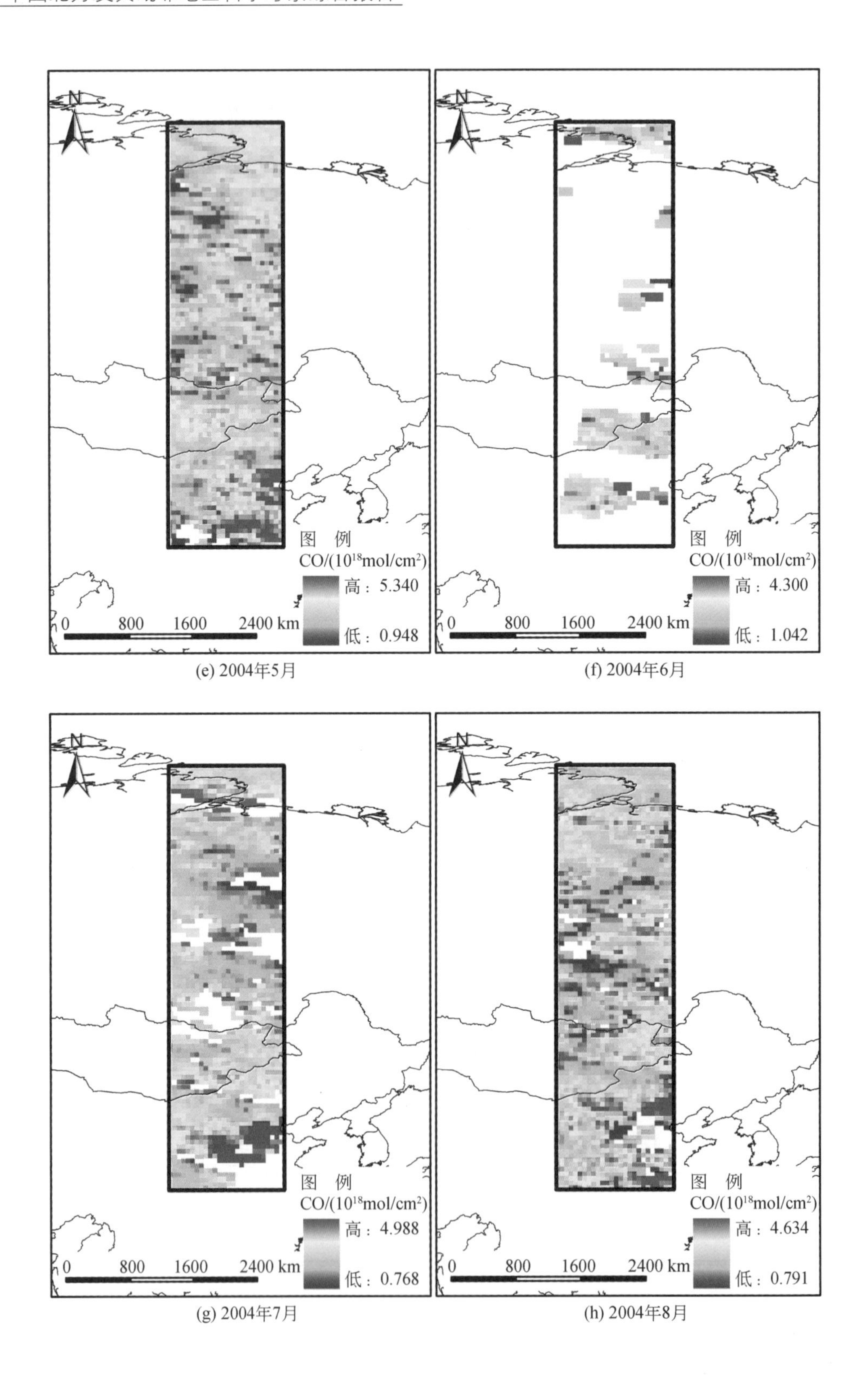

(e) 2004年5月

(f) 2004年6月

(g) 2004年7月

(h) 2004年8月

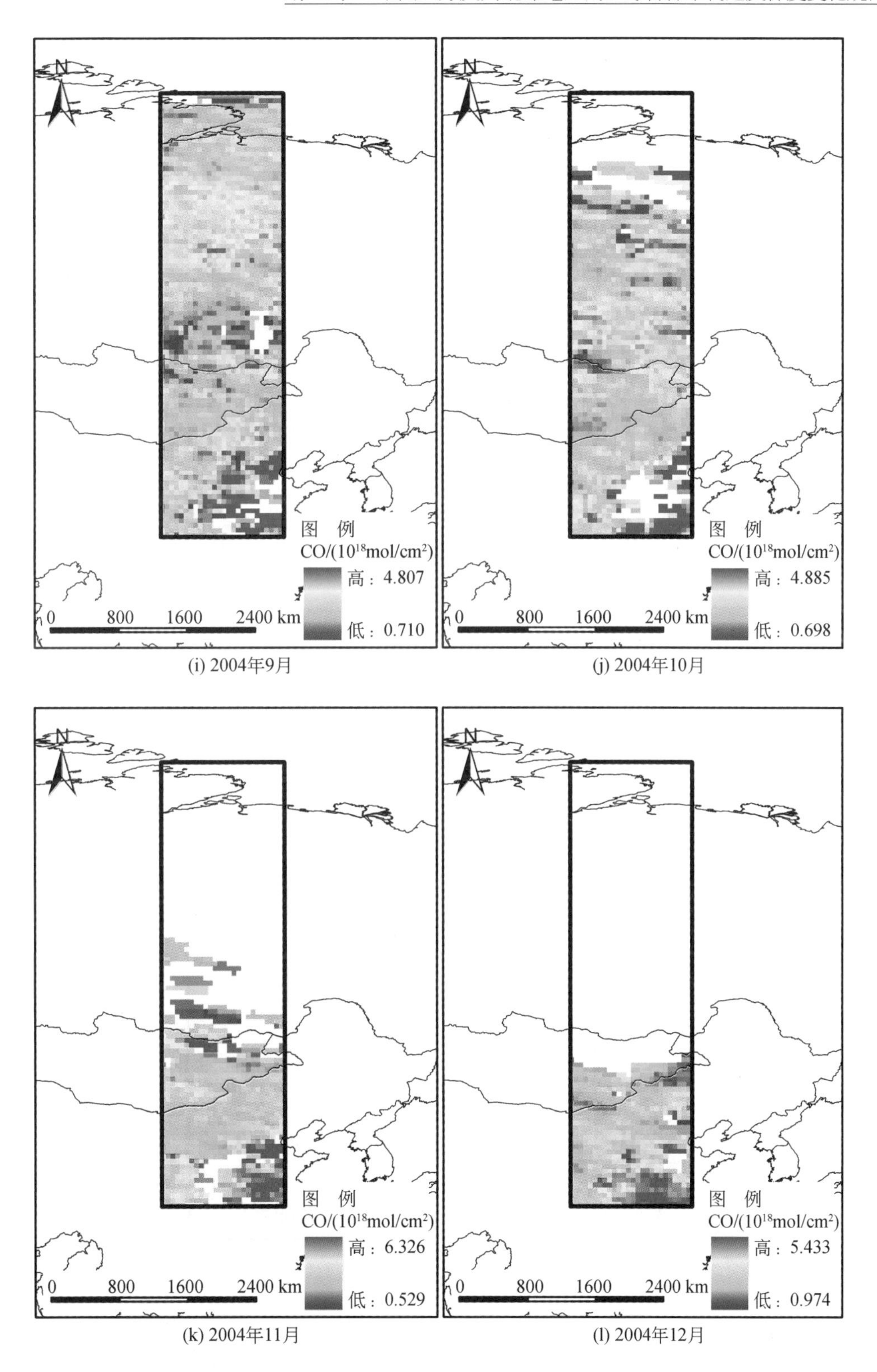

图8-79　CO月均值空间分布（2004年1～12月）

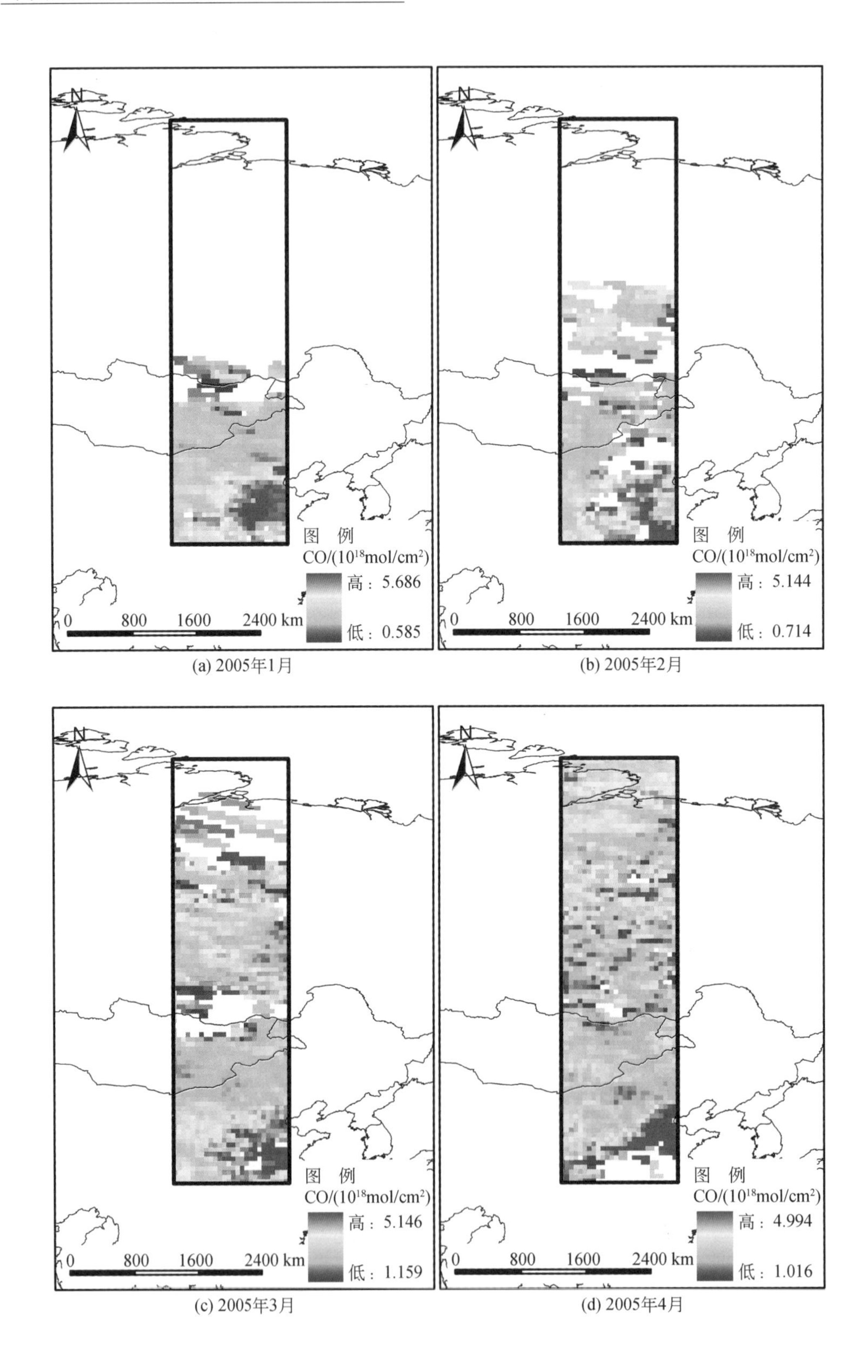

(a) 2005年1月

(b) 2005年2月

(c) 2005年3月

(d) 2005年4月

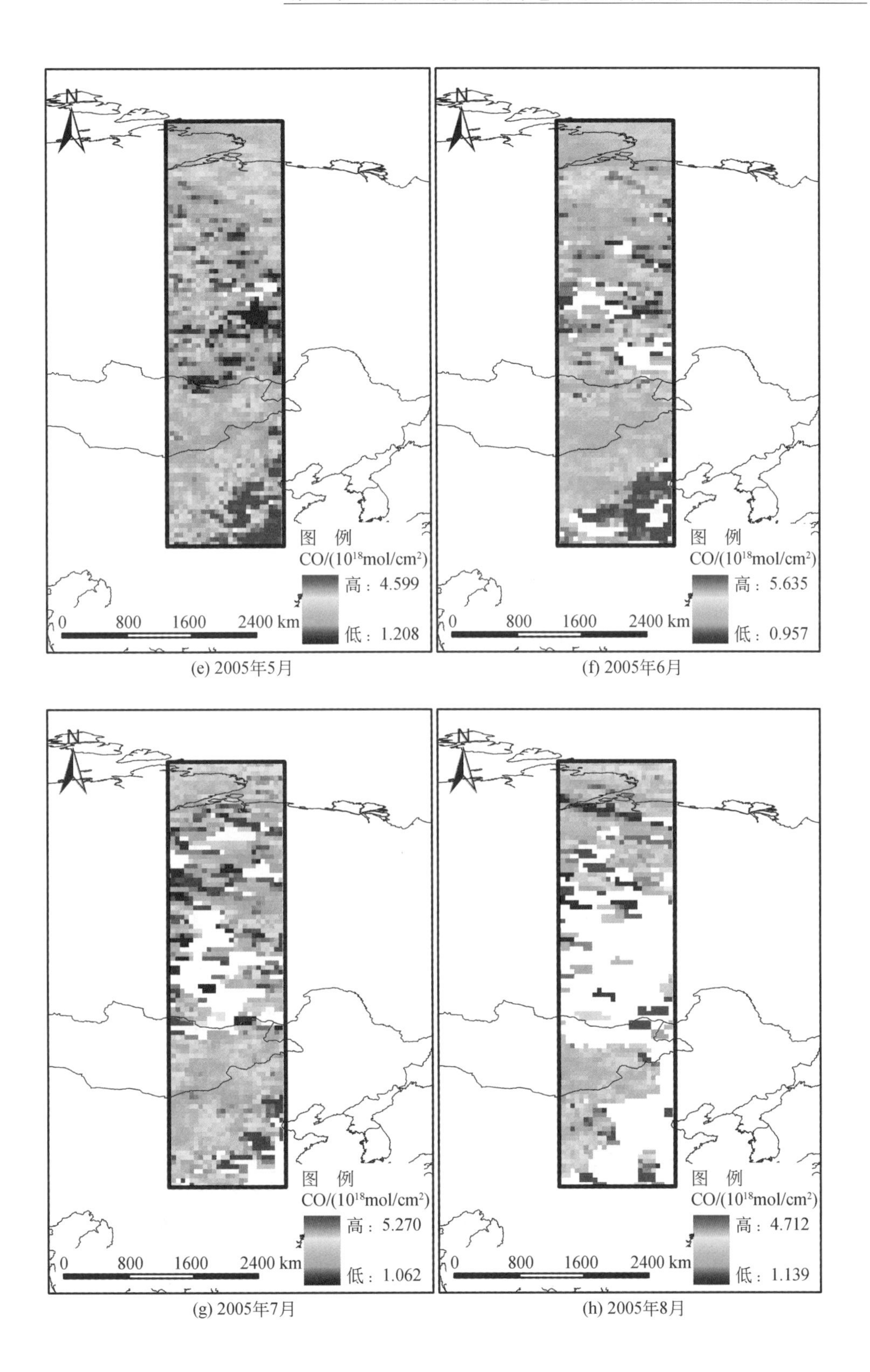

(e) 2005年5月　(f) 2005年6月

(g) 2005年7月　(h) 2005年8月

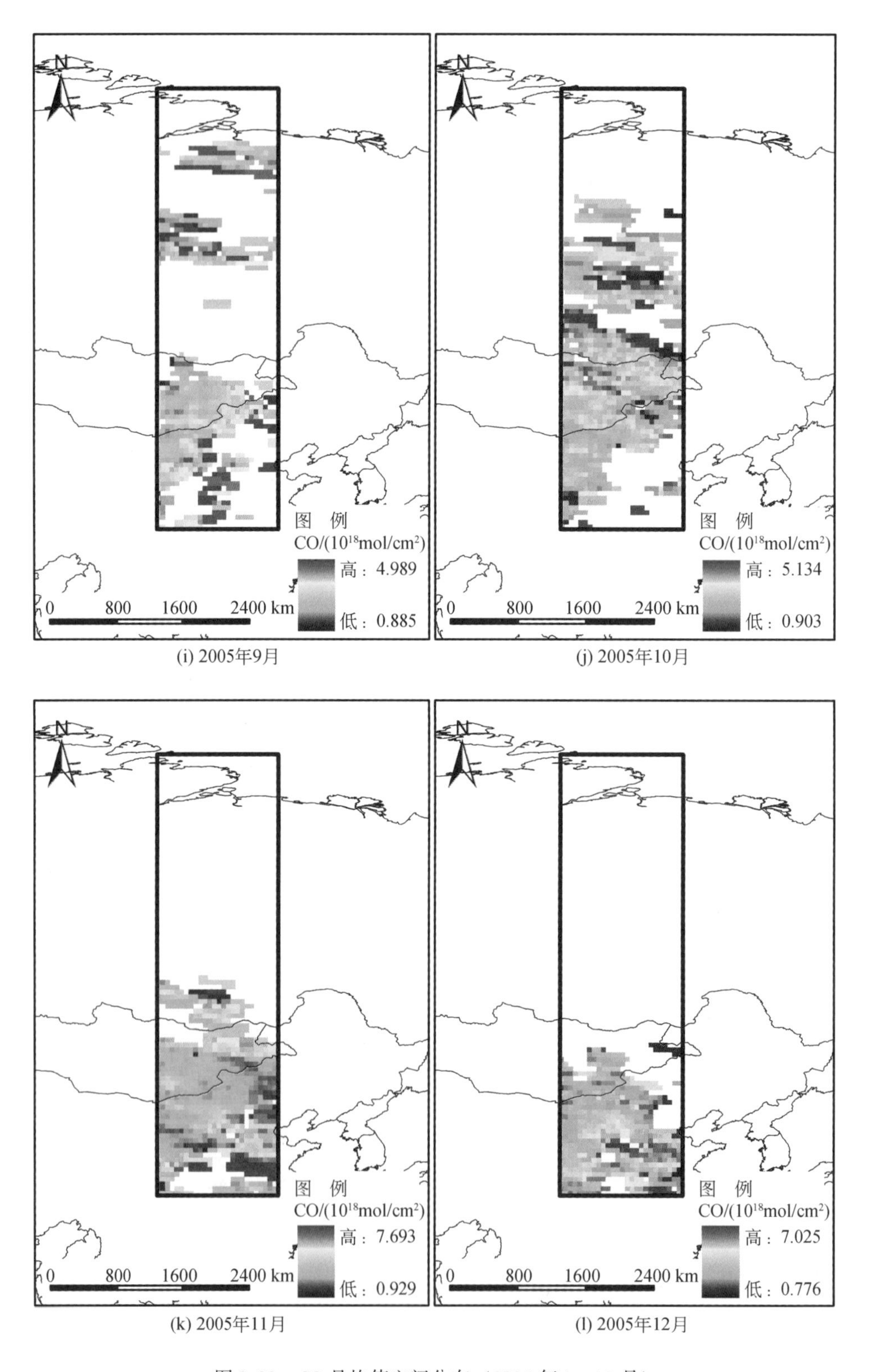

(i) 2005年9月

(j) 2005年10月

(k) 2005年11月

(l) 2005年12月

图 8-80　CO 月均值空间分布（2005 年 1 ~ 12 月）

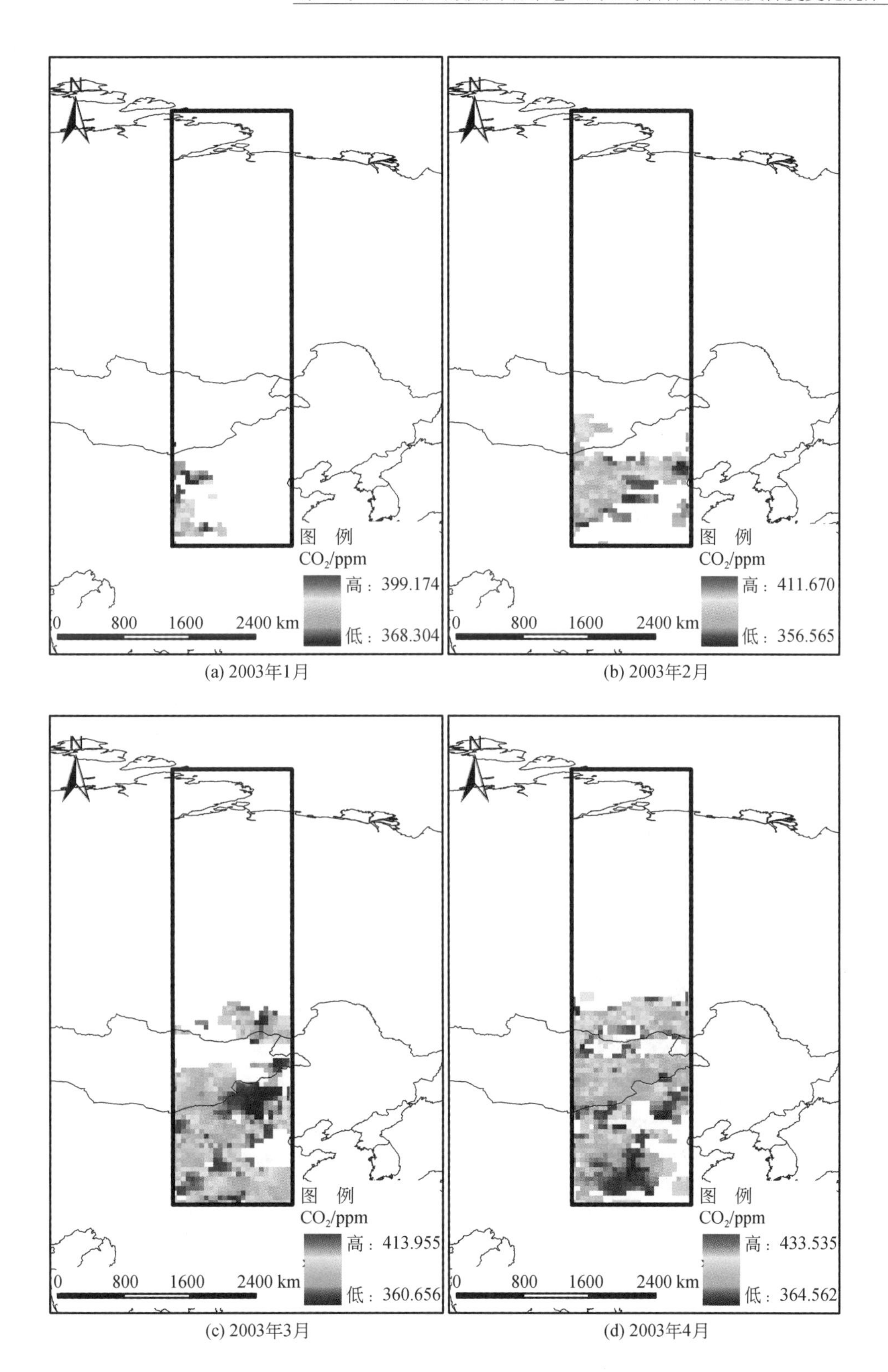

(a) 2003年1月　(b) 2003年2月

(c) 2003年3月　(d) 2003年4月

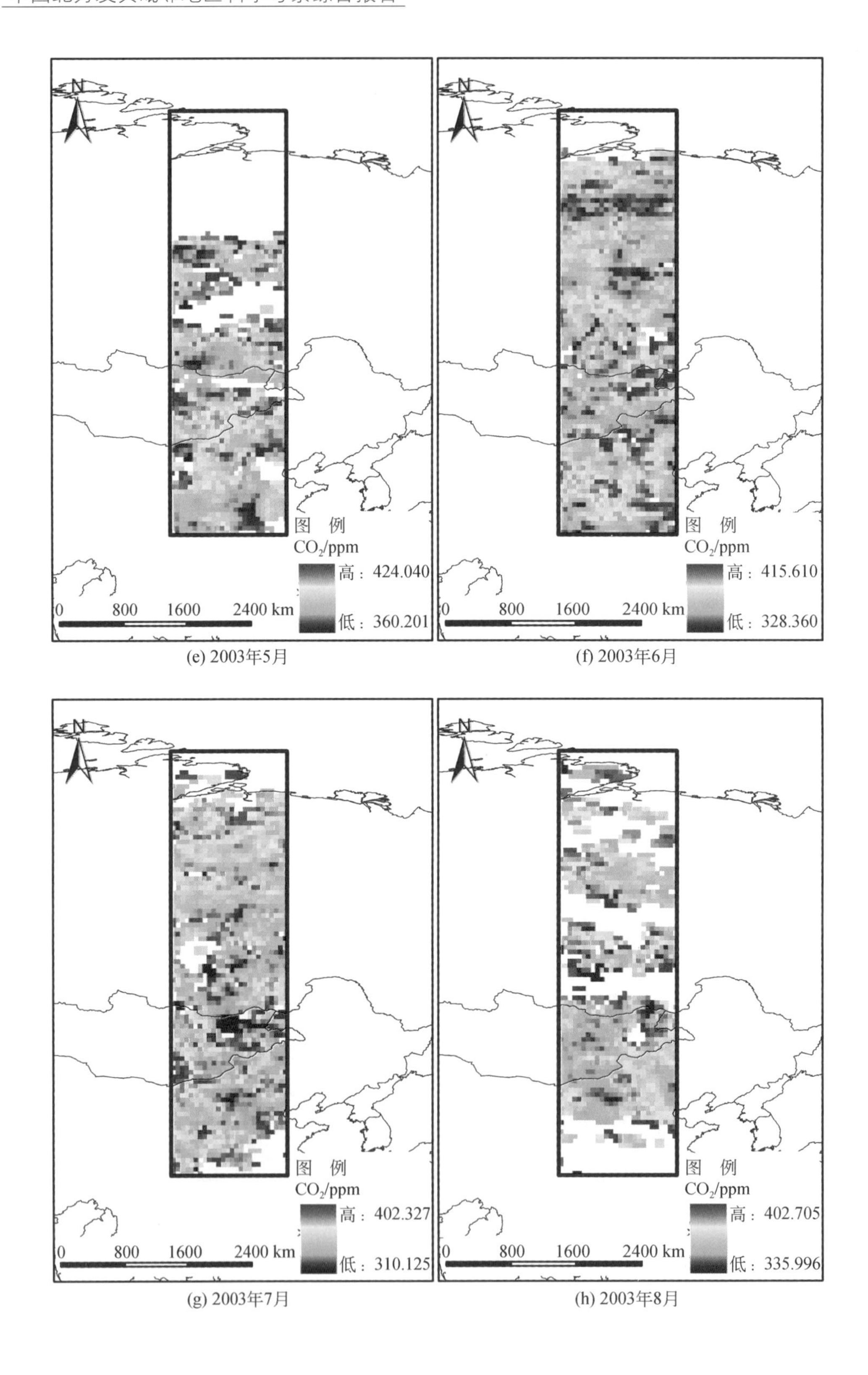

(e) 2003年5月

(f) 2003年6月

(g) 2003年7月

(h) 2003年8月

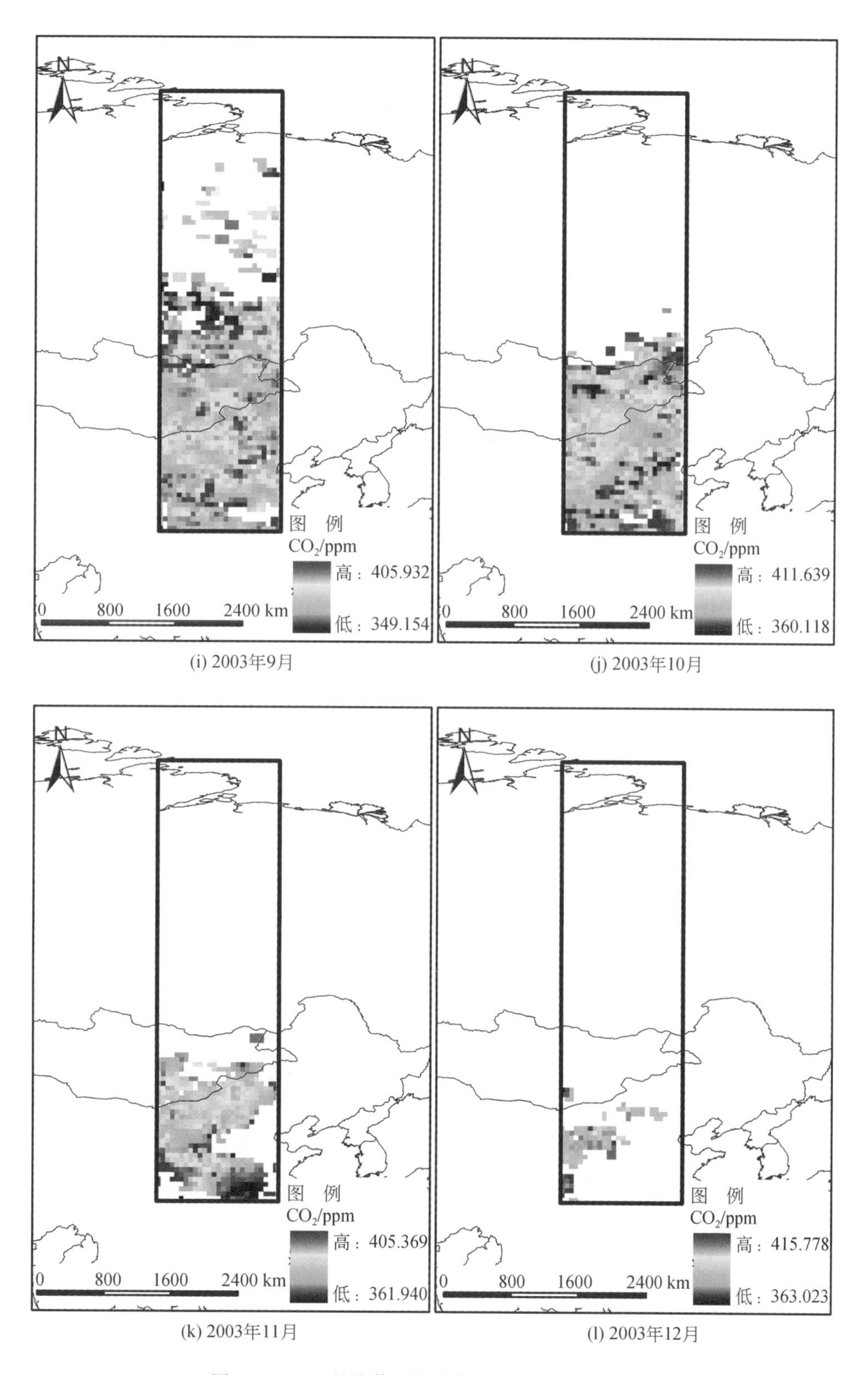

(i) 2003年9月　　(j) 2003年10月

(k) 2003年11月　　(l) 2003年12月

图 8-81　CO_2 月均值空间分布（2003 年 1 ~ 12 月）

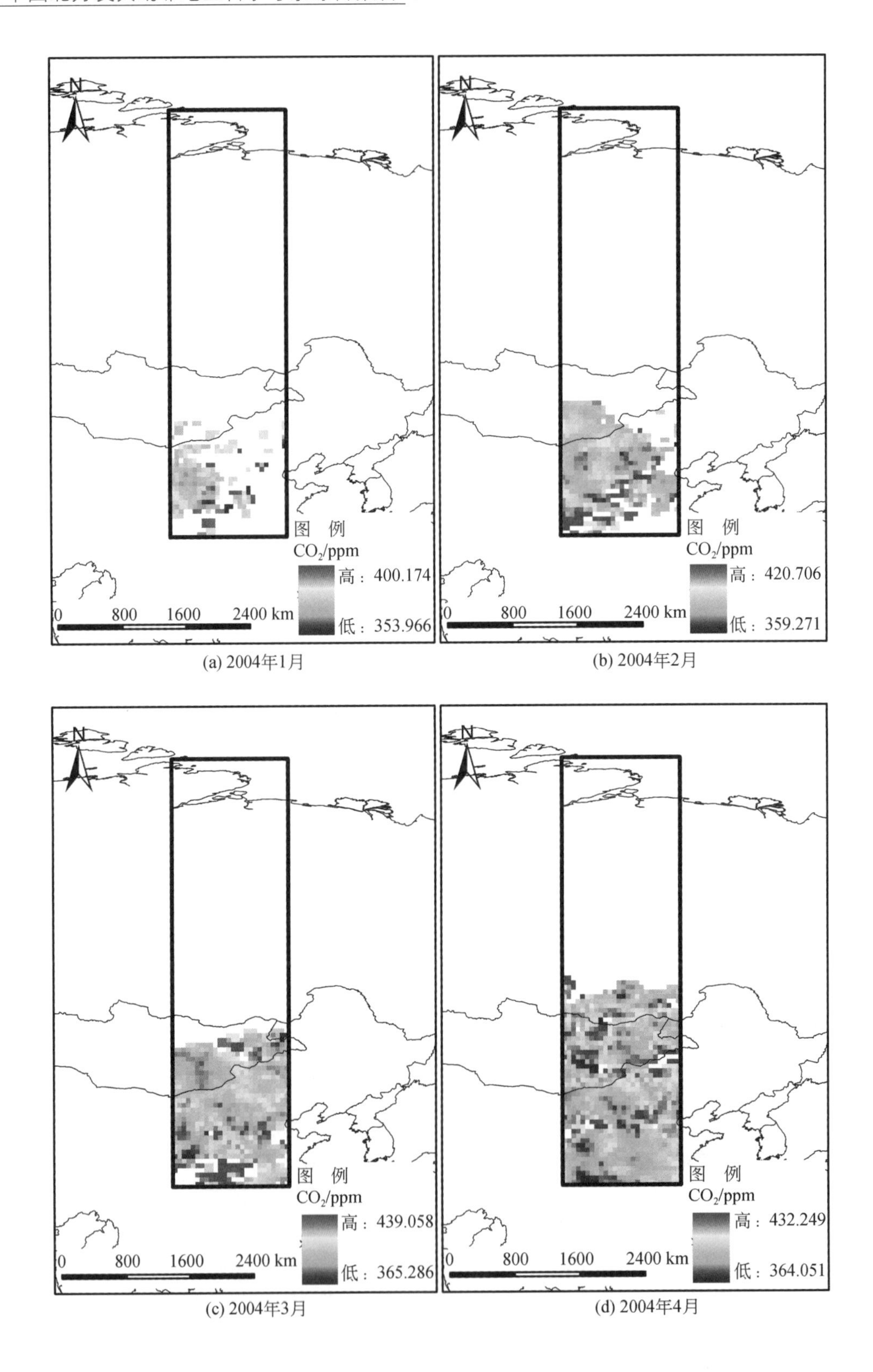

(a) 2004年1月　(b) 2004年2月

(c) 2004年3月　(d) 2004年4月

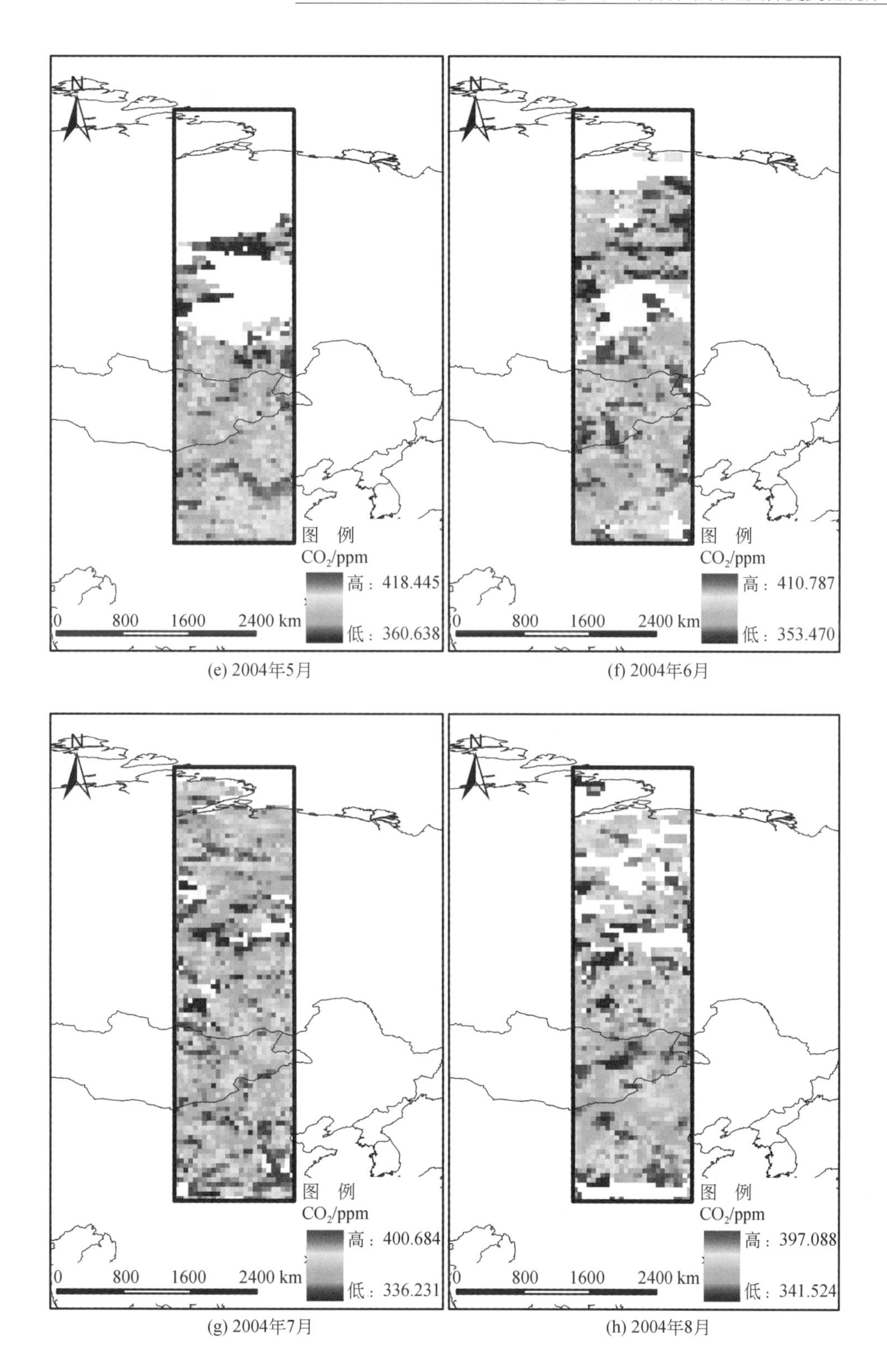

(e) 2004年5月　　(f) 2004年6月

(g) 2004年7月　　(h) 2004年8月

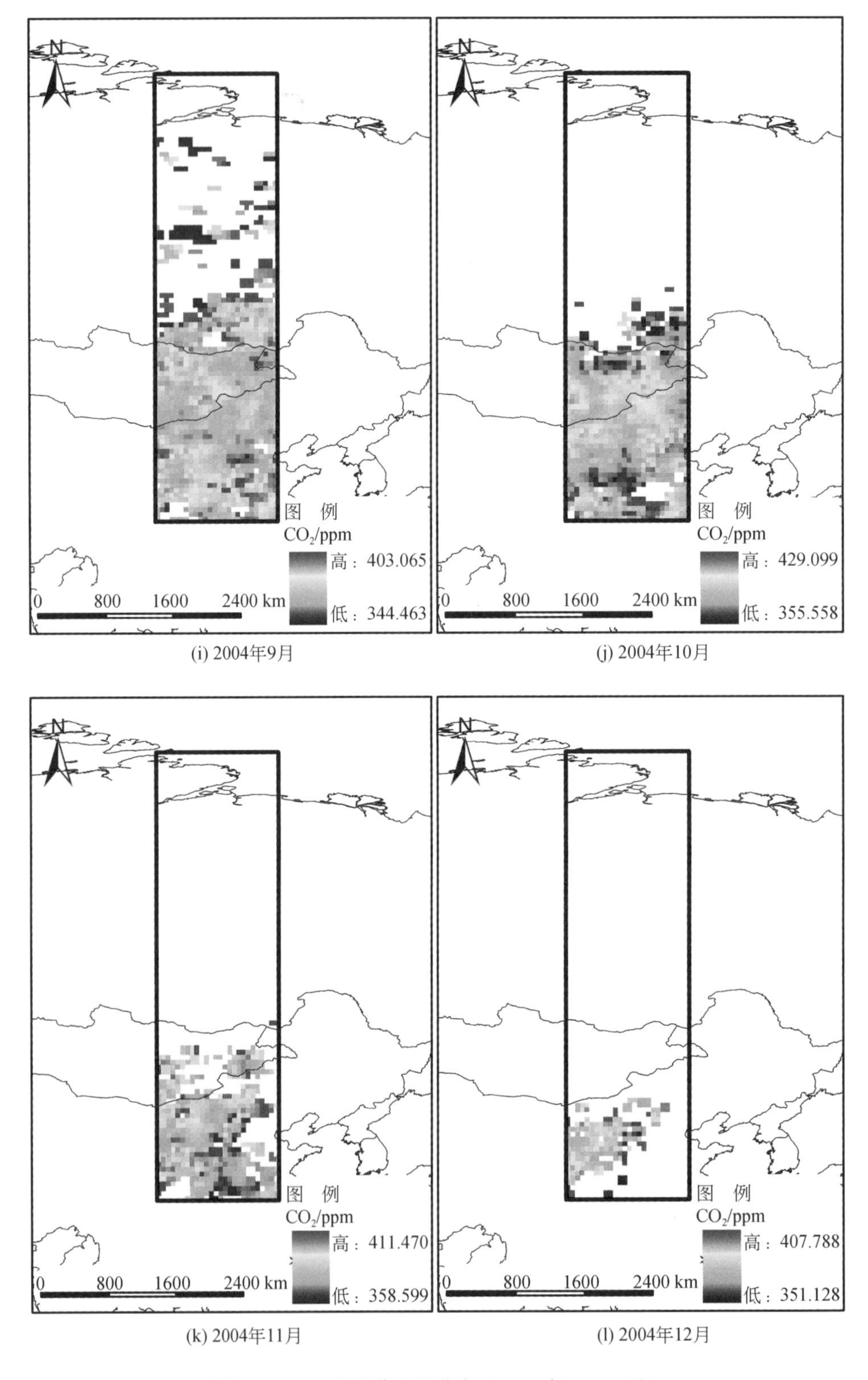

(i) 2004年9月　　(j) 2004年10月

(k) 2004年11月　　(l) 2004年12月

图 8-82　CO_2月均值空间分布（2004 年 1 ~ 12 月）

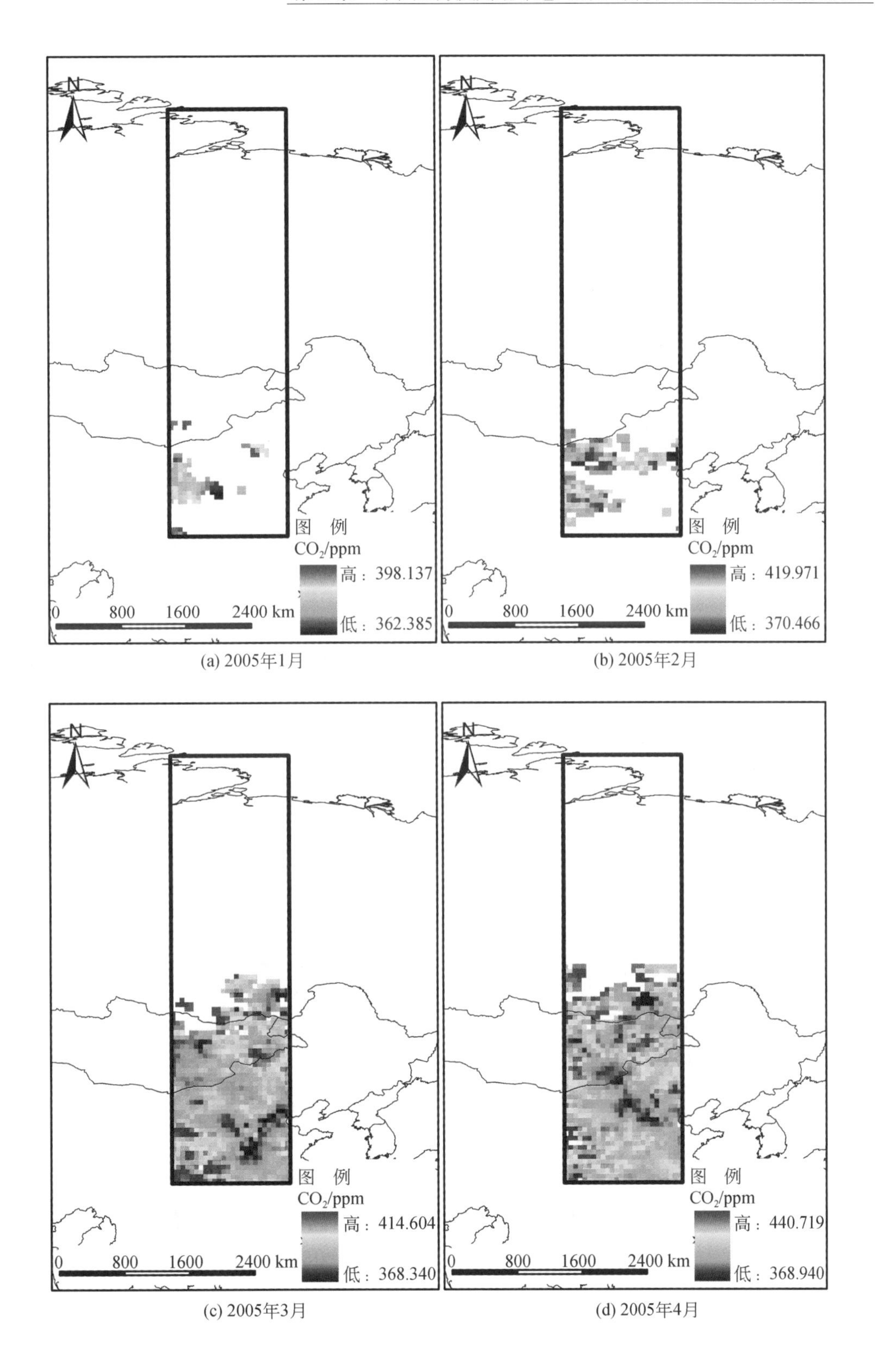

(a) 2005年1月

(b) 2005年2月

(c) 2005年3月

(d) 2005年4月

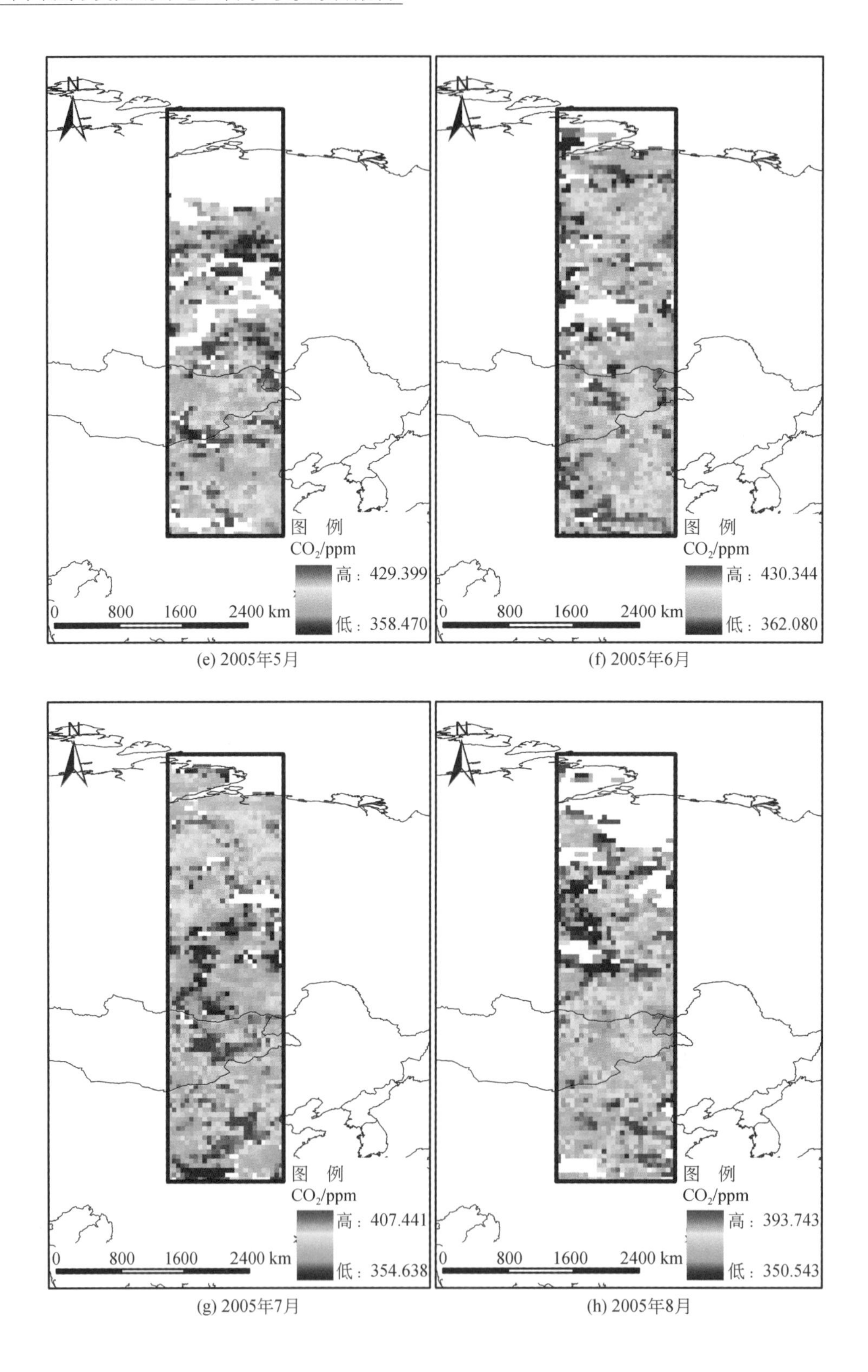

(e) 2005年5月

(f) 2005年6月

(g) 2005年7月

(h) 2005年8月

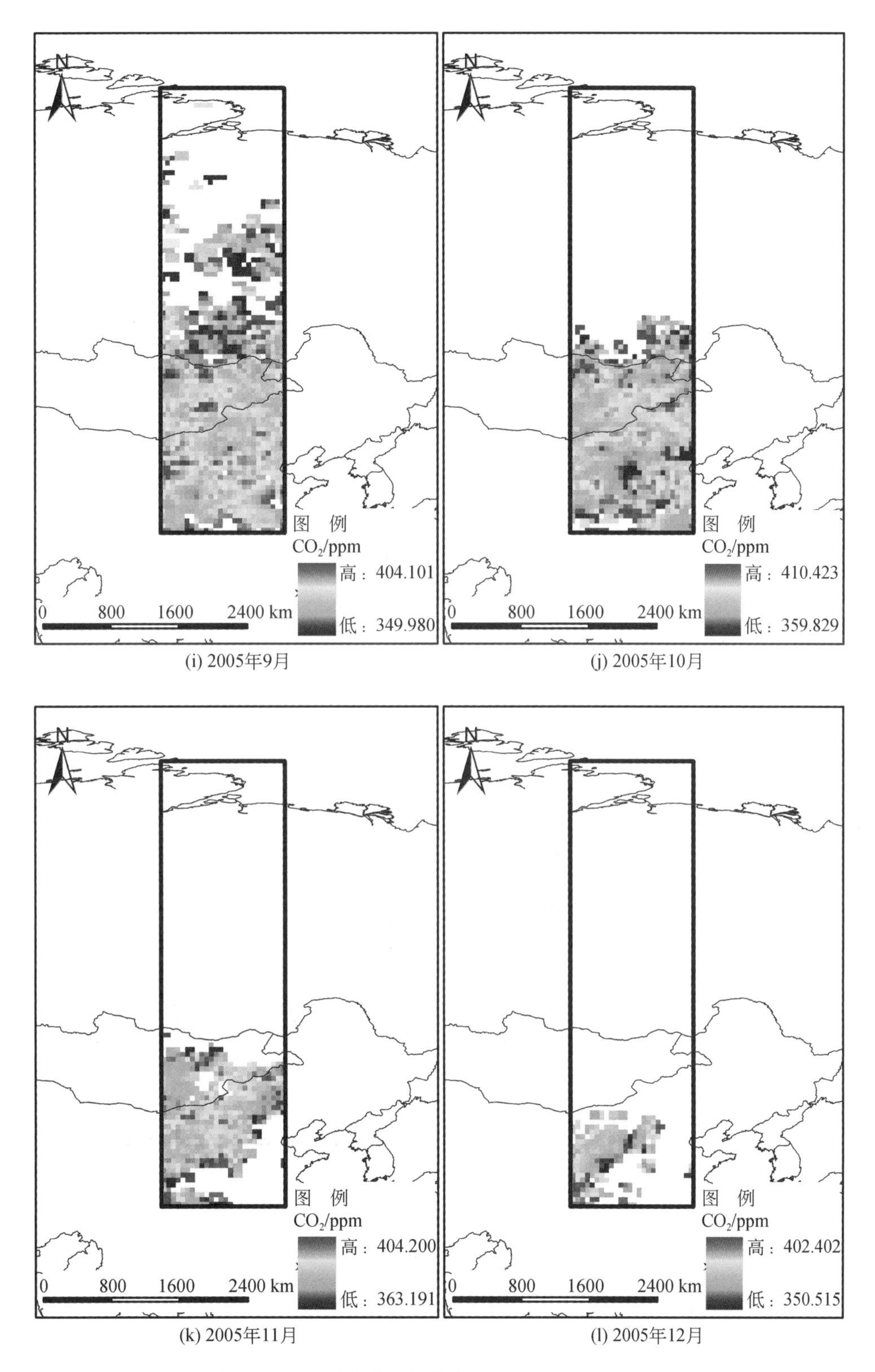

(i) 2005年9月　(j) 2005年10月

(k) 2005年11月　(l) 2005年12月

图 8-83　CO_2月均值空间分布（2005 年 1 月 ~ 12 月）

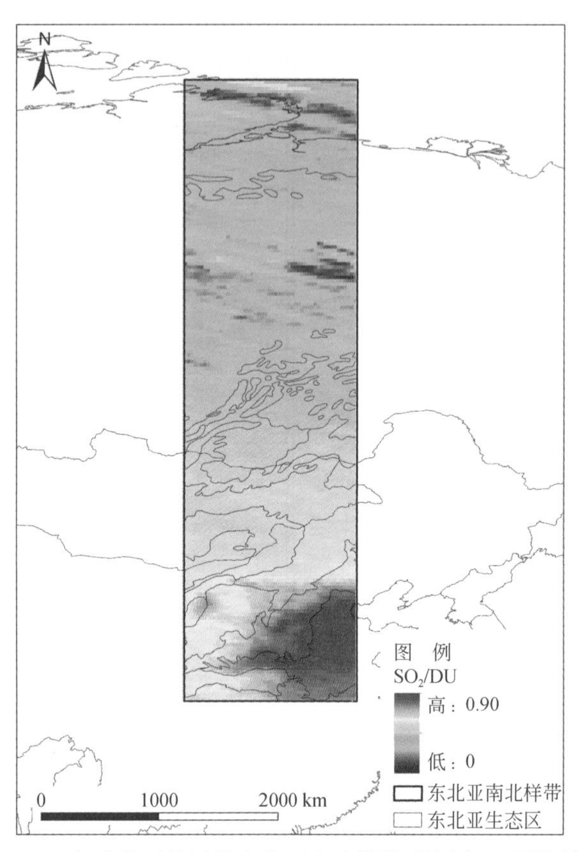

图 8-84　2004～2010 年东北亚地区及东北亚南北样带对流层 SO_2 平均柱浓度空间分布

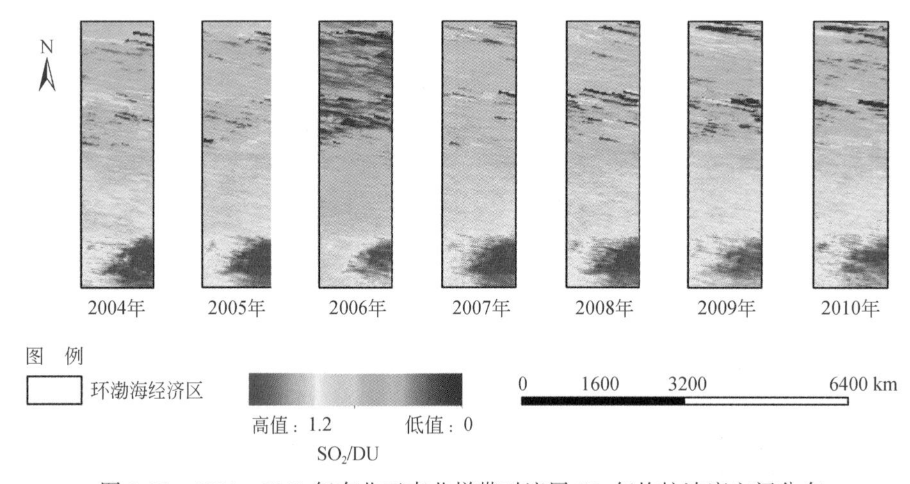

图 8-85　2004～2010 年东北亚南北样带对流层 SO_2 年均柱浓度空间分布

8.10　东北亚南北样带自然干扰的梯度及其变化

8.10.1　东北亚南北样带自然干扰数据的获取

相关研究说明，东北亚南北样带中大量生物质燃烧对全球的气候变化和碳循环产生了重要影响（Huang, et al., 2009; Choi et al., 2006）。本研究使用 ENVISAT 卫星上的先进的跟踪扫描辐射计（AASTR），在夜间探测得到的 2003 年 ~ 2005 年间的热点（hotspots）数据集。

8.10.2　东北亚南北样带自然干扰的梯度

为探究释放的 CO 和人类活动排放的 CO、风向和火点的分布等对 CO 的影响如何，下面根据东北亚南北样带的范围，从 2003 ~ 2005 年热点数据分布集（表 8-13）来看，2003 年火点主要集中在 3 ~ 8 月，2004 年主要集中在 4 ~ 8 月，2005 年主要集中在 4 ~ 10 月，尤其以 2003 年热点数量最多，2003 年 3 ~ 8 月 CO 月均值浓度都高于 2.51×10^{18} mol/cm^2。

表 8-13　贝加尔湖地区 2003 ~ 2005 年热点数据分布集　（单位：个）

年份	热点											
	1 月	2 月	3 月	4 月	5 月	6 月	7 月	8 月	9 月	10 月	11 月	12 月
2003	7	2	37	269	2732	3086	2426	16	6	15	2	6
2004	4	6	0	38	13	182	221	20	18	14	4	5
2005	5	1	16	24	33	592	187	177	56	145	4	3

8.10.3　东北亚南北样带自然干扰的变化分析

下面是热点数量最高的 2003 年 5 ~ 7 月分布图和 CO 柱浓度月均值空间分布关系图（图 8-86、图 8-87）。可以发现，CO 浓度高值区域正是火点分布密集的区域，我们推测 2003 年 5 ~ 7 月火点的大量出现是导致 CO 高浓度出现的原因之一。

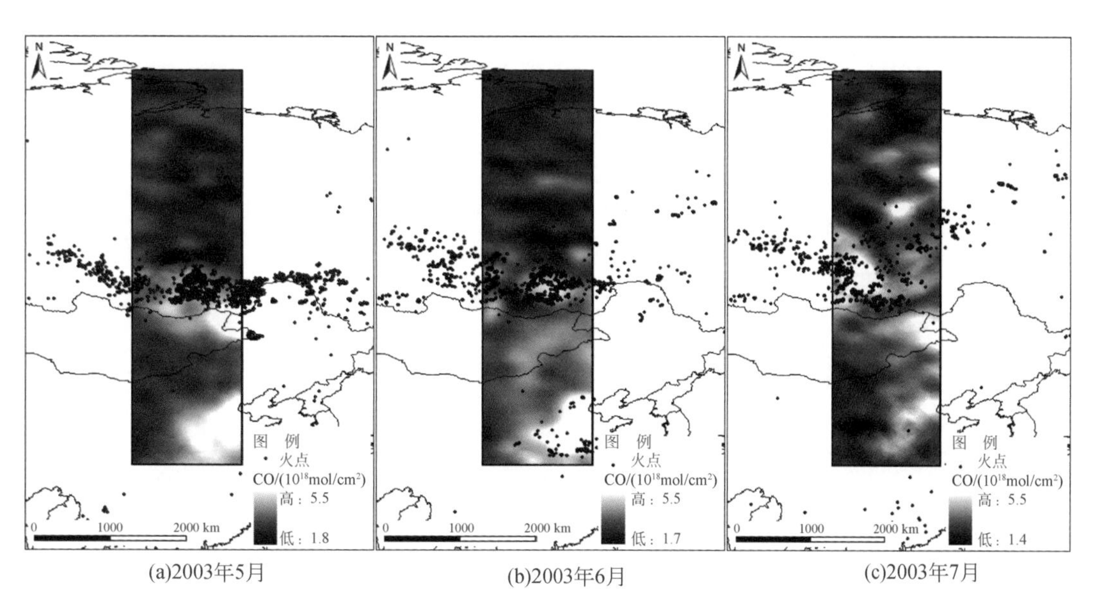

(a)2003年5月　(b)2003年6月　(c)2003年7月

图 8-86　火点数据集与 CO 柱浓度月均值空间分布的关系

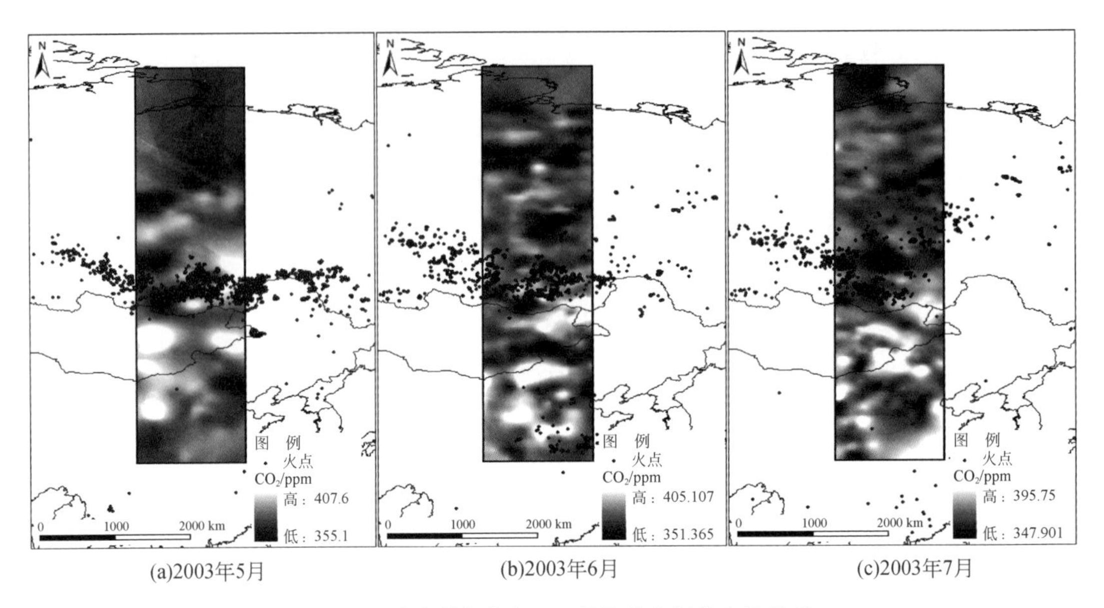

(a)2003年5月 (b)2003年6月 (c)2003年7月

图 8-87 火点数据集与 CO_2 月均值空间分布的关系

参考文献

蔡佳伶，洪景山 . 2010. WRF 模式东亚地区土地利用资料库之更新与个案研究//台湾气象局 . 天气分析与预报研讨会论文集 . 天气分析与预报研讨会 . 台北 . 2009. 8. 1.

陈建军 . 2005. 东北地区土地利用变化研究中的尺度问题 . 长春：中国科学院东北地理与农业生态研究所博士学位论文 .

龚强，汪宏宇，王盘兴 . 2006. 东北夏季降水的气候及异常特征分析 . 气象科技，4：387-393.

郭志梅，缪启龙，李雄 . 2005. 中国北方地区近 50 年来气温变化特征及其突变性 . 干旱区地理，2：176-182.

胡鸿钧，等 . 1979. 中国淡水藻类 . 上海：上海科学技术出版社 .

黄荣辉，徐予红，周连童 . 1999. 我国夏季降水的年代际变化及华北干旱化趋势 . 高原气象，4：465-476.

黄玉霞，李栋梁，王宝鉴，等 . 2004 西北地区近 40 年年降水异常的时空特征分析 . 高原气象，2：245-252.

兰玉坤 . 2007. 内蒙古地区近 50 年气候变化特征研究 . 北京：中国农业科学院硕士学位论文 .

黎尚豪，毕列爵 . 1994. 中国淡水藻志 . 第 5 卷 . 北京：科学出版社 .

饶钦止 . 1988. 中国淡水藻志 . 第 1 卷 . 北京：科学出版社 .

Antipov A, Fedorov V. 2000. Institute of geography SB RAS. Landscape- hydrological organization of the Territory. Siberian branch of RAS, 254.

Foged N, Hakansson H, Flower R J. 1993. Some diatoms from Siberia especially from Lake Baikal. Diatom research, 8: 231-279.

Forest H S. 1957. The Remarkable *Draparnaldia* Species of Lake Baikal, Siberia. Castanea, 22 (4): 126-134.

Forest H S. 1956. A Study of the Genera Draparnaldia Bory and Draparnaldiopsis Smith and Klyver. Castanea, 21: 1-29.

Graham J M, Kranzfelder J M, Auer M T. 1985. Light and temperature as factors regulating seasonal growth and distribution of Ulothrix zonata (Ulvophyceae). J. Phycol., 21: 228-234.

Homan J W, C H Luce, J P McNamara, et al. 2011. Improvement of distributed snowmelt energy balance modeling with MODIS- based NDSI- derived fractional snow – covered area data. Hydrological Process, 25 (4): 650-660.

Ippolitov I I, Kabanov M V, Komarov A I, et al. 2005. Modern natural climatic changes in Siberia: A trend of annual average surface temperatures and air pressure. Geography and Natural Resources, 3: 13-21 (in Russian).

Kunzi K F, S Patil, H Rott. 1982. Snowcover parameters retrieved from nimbus 7 Scanning Multichannel Microwave Radiometer (SMMR) Data. IEEE Transactions on Geoscience and Remote Sensing, 20 (4): 452-467.

Liang T, X Huang, C Wu, et al. 2008. An application of MODIS data to snow cover monitoring in a pastoral area: A case study in Northern Xinjiang, China. Remote Sensing of Environment, 112 (4): 1514-1526.

Meyer K I. 1922. Algae nonnulae novae baicalensis. Not. Syst. Inst. Crypt. Hort. Bot. Petrepol., 1: 13-15.

Meyer K I. 1930. Introduction to algal flora of Lake Baikal. Bull. MOIP, Novaya Seriya, 39: 179-396.

Nozaki K, Morino H, Munehara H. 2002. Composition, biomass, and photosynthetic activity of the benthic algal communities in a littoral zone of Lake Baikal in summer. Limnology, 3: 175-180.

Pokatilov Yu G. 2006. Atmospheric precipitation and snow cover chemistry, and medical- demographic characteristics of natural and technogenic territories in East Siberia (the biogeochemical aspect of the study of territories). Irkutsk, Institute of geography SB RAS, 147.

Ramsay B H. 1998. The interactive multisensor snow and ice mapping system. Hydrological Processes, 12: 1537-1546.

Salomonson V V, I Appel. 2004. Estimating fractional snow cover from MODIS using the normalized difference snow index. Remote Sensing of Environment, 89 (3): 351-360.

Serebrennikova N V, Yurgenson G A. 2010. Composition and formation conditions of sediments in the Doroninskoe soda lake (eastern Transbaikalia). Lithology and Mineral Resources, 45 (5): 486-494.

Theuring P M, Rode S, Behrens G, et al. 2013. Identification of fluvial sediment sources in the Kharaa River catchment, Northern Mongolia. Hydrological Processes, 27 (6): 845-856.

Weihong Qian, Yanfen Zhu. 2001. Climate change in China from 1880 to 1998 and its impacts on the environmental condition. Climatic Change, 50: 419-444.